现代计算机科学与技术系列教材
工业和信息产业科技与教育专著出版资金资助出版
教育部计算机科学与技术专业综合改革试点（石家庄经济学院）项目资助出版

高级语言程序设计
实验教程

赵占芳 刘坤起 编著

電子工業出版社
Publishing House of Electronics Industry
北京·BEIJING

内 容 简 介

这是一本面向计算机科学与技术类专业及其他专业，全面介绍"高级语言程序设计(含C语言程序设计或Pascal语言程序设计)"实验课程教学要求、教学内容、实验环境及其实施的教材。

本书基于计算机科学与技术一级学科人才培养科学理论，按照计算机科学与技术学科教材系列一体化设计纲要的要求，配合"高级语言程序设计"理论课程的教学，全面介绍了"高级语言程序设计"实验课程的基本实验内容、课程设计及其实验环境——Visual C++ 6.0 和 Delphi 7.0。本书最大特色是结合一些典型实例，系统地介绍了 C/C++、Pascal/Delphi 的主要程序调试技术，使学生调试程序从经验走向理性，为大程序的调试奠定了坚实的基础。另外，本书还对 Visual C++ 6.0 和 Delphi 7.0 集成开发环境的配置、使用、程序发布和编译错误信息，以及 C/C++、Pascal/Delphi 程序编码规范等内容做了详尽介绍，体现了本书所具有的"工具书"的特点。

本书可作为计算机科学与技术类专业及其他专业"高级语言程序设计"课程的实验教材，也可供高等学校的教师、学生和广大工程技术人员学习高级语言程序设计时参考。

图书在版编目（CIP）数据

高级语言程序设计实验教程 / 赵占芳，刘坤起编著. —北京：电子工业出版社，2014.9
现代计算机科学与技术系列教材

ISBN 978-7-121-24337-0

Ⅰ. ①高… Ⅱ. ①赵… ②刘… Ⅲ. ①高级语言—程序设计—高等学校—教材 Ⅳ. ①TP312

中国版本图书馆 CIP 数据核字（2014）第 211924 号

策划编辑：袁 玺
责任编辑：袁 玺
印　　刷：三河市鑫金马印装有限公司
装　　订：三河市鑫金马印装有限公司
出版发行：电子工业出版社
　　　　　北京市海淀区万寿路 173 信箱　邮编　100036
开　　本：787×1 092　1/16　印张：19.75　字数：505.6 千字
版　　次：2014 年 9 月第 1 版
印　　次：2015 年 8 月第 2 次印刷
定　　价：45.00 元

凡所购买电子工业出版社图书有缺损问题，请向购买书店调换。若书店售缺，请与本社发行部联系，联系及邮购电话：（010）88254888。

质量投诉请发邮件至 zlts@phei.com.cn，盗版侵权举报请发邮件至 dbqq@phei.com.cn。

服务热线：（010）88258888。

总　序

民众多好饮酒，中外概莫能外。酒馆和酿酒坊伴随饮酒客而起，人类对酒的喜爱造就了酒文化和一个庞大的产业。好酒能卖好价钱，能使文人诗兴大发，催生佳作，还能解人间百难。于是，酿天下名酒自然成了不少人的毕生追求。

好酒源自粮食，这是众人皆知的常识。中外驰名的茅台酒，主要原料系产自贵州赤水河谷的糯红高粱和高寒坡地的大麦、燕麦。为了让茅台酒拥有生态、绿色、有机品质，获得消费者的广泛认同，生产企业和当地农民想了很多办法，一直在搞科学种田。

怎样才能酿出好酒呢？国人的看法不尽相同。崇信洋酒的人主张引进国外的生产工艺，学习洋人的生产和经营理念；而喜欢国酒的人则主张走自己的路，但不排除借鉴国外先进的科学技术和管理经验。这样的争论或许永远不会终结，但外国人重视科学酿酒，值得我们学习和借鉴。

计算机科学教育，如同酿酒工业的生产，科学办学迄今还只是部分学者的一种理想。与国内一样，国外的计算机科学教育并没有像他们的科学酿酒业那样，实现科学办学。也许，科学办学要远比科学酿酒困难得多。譬如，怎么实现科学办学？甚至怎么推出一套科学的系列教材，都是一篇大文章。

科学种田、科学酿酒，科学办学，这些表面上看起来风马牛不相及的事物，其实以科学哲学的观点来看，都有着本质上相同或相似的成分。任何一件复杂的事物，其发展、变化、控制等，都可以通过由外而内，由表及里的方式加以观察和研究，在认识上分解为一系列更小的、基本的事物，通过某种原则、流程、结构、关系、操作、规范等联系在一起，或相互作用，或相互依存，构成一个系统或整体。各种事物发展的背后，有许多带有规律性的、可以重复验证的东西，但多数普通人只关心事物变化、现象的起因和结果，而不太关心其发展、演变的过程，以及事物发生的因果关系及其变化机理。这其中，弄清楚了规律的，可称为科学，而尚未弄清楚规律，又有一些用处的知识，也都保留下来，成了专家的经验。

从经验办学方式转向科学办学方式，从外延发展模式转向内涵发展模式，是高等教育发展的必然要求和规律。然而，科学办学不是一种空洞的口号，而是像科学种田、科学酿酒一样务实的工作，需要通过深入观察、了解其全过程，弄清每一个本质的、核心环节的主要方面和操作细节，把工作做到位，符合客观实际要求，才能从点滴汇聚、涓涓溪流、终成江河，奔向大海。科学办学，内涵发展是高等教育办学理念上的一次重大转变，也是中国高等教育有可能通过努力，迅速赶上西方发达国家的一条途径。毋庸置疑，走上科学办学之路，有许多新事物、新问题，需要人们去学习、思考和解决，用科学方法建设一套系列教材就是其中一个具有挑战性的任务。

这套教材的创作始于教育部面向21世纪教育与教学改革13-22项目的研究。2000年，在“13-22项目”研究工作即将完成之际，一些学者开始认识到面对计算机科学技术的高速发展，我们亟需一套体现科学办学思想，反映内涵发展要求，服务教育与教学改革，参与构建学科人才培养科学体系的系列教材。强调系列教材是因为那时已经意识到计算机科学教育本质上是一项科学活动，但长期以来教师向学生传授科学技术知识的方式、方法的科学性不强。由于高等教育几百年来一直沿袭经验方式而非科学方式办学，大学教学的方式方法仍然还停留在古代作坊的阶段，尽管教学使用的技术手段今天已经相当先进。在经验办学方式下，无论是研究型大学，还是教学型大学，由于种种原因，教学活动的全过程存在着太多的漏洞和质量的隐患。科学办学是对高等教育界传统办学方式的一种挑战，尽管在认识上，人们不难理解，科学办学是经验办学的最高形式，经验办学应该成为科学办学的有益补充。

“13-22 项目”组积极探索，率先倡导科学办学理念，初步构建了一个体现科学办学思想，反映内涵发展要求的计算机科学与技术一级学科人才培养科学理论体系，为学科专业教育探索新天地，走向科学办学和发展学科系列教材提供了一个认知基础。

长期以来，学术界一直在探索计算机科学与技术专业教育的规律。ACM 和 IEEE/CS 的专家小组在走访了全美 400 多位著名计算机科学家的基础上，以学科方法论作为切入点，开展教学改革理论研究，于 1989 年发表了具有开创性意义的成果，尽管他们并未意识到自己的工作是以学科方法论的研究作为切入点，探讨内涵发展的道路。1990 年前后，在迷宫中探索行走的专家小组，经大师和精英群的指点，实际上已经摸到了走出迷宫的大门，却没有打开并进入一个崭新的天地。这一点从他们在 2000 年网上公布的 CC2001 报告最先删除了 CC1991 报告中有关学科方法论的内容便不难看出(注：后经中国人的提醒又补充写入)。

与此同时，中外教材建设也一直没有停止探索，国内外出版社先后出版了种类繁多的计算机类专业教材。这些教材中不乏精品和上乘之作，但难觅具有鲜明特色、真正一体化设计且符合科学办学要求的系列教材。多数丛书和系列教材基本上还只是出版社对出自作者个人创作的教材，通过冠名“丛书”或“系列”的方法结集出版以求强势效应，仅有少数作者注意到了将几门相近课程组合在一起，进行规划、设计和创作。尽管如此，不少优秀作者和学者理所当然地进入了编审委员会的视线。西方发达国家在计算机学科的领先优势曾使许多人不自觉地将目光转向海外，试图从世界名牌大学使用的教材中去寻找蓝本。遗憾的是与国内一样，经验办学并没有使西方大学在教材建设方面摆脱“各自为政，各行其是”的阴影。此时，我们如梦初醒，毕竟科学办学是前无古人的一项创举。随着学科发展的不断深化，在迈向深蓝知识海洋的今天，外国人未必比中国人在科学办学方面占有更多天时地利的优势。不经意中的发现使我们惊喜和激动，同时深感责任不轻且平添担忧：即使能够写出系列教材的一体化设计，我们是否真能确认这项改革的正确性？真能推出科学的系列教材？可是，除了实践和试验外，我们别无捷径可循。

令人欣慰的是，从 2004 年起，厦门大学、仰恩大学、石家庄经济学院三校先后在常态下，启动、实施了计算机专业科学办学改革试验，在困难的条件下，用实证方法和实验数据，有力地验证了科学办学理念和学科人才培养理论体系的可行性、科学性和先进性，引起了教育部的重视，并且在与流行的人才培养模式的对比试验中表现出明显的优势，为下一阶段在更大范围内推进科学办学，建设新一代系列教材积累了丰富的经验，奠定了坚实的基础。

任何重大变革，不可能一帆风顺，一蹴而就，尤其是当专业办学长期错位运行，积弊甚多而难以顺利转型时。总结历史经验和教训，我们应该清醒地意识到，任何重大变革和科学创新发现，真理最初永远只可能掌握在少数人手中。在科学探索的道路上，热衷于迎合主流观点，人云亦云，只会更多地让机会与自己擦肩而过。值得一提的是，2012 年 9 月，教育部理工处邀请了 100 多所高校的 168 名专家学者，主持召开了“关于仰恩大学计算机科学教学改革案例通信研讨会”。会上，厦门大学、仰恩大学计算机专业的教学改革工作得到一大批专家学者的积极评价。仰恩作为一所私立大学，在常态化和非常困难的办学条件下，引进和采纳厦门大学创立的一级学科内涵式人才培养模式，在计算机科学系开展科学办学试验，经过学校上下的共同努力，培养了一批质量较高的本科专门人才，二届试点班毕业生整体就业率均达到 95%～100%，在专业技术研发岗位工作的比例均达到 70%以上。仰恩的改革意义重大，其实践清楚地表明：仰恩大学能够承受高素质创新人才培养模式，一大批公立大学没有理由办不好计算机专业。

从 20 个世纪的 50 年代起，我国几代学者苦苦追赶了西方发达国家半个世纪，靠引进、学习、消化、跟踪、改进、创新的高新技术发展的思维定式，曾使我们付出了高昂的学费和沉重的代价。固然，在高新技术领域，依靠“引进”和“舶来”的次等技术和产品，我们取得了长足的发展和进步，填补了不少国内的“空白”，但在水准上始终与发达国家保持着一段差距，一种在行业内部看来时长时短，难于逾越的差距。这种差距主要表现在对高、精、尖学科的发展中，我们缺乏思想、概念、理论、方法、技术、制度、规范和设计的原始创新和发展模式的全面创新，研究工作总是跟在别人后面亦步亦趋。我们缺乏在发展中另辟蹊径，走自己道路的机制和氛围，迷信洋人，盲目追随西方学术发展道路的习惯性思维方式，几乎导致国人丧失了创新的机能，这是一个国家和民族发展高新技术学科和产业致命的硬伤。

最先进的高新技术，永远不可能从竞争者手中花钱买到。高新技术领域竞争的成败，关键取决于人才与文化。现代科学技术的创新，已不单纯是一个学术问题，还是一个与文化、人文密切相关的问题。**科学教育求真求是，技术教育求实求精，人文教育求灵求善，艺术教育求美求新**。没有科学技术知识，人的认识和生活难免停留在原始社会，而没有人文精神和艺术的陶冶，科学技术的创新必然失去力量的源泉。可见，走自己的道路，发展中国的科技创新体系，在某种程度和意义上，成败的关键在于大学能否真正培养一大批高素质的人才。高等学校要实现培养大量高素质计算机科学技术人才的目标，需要在前进中不断地进行系统的、科学的总结和深刻的反省，需要对遇到的问题进行科学的分析和判断，作出正确的决策。

工欲善其事，必先利其器。倘若教师不能在思想上摆脱陈旧的思维定式，用先进的理念武装头脑，勇于探索前人没有走过的发展道路，那么，即使采用了世界一流大学的全套教材，恐怕也难于培养出一流的人才。中西文化、人文传统之间的差异之大，中外教育思想、基础教育之间的差异之大，使得中国教育的现代化绝不是一个通过引进和模仿就可以轻易解决的问题。教师的职业不是贩卖知识。授业、传道、启蒙、解惑技能的高低，不仅取决于教师知识的广博和深厚，更重要的在于远见、卓识、探索、创新、敬业、求真的本领和身先垂范。

身处 21 世纪，面对国家的期望，处在科学技术发展浪潮之巅的计算机科学系的教师，任重道远。我们就像茫茫林海中的探险者，环顾苍翠的群山，犹如身陷迷宫一般。计算机科学技术教育，敢问路在何方？其实，我们的出路或许只有一条，那就是系统总结前人的经验和教训，设法努力登上山峰，居高眺望，探寻走出林海的希望之路。

曾有一些人对于一级学科人才培养科学理论体系的可行性表示怀疑。带着这个问题，在中国科学院和国内部分高等学校一大批知名学者的支持下，从 1999 年夏天起，连续六年在贵阳举办了“计算机科学与技术高级研讨班”，向(博士)研究生和中青年教师陆续开设了研究生核心学位课程“高等计算机体系结构”、“并行算法设计基础”、“分布式算法设计基础”、“高等逻辑”、“形式语义学基础”、“可计算性与计算复杂性”、“形式语言与自动机理论”，后来又进一步开设了本科生重点课程“算法设计与分析”、“数理逻辑基础”、“信息安全技术”、“密码学原理及其应用”等一系列课程。六年里，高级研讨班受到同行广泛关注、响应和支持，先后吸引了全国几十所大学四百多人次的师生参加听讲和学习，后发展到由教育部批准资助、

16所大学联合主办的高级研讨班。高级研讨班上先后产生了一批在科研中取得创新成果并在权威刊物发表论文的学者。实践证明，高级研讨班为中国高校计算机科学技术教学改革和教育质量的提高，发挥了独特的作用，得到国内外一大批学者的充分肯定和好评。高级研讨班正在成为按照一级学科办学和教学改革要求，对计算机科学系教师进行高起点研究生学位课程和本科重点课程进行师资培训的一个模式，有可能对未来计算机科学技术教育产生深远的影响。试想，如果高校教师和培养的研究生，普遍具有高级研讨班所开设的3～4门学位课程的共同基础，不仅科学办学面临的主要困难迎刃而解，各大学科研学术队伍的素质也将得到显著提高。令人遗憾的是，在近年来全国高校科研论文"大跃进"，中国大陆发表论文数高居世界第一的时候，环顾计算机科学技术领域发表的论文，有多少百分比的论文工作基础是建立在上述研究生学位课程基础之上的？准确回答这一问题，也许就能实事求是地认清我们与国际同行在科研水平上的真正差距。因为，这些研究生学位课程知识基础之上的科研成果，总体上代表着整个学科发展的主流、水平和未来发展的趋势。

一些学者对高起点研究生学位课程的必要性提出疑问：是否这些课程都要学习？我们认为，应该看到，在高等教育界从来就存在着两种不同的教育观：一种是专才教育观，另一种是通才教育观。持这两种教育观的人尽管都主张基础知识的重要性，但在对学以致用原则的理解和解释方面存在差异。一般地说，专才教育观主张在一定的基础上，通过深入钻研某一方向的学问，逐步扩展和加深自己的知识，缺什么基础补什么知识，学以致用，逐步成长为一个学科的专家。通才教育观则不同，它不主张在具备一定的基础后，就匆忙沿着某一方向钻研学问，单线独进，而是主张在一级学科的范围内，通过尽可能系统地掌握从事本学科各个重要方向的研究所需要的共同的基础知识，能够站在学科的若干个制高点上，沿着学科的一个方向，以单线独进、多线并进或整体推进的观点，逐步扩展和加深一级学科的知识，融会贯通，学以致用，逐步成长为一个学科的专家。两种教育观都有其代表人物。迄今为止，高等教育中研究生教育主要以培养专才为主，专才教育观是主流。但是，两种不同的教育观各有其特点。一般地说，当一个学科的发展处于早期时，专才教育比较容易跟上学科的发展步伐，比较容易出成果，也比较容易迅速地达到较深的学术层面。而当一个学科的发展比较成熟、发展速度比较平稳时，通才教育的优势就比较明显。因为，通才教育培养的人才可以在一级学科的范围内比较容易地向任何一个方向转向。特别是在胜任高难度重大创新人才的培养方面，在出综合性的大成果方面，在创立一套科学理论和开辟一个研究方向方面，通才教育的多种优势往往是专才教育所不具备的。此时，专才教育培养的人才要继续深入开展创新研究工作是比较困难的，往往会选择边缘跨学科研究或退出。当然，两种教育观谁优谁劣迄今并无定论，根据两种教育观的特点和现实情况，选择哪一种教育观实际仅反映了师生的一种选择策略。不过，实践经验告诉我们，尽管通才教育观的操作实现比较困难，但作为师资补充的来源，通才教育培养的人才更容易适应大学教学与科研的双重要求，理应更多地受到研究型大学的青睐。在科学技术日益深化、高度分化又高度综合的今天，放眼未来，在高、精、尖学科中，通才教育观无疑有着更为宽广而美好的发展前景。

冬去春来，年复一年。当我们终于从跟踪、学习、盲从西方大学教育的发展模式中走出时，感受到了一种从未有过的释然与激动，一种走自己的发展道路，独立自主的自豪与喜悦。这条道路虽然艰难，但前景光明。连续六年在贵阳举办的全国计算机科学与技术高级研讨班的成功实践，更进一步坚定了我们对内涵发展模式与科学办学方式的认识与追求。

伴随着学科教学改革理论研究与实践探索的推进，社会热切地期待着一套与教学改革方案相配套的高质量系列教材问世。总结过去教材建设成功和失败的经验、教训，使我们清楚地认识到：教材建设必须建立在科学研究基础之上，按照科学的运作程序，动员在第一线从事科学研究、功底深厚、学有所长、能够在权威刊物发表论文，或在重大教学改革实践中做出显著成绩的优秀教师，参与到教材的创作中来，才有可能推出高质量并符合学科发展要求的系列教材。我们的主张是："让大学中的科学家来创作教材！"

2014年年初，电子工业出版社"现代计算机科学与技术系列教材"编审委员会正式成立，计算机科学与技术一级学科系列教材一体化设计报告也即将完成重新修订。编审委员会为系列教材的出版制定了严格、详细的操作程序，选准作者，并在体制创新方面设立学术编审人，跟踪编审教材的创作内容，力求教材的尽善尽美。可以预期，"现代计算机科学与技术系列教材"将是基于计算机科学一级学科人才培养科学理论体系，体现科学办学思想，反映内涵发展要求，开展系列教材一体化设计和建设的一个尝试。然而，就像任何新生事物一样，她难免存在缺点和不足，诚恳地希望关心和使用本套系列教材的师生、读者，在使用中将批评或建议留下来，帮助我们改进教材建设工作，修正存在的错误。

今天，经过编审委员会、作者和出版社的共同努力，"现代计算机科学与技术系列教材"终于开始陆续出版发行。在21世纪里，愿"现代计算机科学与技术系列教材"的出版，能够为新一代的莘莘学子攀登现代科学技术的高峰成就未来。

"现代计算机科学与技术系列教材"编审委员会

2014年3月

前　言

为计算机科学与技术专业的学生创作一本有特别实用价值的《高级语言程序设计实验教程》一书，是多年来想做但一直没有做好的事情。原因是目前高等学校教师的工作业绩评价中，编写教材远远比不上搞科研重要。于是，在高等学校中，放下科研，专心于教材创作的教师实属凤毛麟角，尽管教材的创作工作对于人才培养来说是一件非常重要的基础性工作。就这样，我们的编写工作一推再推，直到 2010 年 9 月我们对计算机科学与技术专业进行综合教学改革之时。

其实，在我校计算机科学与技术专业综合教学改革启动之前，我们曾多次讨论“高级语言程序设计实验”课程教学改革的问题。在多年的教学实践中我们发现，相当一部分学生并没有通过该实验课程的教学，真正掌握该门课程的基本实验技能，为后续课程的学习打下坚实的基础，致使一部分学生难以顺利学习后续课程，甚至失去了对专业的学习兴趣，放弃了本专业的学习，其教训十分惨痛！因此，如何大幅度地提高该门实验课程的教学质量，是一个值得探讨的大问题。那么，“高级语言程序设计实验”课程的基本实验技能是什么？究竟如何来开展该门课程的教学呢？

认真分析，仔细想来，从“授人以鱼不如授人以渔”的古训中使我们认识到：由于高级语言的程序调试技术是这门课程的最基本的实验技术，而对这一技术的熟练掌握是计算机科学与技术专业学生必须练就的基本功之一。因此应该把它作为这门实验课程教学的重点。很遗憾，由于高等学校从事计算机科学与技术专业教学的教师中，系统而熟练掌握这一技术的人并不多，加上国内外已经出版的有关教材对程序调试技术的介绍基本上回避或轻描淡写，相应地，在该门课程的教学中学生基本上还是凭着经验调试程序，根本不知道还有一套程序调试技术。因此，计算机科学与技术专业的绝大多数学生普遍没有系统而熟练地掌握程序调试技术，已是一个不争的事实。面对这一现实，为了改变现状，我们提出了**“高级语言程序设计实验”课程的教学改革，要围绕着系统介绍主要程序调试技术而展开的思想**，并付于实施。经过三年来的教学改革实践，检验了这一改革思想的正确性。

为了顺利实施“高级语言程序设计实验”课程教学改革的思想，我们**将主要程序调试技术融入到教材中**，利用一年的时间完成了这本教材的初稿(内部讲义)，后经三年的使用和修改，形成了如下内容体系。

第 1 章是引言，介绍课程在(学科)专业教育中的地位，课程教学的基本指导思想和理念，课程的内容组织与安排，课程的教学目的和要求，课程实验的分类和文档要求；

第 2 章是程序调试简介，主要介绍程序测试与调试的基本概念，程序调试技术概述，程序错误分类，程序错误定位的方法和学习程序调试技术的意义；

第 3 章是 Visual C++ 6.0 集成开发环境及调试器介绍，主要介绍 Visual C++ 6.0 集成开发环境和调试器的使用；

第4章是C语言程序调试实例。主要介绍在Visual C++ 6.0集成开发环境下，结合一些C语言的典型实例，如何使用有关的调试技术来调试C语言程序。它们是全书的核心部分之一；

第5章是Delphi 7.0集成开发环境及调试器介绍，主要介绍Delphi 7.0集成开发环境和调试器的使用；

第6章是Pascal语言程序调试实例。主要介绍Pascal语言的实验内容，以及在Delphi 7.0集成开发环境下，结合一些Pascal语言的典型实例，如何使用有关的调试技术来调试Pascal语言程序。它们也是全书的核心部分之一；

第7章是综合课程设计，主要介绍模块化软件开发方法，软件测试的步骤及技术测试用例设计技术和课程设计的内容和要求。

通过三年来的教学试用和总结，我们提出以下几点意见供使用者参考：

（1）为了顺利通过“熟练掌握高级语言程序设计的基本技术和主要程序调试技术”这道坎，必须在教学课时上给予保障。宁可牺牲一些没必要的专业课学时，也要保证基础课和专业基础课的学时的做法是完全正确的。值得说明的是，本课程的课内学时为48学时是最基本的，实现教学目标学生还需要付出更多的课外时间，至于时间的长短则取决于每一个学生学习的具体情况。课程设计应放在课外时间完成。另外，必须加强实验课程的辅导，要求任课教师每节课必须到场。我们认为，让研究生作为实验课程的教师的做法是不妥的，原因在于绝大多数学生还不具备作为实验课程的教师的基本素质。

（2）为了培养学生独立解决问题的能力，在程序调试的教学中，一定以介绍调试技术和解决问题的思想方法为主，切不可更多地代替学生调试程序。另外，实验教师在教学中必须贯彻“**因材施教**”的原则，对于动手能力较强的学生，在回答他们提出的问题时要以引导和启发为主，而对于动手能力较差的学生，在回答他们提出的问题时则要回答得具体些，而且鼓励他们在解决了具体问题后要自觉进行总结。当然，我们不赞成将程序调试技术讲得详之又详，面面俱到，不给学生留下任何思考的余地和悬念，试图在课堂上解决“所有”问题，生怕学生有学不会的内容的做法。而应该鼓励学生面对待解决的问题，独立思考，勇于探索，通过查阅文献，大胆试验，最终解决问题。只有这样，才能使学生在启发式教育下，积极、主动地思考问题，通过艰苦的查阅文献、阅读文献、思考、试验、归纳、总结，才能真正培养学生的自学和动手能力，独立解决问题的能力，探索精神、创新意识和能力。而这种意识和能力的培养正是中国大学实验教学改革所要努力的方向。

尽管本书是“高级语言程序设计”课程的配套教材，专门为其实验课程的教学而编写的，供学生一学期使用，但是由于书中的内容极为丰富，其中包含了计算机科学与技术专业后续软件实验类课程要用到的最基础的内容，因此本书可供学生学习所有软件类实验课程时参考，它也是每一个学生今后走向工作岗位后从事软件开发的一个实验手册，是每个学生调试程序时应该经常翻阅的一本参考书。

在教材即将付梓之际，我们不应该忘记为了本书的写作、修改付出过辛劳的所有老师、学生和友人。非常感谢厦门大学计算机科学与技术系教授赵致琢博士，尽管他没有直接参与本书的创作，但从本书讲义的编写到今天的公开出版，始终得到了他的关心和指导。赵致琢教授对计算机科学与技术教育事业倾注了大量心血，提出了“科学办学，内涵发展”的高等教育办学思想和计算机科学与技术一级学科人才培养的科学理论体系，亲自指导了我校计算机科学与技术专业的综合教学改革，对我国计算机科学与技术教育事业的发展可谓贡献良多。他对教育的挚爱，矢志不移、勇往直前、追求真理的精神尤为作者感动，这种可贵精神必将化为对我们的永远激励。

我们还要感谢石家庄经济学院2010级、2011级和2012级计算机科学与技术专业教学改革试点班上的所有学生和参与课程教学改革的年轻教师，是他们在我们边创作、边讲授，边修改、边使用的情况下，积极踊跃地提出问题，发现并更正了讲义中的错误，使讲义得以完善，课程的教学质量逐年提高。而我们从师生的共同讨论中对"教学相长"这一成语的内涵有了最直接的感受，同时也体会到作为传道者因师生共同成长而带来的愉悦。

感谢贵州民族大学的杨承中教授和仰恩大学的陈发强教授，正是他们对我们的信任，在讲义尚未公开出版的情况下，依然将我们的内部讲义作为其各自2012级计算机科学与技术专业教学改革试点班的实验教材，并在使用中提出了许多宝贵意见，为讲义的进一步修改做出了贡献。两位教授给予我们的信任和建议，为本书的编写提供了重要参考，也使拙作增色不少，感激之情，溢于言表。

令人欣慰的是，作者受赵致琢教授之邀，以本书的内部讲义为教材，在刚刚结束的"暑期全国计算机科学与技术科学办学与师资培训高级研讨班(贵阳·花溪)"上，为来自全国几十所高等学校的几十名教师主讲了20学时的"程序调试技术"课程。我们从这些同行的认真、积极而热烈的课堂讨论中深受启发，促使我们对本教材出版前做了最后一次大的修订，使本教材的适用面进一步拓宽——**它不仅适用于"Pascal语言程序设计"实验课程的教学，而且也同样适用于"C语言程序设计"实验课程的教学**。谢谢这些来自全国几十所高等学校的老师们！

当学生们打开此书时，从其极为丰富的内容和大量细致的工作中不难看出其写作背后作者所付出的辛勤劳动。四年来，作者在没有鲜花和掌声，也没有物质上的奖励和金钱的诱惑下，几乎牺牲了所有课余闲暇，一心扑在教材的写作上，只是真诚地希望学生们通过该课程的学习，能够打下程序设计的坚实基础和培养出强大的调试程序的能力，使学生们顺利踏上学习计算机科学与技术专业之路。如果这本书能够伴随着学生们的学习，使他们能够感受到程序设计与调试程序的魅力，激发他们学习计算机科学与技术专业的兴趣和热情，那将是作者最高兴的事情，也是对作者艰辛劳动的最好回报。

尽管本书的创作历时四载，但是由于我们业务水平的限制和工作中的疏忽，书中仍有许多地方需要进一步推敲、修改和完善，恳请读者把对这本书的意见和建议反馈给我们，帮助我们改进工作，完善这本实验教程。第一作者的电子邮件是：zzf_sjz@126.com。

作　者

目　录

第1章 引 言

本章是全书的引言，介绍“高级语言程序设计实验”课程在计算机科学与技术学科(专业)教育中的地位、课程的基本指导思想和理念、课程教学内容的组织与安排、课程的教学目的和要求、课程的实验分类和课程的实验文档。

1.1 高级语言程序设计实验教学在计算机科学与技术专业教学中的地位

计算机科学与技术学科不是一门经验科学占主导成分的学科，而是一门在学科的深层理论(包括技术理论)占有主导地位，应用技术发展异常迅速，需要深厚功底和较强的实验能力才能参与竞争的学科，是一门属于年轻人的学科。

根据计算机科学与技术学科的特点，虽然实验教学是学科教学过程中的一个十分重要的环节，但是与基础理论知识的学习相比，实验教学毕竟是层次比较低的工作，也是相对比较次要的工作，也即在计算机科学与技术学科中实验教学和课堂基础理论教学不是并重的，这是由学科的特点、学科形态、学科发展的内在规律和学科方法论的内容决定的。作为一个训练有素的学科专业技术人才，实验工作应该在理论的指导下进行，而不是在盲目的摸索中获取知识。

尽管高级语言程序设计实验教学与高级语言程序设计基本理论教学相比是次要的，但是它在计算机科学与技术专业教学中的地位是基础性的，也是非常重要的，因为若该实验课程学不好，它不但会严重影响高级语言程序设计基本理论教学，而且也会严重影响计算机科学与技术专业后继理论课程和实践课程的学习。有些学生正是因为没有学好该课程而失去了对专业的兴趣，进而放弃了对该专业的学习，这方面的教训十分惨痛！

1.2 高级语言程序设计实验教学的基本指导思想和理念

为了提高教学质量，根据高级语言程序设计实验教学在学科专业教育中的地位、作用、特点和现阶段的国情，该实验教学必须实行单列——脱离其理论课程母体，而独立作为一门课程设置。在实验课程单列的前提下，高级语言程序设计实验课程教学的基本指导思想和理念是：根据该实验教学在整个学科专业教学中的地位、作用和特点，按照实验课程单列的要求，依据“高级语言程序设计”理论课程教学的进度安排实验，做到理论联系实际，紧紧围绕该实验课程的基本实验、基础实验、基本实验方法和基本实验技能的训练要求，在实验教学中，重点通过程序调试工具的教学，使学生熟练掌握基本的程序调试方法与技术，突出学生调试程序能力的培养。另外，为了培养学生对高级语言程序设计知识掌握的系统性和综合性，加大对较大规模程序的设计与调试能力的培养，在该实验教学中增加了“小学生辅助教学系统”和“学生成绩管理系统”课程设计的内容，通过强化实验教学过程的规范操作，弱化对实验结果的评判，严格管理和程序验收，逐步培养学生理论联系实际，独立开展实验工作的能力。

在开展实验教学的过程中，学生能否理论联系实际，理论指导实践，规范地进行操作并完成实验，掌握实验的主要教学内容，从中得到基本实验方法和实验技能的训练是最重要的，至于完成实验的时间和实验做得是否漂亮则相对次要，不必特别在意。因为，学校开展的所有实验内容的教学，都是相当基本的、充分简单的。学生只要真正掌握了实验的方式方法和基本的实验技能，一旦走上工作岗位，完全有条件、有时间来做更多的、更为复杂的实验，有机会在实践中使自己的实验能力得到进一步的提高。

1.3 高级语言程序设计实验教学的内容组织与安排

实验教学是计算机科学与技术学科教学过程中的一个重要环节。但是，任何一个学生都不可能在校期间学会并掌握社会上流行的各种软件和技术，在操作和应用计算机技术上达到一个相当于高级程序员或工程师的水平，同时又保持在基础课程学习上的良好成绩。那么，实验教学的内容又应该如何组织安排呢？

根据多年的教学实践经验和人才成长的规律，对大多数学生来说，如果要考虑将来在工作中不断更新知识，逐步上层次的问题，实验能力的要求应该是较好地掌握基本实验技术，建立正确的思想方法，掌握一定的实验技能。因此，在实验教学内容的组织与安排上主要是从学科知识组织结构出发，选择最能反映本学科基本实验方法与技能的实验内容，以验证性实验、基本设计性实验和综合设计性实验相结合的形式由易到难地组织教学，注意实验题目与内容理论联系实际，相互衔接，防止和减少重复。

这样组织与安排实验教学对加深和理解课堂学习的内容有重要意义，它能够培养起学生将来毕业后在实际工作中结合具体研究内容，依靠理论指导开展实验工作的能力，逐步形成理论与实践相结合的工作作风。

1.4 高级语言程序设计实验教学的目的和要求

基于上述高级语言程序设计实验教学的基本指导思想和理念，我们不难认识到该实验教学的目的：

(1)通过实验教学，理解课堂上讲授的程序设计语言的概念、成分、机制、设施、理论、方法和技术，怎样在程序的设计、实现和调试中反映出来的；

(2)通过实验教学，了解哪些是高级语言程序设计最基本的实验技术并掌握这些技术，如何从方法论的角度进一步掌握其他一些实验技术；

(3)通过实验教学，认识到实验方法的重要性。可以从实验目标与技术要求，程序的设计与调试，实验数据的收集、筛选、统计与分析，与其他实验的比较，以及如何总结和改进实验、构思新实验中获得体会；

(4)通过实验教学，学生要养成良好的实验习惯，倡导理论联系实际、理论指导实践的工作作风，学会运用科学的方式方法正确设计实验，完成基本操作，训练、提高自己通过实验和实验报告反映正确的思想方法和独立开展实验的能力。

为了提高实验教学的质量，我们提出下面几点要求：

(1)师生都应该对高级语言程序设计实验课程教学建立正确的认识。教师和学生既要在实验教学过程中严格完成实验过程的规范操作，同时，教师也应该在实验检查过程中弱化对于实验结果的评判。一组实验单元完成后，教师应该进行实验总结和讲评，帮助学生在实践中不断地总结经验，从感性认识上升为理性认识，坚持走理论与实践相结合的发展道路；

(2) 每次实验前，学生要认真阅读实验指导书或实验教程，精心准备实验内容，预习操作规程，注意在实验中的规范化操作，在实验执行前做好充分的准备工作；

(3) 在实验课程教学中，当一组相近的实验单元完成后，要求每一个学生独立完成实验报告，这将有助于学生在撰写科技报告和论文方面得到训练，在正规的实验教学中得到基本的训练；

(4) 由于每一个学生在实验教学中所反映出来的能力不同，要求实验动手能力比较弱的学生，应主动争取更多一些的机会和时间进行练习，赶上整体平均水平。按照课程进度表，某一学期前面实验完成得不好的同学应争取在机动实验时间内补课。每一个学生应该知道，学校强调的是学生在校期间应在本学科的基本实验技能和实验方法方面打下良好的基础，其良好的重要标志应该是学生实验动手能力的提高，而不是单纯完成实验的速度。

另外，为了学好“高级语言程序设计”课程，要求学生完成 200 个左右题目的程序设计和调试，加上课程设计题目，要求学生完成 2000 行左右的代码量，最好在 3000 行以上。

1.5　高级语言程序设计实验的分类

高级语言程序设计实验按照实验的技术属性为软件实验；按照实验支撑的课程性质为专业基础课程实验；按照实验内容、实验目的和实验性质特点，它有验证性实验和设计性实验两种基本的实验类型。

1.6　高级语言程序设计实验文档

与其他学科的科学实验一样，任何一个计算机科学与技术实验必须有相应的文档资料，如实验(设计)报告，操作使用说明书，等等。不同类型的科学实验的文档资料是不同的，但一定要注意文档资料规范化的撰写。目前，针对一些文档的撰写，国家已经颁布了相关的标准，撰写时请注意参阅相应的国家标准或行业规范。

第2章　程序调试简介

程序调试是软件开发和维护过程中非常频繁的一项任务，它贯穿了软件生命周期的每一个阶段。程序调试的基本目标是定位程序中存在的错误(Bug)，但是除此之外，程序调试技术还有很多其他的用途。作为高级语言程序设计的初学者，掌握基本的程序调试技术能使学习达到事半功倍的效果。本章将对程序调试做一个概括性的介绍，使读者对其有简单的认识，为后续章节的学习做好准备。

2.1　计算的正确性问题

计算机科学与技术学科要解决的三个基本问题是：计算的平台和环境问题，计算过程的能行操作与效率问题和计算的正确性问题的研究。其中，计算的正确性问题是任何计算工作都不能回避的问题，特别是使用自动计算机器进行的各种计算。一个计算问题在给出能行操作序列的同时，必须保证计算的正确性，否则计算毫无意义。

围绕计算的正确性问题的研究，计算机科学与技术学科发展了一些相关的方法和技术。一种是以离散数学为工具的理性方法。例如，算法理论、程序理论，等等。这些方法不实用，常用于学科研究之中。随着软件规模的增大，使用这种理性方法来保证计算的正确性几乎是无法做到的，于是出现另一种改善软件正确性的方法，这就是各种测试和调试技术。例如，程序测试技术、电路测试技术、程序调试技术，等等。这些方法常用于实际的工程界。

因此，程序调试技术归根结底是为了改善程序的正确性的一种重要手段。它最主要的用途是定位软件中的错误(Bug)，当然还有其他广泛的应用。

2.2　程序测试与程序调试的关系

程序测试与程序调试的总体目标是一致的，那就是提高软件质量，保证计算的可靠性。它们的区别是，程序测试的主要目标是发现程序中的瑕疵，而程序调试的目标是定位瑕疵的根源，分析原因并修正它。

程序测试与程序调试在方法和策略上都有不同。程序测试是从一个已知的条件开始，有预知的结局。而程序调试经常从未知的条件开始，其结果不可预知；程序测试可以计划，可以预先制定测试用例和过程，工作进度可以度量。而程序调试不能计划，进度不可度量。

在现实中，程序测试的工程师也要懂得程序调试，原因有二。其一，程序测试的主要目标是发现错误，如果测试工程师掌握调试技术，就能对软件错误做一个初步的定位，确定错误是与软件、硬件还是操作系统相关，这样就可以大大加快问题解决的速度。其二，现在的程序测试越来越复杂，测试工程师需要通过调试技术了解软件的内部机制，做有针对性的测试，才能测试出程序深层次的问题，进而提高测试的效率。

2.3　程序调试的概念及其技术概述

掌握程序调试技术，是学习和掌握高级语言程序设计的利器。本节将从多个角度对程序调试技术进行概括性介绍。

2.3.1 程序调试定义

程序调试(Program Debug)，从字面上看，Debug 的含义就是去除 Bug，实际上它包含了寻找和定位 Bug，并去除 Bug 的含义。

张银奎给出了程序调试的一种更通俗的解释。他指出：程序调试是指利用调试工具求解各种程序问题的过程，例如跟踪程序的执行过程，探索程序本身或与其配套的其他程序，或者硬件系统的工作原理等，这些过程有可能是去除程序缺陷，也有可能不是。

2.3.2 程序调试基本过程

从程序调试的纠错功能来看，程序调试包含了定位错误和去除错误两个基本步骤，一个完整的程序调试过程是如图 2-1 所示的循环过程，主要包括如下步骤：

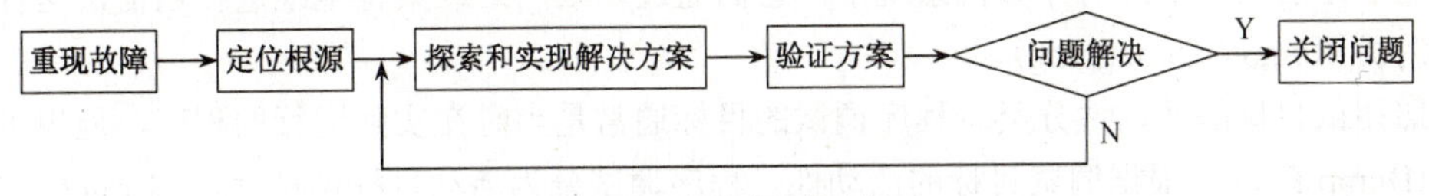

图 2-1 程序调试过程

第一，重现故障。在用于调试的系统上重复导致故障的步骤，使要解决的问题出现在被调试的系统中。但是经常有一些问题是无法精确复现的，例如悬挂指针、初始化错误、线程同步问题、硬件故障等。

第二，定位根源。综合利用各种调试工具，使用各种调试手段寻找导致软件故障的根源(Root Cause)。寻找错误的发生位置经常需要一些方法论的指导，例如使用增量集成法、二分法、回溯法等方法定位错误的位置。

第三，探索和实现解决方案。根据寻找到的故障根源、资源情况等设计和实现解决问题的方案。

第四，验证方案。在调试系统上测试解决方案的有效性，如果问题已经解决，可以关闭问题，如果没有解决，则需要重新调整和设计解决方案。在此阶段，要做好充分的回归测试，避免解决方案消除了旧问题却引发了新问题。

以上的各个步骤中，定位错误的根源是最困难也是最关键的步骤，它是程序调试过程的核心和灵魂。如果没有找到故障根源，则设计的解决方案就是隔靴搔痒。

2.3.3 程序调试分类

根据调试程序的特征、所使用的调试工具、程序的开发运行环境等，可以把程序调试技术分成多个子类。

按照调试目标的系统环境分类。程序调试所使用的工具和方法与操作系统关系密切，很多调试器是针对特定操作系统设计的。按照调试目标的系统环境分类，可以把调试分为 Windows 下的程序调试、Linux 下的程序调试、DOS 下的程序调试。但是对于使用 Java 语言编写的在虚拟机中运行的跨平台特性的程序，不适用这种分类方法。

按照目标代码的执行方式分类。程序的执行分为解释执行和编译执行。脚本程序是由专门的解释程序解释执行的，不产生目标代码，调试脚本程序的过程称为脚本调试。对于编译执行的程序，又主要分为两类：一类是先编译成中间代码，运行时再动态编译为目标代码，这类调试称为托管调试；另一类是直接编译和链接成目标代码，这类调试称为本地调试。在同一个调试会话中既调试托管代码，又调试本地代码，称为混合调试。

按照目标代码的执行模式分类。在 Windows 这样的多任务操作系统中，系统定义了两种执行模式，即低特权级的用户模式(User Mode)和高特权级的内核模式(Kernel Mode)。应用程序代码运行在用户模式下，而操作系统的内核和大多数设备驱动运行在内核模式下。根据被调试程序的执行模式，程序调试分为用户态调试(User Mode Debugging)和内核态调试(Kernel Mode Debugging)。

按照调试软件所处的开发阶段，程序调试分为开发期调试和产品期调试。二者的分界线是产品的正式发布。产品期调试旨在解决产品已经发布后才发现的问题，调试难度一般更大，对调试者要求更高。

按照调试器与调试目标的相对位置分类。被调试程序和调试器在同一个计算机系统中，不包括运行在同一物理计算机上的多个虚拟机，这类调试称为本机调试(Local Debugging)。调试器和被调试程序分别位于不同的计算机系统中，它们通过以太网络或某种电缆进行通信，这种调试称为远程调试(Remote Debugging)。

按照调试目标的活动性分类。程序调试的目标通常是当时在实际运行的程序，但也可以是转储文件(Dump File)。根据调试目标的活动性，程序调试分为活动目标调试(Live Target Debugging)和转储文件调试(Dump File Debugging)。转储文件是以文件的形式将调试目标的内存状态凝固下来，包含了某一时刻的程序运行状态。转储文件调试是定位产品期问题和调试系统崩溃及应用程序崩溃的一种简便有效的方法。

根据程序调试所使用的工具分类。最简单的分类是是否使用调试器进行程序调试。使用调试器的程序调试可以使用断点、单步执行、跟踪等强大的调试功能。不使用调试器的程序调试主要依靠调试信息的输出、日志文件、转储文件、MAP 文件等。

以上介绍了程序调试的几种常见的分类方法，目的是让读者对程序调试有概括性的了解，需要注意的是有些调试技术的分类是有交叉的，例如某个应用程序的调试既是用户态调试，也是远程调试。

2.3.4 程序调试技术概览

本节将介绍各种常用的程序调试技术，让读者了解常用的调试技术和方法。

1) 断点

断点(Breakpoint)是使用调试器进行调试时最常用的调试技术之一，也是调试器的核心功能。基本思想是在某一个位置设置一个“陷阱”，当 CPU 执行到这个位置时便停止执行被调试的程序，中断到调试器，让调试者进行观察、分析和调试。调试者分析结束后，可以让被调试的程序终止执行或恢复执行。

根据断点的设置空间可以把断点分为代码断点、数据断点、I/O 断点。

根据断点的设置方法可以把断点分为软件断点和硬件断点。

2) 单步执行

单步执行(Step by Step)是最早的调试方式之一，也是调试器的核心功能。是让应用程序按照某一步骤单位一步一步地执行。按照步骤单位分为汇编语言一级的单步跟踪、源代码一级的单步跟踪、分支单步跟踪(WinDBG 的 tb 命令用来执行到下一个分支)。

3) 输出调试信息

打印和输出调试信息是一种简单的程序调试方式。其基本思想就是在程序中编写专门用于输出调试信息的语句，将程序的运行位置、状态和变量取值等信息以文本的形式输出到某一个可以观察到的地方，可以是控制台界面、Form 窗口、文件或调试器。这种方法简单方便、不依赖于调试器和复杂的工具，在很多场合被广泛应用。

4) 日志

与输出调试信息相似，写日志(Log)是另一种被调试程序自发的辅助调试手段。基本思想是在编写程序时加入特定的代码将程序运行的状态信息写到日志文件或数据库中。很多需要连续长时间在后台运行的服务器程序具有日志机制。

5) 事件追踪

打印调试信息和日志都是以文本形式输出和记录信息的，不适合处理数据量庞大且速度要求高的情况。事件追踪机制(Event Trace)是针对这一需求而设计的，它使用结构化的二进制形式记录数据，观察时再根据格式文件将信息格式转化为文本形式，适用于监视频繁且复杂的软件过程，比如监视文件访问和网络通信等。

6) 转储文件

转储文件是转储目标程序运行的一个快照，包含了当时内存状态的所有信息，包括代码和各种数据。Windows 操作系统提供了为应用程序和整个系统产生转储文件的机制，可以在不停止程序或系统运行的情况下产生转储文件。

7) MAP 文件

MAP文件是软件编译后产生的有关DSP用到所有程序、数据及 I/O 空间的一种映射文件。MAP文件大概分为文件头、内存配置、段映射、全局符号四部分。MAP 文件是程序的全局符号、源文件和代码行号信息的文本表示，利用它可以查找崩溃地址，进而可以精确定位到源代码中出错的代码行上。

8) 栈回溯

栈回溯(Stack Backtrace)的基本原理是，通过递归式寻找放在栈上的函数返回地址，追溯出当前线程的函数调用序列，通过栈回溯产生的函数调用信息称为 Calling Stack。

栈回溯是记录和探索程序执行轨迹的极佳方法，大多数的调试器都提供了栈回溯的功能。

9) 反汇编

反汇编(Disassemble)就是将目标代码(指令)翻译为汇编代码，也可以说是把机器语言转换为汇编语言代码。因为汇编代码与机器码有着简单的对应关系，所以反汇编是了解程序目标代码的一种非常直接有效的方式。学习和理解反汇编语言对程序调试、漏洞分析、OS 内核原理及高级语言代码的理解都有相当大的帮助。

10) 观察和修改数据

观察被调试程序的数据是了解程序内部状态的一种直接的方法。很多调试器都提供了多种方式用来观察和修改数据，可以观察变量和程序的栈及堆等重要的数据结构。在调试符号的支持下，可以按照数据类型来显示结构化的数据。

11) 控制被调试进程和线程

很多调试工具支持同时调试多个进程，每个进程又可以包含多个线程，调试器提供了单独挂起和恢复某一个或多个线程的功能，这对于调试多线程和分布式软件很有帮助。

2.4 程序错误的分类

程序调试的主要功能之一就是查找程序中的错误。了解程序错误的类型对于程序纠错是有帮助的。程序错误基本上可以分为 3 类：语法错误、逻辑错误和运行错误。

(1)语法错误：是指在程序的编制过程中，代码的书写与编程语言的语法规则不符。例如变量未定义，函数和过程的参数不对等。这是程序编写过程中最常见的错误，通常是因为对编程语言不熟悉或粗心造成的。

(2)逻辑错误：是指程序的运行结果与程序员的设计思想不符，这种错误通常是因为程序结构设计上考虑不周全，问题的算法描述不合理造成的，而其程序语法上并没有错误。运行期间的逻辑错误往往是最为隐蔽而最不容易被发现和排除的。程序测试是发现隐藏的逻辑错误的重要手段。

(3)运行错误：是指和程序的运行环境相关的错误。例如对一个已经关闭的文件进行操作，会产生运行错误。很多集成开发环境提供了功能强大的内部集成调试器，正确地配置和使用集成调试器可以有效地发现和改正程序中的错误。

2.5 程序错误定位的方法

当程序规模相当大时，定位程序中 Bug 的位置，使用常规的方法可能会非常耗时，此时借助于科学方法的指导，可以加快将 Bug 从程序中剥离出来的速度。本小节将介绍几种常用的方法用于定位程序中 Bug 的位置。

2.5.1 增量调试法

建议软件开发过程使用增量开发技术，这样就可以使用增量调试法调试程序。就是说，软件开发过程中，一次只增加一个重要的功能，或做一个重要的改变，然后在继续开发之前调试并验证它。这样，如果问题产生了，就与改变的那部分代码相关。如果一次改变了许多地方，就需要花很多工作来区分和诊断错误的原因了。

如果软件已经开发完成，此时使用增量调试法时，首先要对软件进行增量集成。即把程序分解为一组有限且独立的模块，增量调试法首先从一个模块开始，确认 Bug 是否在这个模块中。如果 Bug 不在第一个模块里，就加入一个模块试试，如此反复，持续增加模块，直到 Bug 出现。这个方法缩小了可能出现 Bug 的代码范围，问题很有可能出现在最后集成的那个模块代码中，这种方法的关键是模块的划分分解。

2.5.2 流程观察的程序插装法

所谓程序插装就是在保证程序的逻辑完整的基础上，在被测程序的特定部位插入一段检测程序(又称探针函数)。插装的目的主要在于程序动态运行时，抛出运行特征数据，基于这些特征数据的分析，可以获得程序的控制流及数据流信息，例如：程序的实际执行路径信息、路径覆盖信息等。程序插装是一个联系静态分析与动态测试的关键桥梁，在软件测试中占有非常重要的地位。借助于软件测试的这一技术，程序调试者可以根据这些信息，获知程序执行流程与错误结果之间的关系。

2.5.3 数据透视法

数据透视法的实现方法与流程观察的程序插装法类似，需要在被调试程序的特定部位插装一些输出语句。流程观察的程序插装法关心的是程序的流程，数据透视法则关心那些与计算过程和结果密切相关的数据及它们在程序运行过程中的处理变化情况。用其判断程序输出的错误结果与程序中的哪些计算有关。

2.5.4 分离法

在程序调试实践中，若有些函数是“成熟”的(已调试无误)，则可以不必对它调试，将那些需要调试的函数(或模块)从程序中分离出来，以进行单独调试。为了使函数能够运行起来，可能需要配置使其运行所需要的条件，例如提供输入数据。

2.5.5 屏蔽法

屏蔽法是将与当前调试所关心的操作无关的语句用注释符将其标记为注释语句，使这些语句在调试运行时不被执行。其目的是剔除“繁枝茂叶”，使得被调试程序简化，结构清晰，进而便于发现程序的错误。

2.5.6 回溯法

回溯法是在程序中输出的第一个错误结果的位置开始，倒着向回查找错误的方法。因为程序的错误，经常是由于此前的计算错误产生的。

2.5.7 二分法

前面讲述的增量调试法是一个顺序集成进行调试的方法，最糟糕的情况下可能是程序被分为了 n 个模块，错误就正好出现在第 n 个模块中，执行了 n 次测试才找到错误的位置。对于大型的程序来说，这是一种非常消耗资源的定位方法。一种加速定位错误位置的方法是二分法，即程序会对半分，验证人员假定其中的一半中包含 Bug，对包含 Bug 的部分会再次一分为二，这个过程一直持续，直到明确的定位 Bug 的位置为止。

2.6 学习程序调试技术的意义

程序调试技术的用途相当广泛。首先，它最主要的用途是定位并排除程序中的错误(Bug)；其次，程序调试技术在安全领域也有重要的应用，可以利用调试器来查杀杀毒软件无法对付的病毒，内核调试器是检测系统入侵的重要工具；再次，程序调试技术一个非常重要的应用，就是调试器是最强大的“学习机”，利用其独特的观察力和强大的控制力，可以观察和学习计算机软硬件，探索和认识计算机世界。

作为高级语言程序设计的初学者，掌握基本的程序调试技术，对高级程序设计语言的学习有着非常重要的意义。

第一，掌握程序调试技术，就可以使得程序的纠错从经验走向理性，大大提高学习和工作的效率；

第二，调试技术是学习其他计算机软硬件技术的极好的工具。通过调试器的强大的观察能力和程序控制能力，借助于断点、跟踪、栈回溯等功能可以快速地了解程序的模块、架构和工作原理，可以更深入地理解计算机语言的语法机制；

第三，核心的调试技术大多源于 CPU 和操作系统的直接支持，因此具有非常好的健壮性和稳定性，相对于其他的软件技术，它不会在短时间内淘汰，是一门一旦掌握便终身受用的技术。

第 3 章　Visual C++ 6.0 集成开发环境及调试器介绍

Visual C++是一个功能强大的可视化软件开发工具。自 1993 年 Microsoft 公司推出后，随着其新版本的不断问世，Visual C++已成为程序员进行软件开发的首选工具。虽然微软公司推出了 Visual C++.NET(Visual C++ 7.0)，但 Visual C++ 6.0 依然是非常经典，使用广泛的 Visual C++版本。

目前，Visual C++开发环境的版本已经升级至Microsoft Visual C++ 2013，对 C++的支持更加全面稳定。对于高级语言程序设计的初学者，为了与后续课程的实验环境接轨，本书将在 Visual C++ 6.0 环境下编辑、调试 C 语言程序。

本章首先介绍 Visual C++ 6.0 集成开发环境、控制台应用程序、定制控制台应用程序的开发环境以及 Visual C++的使用技巧。其次，还将介绍 Visual C++ 6.0 程序的编译链接和运行、调试环境的配置、集成调试器的程序调试技术以及程序的发布。

3.1　Visual C++ 6.0 集成开发环境

Visual C++ 6.0 的集成开发环境，拥有友好的可视化界面，这为 VC 应用程序的开发提供了较完善的软件环境。本节将介绍这个集成开发环境。

3.1.1　Visual C++ 6.0 开发环境

Visual C++ 6.0 安装完毕后，在 Windows 的【开始】菜单的【程序】菜单中可以找到【Microsoft Visual C++ 6.0】菜单项，在其弹出的子菜单中单击【Microsoft Visual C++ 6.0】，即可启动 Visual C++ 6.0，进入集成开发环境的主窗口，其界面如图 3-1 所示。

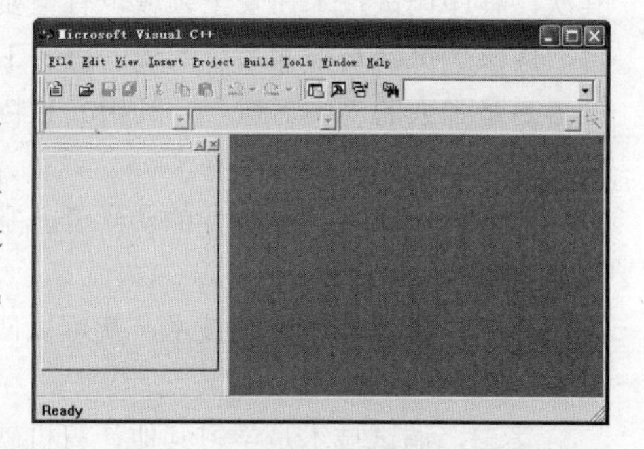

图 3-1　Visual C++ 6.0 启动页面

3.1.2　主窗口

Visual C++ 6.0 集成开发环境的主窗口包括：标题栏、菜单栏、工具栏、工作空间窗口、代码编辑窗口、输出窗口、状态栏。

1．**标题栏(Title bar)**：包含由 Visual C++图标所表示的标准 Windows 系统菜单、当前应用程序的名称和集成开发环境(IDE)本身的名字，在标题栏的右侧，分别是最小化、最大化/恢复和关闭三个按钮。

2．**菜单栏(Menu)**：主菜单是 Visual C++集成开发环境的重要组成部分，它提供了 VC 集成开发环境的所有功能。Visual C++ 6.0 主菜单共包含了 10 个菜单组，每一个菜单组的功能描述如表 3-1 所示。

表 3-1　Visual C++ 6.0 菜单组

菜 单 名	基 本 功 能
File	提供项目和文件的各种操作命令
Edit	提供代码编辑的功能
View	用于打开集成开发环境中的各种窗口和对话框，改变窗口的显示方式
Insert	用于添加项目、文件或资源
Project	用于项目的管理和设置等
Build	用于编译、链接、调试和运行程序
Debug	用于程序的调试工作，只有在调试状态下才会出现此菜单
Tools	用来选择定制工具，以及改变窗口的显示方式
Window	用于窗口的管理
Help	用于对 Visual C++的说明，向用户提供全面的帮助信息

File 菜单用于文件的相关操作，菜单项的基本功能如表 3-2 所示。

表 3-2　File 菜单

菜 单 项	基 本 功 能
New	创建新的文档、项目或工作空间
Open	打开已有的文件
Close	关闭当前活动窗口或选定窗口中已打开的文件
Open Workspace	主要用于打开工作空间文件
Save Workspace	保存打开的工作空间项目
Close Workspace	关闭打开的工作空间
Save	保存当前活动窗口或选定窗口中的文件
Save As	将当前活动窗口或选定窗口中的文件另存
Save All	保存所有窗口中已打开的文件
Page Setup	设置要打印的文件页面
Print	打印当前活动窗口中的内容
Recent Files	列出最近打开过的文件
Recent Workspaces	最近打开过的工作空间
Exit	退出 Visual C++ 6.0 开发环境

Edit 菜单包含了用于代码编辑或搜索的命令选项，菜单项的基本功能如表 3-3 所示。

表 3-3　Edit 菜单

菜 单 项	基 本 功 能
Undo	取消最近一次的编辑修改操作
Redo	恢复被“Undo”命令取消的修改操作
Cut	将选中的内容剪切掉
Copy	将所选内容拷贝至剪贴板中
Paste	将当前剪贴板中的内容粘贴到当前插入点
Delete	删除所选中的内容
Select All	选择当前活动窗口中的所有内容
Find	查找指定的字符串

续表

菜 单 项	基 本 功 能
Find in Files	在多个文件中查找
Replace	替换指定的字符串
Go to	将光标移到当前活动窗口的指定位置
Bookmarks	设置或取消书签，书签用于在源文件中做标记
Advanced	包含用于编辑或者修改的高级命令
List Members	把光标放入某类名或该类成员函数区域内，列出成员列表
Breakpoints	编辑管理程序中的断点
Type Info	把光标放在类名或其成员函数以及变量名上，列出相应的简短类型信息
Parameter Info	把光标放在函数名上，列出该函数型参考信息供参考
Complete Word	选择该选项可以把未写完的系统 API 函数或 MFC 函数名自动补足

View 菜单中包含用于检查源代码和调试信息的命令选项，菜单项的基本功能如表 3-4 所示。

表 3-4　View 菜单

菜 单 项	基 本 功 能
ClassWizard	用于编辑应用程序的类
Resource Symbols	打开资源符号浏览器，浏览和编辑资源符号
Resource Includes	修改资源符号文件名和预处理器指令
Full Screen	按全屏幕方式显示活动窗口
Workspace	显示工作空间窗口
Output	显示输出窗口，在输出窗口显示程序编译、链接、调试时的信息
Debug Window	显示调试信息窗口，这些命令仅在调试运行状态下才可用
Refresh	刷新选定的内容
Properties	设置或查阅对象的属性

Insert 菜单用来添加项目、文件或资源，菜单项的基本功能如表 3-5 所示。

表 3-5　Insert 菜单

菜 单 项	基 本 功 能
New Class	创建新的类并添加到项目中
New Form	创建新的对话框并添加到项目中
Resource	创建新的资源或插入资源到资源文件中
Resource Copy	创建选定资源的备份，即复制选定的资源
File As Text	在源文件中插入文件
New ATL Object	添加新的 ATL 对象到项目中

Project 菜单用来管理项目和工作空间，菜单项的基本功能如表 3-6 所示。

表 3-6　Project 菜单

菜 单 项	基 本 功 能
Set Active Project	选择指定的项目为工作空间中的活动项目
Add To Project	添加文件、文件夹、数据链接以及可再用部件增加到项目中
Dependencies	编辑项目的依赖关系

续表

菜 单 项	基 本 功 能
Settings	为项目配置指定不同的设置说明
Export Makefile	按外部 Make 文件格式导出可建立的项目
Insert Project into Workspace	插入已有的项目到工作空间中

Build 菜单中的命令选项用于编译、组建、调试及执行应用程序，菜单项的基本功能如表 3-7 所示。

表 3-7 Build 菜单

菜 单 项	基 本 功 能
Compile	编译源代码编辑窗口中的源文件，用于检查源文件中是否有语法错误
Build	查看项目中的所有文件，并对最近修改过的文件进行编译和链接
Rebuild All	对项目中所有文件一律重新进行编译和链接
Batch Build	用于一次建立多个项目
Clean	删除项目的中间文件和输出文件
Start Debug	选择该选项将弹出级联菜单，包含有启动调试器控制程序运行的子选项
Debugger Remote Connection	对远程调试连接设置进行编辑
Execute	运行程序
Set Active Configuration	用于选择活动项目的配置
Configurations	编辑项目的项目配置
Profile	用于检查程序运行行为

Tools 菜单中的命令选项用于浏览程序符号、定制菜单与工具栏、激活常用的工具或者更改选项设置等，菜单项的基本功能如表 3-8 所示。

表 3-8 Tools 菜单

菜 单 项	基 本 功 能
Source Browser	弹出浏览窗口，显示与程序中所有符号(类、函数、数据、宏、类型)有关的信息
Close Source Browser File	关闭打开的浏览信息数据库
Visual Component Manager	可视化组建管理
Register Control	注册控件
Error Lookup	启动错误查找器
ActiveX Control Test Container	组建应用
OLE/COM Object Viewer	OLE 或 COM 目标文件
Spy++	监视器，用于给出系统进程、线程、窗口和窗口消息的图形表示
MFC Tracer	MFC 跟踪器
Customize	定制工具栏、Tools 菜单和键盘加速键等
Options	设置环境，如调试器设置、窗口设置、目录设置、工作空间设置等
Macro	创建和编辑宏文件
Record Quick Macro	记录宏
Play Quick Macro	运行宏

Window 菜单中包含用于窗口管理的命令选项，菜单项的基本功能如表 3-9 所示。

表 3-9　Window 菜单

菜 单 项	基 本 功 能
New Window	打开新窗口，从中显示当前文档信息
Split	将窗口拆分为多个面板，为同时查看同一文档的不同内容提供方便
Docking View	启用/关闭 Docking View 模式
Close	关闭选定的活动窗口
Close All	关闭所有打开的窗口
Next	激活下一个窗口
Previous	激活上一个窗口
Cascade	将所有当前打开的窗口在屏幕上重叠显示
Tile Horizontally	将所有当前打开的窗口在屏幕上横向平铺
Tile Vertically	将所有当前打开的窗口在屏幕上纵向平铺
打开窗口历史记录	在 Tile Vertically 下面列出了最近打开过的窗口文件
Windows	管理打开的窗口

Help 菜单提供了对于 Visual C++ 6.0 的使用说明，使用户获得帮助信息，菜单项的基本功能如表 3-10 所示。

表 3-10　Help 菜单

菜 单 项	基 本 功 能
Contents	显示帮助信息内容列表
Search	在线查询，激活 MSDN 窗口，查询联机帮助文档
Index	在线文件索引，激活 MSDN 窗口，查询联机帮助文档
Use Extension Help	使用/关闭扩展帮助
Keyboard Map	键盘命令
Tip of the Day	显示信息框
Technical Support	显示支持信息
Microsoft on the Web	显示 Microsoft 产品页
About Visual C++	显示版本信息

注意：以上菜单是在已建立一个控制台应用程序的基础上显示的菜单项。

3．**工具栏(Tool Bar)**：工具栏是 Visual C++集成开发环境的重要组成部分，包括 Standard 工具栏、Build 工具栏、Resource 工具栏、WizardBar 工具栏、Debug 工具栏等。

Standard 工具栏用于维护和编辑工作区的文本和文件，如图 3-2 所示。

图 3-2　Standard 工具栏

将鼠标停在工具栏的图标上，就能出现关于该图标功能介绍的说明性文字。各图标功能介绍如下：

```
New TextFile：创建新的文本文件。
Open：打开一个已经存在的文档。
Save：保存当前打开的文档。
Save All：保存所有打开的文档。
Cut：剪切选定的内容。
Copy：复制选定的内容至剪贴板中。。
```

```
Paste：将当前剪贴板中的内容粘贴到当前的插入点。
Undo：取消上一步的操作。
Redo：恢复被取消的操作。
Workspace：显示/隐藏工作空间窗口。
Output：显示/隐藏输出窗口。
Windows List：窗口管理。
Find in Files：在多个文件中搜索。
Find：查找字符串。
Search：搜索联机文档。
```

Build Minibar 工具栏用于编译代码，链接目标文件和调试运行程序，如图 3-3 所示。各图标功能介绍如下：

```
Compile：编译当前源代码编辑窗口中打开的文件。
Build：建立项目生成一个可执行文件。
Stop Build：停止编译/链接程序。
Execute Program：运行程序。
Go：使用调试器调试程序。
Insert/Remove Breakpoint：插入或删除断点。
```

G0：使用调试器调试程序。

Build 工具栏比 Build Minibar 工具栏多两项功能：选择项目和配置，如图 3-4 所示。各图标功能介绍如下：

图 3-3 Build Minibar 工具栏

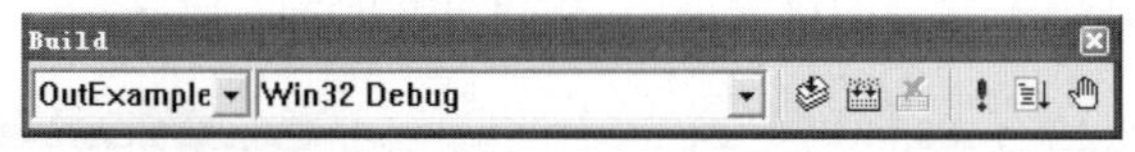

图 3-4 Build 工具栏

```
Select Active Project：选择活动项目。
Select Active Configuration：选择活动配置(Debug或Release)。
```

Debug 工具栏用于调试程序，如图 3-5 所示。各图标的功能介绍如下：

```
Restart：放弃当前的调试，重新开始调试。
Stop Debugging：停止调试程序，返回到编辑状态。
Break Execution：停止运行程序。
Apply Code Changes：应用改变后的代码。
Show Next Statement：显示下一条语句。
Step Into：进入函数内部单步执行。
Step Over：单步执行(跳过函数)。
Step Out：跳出函数。
Run to Cursor：运行到光标处。
Quick Watch：弹出Quickwatch对话框，查看、修改变量或表达式的值。
Watch：显示/隐藏Watch窗口。
Variables：显示/隐藏Variables窗口。
Registers：显示/隐藏Registers窗口。
Memory：显示/隐藏Memory窗口。
Call Stack：显示/隐藏Call Stack窗口。
Disassembly：显示/隐藏Disassembly窗口。
```

Resource 工具栏用于控制资源的创建，如图 3-6 所示。

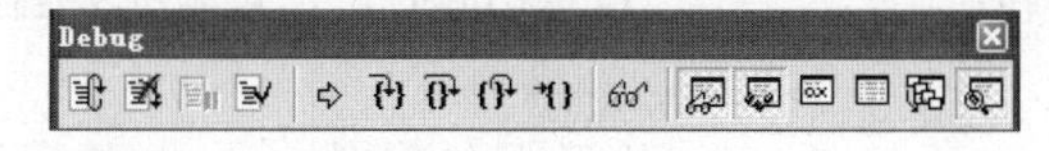

图 3-5 Debug 工具栏

图 3-6 Resource 工具栏

各图标的功能介绍如下：

```
New Dialog：创建新的对话框。
New Menu：创建新的菜单。
New Cursor：创建新的光标。
```

```
New Icon：创建新的图标。
New Bitmap：创建新的位图。
New Toolbar：创建新的工具栏。
New Accelerator：创建新的快捷键。
New String Table：创建新的字符串表。
New Version：创建新的版本信息。
Resource Symbols：获得资源符号。
```

WizardBar 工具栏用于进行类的操作，如图 3-7 所示。

图 3-7　WizardBar 工具栏

各图标的功能介绍如下：

```
WizardBar C++ Class：选择类。
WizardBar C++ Filter：选择过滤事件。
WizardBar C++ Members：选择类成员。
WizardBar Actions：执行具体操作。
```

工具栏是可以定制的。在菜单栏的任意位置，右键单击，弹出快捷菜单如图 3-8 所示，通过这个快捷菜单可以关闭或显示各工具栏。

单击工具栏管理的快捷菜单中的 Customize…命令，弹出 Customize 对话框，如图 3-9 所示。

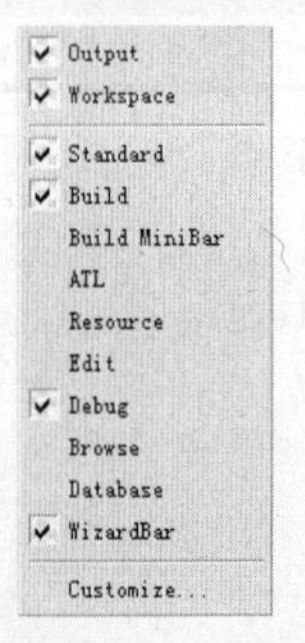

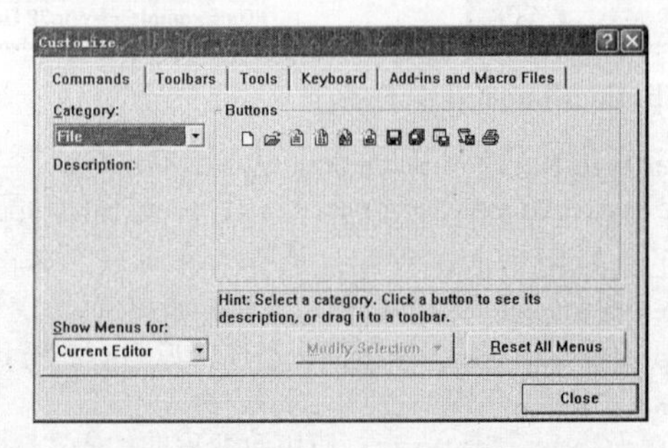

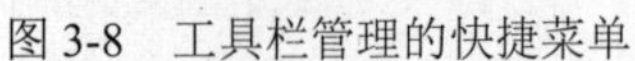

图 3-8　工具栏管理的快捷菜单　　　　图 3-9　Customize 对话框

在 Customize 对话框中，有 5 个选项卡。在 Commands 选项卡中可以向工具栏定制命令按钮。在 Category 下拉列表框中选择命令的类别，Buttons 面板中显示该类别的命令按钮，单击一个命令按钮，可以显示关于该命令按钮的功能描述(Description)，按鼠标左键拖动该按钮到某个工具栏，实现工具栏中命令按钮的定制；在 Toolbar 选项卡中，可以通过复选框来打开或关闭工具栏，可以通过复选框选择是否显示工具提示，是否可以使用快捷键，是否以大图标显示工具栏中的工具按钮；在 Keyboard 选项卡中，可以修改或设置命令的快捷键；在 Add-ins and Macro Files 选项卡中，可以添加插件和宏文件。

3.2　控制台应用程序

在 Visual C++ 6.0 中，一个源程序文件必须属于一个项目(Project)，所以首先要创建一个项目。

说明　Visual C++ 6.0 的应用程序是以项目(Project)的形式组织的，一些书籍将单词“Project”翻译为“工程”，本书中使用“项目”来描述 Visual C++和 C 的应用程序。

3.2.1　创建控制台应用程序

创建控制台应用程序的第一步，是首先创建控制台应用程序的项目。其基本步骤是：在启动

Microsoft Visual C++ 6.0 之后，选择菜单【File】|【New…】命令，弹出 New 对话框，如图 3-10 所示。在 New 对话框中，可以新建文件、新建项目、新建工作空间等。在 Projects 选项卡中，选择项目的类型 Win32 Console Application，在 Location 处选择项目的保存位置，在 Project name 处指定项目的名称，然后单击【OK】按钮，建立一个控制台应用程序项目。

第二步是在创建控制台应用程序项目后，要对项目信息进行配置。作为 Win32 Console Application 类型的项目，只有一个配置界面，如图 3-11 所示。若是其他类型的项目，可能会有多个项目配置界面。在图 3-11 的项目配置界面中，选择默认选项(An empty project)。这个选项将创建一个空的项目，Visual C++ 6.0 不会自动生成源代码文件。建议选择默认选项，若选择其他选项，Visual C++ 6.0 将自动生成一些源代码文件。

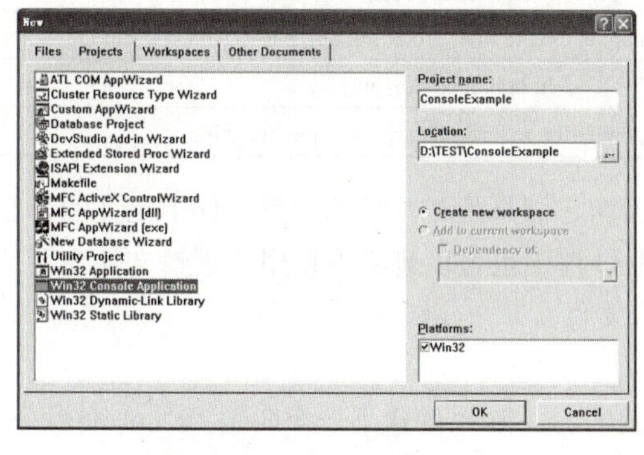

图 3-10　New 对话框

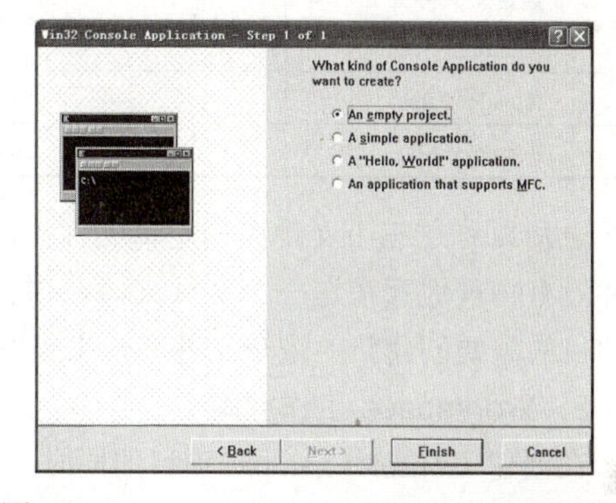

图 3-11　Win32 Console Application 配置界面

第三步需要确认之前所做的配置，如图 3-12 所示，在 New Project Information 对话框中显示出之前所做的配置，以供最后检查。如果确认无误，该项目将被创建。确认该页面显示的内容都是正确的后，单击【OK】按钮，完成控制台应用程序的创建。

创建项目完毕后，Visual C++ 6.0 会根据所填写的配置创建相关的文件夹，创建完成后会显示创建的结果，如图 3-13 所示。

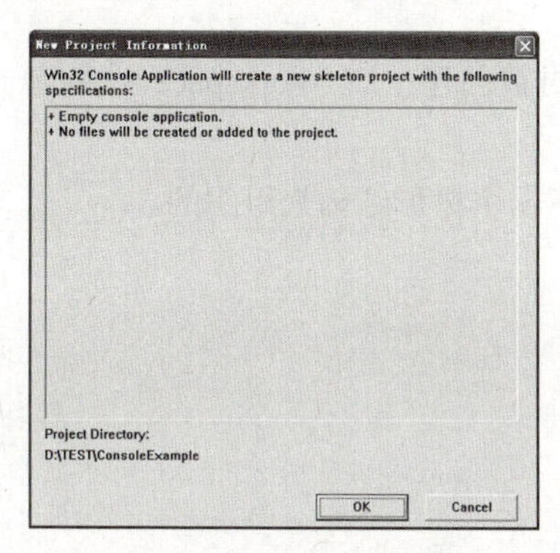

图 3-12　Win32 新项目信息窗口

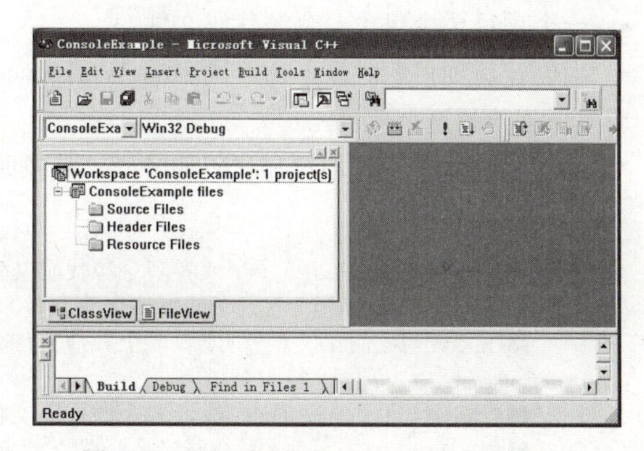

图 3-13　项目创建后 Visual C++ 6.0 界面

在窗口的左半部分是工作空间(Workspace)窗口，在工作空间窗口有两个视图：Class View 和 File View。Class View 视图显示当前项目中所声明的类、全局变量等，对于编写 C 语言程序来说，这个页面没有什么大的作用。File View 页面显示当前项目中的所有文件。以下对图 3-13 中相关内容进行说明。

1．项目

图 3-10 中显示，Visual C++ 6.0 创建了一个名为“ConsoleExample”的项目，可在主窗口界面标题栏中看到。在工作空间的 File View 视图的左边树形结构中的“ConsoleExample”节点代表了该

项目。

2．文件和逻辑文件夹

在 File View 视图的树形结构项目节点下面有三个预定义的逻辑文件夹，分别是："Source Files"、"Header Files"、"Resource Files"。在每一个文件夹下面，都没有文件，这是因为此前选择的是创建一个空的项目。这三个文件夹是 Visual C++ 6.0 预先定义的，就 C 应用程序而言，至少需要使用 Source Files 和 Header Files 两个文件夹。事实上这三个文件夹是按照里面所存放的文件类型来定义的，如表 3-11 所示。

表 3-11　预定义文件夹包含的文件类型

预定义文件夹	包含的文件类型
Source Files	cpp; c; cxx; rc; def; r; odl; idl; hpj; bat
Header Files	h; hpp; hxx; hm; inl
Resource Files	ico; cur; bmp; dlg; rc2; rct; bin; rgs; gif; jpg; jpeg; jpe

之所以称这三个文件夹为逻辑文件夹，是因为它们只是在项目的配置文件中定义的，在磁盘上并没有物理地存在这三个文件夹。在项目开发过程中也可以删除不使用的逻辑文件夹，或者根据项目的需要创建新的逻辑文件夹，来组织项目文件。

3．Workspace 工作空间

在创建 ConsoleExample 项目的同时，Visual C++ 6.0 也创建了一个叫做"ConsoleExample"的工作空间，并且该工作空间只包含一个项目。如图 3-13 所示的节点"Workspace 'ConsoleExample': 1 project(s)"。

- Visual C++ 6.0 是按照 Workspace 来管理项目和代码的。一次必须打开一个 Workspace。
- 一个 Workspace 中可以包含一个或者多个项目。
- 一个项目可以包含一个或者多个逻辑文件夹。
- 一个文件夹里面可以包含零个或者多个文件。
- 一个项目至少包含一个源代码文件。
- 当创建新项目的时候，一个同名的 Workspace 同时被创建；该 Workspace 只包含一个项目，就是新创建的这个项目。

Visual C++ 6.0 在管理项目和代码的时候，是按照如下一个树形结构来组织的。

```
Workspace
 ·Project 1 (项目 1)
    ■Source Files (一个或者多个源代码文件)
    ■Header Files  (一个或者多个头文件)
    ■Other Files  (一个或者多个其他文件)
 ·Project 2 (项目 2)
    ■Source Files (一个或者多个源代码文件)
    ■Header Files  (一个或者多个头文件)
    ■Other Files  (一个或者多个其他文件)
```

项目创建完毕后，需要添加一个源代码文件到项目中。选择【Project】|【Add To Project】|【New…】命令，弹出如图 3-14 所示的 New 对话框。在 Files 选项卡中，选择文件类型为：C++ Source File，在 File 的文本框中输入要添加的文件名 OutputExample。Location 是选择项目所在位置，Add to project 下面的下拉列表框中，可以选择要添加文件的项目，对于本例这两项保持默认值。单击【OK】按钮，OutputExample.cpp 文件就被添加到项目 ConsoleExample 中，在 File View 视图的 Source Files 文件夹中可以看到 OutputExample.cpp 文件，如图 3-15 所示。

图 3-15 为控制台应用程序开发的基本界面，包括标题栏、菜单栏、工具栏、工作空间、代码编辑器窗口和输出窗口。

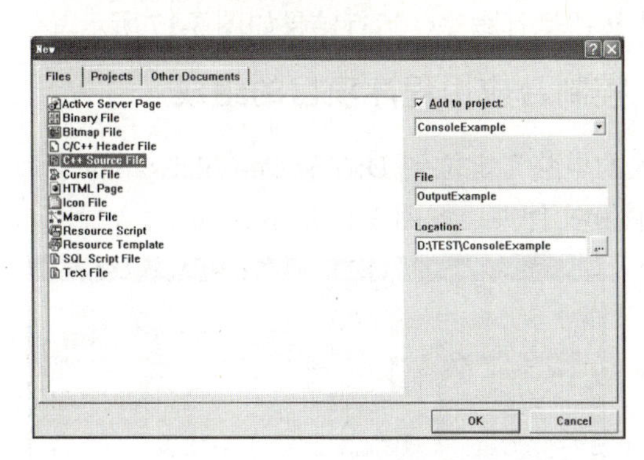

图 3-14 New 对话框

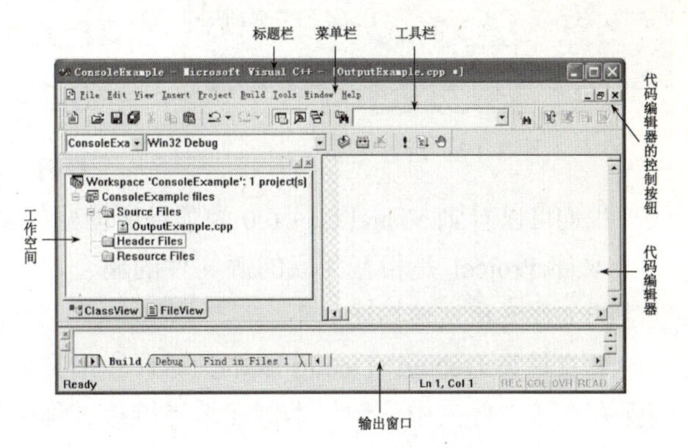

图 3-15 创建源文件 OutputExample.cpp 后的 Visual C++ 6.0 界面

3.2.2 编辑并保存文件

在创建了控制台应用程序后，即可在代码编辑器窗口进行程序代码的编写。一个控制台应用程序的开发要经过编辑、编译、链接和运行几个阶段。

在代码编辑器中进行源代码的编辑，常用的编辑方式(剪切、复制、粘贴、全选、删除、撤销、重做)与普通的文本编辑软件(例如记事本、Word)的使用方法相同，快捷键也基本相同。这些命令项在 Edit(编辑)菜单中。代码编辑器窗口最大化、最小化和关闭的控制按钮如图 3-15 所示。

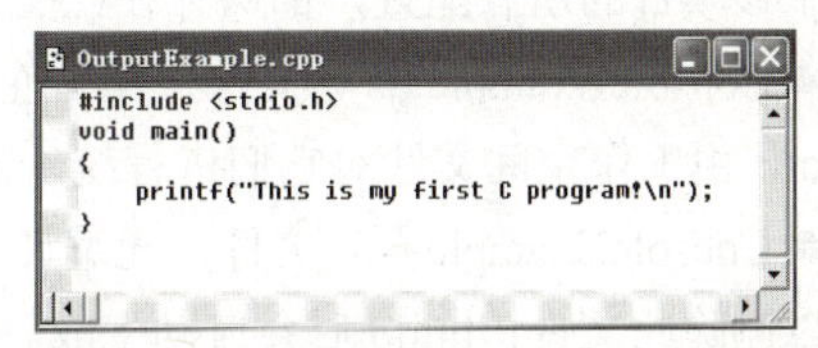

图 3-16 OutputExample 源文件的代码编辑器窗口

在代码编辑器窗口编写如图 3-16 所示的代码。使用菜单【File】|【Save】命令项或使用工具栏的按钮，保存编辑的代码文件。

3.2.3 编译并运行项目

编译、链接并运行程序可以使用菜单命令，也可以使用 Build 工具栏。若 Build 工具栏没有打开，则可以使用鼠标右键单击菜单栏的任意空白位置，显示快捷菜单，在弹出的快捷菜单中选中“Build”一项，就可以打开 Build 工具栏。在该工具栏中，可以选择“Win32 Debug”模式，或者“Win32 Release”模式进行编译。在调试程序的过程中，一般选择“Win32 Debug”模式。

使用菜单【Build】|【Compile】命令或者使用 Build 工具栏上的按钮编译程序，在 Output 窗口显示编译信息。若编译成功，显示如下信息：

```
---------Configuration: ConsoleExample - Win32 Debug---------
Compiling...
OutputExample.cpp
OutputExample.obj - 0 error(s), 0 warning(s)
```

编译检查无语法错误，生成目标文件。

使用菜单【Build】|【Build】命令或者使用 Build 工具栏上的按钮组建程序，若链接成功，则在 Output(输出)窗口中显示如下信息：

```
--------------Configuration: ConsoleExample - Win32 Debug--------------
Linking...
ConsoleExample.exe - 0 error(s), 0 warning(s)
```

组建成功后，生成.exe 可执行程序。

使用菜单【Build】|【Execute】命令或者使用 Build 工具栏上的 ! 按钮运行程序，运行结果如图 3-17 所示。

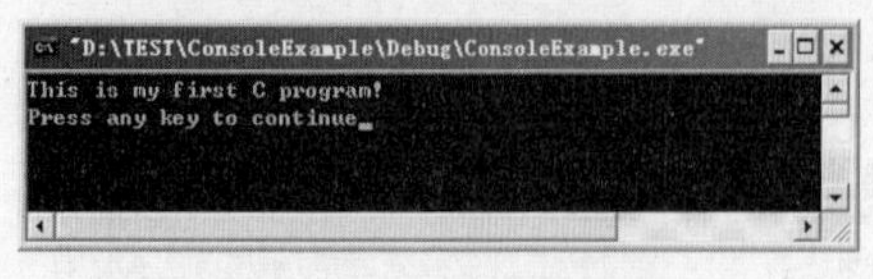

图 3-17　运行结果

3.2.4　控制台应用程序项目的组成

打开“我的电脑”定位到 D:\Test\ConsoleExample 目录，我们可以看到 Visual C++ 6.0 为项目所创建的文件和文件夹，如图 3-18 所示。

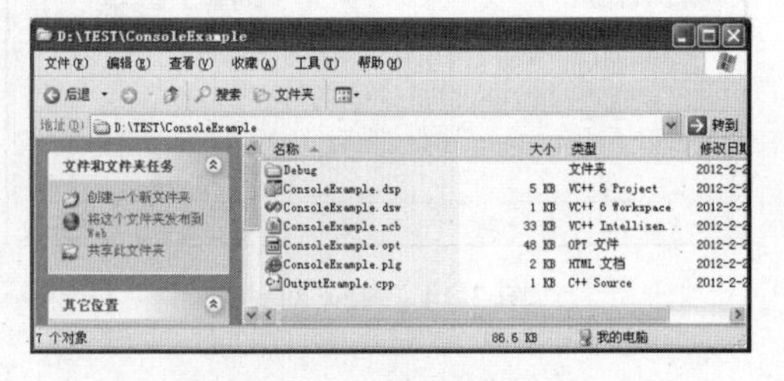

图 3-18　项目文件夹

项目 Project 是相互关联的源文件的集合，项目创建的文件夹和文件描述如下：

● 文件夹 Debug：Debug 版本的编译输出文件将被保存在该文件夹中，例如本例在编译链接过程中生成的目标文件 OutputExample.obj 和可执行文件 ConsoleExample.exe 均被保存在 Debug 文件夹中。如果项目的编译属性修改为 Release 之后，会生成另外一个叫做 Release 的文件夹。关于 Debug 和 Release，这是两个最常见的编译选项。相同源代码生成的 Debug 版本的 .exe 文件比 Release 版本要大一些，因为 Debug 版本多包含了一些帮助 VC 调试程序的符号等信息。

● ConsoleExample.dsp 文件：主要记录文件信息和项目参数配置文件，包括逻辑文件夹在内的关于该项目的所有配置，都保存在此文件中，这个文件很重要。

● ConsoleExample.dsw 文件：工作空间文件，在工作空间(Workspace)文件中可以包含多个 Project，由工作空间文件对它们进行统一的协调和管理。

● ConsoleExample.ncb 文件：无编译浏览文件(no compile browser)。当自动完成功能出问题时可以删除此文件，build 后会自动生成。

● ConsoleExample.opt 文件：工作空间选项文件。这个文件中包含的是在 Workspace 文件中要用到的本地计算机的有关配置信息，所以这个文件不能在不同的计算机上共享，当打开一个 Workspace 文件时，如果系统找不到需要的 opt 类型文件，就会自动地创建一个与之配合的包含本地计算机信息的 opt 文件。

● ConsoleExample.plg 文件：编译信息文件，编译时的 error 和 warning 信息文件，一般用处不大。在【Tools】|【Options】里面有个选项可以控制这个文件的生成。

● OutputExample.cpp 文件：用 C++语言编写的源代码文件。

3.3　定制控制台应用程序的开发环境

为了适应开发者的个性与习惯，Visual C++提供了多个环境定制工具。下面以开发控制台应用程序为例，介绍如何定制 IDE 的开发环境。

3.3.1　菜单与工具栏的定制

用户可以根据需要定制新的工具栏，或者对已有的工具栏进行修改，如添加新按钮、删除已有按钮等，也可以对菜单栏中命令进行修改。在修改和定制菜单和工具栏时，首先需要打开 Customize 对话框。在菜单栏任意位置，右键单击弹出快捷菜单，在快捷菜单中选择 Customize，弹出 Customize 对话框。

定制新的工具栏的步骤：在打开的 Customize 对话框中选择 Toolbars 选项卡，单击【New】按钮，弹出新建工具栏的 New Toolbar 对话框，给新工具栏命名，如图 3-19 所示。打开 Commands 选项卡，在 Category 下拉列表框中，选择命令的类别，在 Buttons 面板中选择按钮，按住鼠标左键，并拖到新工具栏中，如图 3-20 所示定制了 MyEdit 工具栏。

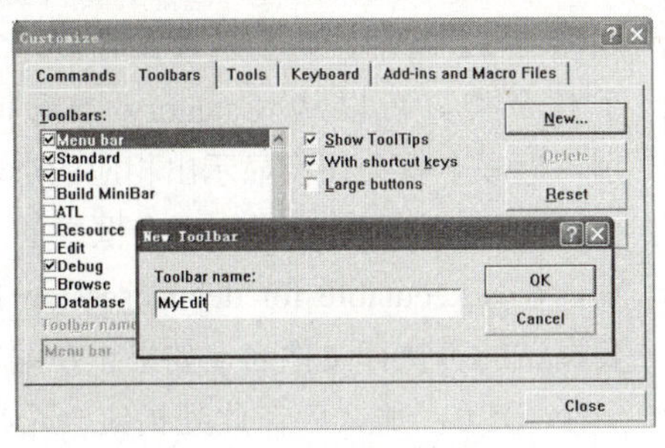

图 3-19 定制新的工具栏

图 3-20 定制的 MyEdit 工具栏

对于已有的工具栏，可以修改工具栏上的命令按钮。向已有的工具栏添加按钮的方法是，打开 Customize 对话框中的 Commands 选项卡，在 Category 下拉列表框中，选择命令的类别，在 Buttons 面板中选择按钮，按住鼠标左键拖到已有的工具栏中；删除按钮的方法是，用鼠标单击工具栏上的按钮并拖动，一直脱离 Visual C++ 6.0 的工具栏即可。

修改菜单上的命令的方法和修改工具栏上按钮的方法一样。打开要添加命令的菜单，将 Customize 对话框中的 Commands 选项卡中 Buttons 面板中的按钮，拖动到菜单，即完成了添加操作。用鼠标左键点中菜单上的命令拖动，直到脱离菜单，即可完成删除菜单命令的操作。

3.3.2 项目配置

打开或新建一个包含至少一个项目的 Workspace 后，Visual C++ 6.0 的【Project】|【Settings…】命令就变为有效，选择此命令或者按快捷键【Alt+F7】后，便可调出如图 3-21 所示的 Project Settings 对话框，其中的选项将影响整个项目的建立和调试过程，因此很重要，虽然一般情况下，其中大多数的选项都不用改变，但了解它们的含义能够加深对 VC 项目的理解。

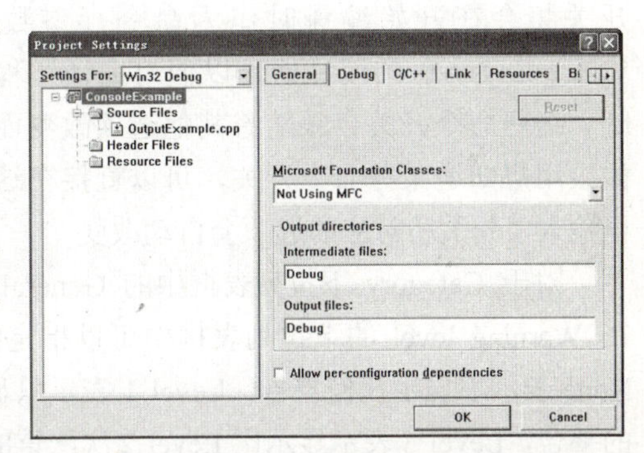

图 3-21 Project Settings 对话框

在 Project Settings 对话框中，左上方的下拉列表框用于选择一种项目配置，包括 Win32 Debug、Win32 Release 和 All Configurations(指前两种配置一起)，某些选项在不同的项目配置中有不同的默认值。左边的树形视图给出了当前项目所有的文件及分类情况。对话框的右边出现总共 10 个选项卡，其中列出了与项目有关的各种选项，不少选项卡中有一个【Reset】按钮，按下它后可以把选项卡内的各项设置恢复到生成项目时的初始值。如果在树形视图中选择一个文件类或一个文件，那么对话框右边的选项卡会自动减少到一个或两个，其中列出的都是与选中的文件类或文件有关的选项，下面以 Win32 Debug 为例介绍与控制台应用程序项目有关的 9 个选项卡的功能与含义。

1. General

在 General 选项卡中，Microsoft Foundation Classes 下的下拉列表框用于更改使用 MFC 类库的方式。Output directories 面板用于指定在编译链接过程中生成的中间文件和输出文件的存放目录，对于调试版本，默认的目录是项目下面的 Debug 子目录。Allow per-configuration dependencies 复选框用于指定是否允许每种项目配置都有自己的文件依赖关系(主要指头文件)，由于绝大多数项目的调试版本和发布版本都具有相同的文件依赖关系，所以通常不需要更改此选项。

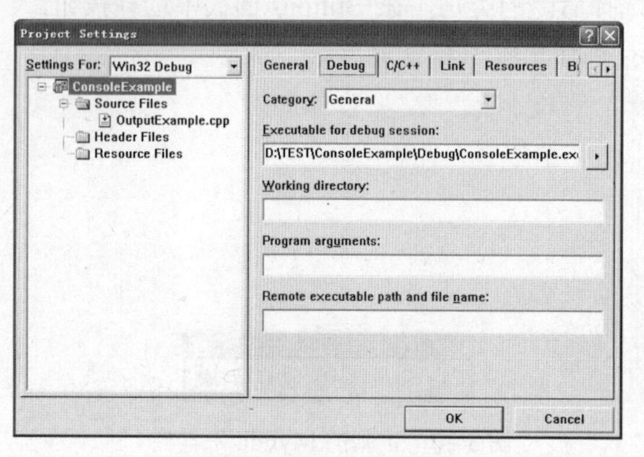

图 3-22　Debug 选项卡

2．Debug

Debug 选项卡中是一些与调试有关的选项，如图 3-22 所示，由于选项比较多，它们被分成了几个类，可以从 Category 中选择不同的类别，选项卡就会切换显示出相应的选项。

对于 Category 下拉列表框中的 General 类别，在 Executable for debug session 中可以指定要调试的可执行文件名，如果正在编写的程序是一个 DLL，那么应在此处指定一个用来调试该 DLL 的 EXE 文件；在 Working directory 用于指定调试的工作目录；在 Program arguments 中指定开始调试时给程序传送的命令行参数；在 Remote executable path and file name 中指定进行远程调试时可执行文件的路径。

对于 Category 下拉列表框中的 Additional DLLs 类别，在 Modules 中指定在开始调试时是否为一些额外的 DLL 装载调试符号信息，只有装载了符号信息后才能跟踪进 DLL。

3．C/C++

C/C++选项卡控制着 Visual C++ 6.0 的编译器，其中选项比较多。如图 3-23 所示，在对话框的最下面有 Project Options 编辑框，其中列出的各种命令开关将会在开始编译时作为命令行参数传送给 Visual C++ 6.0 的编译器，以便对编译过程进行控制。这些命令开关会跟随着其他选项改变而改变，如果用户知道某些命令开关，可以直接在这个编辑框输入，开关所对应的选项会自动改变。

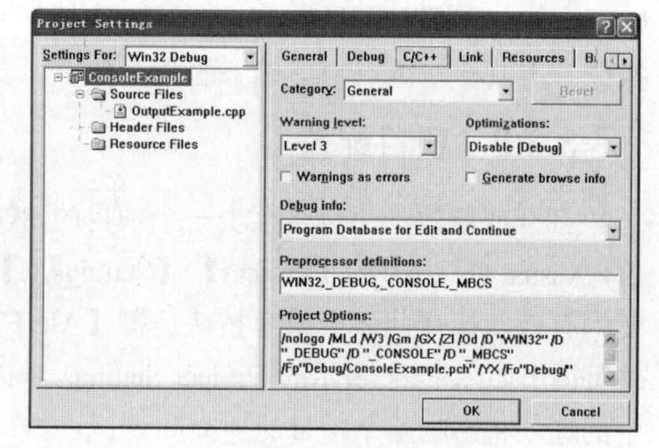

图 3-23　C/C++选项卡

对于 Category 下拉列表框中的 General 类别，在 Warning level 的下拉列表框中可以指定编译器显示警告的级别。警告的级别有 5 种，其中 None 表示不显示任何警告，Level 1 表示只显示严重的警告，Level 2 表示显示比 Level 1 次严重的警告，Level 3 表示显示比 Level 2 次严重的警告，Level 4 则表示显示出所有的警告，包括那些安全忽略的警告，如果选中了下面 Warnings as errors 复选框，那么显示的每一个警告都将会引起一个错误，这样在编译完毕后就无法启动链接器来进行链接。C/C++语言的语法在某些地方存在着潜在的问题，建议把警告级别设置为 Level 3，并尽量排除编译过程中产生的警告。Optimizations 下拉列表框用于设置代码的优化方式，优化的目的主要有提高运行速度和减小程序体积两种，但大多数情况下这两种目的是无法同时达到最优的。另外，在极少数的情况下，不进行优化，程序能正常运行，打开了优化措施之后，程序反而会出现一些问题。其实这多半是程序中有潜在的错误，关闭优化措施往往只是暂时解决问题。在 Debug info 下拉列表框中用于指定编译器产生的调试信息的类型，为了使用 Visual C++ 6.0 支持即编即调功能，必须在这里选择生成 Program Database for Edit and Continue 类型的调试信息，而不能选择生成与老版本编译器兼容的调试信息。Preprocessor definitions 编辑框中是一些预先定义的宏名，MFC 类库和 Windows 的头文件中大量使用了这些宏来设置条件编译。

对于 Category 下拉列表框中的 C++ Language 类别，涉及了 C++语言的一些高级特性，包括成员指针的表示方式、异常处理、运行时类型信息、构造位移等，它们的概念都比较深奥，一般情况下不需要去改变它们。

对于 Category 下拉列表框中的 Code Generation 类别，涉及如何生成目标代码，可以选择目标处理器的类型、运行时库的类型、进行函数调用时参数的默认传递方式、结构成员的对齐方式等，一般情况下保持默认值即可。

对于 Category 下拉列表框中的 Customize 类别，从上到下有 6 个复选框，其含义依次是：是否禁止使用 Microsoft 对 C++的扩展；是否允许函数级别的链接；是否消除重复的字符串；是否允许进行最小化的重建；是否允许递增编译方式；是否允许编译器在开始运行时向 Output 窗口中输出自己的版本信息。其中第二和第三项为灰色是因为它们与即编即调功能不兼容，如果在 General 类别中选择生成其他类型的调试信息，那么就可以更改这两个选项。

对于 Category 下拉列表框中的 Listing Files 类别，可以指定编译器生成浏览信息和列表文件(Listing file)，前者可由浏览信息维护工具 BSCMAKE 生成浏览信息文件，后者则包含了 C/C++源文件经过编译后对应的汇编指令。

对于 Category 下拉列表框中的 Optimizations 类别，可以对优化措施进行更细微的控制，在 Optimizations 下拉列表框中选择 Customize 后，可在列表框中选择对哪几项进行优化，在 Inline function expansion 中可以指定对内联函数的扩展方式。

对于 Category 下拉列表框中的 Precompiled Headers 类别，是关于预编译头文件的一些选项，一般情况下不用更改。

对于 Category 下拉列表框中的 Preprocessor 类别，是关于预处理的一些选择，在这里可以预先定义一些宏名，指定部分或所有符号具有未定义状态，指定额外的包含文件所在的目录。

4．Link

Link 选项卡控制着 Visual C++ 6.0 的链接器，比较复杂，如图 3-24 所示。对于 Category 下拉列表框中的 General 类别，在 Output file name 编辑框中可以指定输出的文件名；在 Object/library modules 中指定在链接过程中需要使用的额外的库文件或目标文件；还有 5 个复选框，其含义依次是：生成调试信息、忽略所有默认的库文件、允许递增链接方式(这种方式可以加快链接的速度)、生成 MAP 文件、允许进行性能分析。

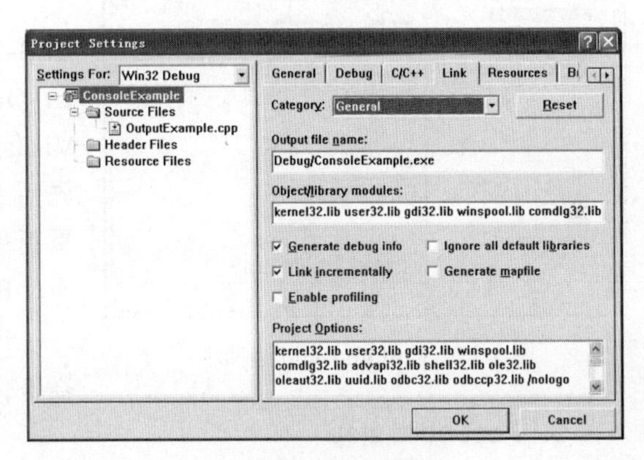

图 3-24　Link 选项卡

对于 Category 下拉列表框中的 Customize 类别，其中一些选项与 General 类别中的选项相同。选中 Use program database 复选框，则允许使用程序数据库，这样链接器会把调试信息放在程序数据库中，如果不选中该选项，那么也不能使用递增链接方式。如果选中了 Force file output 复选框，那么即使某个模块引用了一些未定义或者重复定义的符号，链接器仍然会生成一个有效(但不一定能正确运行)的可执行文件。

对于 Category 下拉列表框中的 Debug 类别，可以指定是否生成 MAP 文件，还可以指定调试信息(Debug info)的类别，可以是 Microsoft 格式、COFF 格式，或者两种都有。选中 Separate types 后链接器会把调试信息分开放在 PDB 文件中，这样链接起来会更快一些，但调试时速度却会慢一些。

对于 Category 下拉列表框中的 Input 类别，是一些与输入库文件有关的选项，可以在这里指定使用或不使用某些库文件或目标文件。

对于 Category 下拉列表框中的 Output 类别，是一些与最终输出的可执行文件有关的选项，包括：程序装载的基地址、程序的入口地址、要为堆栈保留多少空间、程序的版本号。这些选项虽然是空着的，但它们有自己的默认值，一般情况下都不用改变。

5．Resources

Resources 选项卡控制着 Visual C++ 6.0 的资源编辑器，如图 3-25 所示，可以指定编译后生成的资源文件的路径、资源的语言类型，以及额外的资源包含目录。

6．Browse Info

Browse Info 选项卡可以指定是否在建立项目的同时也生成浏览信息文件，有了这个文件后，就能在文本编辑器中通过关联菜单的相应命令快速定位到某个符号的定义或引用的地方，如图 3-26 所示。

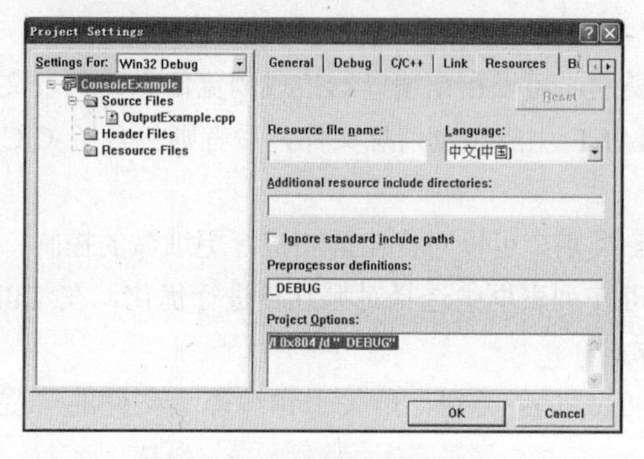

图 3-25　Resources 选项卡

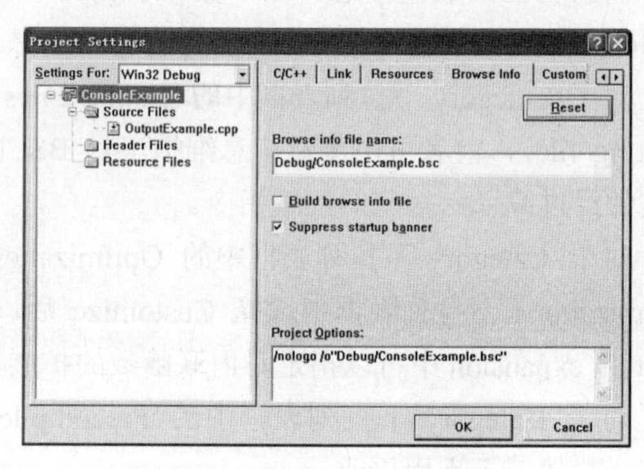

图 3-26　Browse Info 选项卡

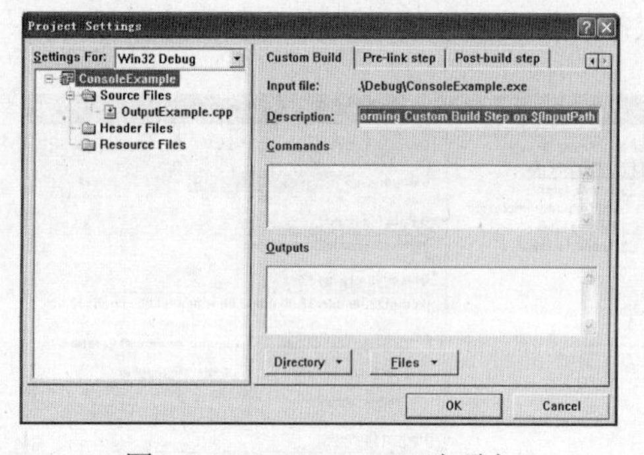

图 3-27　Custom Build 选项卡

7．Custom Build

该选项卡允许为建立项目增加自己的步骤，如图 3-27 所示。在 Commands 中输入要执行的命令，在 Outputs 中输入该命令执行后得到的输出文件，Visual C++ 6.0 将检查这个输出文件和源文件的时间先后关系，以便在需要时候再次执行指定的命令，重新生成一次输出文件。

8．Pre-link step

Pre-link step 选项卡用于添加在链接之前要执行的命令，如图 3-28 所示。

9．Post-build step

Post-build step 选项卡用于添加在项目建立完毕之后要执行的命令，如图 3-29 所示。

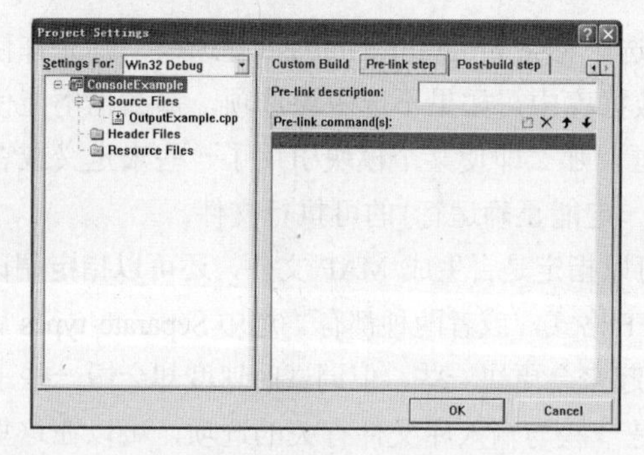

图 3-28　Pre-link step 选项卡

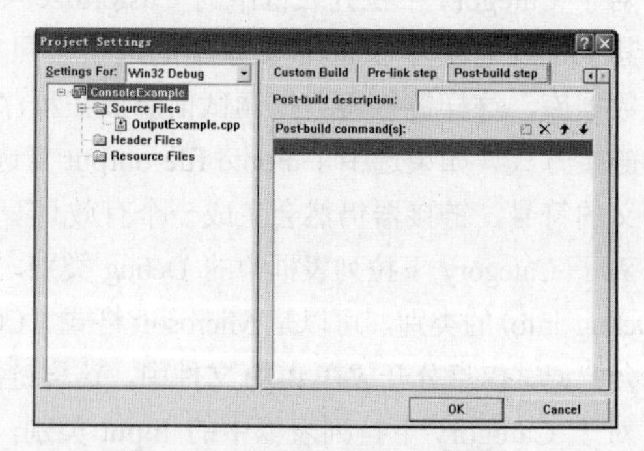

图 3-29　Post-build step 选项卡

以上以控制台应用程序为例，介绍了 Project Settings 对话框的 9 个选项卡，后面的 4 个选项卡不太常用，前面的 5 个选项卡一般也很少需要改动。

3.3.3　开发环境定制

使用【Tools】|【Options…】命令，可以打开 Options 对话框，对 Visual C++ 6.0 的开发环境进行定制，如图 3-30 所示。在 Options 对话框中包含多个选项卡，可以对 Visual C++ 6.0 编辑器和调试器的行为及外观、文本编辑器中的制表位间隔和缩进、编译和链接期间中使用的文件和库的目录位置、不同窗口所用的字体类型和文本颜色等进行设置。

1．Editor 选项卡

在 Options 对话框的 Editor 选项卡中，可以对文本编辑器属性进行定制。如图 3-30 所示，在 Editor 选项卡中的 Window settings 面板中对编辑器的窗口属性进行设置，包括启用垂直滚动条和水平滚动条、选择边界、拖放式文本编辑等；Save options 面板，是对影响编译器如何保存文件的选项的设置；Statement completion options 面板，是对文档窗口里是否自动出现语句的自动补全特征选项的设置。

2．Tabs 选项卡

在 Options 对话框的 Tabs 选项卡中，可以对文本文档中的制表位进行设置。可以设置文本文档里制表位宽度、源代码的自动缩进、确定编辑器是否应当接收制表位作为 ASCII 字符、在键入时是否将它们转换为等量的间隔等等。

3．Debug 选项卡

在 Options 对话框的 Debug 选项卡中，如图 3-31 所示，可以对调试器进行设置。在 General 面板中可以设置是十六进制显示还是十进制显示；在 Disassembly window 面板中对反汇编窗口的属性进行设置；在 Call stack window 面板中对调用堆栈窗口是否显示参数值和参数类型进行设置；在 Memory window 面板中对存储器窗口属性进行设置，可以指定显示在 Memory 窗口中的默认地址、地址格式、是否显示数据类型等等；此外在 Debug 选项卡中，还可以选择是否启用即时调试功能，是否自动启动 Edit and Continue 特征。

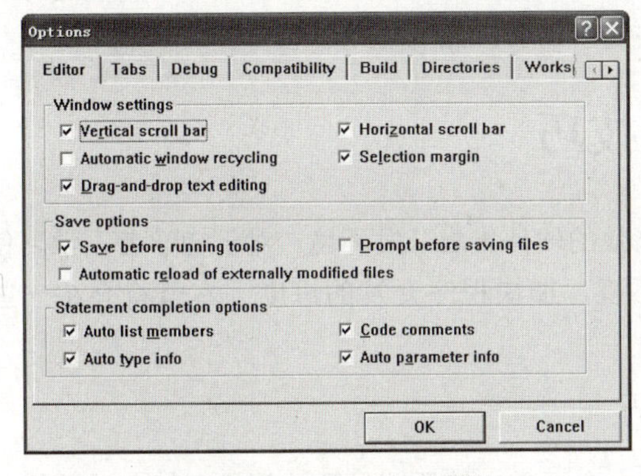

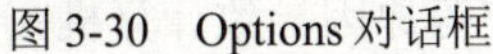
图 3-30　Options 对话框

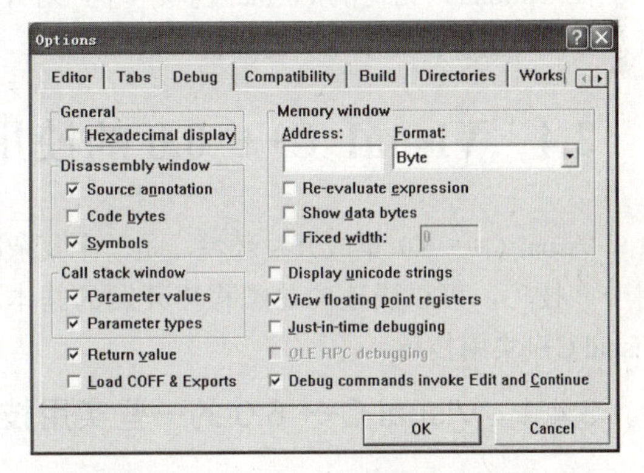

图 3-31　Options 对话框的 Debug 选项卡

4．Compatibility 选项卡

在 Options 对话框的 Compatibility 选项卡中，可以对文本编辑器进行设置。在 Current source editor emulation 下拉列表框中选择文本编辑器仿真，在 Options 列表中进行相应属性的设置。

5．Build 选项卡

在 Options 对话框的 Build 选项卡中，对程序编译和链接时的属性进行设置。包括：是否在保存项目文件时输出 MAKE 文件；是否在写 MAKE 文件时写入依赖关系；是否写编译链接的日志文件。

6．Directories 选项卡

在 Options 对话框的 Directories 选项卡中，可以对文件目录进行设置。在 Show directories for 下拉列表框中可以选择 Executable files(可执行文件)、Include files（包括文件)、Library files(库文件)或 Source files(源文件)，在 Directories 框中添加或删除文件路径，或者更改路径的先后顺序，Visual C++ 6.0 按照列出的顺序扫描每条路径来搜索文件。

7．Workspace 选项卡

在 Options 对话框的 Workspace 选项卡中，对工作空间的属性进行设置，如图 3-32 所示。在 Docking views 中设置启用或禁用停靠属性的窗口。设置 Visual C++ 6.0 启动时大部分最近项目中自动加载的内容；决定 Window 菜单是否按字母顺序来排序文件；通过在 File 菜单中的 Recent Files(最近文件)和 Recent Workspace(最近使用的工作空间)命令，来设置显示的列表的范围等等。

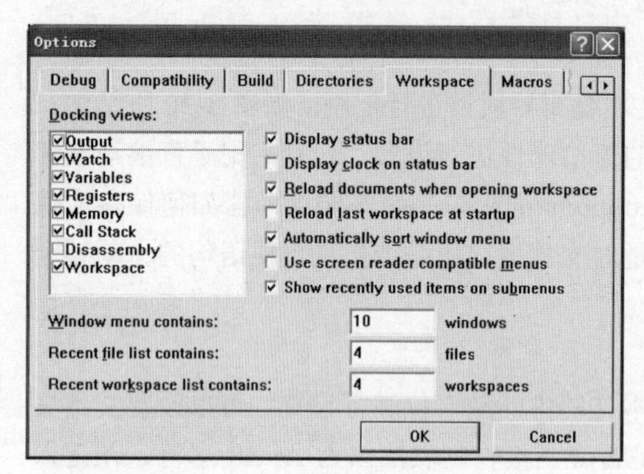

图 3-32　Options 对话框的 Workspace 选项卡

8．Macros 选项卡

在 Options 对话框的 Macros 选项卡中，对在运行一个已经改变了的宏时，开发环境是否重新加载文件进行选择设置。

9．Data View 选项卡

在 Options 对话框的 Data View 选项卡中，对数据库的访问和调试进行设置。

10．Help System 选项卡

在 Options 对话框的 Help System 选项卡中，对 Visual C++ 6.0 的帮助系统进行设置。

11．Format 选项卡

在 Options 对话框的 Format 选项卡中，对开发环境的文本窗口中的字体、字号、颜色进行设置。可以设定各种文本成员的颜色，诸如注释、关键字和 HTML 标记等。

3.4　Visual C++ 6.0 的使用技巧

Visual C++ 6.0 集成开发环境，是一个复杂高效的软件集成开发环境。对于初学者，学习使用一些技巧，可以快速的熟悉程序开发的基本环境，加快程序开发的进度。本节将介绍一些 Visual C++实用技巧。

3.4.1　Visual C++ 6.0 的一些实用技巧

(1)编译程序的时候，可能不小心碰了电源或内存不稳定等原因导致计算机突然非法关机，当重启机器后打开刚才的项目，重新进行编译时，发现 VC 会崩溃。但编译其他项目，却没有问题。这时只要将项目的.ncb、.opt、.aps、.clw 文件以及 Debug、Release 目录下的所有文件都删掉，然后重新编译就能解决问题。

(2) 如果要与别人共享源代码项目，但是把整个项目做复制又太大，此时可以删掉以下文件：.dsw、.ncb、.opt、.aps、.clw、. plg 文件以及 Debug、Release 目录下的所有文件再进行复制。

(3) 当 Workspace 中包含多个 Project 的时候，可能不能直观地看出来哪个是当前项目。可以

进行如下设置：【Tools】|【Options】的 Format 选项卡中，在 Category 中选择 Workspace window，改变其默认的字体就行了。

(4) 给已有的 Project 改名字。先将该 Project 关掉，然后以文本格式打开.dsp 文件，替换原来的 Project 名字即可。

(5) VC6 对类成员的智能提示功能很有用，但有时候会失灵。解决这个问题的方法是：可以先关掉项目，将.clw 和.ncb 文件删掉，然后重新打开项目，单击菜单项【View】|【ClassWizard】，在弹出的对话框中单击【Add All】按钮，重新 Rebuild All，可以解决问题。

3.4.2　Visual C++ 6.0 开发环境设置技巧

(1) 检测程序中的括号是否匹配：把光标移动到需要检测的括号前面，按快捷键【Ctrl+]】。如果括号匹配，则光标就会跳到与其匹配的括号前面，否则光标不动，且机箱会发出“蜂鸣”声音。

(2) 成员变量或函数不能显示提示功能：可能是由于.ncb 文件损坏造成的，解决的办法是关闭 Project，然后删除.ncb 文件，最后重新创建项目。

(3) 编辑区背景颜色和字体设置：在【Tools】|【Options】的 Format 选项卡中设置。

(4) 设置显示的最近打开工程、文件的个数(默认 4 个)：在【Tools】|【Options】的 WorkSpaces 选项卡中设置。

(5) 设置 VC 默认头文件和库文件(默认链接路径在环境变量中已设置好)：在【Tools】|【Options】的 Directories 选项卡中设置经常要用到的第三方的头文件和库文件；只需本项目用到的，可在 Project Settings 对话框的 Link 选项卡中的 Object/library Modules 中设置。

(6) 引入 Lib 库到工程中：打开 File View 视图，选中工程名，单击鼠标右键，选择 Add Files to Project 命令，在弹出的文件对话框中选中要加入 dll 的 lib 文件；在 Project Settings 对话框的 Link 选项卡中的 Object/library Modules 文本框中输入。

(7) 在工作区中导入多个项目：打开一个项目(*.dsp 文件)后，在【Project】菜单中选择【Insert Project into Workspace】子菜单，然后选择另一个项目文件(*.dsp 文件)。

(8) Class View 视图整理：整理大量的类，新建文件夹，然后将同一个任务的相关的类放进同一个文件夹；找回 Class View 消失的类，删除.ncb 文件，然后重新打开 Workspace。

(9) 让控制台应用程序支持 MFC 类库：在 Project Settings 对话框的 C/C++选项卡下的 Category 下拉列表框中，选择 Code Generation，在 Use run-time library 下拉列表框中选择 Debug Multithread。

(10) 快速删除临时文件：在 File View 视图中选中对应项目，单击右键，选择 Clean 命令；另一方法是建立 Clear.bat 的文本文件，内容为：“del *.obj *.pch *.sbr *.pdb *.idb *.ilk *.ncb *.opt *.aps/s”。

(11) 处理 ClassWizard 找不到系统消息的技巧：在 ClassWizard 对话框的 Class Info 选项卡中，将 Message filter 改为 Window 即可。

(12) 生成与现有项目除了项目名外完全相同的新项目：利用 File 菜单下生成项目中的 Custom Appwizard 输入想要创建的向导的名称，单击【OK】按钮，进入下一步设置，选择 An existing project 选项，然后选择现有项目的项目文件名，单击【完成】按钮，生成向导。

3.4.3　使用 Visual C++ 6.0 的 MSDN

MSDN 是 Microsoft Developer Network 的缩写，是微软公司提供的帮助文档库。使用 MSDN

可以方便地查找在程序开发过程中遇到的疑问，MSDN 的基本使用方法如下。

1．使用上下文相关联机帮助

按下 F1 键，可以从 MSDN 中得到上下文相关的帮助。在编辑源文件时，按下 F1 键，MSDN 窗口提供光标处单词的帮助信息。

2．使用关键字搜索帮助

使用 MSDN 窗口中的 Search(搜索)标签，可得到 MSDN 提供的关键字列表，此 Search 标签允许输入查询来查找主题，用户可以使用查询搜索库的全部内容、部分内容得到查询结果。

查询过程非常简单，可以查询一个或一组同义词。使用 AND、OR、NEAR 和 NOT 操作符可创建查询。例如要查找与单词 dialog 和 tab 相关的所有主题，可以使用以下查询代码：dialog NEAR tab；要查找 main，但不包含 WinMain 的主题，可以使用以下的查询代码：main NOT WinMain。

3．浏览目录窗口

使用 MSDN 库的第三种方法是浏览目录(Contents)标签下的目录列表。目录窗口显示每个已有主题的标题，均按树形视图排列。

4．使用索引

MSDN 库最常用也最好用的使用方式就是使用索引标签(Index)。可以在索引窗口中录入关键字，即可得到想要的帮助信息。比如，想要查找 static 的使用，录入单词 static，然后选择相关条目双击即可。

3.5 程序的编译、链接和运行

Visual C++ 6.0 的应用程序代码编写完成之后，即要对程序进行编译、链接，成功之后生成可执行文件，才能运行程序。

运行 Visual C++ 6.0 集成开发环境，使用菜单【Build】|【Compile】命令或者使用 Build 工具栏上的按钮编译程序代码，通过编译可以检查代码的语法错误，编译成功会生成扩展名为.obj 的目标文件。程序的编译信息会在输出窗口(Output)显示，若编译出错，则在输出窗口显示编译过程检查出的错误或警告信息，在错误信息处单击鼠标右键，弹出快捷菜单，选择 Go To Error/Tag 选项，可以得到错误代码的位置；或在错误信息上双击鼠标左键，光标将自动定位到该错误在源代码中的位置。程序编译后有错误，必须修改错误，才能进行后续的链接和运行操作，如果有警告，一般不影响程序的链接和运行，但是警告一般隐藏着代码的逻辑错误，所以要同样重视警告提示，尽量将其消除。编译的快捷键是【Ctrl+F7】。

程序代码编译成功后，可以对代码进行链接操作。Visual C++ 6.0 提供了三种组建链接命令，分别是 Build、Rebuild All、Batch Build。

菜单【Build】|【Build】命令和 Build 工具栏上的按钮，是对最后修改过的源文件进行编译和链接，该命令的快捷键是 F7。

菜单【Build】|【Rebuild All】命令，对项目中所有文件一律重新进行编译和链接，不管它们何时曾经被修改过。

菜单【Build】|【Batch Build】命令，用于一次建立多个项目文件，并允许指定要建立的项目类型。Visual C++ 6.0 提供了两种目标应用程序类型 Win32 Release(发行版)、Win32 Debug(调试版)。

代码的链接操作是对.obj 文件和.lib 文件进行链接生成可执行文件或.dll 文件，代码链接信息会在输出窗口(Output)显示，若代码链接成功生成可执行(.exe)文件，才可以运行程序。

菜单【Build】|【Execute】命令和 Build 工具栏上的!按钮，是运行可执行程序，该命令的快捷键是【Ctrl+F5】。

3.6　调试环境的配置

在程序的编译、链接和运行的过程中如果出现了错误，就要查找这些错误的根源，排除错误，这个过程称为调试。在程序调试之前，需要对程序的调试环境进行设置。本节将介绍 Visual C++6.0 调试环境的配置。

为了调试程序，首先必须使程序中包含调试信息，无论是 Debug 版本还是 Release 版本的程序代码，都可以在 Configuration 中包含调试信息。

1．项目配置 C/C++选项卡

通过【Project】|【Settings…】命令或快捷键【Alt+F7】打开 Project Settings 对话框，如图 3-33 所示。在对话框左侧的 Settings For 下拉列表框中选择 Win32 Debug 选项，Debug 代表调试版本。

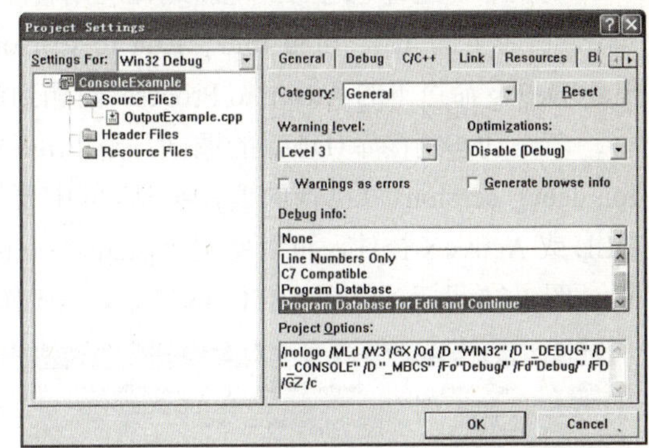

图 3-33　C/C++选项卡中 Debug info 选项设置

为了在项目中启用调试操作，必须更改两个设置：Debug Info(调试信息)和 Optimizations(优化)。打开 Project Settings 对话框的 C/C++选项卡，在 Category 下拉列表框中选择 General，则出现 Debug Info 下拉列表框，有 5 个可供选择的调试信息：

● None：不产生调试信息。

● Line Numbers Only：目标文件或可执行文件中只包含全局和导出符号以及代码行信息，不包含符号调试信息。

● C7 Compatible：目标文件或可执行文件中包含行号和所有符号调试信息，包括变量名及类型，函数及原型等。

● Program Database：创建一个程序库(PDB)，包括类型信息和符号调试信息。

● Program Database for Edit and Continue：创建一个程序库(PDB)，包括类型信息和符号调试信息。允许对代码进行调试过程中的修改和继续执行，支持即编即调功能，并使#pragma 设置的优化功能无效。

在程序调试过程中 Debug Info 调试信息应选择 Program Database for Edit and Continue。一般情况下，建议警告的级别(Warning Level)为 Level 3，并在调试时关闭优化功能，即在 Optimizations 下拉列表框中选择 Disable(Debug)，如图 3-33 所示。

如果正在从命令行或者自定义 Makefile 内部使用编译器，必须手工设置调试选项，即在 Project Options 编辑框中设置。为了关闭优化操作，使用/Od 编译器选项。为了打开生成调试信息选项，应指定/ZI 选项。在 Visual C++的帮助文件中，可以了解更多有关命令行编译器指令的知识。

在设置调试选项时，有一个重要的设置就是指定项目在编译时应该与 C 运行时库的调试版本链接在一起的选项。为了指导编译器使用调试库，在 C/C++选项卡中的 Category 下拉列表框中选择 Code Generation(代码生成)，然后在 Use run-time library(使用运行时库)下拉列表框中选择适合应用程序的调试库选项，如图 3-34 所示。

为了从命令行设置正确的选项，当选择运行时库为 Debug Single-Threaded(调试单线程)时，应选择/MLd 命令行选项；当选择运行时库为 Debug Multithreaded(调试多线程)时，应选择/MTd 命令行选项。

2．项目配置 Link 选项卡

当创建用于调试的项目时，也必须修改该项目的链接器设置，以便进行正确的编译和链接。打开 Project Settings 对话框中的 Link 选项卡，在 Category 下拉列表框中选择 General，选中 Generate debug info 复选框，使链接器把调试信息写进可执行文件和 DLL 中。选中 Link incrementally 复选框，使程序可以在上一次编译的基础上被编译(增量编译)，而不必每次都从头开始编译。

调试环境配置好之后，重新编译应用程序，然后通过使用 Build 菜单上的 Start Debug(启动调试)命令下的 Go、Step Into、Run to Cursor 之中的任意命令，调试运行应用程序。不能使用 Start Debug 命令下的 Attach to Process(附加到进程中)命令。

若是动态链接库(DLL)的调试，则 Project Settings 对话框中的 Debug 选项卡中的 Executable for debug session(可执行的调试会话)框中要指定加载或访问该 DLL 的程序的名称。例如调试 DLL 或 ActiveX 控件，可以使用 Visual C++ 6.0 的实用程序 TSTCON32.exe 作为可执行的调试会话。图 3-35 显示了选择 TSTCON32.exe 程序作为可执行调试会话的 Project Settings 对话框。

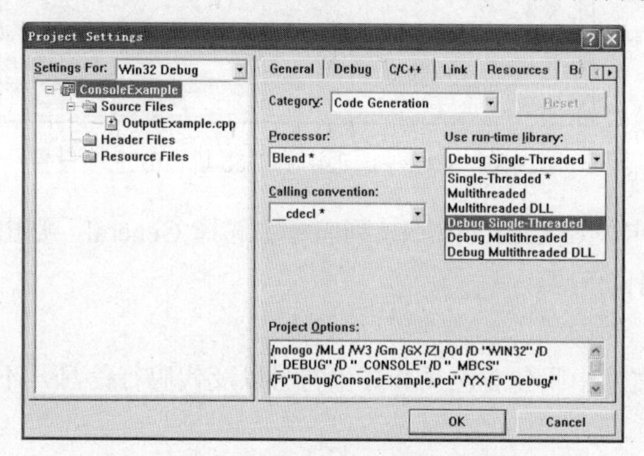

图 3-34　C/C++选项卡中选择调试运行时库

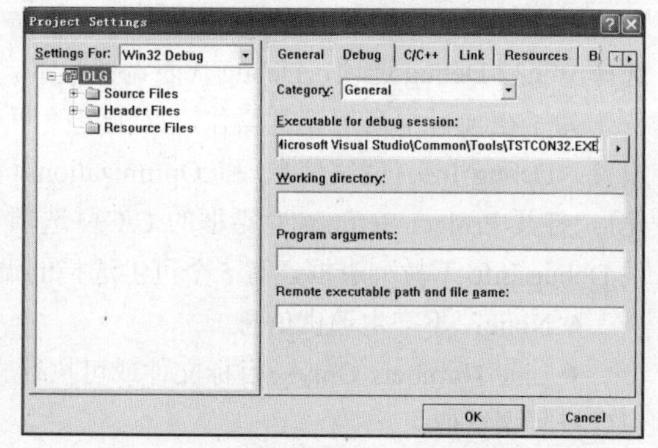

图 3-35　将调试程序设置为在控件容器内调试

当程序进入调试状态后，集成开发环境下的菜单栏会发生变化，其中 Debug(调试)菜单会取代 Build(组建)菜单。项目工作空间窗口会消失，此时可以调出各种调试窗口监看调试过程。这些调试窗口包括：QuickWatch(快速监视)窗口、Watch(监视)窗口、Variables(变量)窗口、Registers(寄存器)窗口、Memory(内存)窗口、Call Stack(调用堆栈)窗口、Disassembly(反汇编)窗口。这些调试窗口可以从菜单【View】|【Debug Windows】下调出，也可以从 Debug 工具栏上调出。

3.7　使用集成调试器进行程序调试

应用程序的调试过程随着程序规模的变大而变得相当复杂和困难。为了顺利调试程序，必须借助调试工具来进行程序调试。本节将介绍 Visual C++6.0 集成调试器的使用及其程序调试技术。

一般地，一个应用程序调试过程包括：控制程序执行、设置断点、查看变量、更改数值。

3.7.1　控制程序的执行

1．启动程序调试的命令

启动程序调试的命令有 Go、Step Into 和 Run to Cursor，如图 3-36 所示。

Go：开始或继续调试程序，一般运行到断点处暂停。

```
Step Into：单步运行调试，会进入子程序内部。
Run to Cursor：运行程序到光标所在行。
```

还可以通过 Build 工具栏上的命令启动程序的调试，如图 3-37 所示。

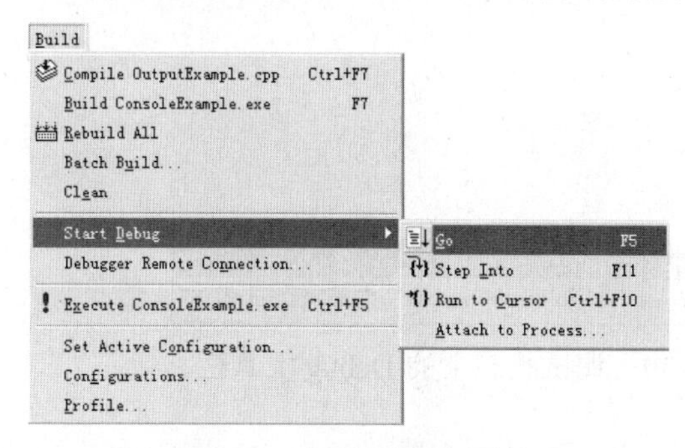

图 3-36 启动程序调试的命令

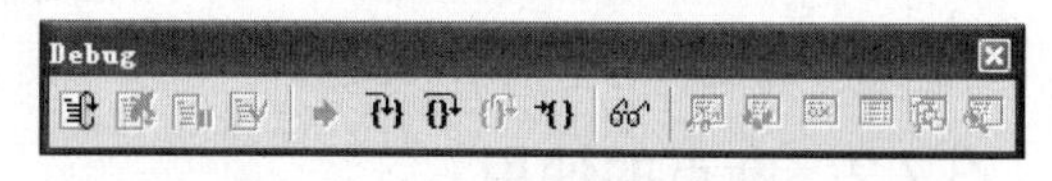

图 3-37 启动程序调试的命令

：放弃当前的调试，重新从开始处调试程序。
：单步执行程序，会进入子程序的内部。
：单步执行程序，不进入子程序的内部执行。
：运行程序到光标所在行。

以上的四个命令也可以启动应用程序的调试。

2．控制程序执行的命令

应用程序进入调试状态后，菜单栏中的 Build 菜单变为 Debug 菜单，Debug 工具栏上的按钮基本都可以使用了。可以控制应用程序运行的命令如下所示。

Go：继续调试程序，一般运行到断点处暂停，快捷键为 F5。

Restart：放弃当前的调试，重新开始调试，快捷键为【Ctrl+Shift+F5】。

Stop Debugging：终止调试，返回编辑状态。快捷键为【Shift+F5】。一般在调试阶段的某点上认识到需要更新工程或工作空间，需要使用 Stop Debugging 结束 Debugger。

Break：在当前点挂起程序的执行。例如程序陷入无限循环时，可以使用 Break 暂停。

Apply Code Changes：改变代码后调试，快捷键为【Alt+F10】。这一功能使得程序在调试过程中修改源代码。

Step Into：单步执行程序，会进入子程序内部，快捷键为 F11。

Step Over：单步执行程序，不进入子程序内部执行，单步通过所调用的子程序，快捷键为 F10。

Step Out：跳出当前子程序，使得 Debugger 全速执行到被调用子程序结束并停留在调用该子程序后面的一条语句上，当确认当前子程序没有错误时，使用该命令快速执行子程序，快捷键为【Shift+F11】。

Run to Cursor：运行程序到光标所在行，快捷键为【Ctrl+F10】。

Step Into Specific Function：单步通过程序中的指令，并进入指定的子程序调用，该功能对子程序的嵌套层数不限。

Show Next Statement：显示将要运行的代码行，如果源代码找不到，则在 Disassembly 窗口内显示语句，快捷键为【Alt+Num *】。

以上命令既可以从 Debug 菜单中找到，如图 3-38 所示，也可以从 Debug 工具栏中找到，如图 3-39 所示。

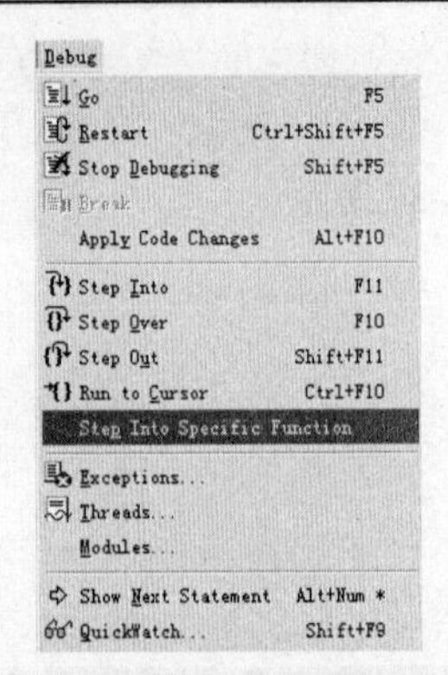

图 3-38　调试状态下的 Debug 菜单

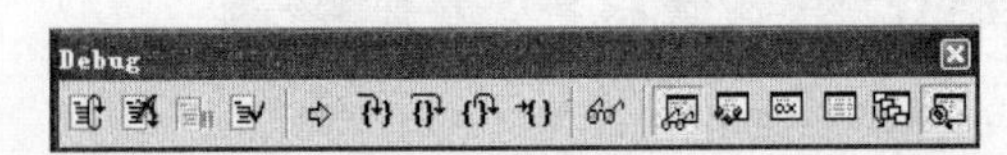

图 3-39　调试状态下的 Debug 工具栏

3.7.2　断点的使用

当程序出现错误时，跟踪是查找错误的一个方法。但是当应用程序相当大时，逐条语句的跟踪代码是不现实的。设置断点在应用程序的纠错和调试中是一个非常重要的方法。断点实际上是告诉调试器应该在何时何地中断程序的执行过程，以便检查程序代码度量和寄存器值，必要的话可以修改变量的值后继续执行或中断执行。

在 Visual C++ 6.0 中断点有位置断点、条件断点、数据断点和消息断点等类型。Visual C++ 6.0 提供了 Breakpoints 对话框用来设置和管理程序中的断点。打开 Breakpoints 对话框的方法如下：

- 使用菜单【Edit】|【Breakpoints…】命令打开 Breakpoints 对话框。
- 使用快捷键【Alt+F9】或者【Ctrl+B】打开 Breakpoints 对话框。

如图 3-40 所示，在 Breakpoints 对话框中有三个选项卡：Location、Data、Messages。在 Location 选项卡中可以设置位置断点和条件断点；在 Data 选项卡中设置数据断点；在 Messages 选项卡中设置消息断点。所有已设置的断点都出现在 Breakpoints 对话框底部的 Breakpoints 列表框中，可以使用 Breakpoints 列表框检查程序中的所有断点，也可以使用 Breakpoints 对话框右侧的【Remove】按钮或【Remove All】按钮从 Breakpoints 列表中删除某一断点或删除全部断点。

1．位置断点的设置

基于代码所在位置的断点称为位置断点，它是一种与源代码相联系的特殊指令的标志，类似于文本编辑器中的书签。在 Breakpoints 对话框的 Location 选项卡中可以设置位置断点。

Location 选项卡中，在 Break at 编辑框中设置断点的具体位置。断点的具体位置可以是源代码的行号、函数名或语句标号。

① 在源代码的指定行设置断点

在源代码的指定行设置位置断点的方法有多种。

第一种方法是：首先将光标定位在源代码的指定行，然后使用快捷键【Ctrl+B】打开 Breakpoints 对话框，在 Location 选项卡中 Break at（断点位置）编辑框后单击▸按钮，选择 Line xxx，则在 xxx 行设置了位置断点，如图 3-41 所示，在源代码的第 19 行设置位置断点。

还可以直接在 Break at 编辑框中输入“.xxx”，即在源代码的第 xxx 行设置了位置断点。

第二种方法是：在要设置断点的代码行上按 F9 键，此时当前行会出现一个“红色的圆点”标识，表示在当前行上设置了一个位置断点，若再次按 F9 键，则取消了该行的位置断点的设置。

第三种方法是：使用 Build 工具栏上的按钮设置位置断点。方法是将光标定位于要设置断点的代码行上，然后单击按钮，则设置了位置断点，再次单击此按钮，就取消了该行的位置断点。

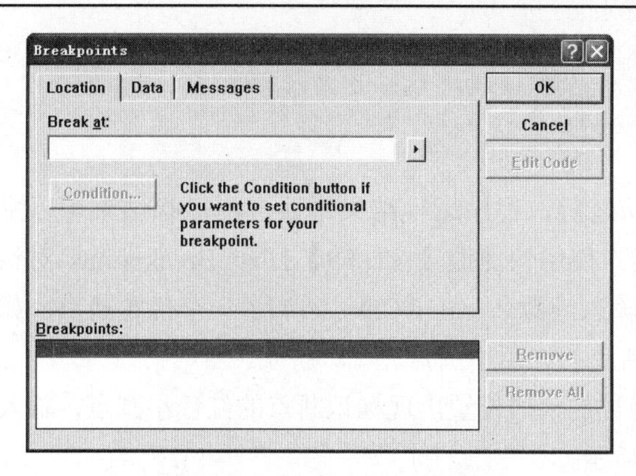

图 3-40　Breakpoints 对话框

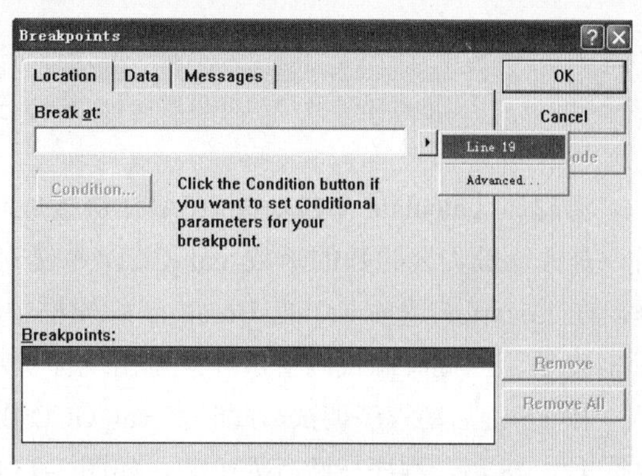

图 3-41　在源代码指定行设置位置断点

第四种方法是：将光标定位于要设置断点的代码行上，右键单击，弹出快捷菜单，选择 Insert/Remove Breakpoint 命令，可以设置位置断点，右键单击，在快捷菜单中选择 Remove Breakpoint 命令，取消该行的位置断点，选择 Disable Breakpoint 使断点无效，选择 Enable Breakpoint 命令，使断点有效。

需要注意的是，断点必须设置在可执行的代码行上，设置在空白行、注释行、变量说明行上都是无效的。

设置位置断点后，按 F5 键，或使用 Build 工具栏上的按钮启动调试，进入程序的调试运行状态，程序将在指定的位置断点处中断，若断点位置之前有数据输入，则应先输入数据，输入后，程序自动在断点处中断。

基于源代码行的位置断点设置操作简单，此处不再举例说明。

② 通过函数名设置位置断点

在 Break at 编辑框中键入函数名，便可以在该函数的第一行处设置一个位置断点。若当前是控制台应用程序，则 Break at 编辑框中只需要输入函数名即可。若当前程序是面向对象的应用程序，则 Break at 编辑框中的函数名必须包括类名和作用域解析运算符。例如，在面向对象的应用程序中，输入函数名 OnCreate 不会指定有效的断点位置，而输入 CMainFrame::OnCreate 则可以设置有效的位置断点。

在 Break at 编辑框中使用函数名指定位置断点，程序调试时，自动在函数的第一行位置处中断。

例 1　编写一个程序，从键盘输入两个整数，分别计算最大公约数和最小公倍数。

下面给出了一个有错误的源程序，其文件名为 calculate_GCD.cpp。

```
#include<stdio.h>
int cal_GCD(int x,int y)//辗转相除法计算最大公约数
{
        int r;
        while (y != 0)
        {
                r = x % y;
                x = y;
                y = r;
        }
        return r;
}
void main() //主函数
{
        int a,b,x;
        printf("Input two numbers!\n");
        scanf("%d,%d",&a,&b);
```

```
        x = a * b;
        printf("最大公约数：%d\n", cal_GCD(a,b) );
        printf("最小公倍数：%d\n", x/cal_GCD(a,b));
}
```

源程序 calculate_GCD.cpp 在编译链接成功之后，程序运行结果错误，由运行结果可以推断，是计算最大公约数的函数 cal_GCD 有错误。使用快捷键【Alt+F9】打开 Breakpoints 对话框，在 Location 选项卡中的 Break at 编辑框中输入函数名 cal_GCD，添加了一个位置断点，如图 3-42 所示。此时源代码窗口并没有出现标识断点的红色小圆点。

按 F5 键启动程序调试，此时在 cal_GCD 函数的入口位置出现标识断点的红色小圆点，输入数据 12，48 后，程序在断点处中断，如图 3-43 所示。

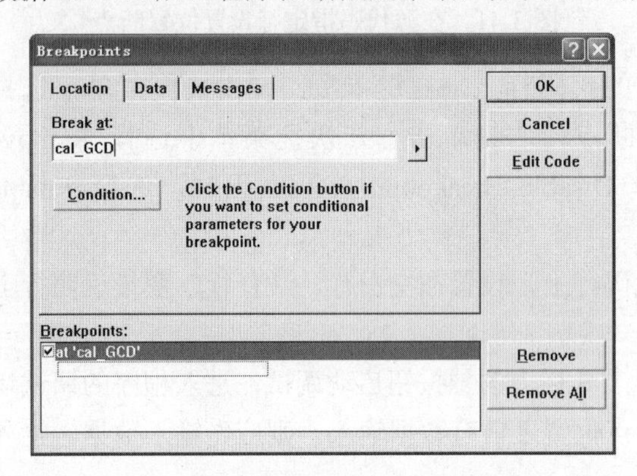

图 3-42　通过函数名设置位置断点

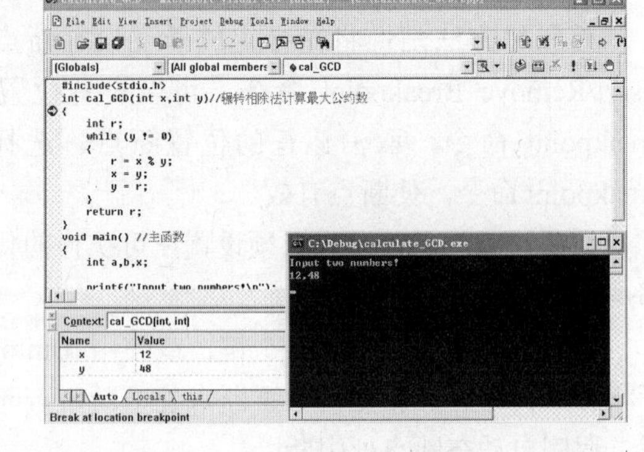

图 3-43　程序调试时在位置断点处中断

③ 使用语句标号设置位置断点

Breakpoints 对话框的 Location 选项卡中，在 Break at 编辑框中输入语句标号，则在源代码的语句标号位置设置了一个断点。程序调试运行时，在语句标号后的一个有效代码行中断。

例 2　在 10～50 之间找到一组勾股数，将其输出。说明：凡是可以构成一个直角三角形三边的一组正整数，称为勾股数。

下面给出本题的源代码 Loop_Break.cpp，源代码完全正确，本例仅为说明基于语句标号的位置断点的设置和使用方法。

```
#include <stdio.h>
void main()
{
        int i,j,k;
        for( i = 10 ; i < 50 ; i++)
                for( j = 11 ; j < 50; j++)
                        for( k = 12; k < 50; k++)
                                if( i*i + j*j == k*k )
                                        goto loop;
loop:
        printf("%d %d %d",i,j,k);
        printf("\n");
}
```

使用快捷键【Alt+F9】打开 Breakpoints 对话框，在 Location 选项卡中的 Break at 编辑框中输入语句标号 loop，添加了一个语句标号的位置断点，如图 3-44 所示。此时源代码窗口并没有出现标识断点的红色小圆点。

按 F5 键启动程序调试，此时在语句标号 loop 之后的第一条有效代码行出现标识断点的红色小圆点，程序在此断点处中断，如图 3-45 所示。

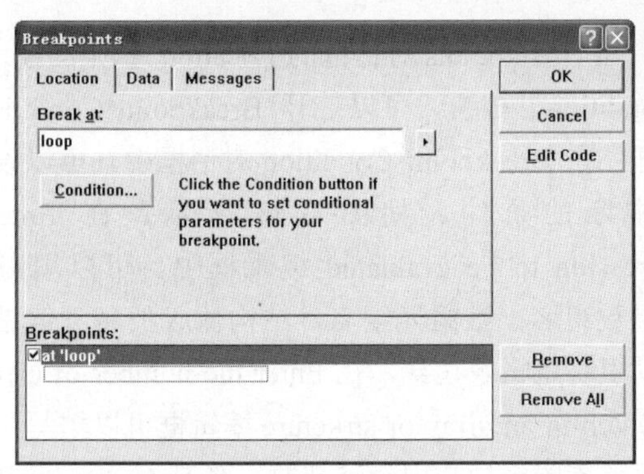

图 3-44　添加语句标号的位置断点

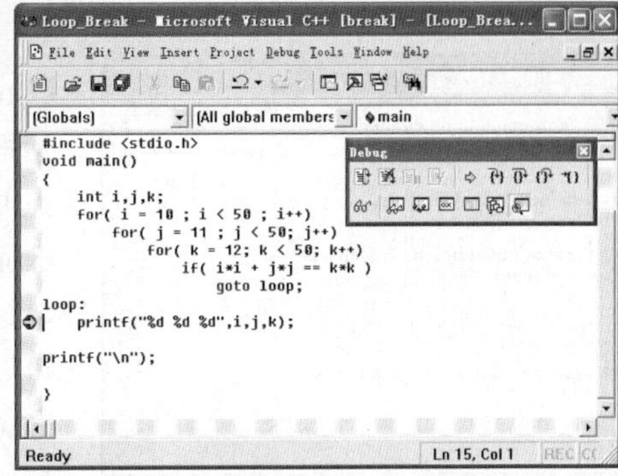

图 3-45　程序在语句标号的位置断点处中断

④ 高级的位置断点设置

可以通过指定唯一的、足够的上下文信息，来设置高级位置断点。用函数，源文件和二进制模块来指定上下文，上下文的表示方法：

{[函数]，[源文件]，[二进制模块]}

高级位置断点的表示方法：

{[函数]，[源文件]，[二进制模块]}. 行号

例如要在 swap 函数内部设置断点，设置高级位置断点的方式：在 Breakpoints 对话框的 Location 选项卡中，单击 Break at(断点位置)编辑框后面的 ▸ 按钮，选择【Advanced…】按钮，弹出 Advanced Breakpoint 对话框，如图 3-46 所示。

在高级断点设置对话框中，需要设置断点位置 Location，还要指定断点的上下文信息：断点所在函数 Function，源文件 Source file，可执行文件 Executable file，如图 3-46 所示，单击【OK】按钮完成设置，生成的位置断点的表达式为：

{swap, SwapValue. cpp, ConsoleExample. exe} .3

如图 3-47 所示，在 Break at 编辑框中显示了高级位置断点的表达式。应用程序在调试运行过程中，在高级断点位置处中断。

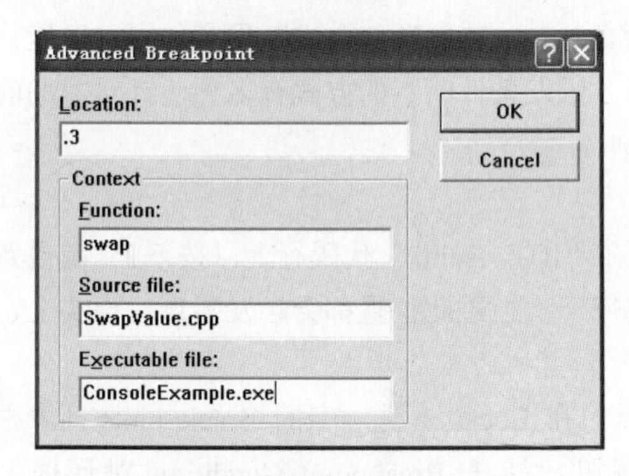

图 3-46　高级位置断点设置

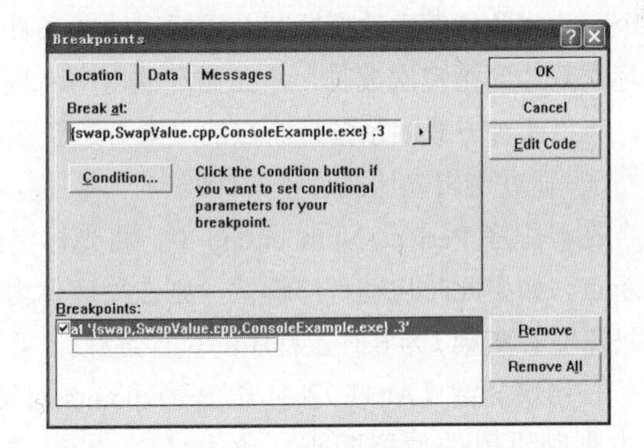

图 3-47　高级位置断点设置

2．条件断点的设置

条件断点是位置断点的扩展方式。对于条件断点，既要满足断点的位置，又要满足断点的条件，此时程序才会中断。

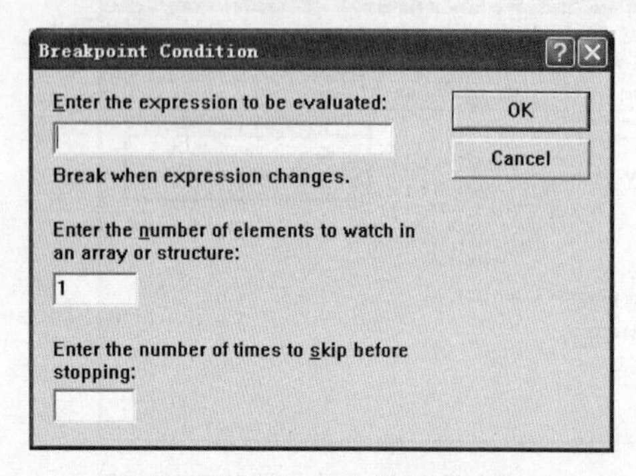

图 3-48　断点条件设置对话框

在 Breakpoints 对话框的 Location 选项卡中，单击【Condition】按钮，可以打开 Breakpoint Condition 对话框，在 Breakpoint Condition 对话框中，可以设置断点中断的条件。如图 3-48 所示，在 Enter the expression to be evaluated 编辑框中，可以填写变量名，数组名，数组元素名，结构体成员名等信息，还可以填写逻辑表达式。在 Enter the number of elements to watch in an array or structure 编辑框可以填写监视的数组元素的个数或内存字节数，在 Enter the number of times to skip before stopping 编辑框中填写程序在中断前经过此位置的次数。

例 3　求 1000 以内的完全数。说明：完全数是指它所有的真因子(即除了自身以外的约数)的和，恰好等于它本身，例如 6、28 均是完全数。

下面给出了一个有错误的源程序，其文件名 Perfect_Number.cpp。

```
#include <stdio.h>
void main()
{
        int i,j,sum=0;
        for(i=1;i<=1000;i++)
        {
                for(j=1;j<=i-1;j++)
                        if(i%j==0)
                                sum=sum+j;
                if(i==sum)
                        printf("%5d",i);
        }
}
```

源程序 Perfect_Number.cpp 在编译链接成功之后，程序运行结果错误，推断源程序中存在逻辑错误。由题意可知，整数 6 是一个完全数，因此可以在变量 *i* 的值为 6 时，监视程序的运行。设置在循环体内的位置断点在每次循环过程中都会中断，这一般不是我们所希望的。可以设置当某个表达式的值发生改变或某个逻辑表达式条件为真时，才在循环体内中断程序。也可以设置当循环次数达到指定次数时，才在循环体内中断程序。触发条件断点的方式有多种，针对本题的特点，将以两种方式演示条件断点的设置方法。

① 通过逻辑表达式设置条件断点

在源程序 Perfect_Number.cpp 中，将光标定位在“if(i==sum)”代码行上，按下 F9 键设置位置断点。如果此时启动程序调试，则在循环体内部每一次经过此位置都会触发断点。事实上，本题只需监看变量 *i* 为 6 时，程序的执行过程。

使用快捷键【Alt+F9】打开 Breakpoints 对话框，在 Location 选项卡的 Breakpoints 列表框中选中刚刚设置的位置断点，单击【Condition】按钮，打开 Breakpoint Condition 对话框，在 Breakpoint Condition 对话框中的 Enter the expression to be evaluated 编辑框中输入逻辑表达式 i==6，然后单击【OK】按钮完成条件断点的设置，如图 3-49 所示。

按 F5 键启动程序调试，弹出对话框如图 3-50 所示，该对话框提示程序在逻辑表达式 i==6 成立时，在源代码的第 10 行处中断，源代码的第 10 行就是语句“if(i==sum)”行。单击【确定】按钮，程序控制进入源代码窗口，此时可以观察变量 *sum* 和 *i* 的值，进而分析错误的原因。

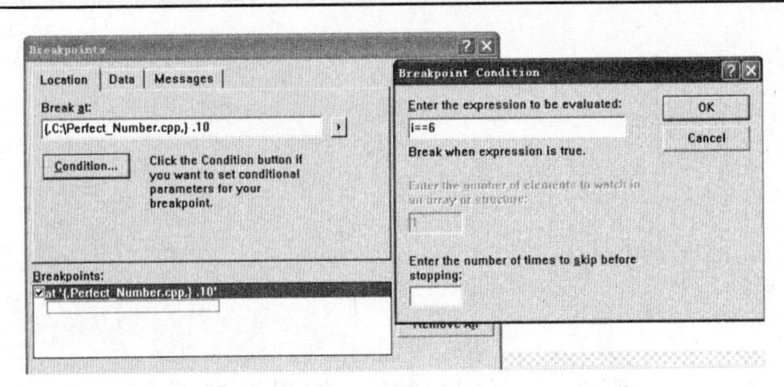

图 3-49　基于逻辑表达式的条件断点

图 3-50　条件断点被触发的通知对话框

② 通过循环次数设置条件断点

若观察外层循环变量 *i* 的值为 6 时，内层循环的过程，则需要通过循环次数的设定来设置条件断点。

首先将光标定位在内层循环语句“for(j=1;j<=i-1;j++)”上，按 F9 键设置位置断点。使用快捷键【Alt+F9】打开 Breakpoints 对话框，在 Location 选项卡的 Breakpoints 列表框中选中刚刚设置的位置断点，单击【Condition】按钮，打开 Breakpoint Condition 对话框，在 Breakpoint Condition 对话框中的 Enter the number of times to skip before stopping 编辑框中输入数字 5，表示在此处中断之前已经经过此位置 5 次，如图 3-51 所示，然后单击【OK】按钮完成条件断点的设置。

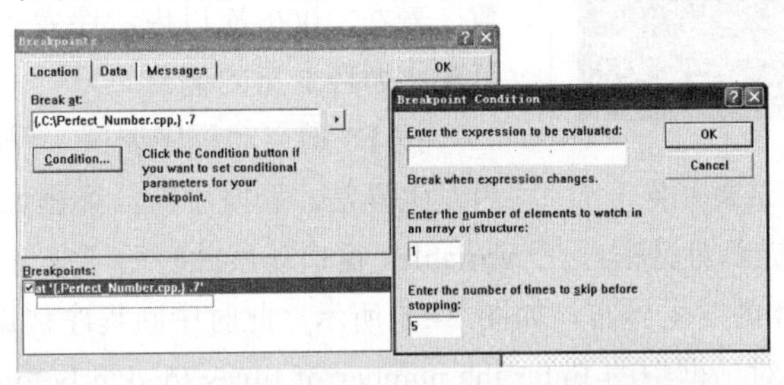

图 3-51　通过循环次数的设定设置条件断点

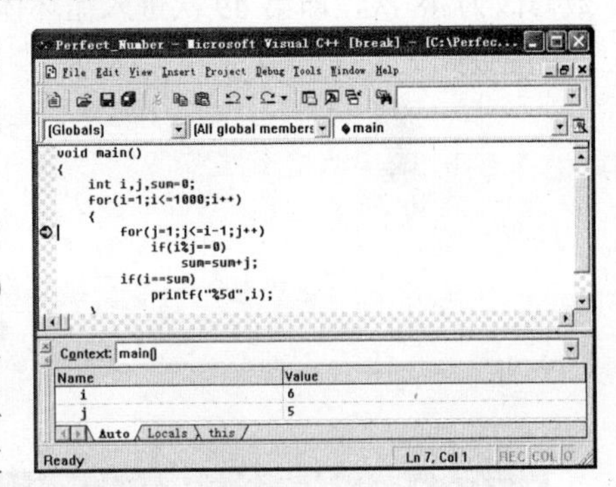

图 3-52　程序在条件断点处中断

按 F5 键启动程序调试，程序在第 6 次进入内层循环的位置处中断，如图 3-52 所示，此时可以按 F10 键单步跟踪程序，观察变量 sum 的值，进而找到错误的原因。

通过循环次数的设定来设置条件断点，还有特殊的用途，可以发现循环体内的异常错误。例如在某个 1000 次的循环中程序会因为某些违例访问发生崩溃，则可以在循环体内某条语句上设置中断条件为第 1000 次(断点设置的编辑框中填写的是 999)通过它时中断，当违例访问发生时，程序会中断，此时观察循环变量的值，若为 600，则重新修改中断的条件为 599 次即可。然后就可以在程序经过此处 599 次之后，第 600 次经过此断点时中断，单步跟踪第 600 次为什么发生异常，进而查找程序异常的原因。

例 4　编写程序，随机生成 1000 个整数，要求整数的范围是 10~1000。

下面给出了一个有错误的源程序，其文件名 rand_number.cpp。

```
#include <stdio.h>
#include <stdlib.h>
int rand number()
{
        return rand() % 101;   //rand()产生的是伪随机数。
```

```
}
void main()
{
        int i;
        int s[1000];
        for( i = 0; i < 1000; i++ )
        {
                s[i] = 1000 / rand number();
                printf("%d/n",s[i]);
        }
}
```

源程序 rand_number.cpp 在编译链接成功之后，程序运行结果错误，如图 3-53 所示。将光标定位在源代码的“s[i] = 1000 / rand_number();”语句上，按 F9 键添加位置断点。使用快捷键【Alt+F9】打开 Breakpoints 对话框，在 Location 选项卡的 Breakpoints 列表框中选中刚刚设置的位置断点，单击【Condition】按钮，打开 Breakpoint Condition 对话框，在 Breakpoint Condition 对话框中的 Enter the number of times to skip before stopping 编辑框中输入数字 999，表示在此处中断之前已经经过此位置 999 次，第 1000 次经过此位置时中断。这个 1000 是一个几乎不可达的次数，若在 1000 次以内程序发生异常，程序自动中断，可观察循环变量的值。

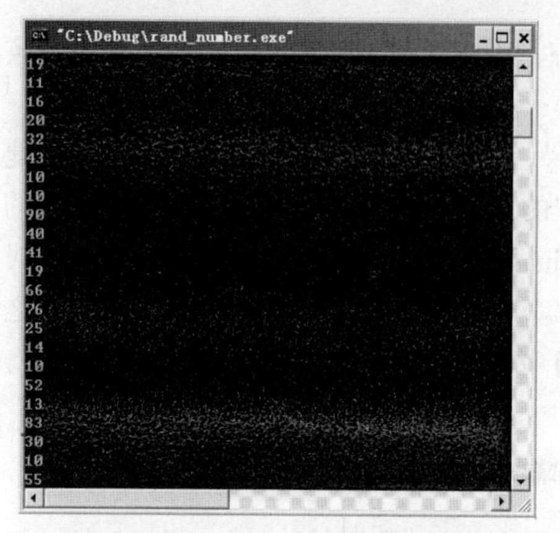

图 3-53　程序运行结果错误

按 F5 键启动程序调试，程序的循环体在 1000 次以内发生异常，触发中断，弹出如图 3-54 所示的对话框。单击【确定】按钮关闭提示对话框。在 Variables 窗口观察此时循环变量 i 的值为 49，即当循环变量值为 49 时，循环体内发生异常，如图 3-55 所示。此时中断程序调试，重新修改条件断点，将 Breakpoint Condition 对话框中的 Enter the number of times to skip before stopping 编辑框中的次数修改为 48 次，即第 49 次进入循环体内部时中断程序，然后单步跟踪程序的执行，进而查找错误的原因。

图 3-54　异常中断提示对话框

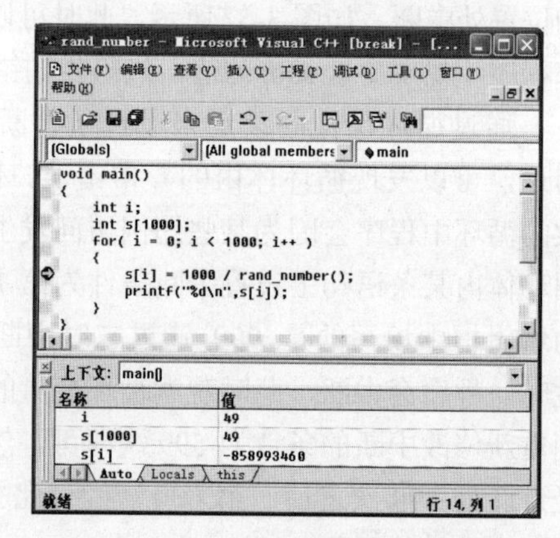

图 3-55　程序中断后观察变量的值

还可以通过其他方式设置条件断点，在此不再详细介绍。

3. 数据断点的设置

在软件调试过程中，有时会发现一些数据会莫名其妙地被修改掉，例如一些数组的越界写操作导致覆盖了另外的变量，如果没有调试器的帮助，找出何处代码导致这块内存被更改是一件棘手的事情，恰当运用数据断点可以快速定位何时何处这个数据被修改。

① 基于全局变量的数据断点

数据断点可以为断点关联一个全局变量，当该变量的值改变或包含该变量的逻辑表达式为真时，程序将在当前代码处中断。数据断点相对于条件断点一个很大的区别是不用明确指明在哪一行代码设置断点，即不用指明数据断点的具体位置。

例 5　编写程序，模拟时钟的时分秒的变化。

下面给出了一个有错误的源程序，其文件名为 SimulationClock.cpp。

```
#include <stdio.h>
int hour=0,minute=0,second=0;
void update();
void display();
void delay();
int main()
{
        int i;
        for(i=0;i<1000000;i++)
        {
                update();
                display();
                delay();
        }
        return 0;
}
void update()  //更新 时、分、秒
{
        second++;
        if(second = 60)
        {
                second=0;
                minute++;
        }
        if(minute = 60)
        {
                minute=0;
                hour++;
        }
        if(hour = 24)
                hour=0;
}
void display()
{
        printf("%d:%d:%d\n",hour,minute,second); //输出 时:分:秒
}
void delay()
{
        int t;
        for(t=0;t<100000000;t++); //用循环体为空语句的循环实现延时
}
```

源程序 SimulationClock.cpp 在编译链接成功之后，程序运行结果错误，如图 3-56 所示，时分秒没有更新。但是观察程序的源代码中，含有“second++”等语句，意味着时分秒已经更新，但程序运行结果却是错误的。此时可以添加数据断点，查找错误的原因。

使用快捷键【Alt+F9】打开 Breakpoints 对话框，在 Data 选项卡的 Enter the expression to be evaluated 编辑框中输入全局变量 second，单击【OK】按钮完成数据断点的设置，如图 3-57 所示，数据断点设置完毕后，源代码窗口不会出现标识断点的红色小圆点。此数据断点意味着当全局变量 second 一旦发生改变即触发断点，数据断点的优点是不需要指定断点的具体位置。

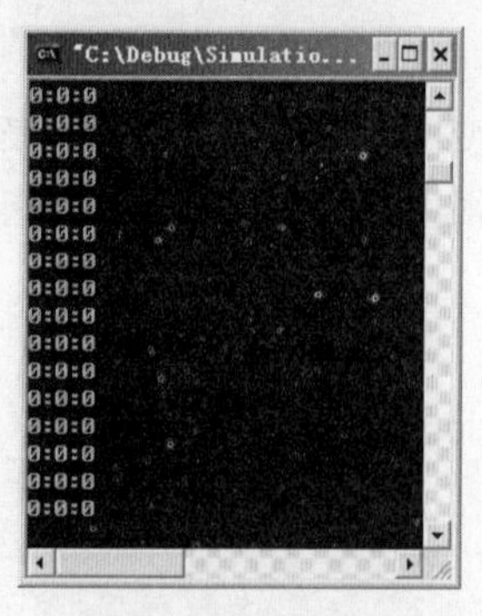

图 3-56　程序运行结果错误

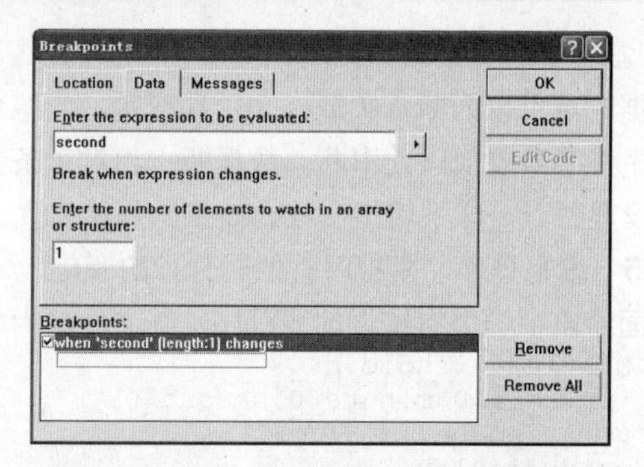

图 3-57　设置基于全局变量的数据断点

按 F5 键启动程序调试，弹出如图 3-58 所示的对话框，此对话框提示全局变量 second 的值发生了改变，触发了断点。单击【确定】按钮，程序控制转到源代码窗口，在全局变量 second 被更改的位置之后中断，如图 3-59 所示。

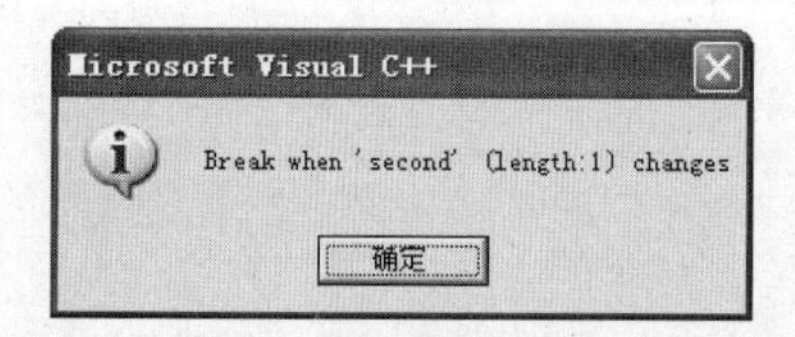

图 3-58　数据断点被触发的通知对话框

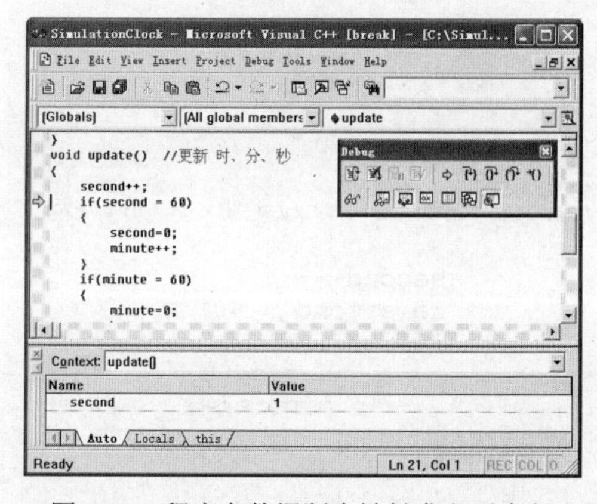

图 3-59　程序在数据断点被触发之后中断

此时，按 F10 键，单步跟踪程序，不难发现程序的错误是 if 语句中判断相等的逻辑表达式，错误地写成了赋值语句，应该将语句“if(second = 60)”修改为“if(second == 60)”，仔细观察程序中还有类似错误，一并修改即可，本例题其余的调试工作不再详细介绍。

② 基于局部变量的数据断点

数据断点还可以关联到局部变量，基于局部变量的数据断点的设置必须在高级断点的对话框中设置。

例 6　编写一个函数，输入 *n* 为偶数时，调用函数计算 1/2+1/4+…+1/*n* 的值，当输入 *n* 为奇数时，调用函数计算 1/1+1/3+…+1/*n* 的值。

下面给出了一个有错误的源程序，其文件名为 calculate_data.cpp。

```
#include "stdio.h"
float peven(int n)
{
        float s;
        int i;
        s=1;
        for(i=2;i<=n;i+=2)
                s+=1/(float)i;
        return(s);
}
float podd(int n)
{
        float s;
```

```
        int i;
        s=0;
        for(i=1;i<=n;i+=2)
                s+=1/(float)i;
        return(s);
}
void main()
{
        float sum;
        int n;

        while (1)
        {
                scanf("%d",&n);
                if(n>1)
                        break;
        }
        if(n%2==0)
        {
                printf("Even=");
                sum=peven(n);
        }
        else
        {
                printf("Odd=");
                sum=podd(n);
        }
        printf("%f",sum);
}
```

源程序 calculate_data.cpp 在编译链接成功之后，运行程序，当输入 *n* 的值为偶数时，程序运行结果错误，当输入 *n* 的值为奇数时，程序运行结果正确。分析源代码可知函数 peven 是当 *n* 为偶数时程序调用的函数，因此准备观察函数 peven 内部的局部变量 *s* 的值的变化情况。但是本程序中，*s* 是一个多处重名的局部变量，要想观察函数 peven 内部的局部变量 *s* 的值，需要设置高级数据断点。

使用快捷键【Alt+F9】打开 Breakpoints 对话框，在 Data 选项卡中，单击 Enter the expression to be evaluated 编辑框右侧的按钮▸，打开 Advanced Breakpoint 对话框，如图 3-60 所示。在 Advanced Breakpoint 对话框中输入要监视的表达式 *s*，指定其上下文环境，表达式 *s* 所在的函数为 peven，所在的源文件是 calculate_data.cpp，所在的可执行文件是 calculate_data.exe，最后单击【OK】按钮完成高级数据断点的设置。该数据断点设置完毕后，源代码窗口不会出现标识断点的红色小圆点。

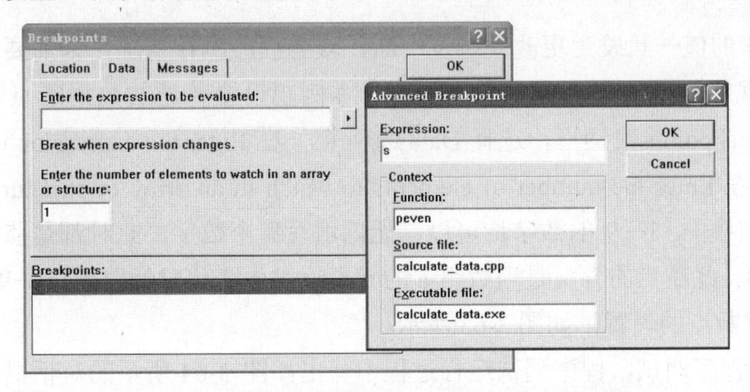

图 3-60　基于局部变量的高级数据断点的设置

按 F5 键启动程序调试，在控制台窗口输入偶数 2 后，弹出对话框如图 3-61 所示，该对话框提示函数 peven 内部的局部变量 *s* 的值发生了修改，因此触发了数据断点。

单击【确定】按钮后，程序控制转到源代码窗口，程序中断在局部变量 *s* 刚被修改值后的那条语句上，如图 3-62 所示。此时通过单步跟踪，同时借助于 Variables 窗口观察变量的变化，不难发现程序的错误，在此不再详细介绍。

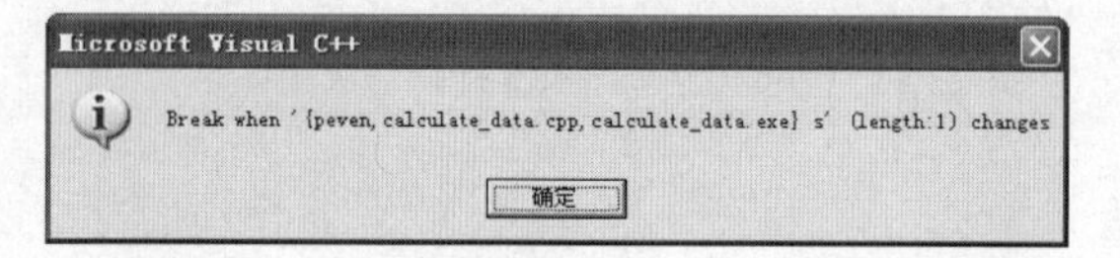

图 3-61　基于局部变量的高级数据断点被触发

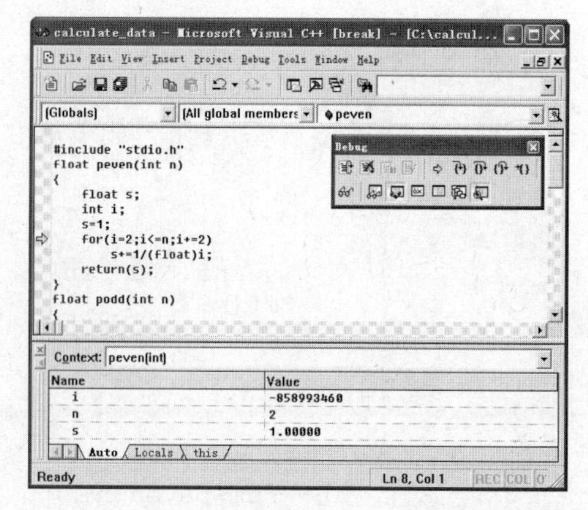

图 3-62　程序中断在局部变量被修改后的那条语句上

③ 基于数组的数据断点

数组是存储在一段连续内存单元中的数据的集合。借助于数据断点，可以监视数组某个范围内的元素值发生更改时的情况。

例 7　编写一个函数，使得数组中的偶数变为原来的 2 倍。

下面给出本题的源程序 Array_break.cpp，该代码没有错误，本例题仅为说明基于数组的数据断点如何设置和使用。

```
#include <stdio.h>
#define N 10
int a[N]={1,2,3,4,5,6,7,8,9,10};
void main()
{
        int i;
        for(i=0;i<N;i++)
                if(a[i] % 2 == 0)
                        a[i] = a[i]*2;
        for(i=0;i<N;i++)
           printf("%5d",a[i]);
        printf("\n");
}
```

若要数组元素的值一旦发生更改就触发中断，查看程序执行情况，则需要设置数据断点。分析源代码可以发现数组是一个全局变量，则对于本例题设置普通的数据断点即可。使用快捷键【Alt+F9】打开 Breakpoints 对话框，选择 Data 选项卡，在 Enter the expression to be evaluated 编辑框输入数组名 a，在 Enter the number of elements to watch in an array or structure（输入监看数组元素的个数）编辑框中输入 1～9 的数字均可以，无论填写哪个数字，此时都是监控整个数组的所有元素，但不能是 0。此断点的含义是当数组 a 的元素值发生变化时触发断点，单击【OK】按钮完成基于数组的数据断点的设置，如图 3-63 所示。

按 F5 键启动程序调试，程序调试运行过程中弹出如图 3-64 所示的对话框，提示数组中有元素的值被修改了。单击【确定】按钮后，通过 Watch 窗口查看数组的值，可以发现数组元素 a[1] 的值由原来的 2 被修改为 4，因此触发了此断点，如图 3-65 所示。

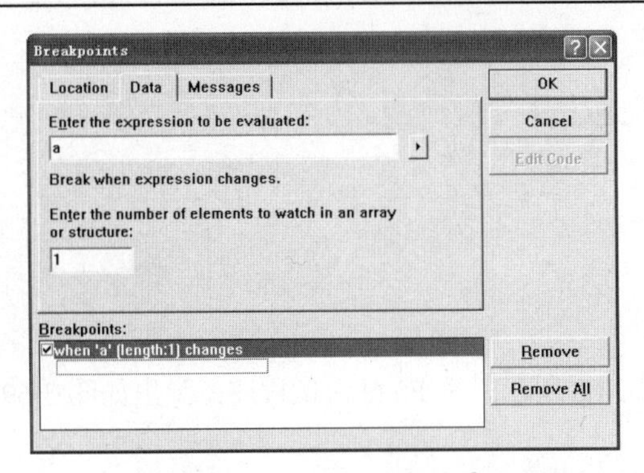

图 3-63 基于数组的数据断点

图 3-64 数组元素值更改触发断点

继续按 F5 键调试程序，程序再次弹出如图 3-64 的对话框，提示数组元素的值被更改，通过 Watch 窗口可以看到数组元素 a[3]的值由 4 变为 8，因此触发了数据断点。继续按 F5 键调试运行下去，可以看到 a[5]、a[7]、a[9]的值被更改时都会触发此数据断点。

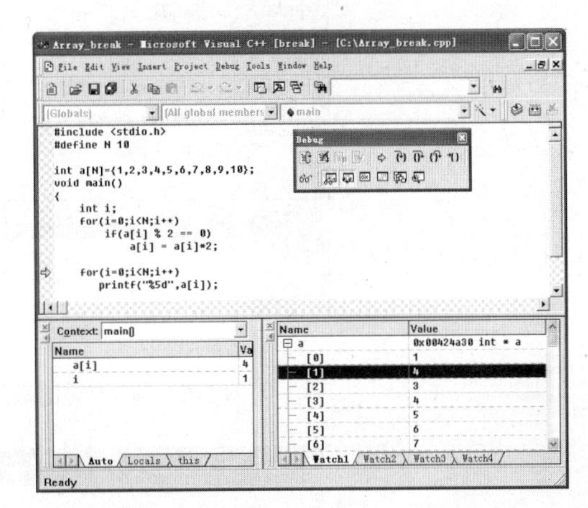

图 3-65 通过 Watch 窗口观察数组元素被修改的情况

数据断点还可以监视某个数组元素，或某几个数组元素是否发生了变化。仍以上述例 7 代码为例，若要监看 a[3]、a[4]、a[5]是否发生变化，数据断点的设置方法是，在 Enter the expression to be evaluated 编辑框输入数组元素 a[3]，在 Enter the number of elements to watch in an array or structure（输入监看数组元素的个数）编辑框中输入整数 3，单击【OK】按钮完成设置，如图 3-66 所示。该数据断点仅仅当 a[3]、a[4]、a[5]的值被更改时触发数据断点。

按 F5 键启动程序调试，弹出如图 3-67 所示的对话框，提示从元素 a[3]开始的 3 个连续的数组元素中，有值被更改了，因此触发此数据断点。单击【确定】按钮后，在 Watch 窗口观察是数组元素 a[3]的值由 4 变为 8 触发了断点。如果继续按 F5 键调试，当 a[5]的值发生修改时，还会触发此断点。

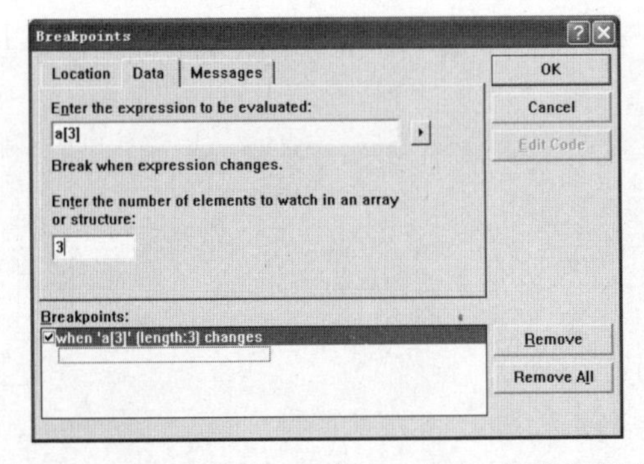

图 3-66 基于某个范围内数组元素更改的数据断点

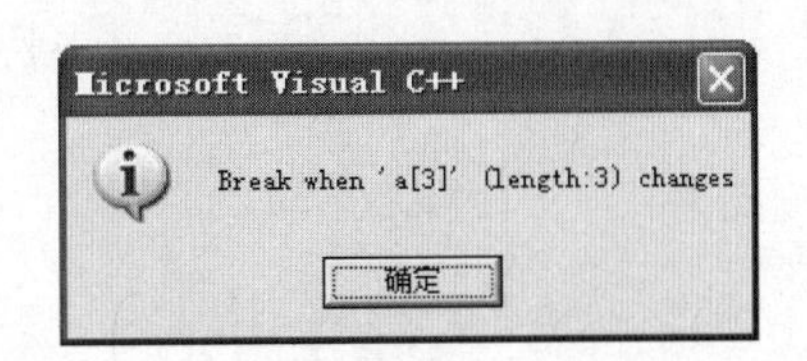

图 3-67 数据断点被触发

若将例 7 的程序中的数组改为局部变量，则基于数组的数据断点设置就需要借助于高级数据断点了。假设例 7 的源代码修改为如下程序。

```
#include <stdio.h>
#define N 10
```

```
void main()
{
        int a[N]={1,2,3,4,5,6,7,8,9,10};
        int i;
        for(i=0;i<N;i++)
             if(a[i] % 2 == 0)
                  a[i] = a[i]*2;
        for(i=0;i<N;i++)
          printf("%5d",a[i]);
        printf("\n");
}
```

则数据断点的设置需要指定其上下文环境，如图 3-68 所示。按 F5 键调试程序，弹出如图 3-69 所示对话框，提示断点被触发。

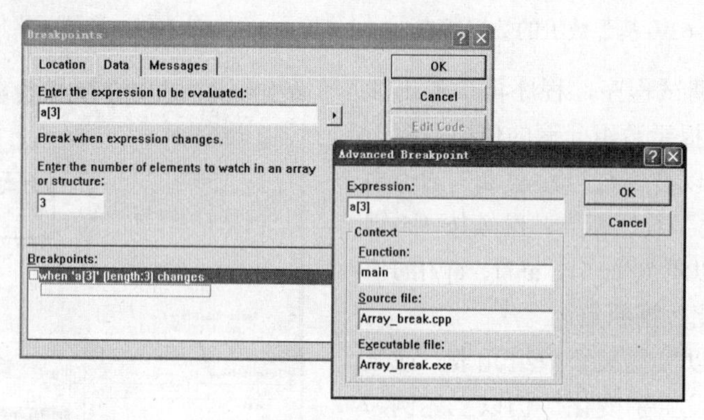

图 3-68　基于局部数组变量的数据断点的设置

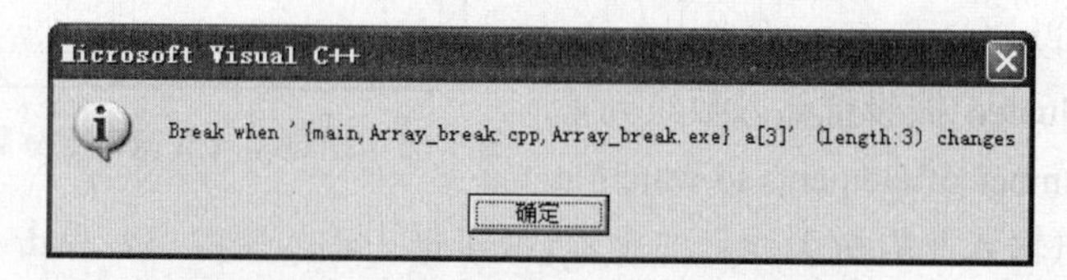

图 3-69　局部数组变量的数据断点被触发

④ 基于内存地址的数据断点

数据断点还可以监看某一地址空间的值是否发生了改变。要监视的地址必须在程序运行过程中获取，因此此类断点是在程序调试运行的过程中添加的。

例 8　编写程序，修改数组元素的值。

下面给出本题的源程序 address_break.cpp，该代码没有错误，本例题仅为说明地址断点如何设置和使用。

```
#include <stdio.h>
void main()
{
        int a[]={1,2,3,4,5};
        int i;
        a[1]=9;
        a[2]=8;
        a[3]=7;
        a[4]=6;
        for(i=0;i<5;i++)
             printf("%5d",a[i]);
        printf("\n");
}
```

若要观察程序中数组元素 a[3]的值何时被更改了，可以通过地址断点来监看。

按 F10 键启动单步跟踪调试程序，继续按 F10 键，在 Watch 窗口添加数组 a 和&a[3]的监视，从 Watch 窗口获取了数组元素 a[3]的地址，如图 3-70 所示。

使用快捷键【Alt+F9】打开 Breakpoints 对话框，在 Data 选项卡中，在 Enter the expression to be evaluated 编辑框中输入要监视的内存地址 0x0012ff78，在 Enter the number of elements to watch in an array or structure 编辑框中输入整数 4(因为在 VC 中整型变量占 4 字节，若此位置填写 8，意味着将监视 a[3]和 a[4])，此断点表示要监视从内存地址 0x0012ff78 开始的 4 字节的内存空间，这个内存空间就是数组元素 a[3]的内存空间，一旦内存空间的值发生变化，就会触发此断点。单击【OK】按钮完成地址断点的设置，如图 3-71 所示。

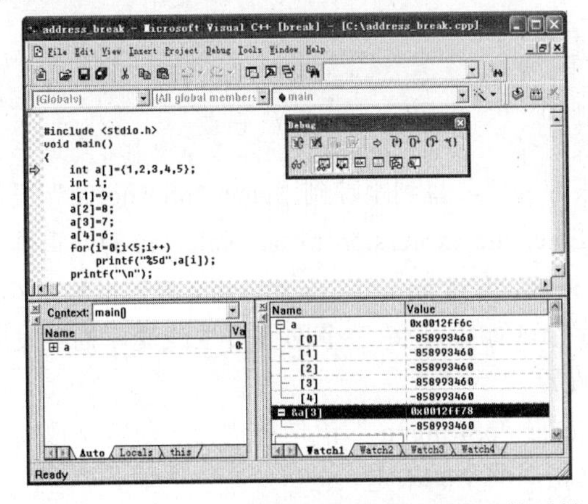

图 3-70　在 Watch 窗口获取数组元素 a[3]的地址

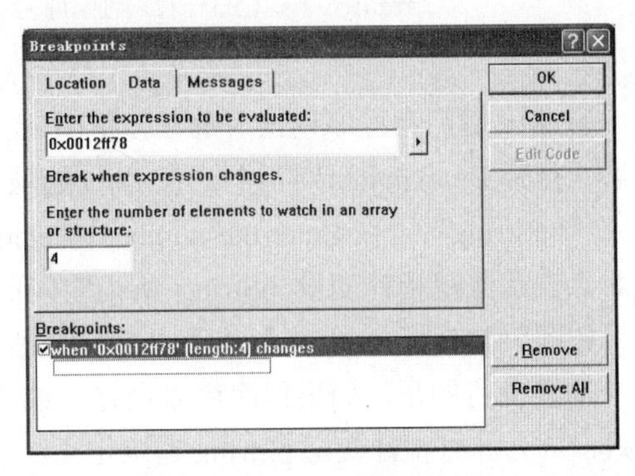

图 3-71　地址断点的设置

此时按 F5 键调试运行应用程序，弹出如图 3-72 所示的对话框，提示从地址 0x0012ff78 开始的 4 字节的内存空间的值发生了变化。从 Watch 窗口可以观察到，此时数组初始化为元素 a[3]赋值为 4 时，触发了此断点，如图 3-73 所示。按 F5 键继续调试运行程序，再次弹出如图 3-72 所示的对话框，从 Watch 窗口可以观察到是 a[3]的值被修改为 7，触发了此断点。

图 3-72　地址断点被触发

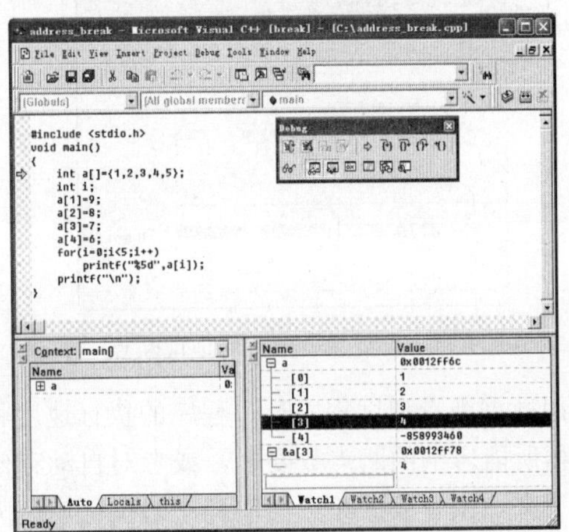

图 3-73　数组元素初始化时触发地址断点

使用数据断点，可以很好地监视指针变量所指空间的变化。例如，为了监视指针变量 pString 所指向的一串字符，在 Enter the expression to be evaluated 编辑框中输入“*pString”，在 Enter the number of elements to watch in an array or structure 编辑框中输入要调试器监视的字节数，例如输入 4，则该数据断点的含义是，当指针 pString 所指空间的前 4 字节发生变化时，触发断点，程序中断。若在 Enter the expression to be evaluated 编辑框中输入不带星号的“pString”，该断点的含义是只有在指针变量 pString 改变为指向别的地方时，再触发断点，因为在这种情况下，调试器所监视的是指针变量 pString 本身的空间，而不是它所指向的内存空间。

例 9　修改指针 pString 所指空间的字符串。

下面给出本题的源程序 pString_break.cpp，该代码没有错误，本例题仅为说明基于指针的地址断点如何设置和使用。

```
#include <stdio.h>
#include <string.h>
void main()
{
        char a[]="Hello!";
        char *pString=a;
        printf("%s\n",pString);
        strcpy(pString,"Hi!");
        printf("%s\n",pString);
}
```

按 F10 键启动程序调试，继续按 F10 键单步跟踪程序，直到跟踪到“char *pString=a;”语句之后，打开 Breakpoints 对话框，在 Data 选项卡的 Enter the expression to be evaluated 的编辑框中输入“*pString”，在 Enter the number of elements to watch in an array or structure 编辑框输入 6，此断点表示监视指针变量 pString 所指空间的 6 字节，如果这 6 字节的值发生改变，则触发断点。如图 3-74 所示，单击【OK】按钮完成断点的设置。

需要说明的是，如果程序尚未运行，或者在“char *pString=a;”语句被执行之前定义该断点无效，因为此时指针变量 pString 还未定义，所以其指向的空间未定。

按 F5 键调试运行程序，弹出如图 3-75 所示的对话框，触发断点。

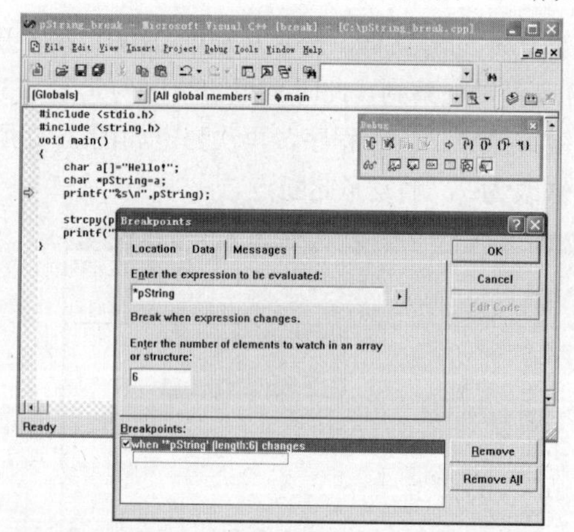

图 3-74　设置基于指针的地址断点

图 3-75　触发地址断点

使用数据断点调试程序时，程序的执行速度将会明显减慢。当设置的断点比处理器中的调试寄存器所能容纳的断点数要多，或者对自动存储类的变量设置了数据断点时，程序运行速度也会降下来。由于数据断点会使程序的执行速度大大降低，可能会使你认为程序已被挂起了。如果程序确实因为某些原因停止了，单击 Break（中断）命令，将控制权返回给调试器。

4．消息断点的设置

Visual C++ 6.0 也支持对 Windows 消息进行截获，有两种方式进行截获：窗口消息处理函数和特定消息中断。

Breakpoints 对话框可以设置与 Windows 消息相关的断点，必须说明的是，此类断点只能工作在 x86 或 Pentium 系统上。具体操作是：先打开 Breakpoints 对话框的 Messages 选项卡，如图 3-76 所示。然后在 Break at WndProc 编辑框中输入 Windows 函数的名称，在 Set one breakpoint for each message to watch 下拉列表框中选择对应的消息，单击【OK】按钮完成设置。

5．汇编断点的设置

在程序调试过程中，有时需要进入程序的汇编代码中进行更深入的调试程序，因此需要在汇编代码上设置断点。

程序首先已经进入调试状态，使用菜单【View】|【Debug Windows】|【Disassembly】命令，打开调试程序的汇编窗口，如图 3-77 所示。在汇编窗口中看到的是对应于源程序的汇编代码，其中源程序用黑体字显示，下面是源程序语句对应的汇编代码。将光标移动到要设置断点处，单击 Build 工具栏上的按钮或使用快捷键 F9，在对应的代码行处会有一个红色的圆点出现在汇编代码的左侧，如图 3-77 所示。

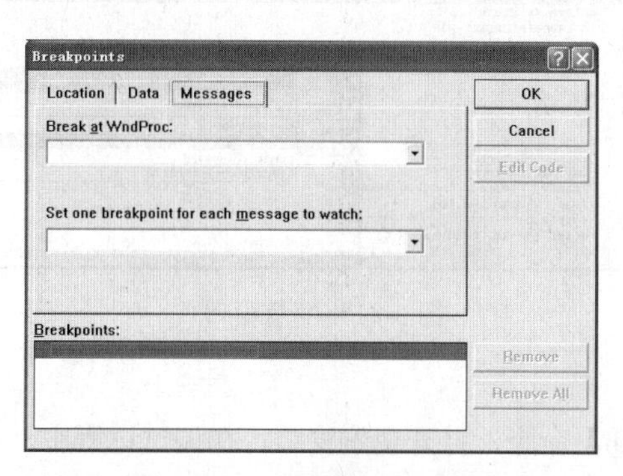

图 3-76　消息断点的设置

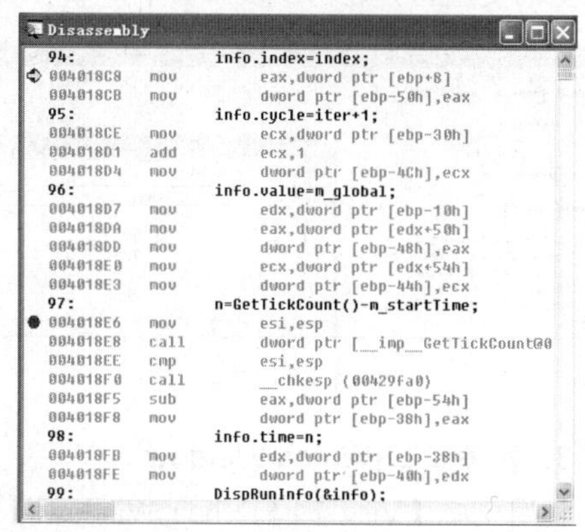

图 3-77　汇编断点

3.7.3　使用调试窗口查看或修改变量的值

在程序的调试过程中，最重要的是要观察程序在运行过程中的状态，这样才能定位程序的错误之处。Visual C++ 6.0 的调试器提供了多个窗口工具，可以借助它们查看或修改程序运行过程中变量的值、寄存器中的值、内存中的值、堆栈中的值等。

1．弹出式调试信息泡泡(Data Tips Pop_up Information)

当程序在调试过程中，触发断点，程序中断时，要观察一个变量或表达式最容易的方法是利用弹出式调试信息泡泡。要查看一个变量的值，在调试状态下，只需在源程序窗口中，将鼠标指针放到该变量上，就会看到一个信息泡泡弹出(一个黄色的矩形方框)，其中显示了该变量的值，如图 3-78 所示。

要查看一个表达式的值，先选中该表达式，然后将鼠标指针放到选中的表达式上，弹出一个信息泡泡显示该表达式的值，如图 3-79 所示。

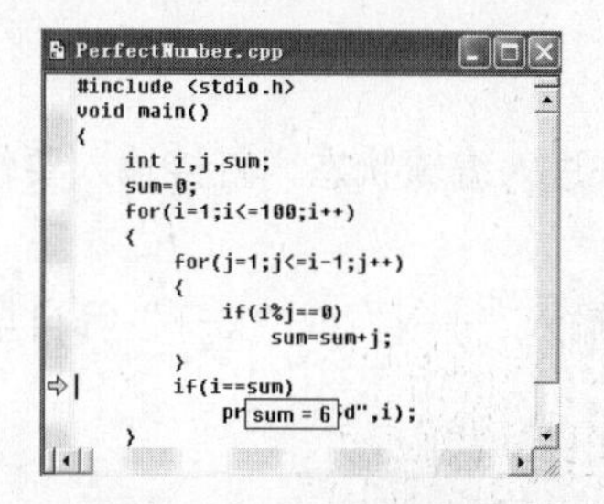

图 3-78　监看变量的值

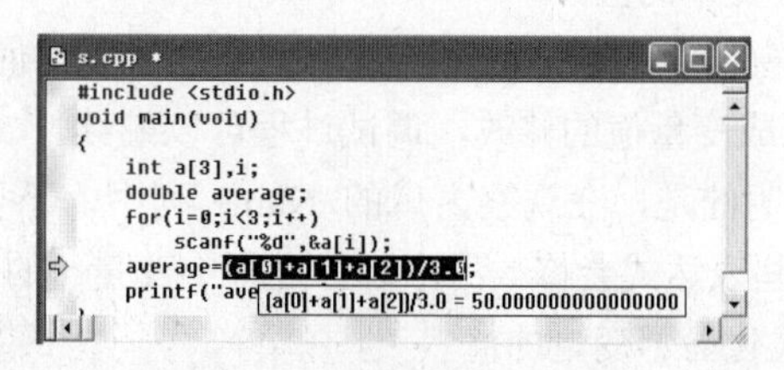

图 3-79　监看表达式的值

2．变量窗口(Variables Window)

使用菜单【View】|【Debug Windows】|【Variables】命令，打开变量窗口，如图 3-80 和图 3-81 所示。Name 列表中可以显示地址名、变量名及函数返回等信息，Value 列表中可以显示地址值、变量值和函数返回值等信息，Value 列表还可以修改变量的值，只需要双击某变量的值，进入编辑状态后，输入要修改的值，按 Enter 键即可完成修改。

在变量窗口中，可以通过 Context 下拉列表框选择要查看的函数，如图 3-81 所示，当前程序正在执行 swap 函数，从变量窗口中既可以监看 swap 函数内的变量的值，又可以监看主调函数 main 内的变量的值。在变量窗口的下部有 3 个标签：Auto、Locals、this，选中不同的标签，不同类型的变量将会显示在该窗口中。

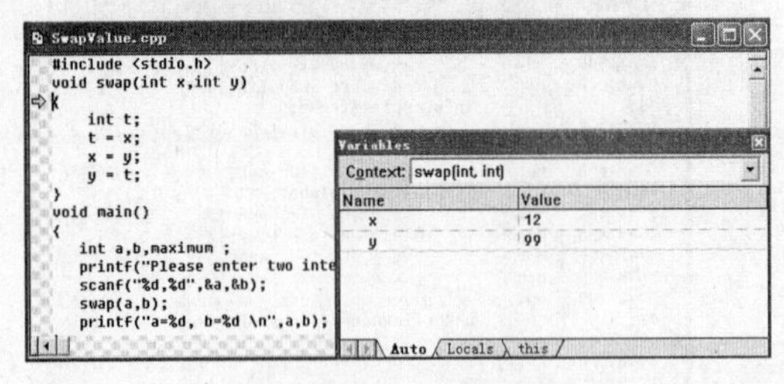

图 3-80　变量窗口

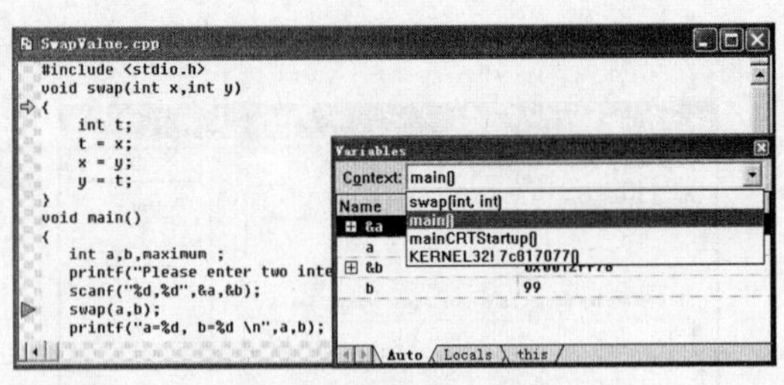

图 3-81　变量窗口

3．观察窗口(Watch Window)

使用菜单【View】|【Debug Windows】|【Watch】命令，打开观察窗口。在调试过程中，可以将所关心的变量使用鼠标左键拖放到 Name 列表中，在 Value 列中就可查看其值。如图 3-82 所示。

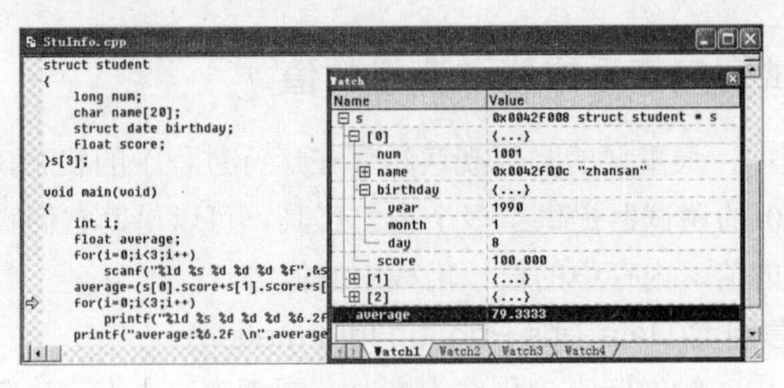

图 3-82　观察窗口

可以在观察窗口的 Name 列中输入需要查看的变量名、变量地址、表达式，输入完毕按 Enter 键将在 Value 列中看到对应的值。如果输入的表达式是一个数组、结构体或对象，可以单击表达式左侧的“+”号，以进一步观察其中的成员的值。观察窗口有多页，对应于标签 Watch1、Watch2、Watch3 等。

观察窗口还有其他一些高级的应用。

① 修改变量的值

在观察窗口的 Value 列中，双击变量名后面的值，进入编辑状态，直接输入要修改的值后按 Enter 键即完成变量值的修改，调试过程可以继续。

需要说明的是，在观察窗口的 Name 列中，不要输入“++x”或“x++”等自增或自减表达式，因为这些表达式会修改程序运行过程中变量 x 的值。

② 格式化显示变量的值

在观察窗口中可以格式化显示变量的值。对于整型变量 x，在观察窗口可以查看该变量的十进制、八进制、十六进制、字符型、无符号整型等的各种值。方法分别是在观察窗口输入

“x,d”、“x,o”、“x,x”、“x,c”、“x,u”，如图 3-83 所示。

对于字符数组 a，每一个元素可以看做一个字符变量，可以查看字符变量的 ASCII 值的十进制、八进制、十六进制、字符型等形式。方法分别是在观察窗口输入“a[0],d”、“a[0],o”、“a[0],x”、“a[0],c”、“a[0],u”，如图 3-84 所示。

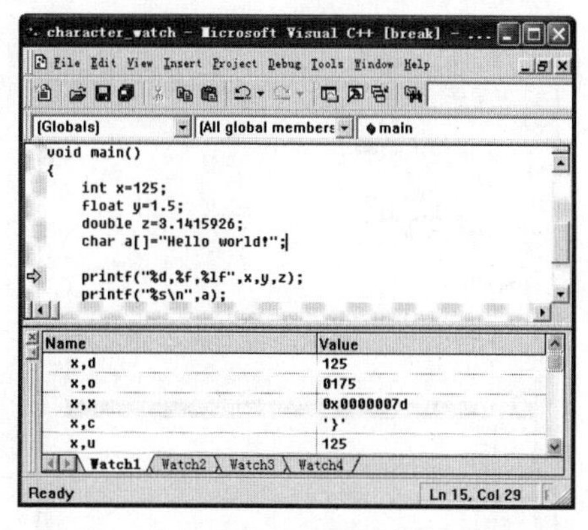

图 3-83　在 Watch 窗口格式化显示整型变量

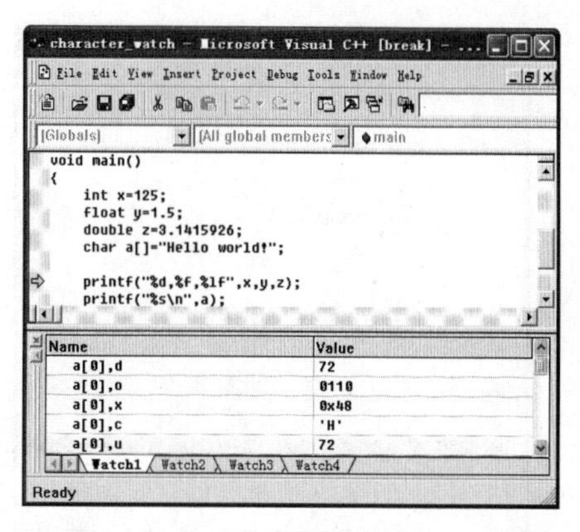

图 3-84　在 Watch 窗口格式化显示字符变量

对于实型数据 y，以“d、o、x”格式查看这种类型的变量无意义。但是可以使用“f、e、g”等格式查看浮点型数据。方法分别是在 WATCH 窗口输入“y,f”、“y,e”、“y,g”，如图 3-85 所示。

③ 观察窗口可以进行简单函数调用

如函数没有参数，也要求使用括号“()”，调用时像调用普通函数一样传送参数。观察窗口右侧将显示函数返回值。但是使用观察窗口进行函数调用有些限制：

➢ 只能在一个单线程上下文中执行函数。如是多线程程序，将函数输入到观察窗口中观察结果后应立即从观察窗口清除，否则，如调试函数在第二个线程上下文中执行，会立即终止第二个线程的运行。

➢ 调用函数必须在 20 秒内执行。如执行过程中出现异常，程序会在调试器中中止。

如图 3-86 所示，在观察窗口调用 max 和 min 函数，验证函数正确性。

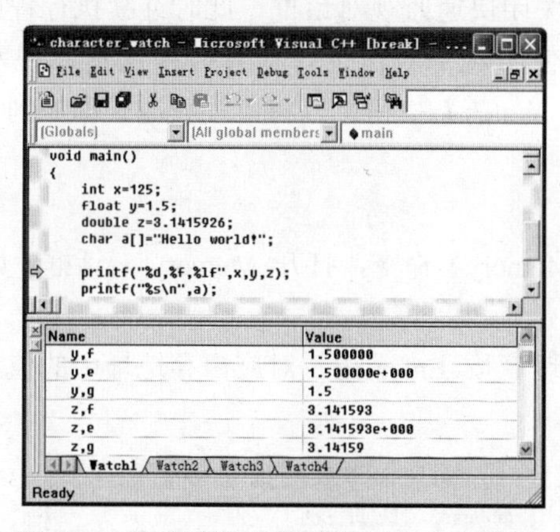

图 3-85　在观察窗口格式化显示实型变量

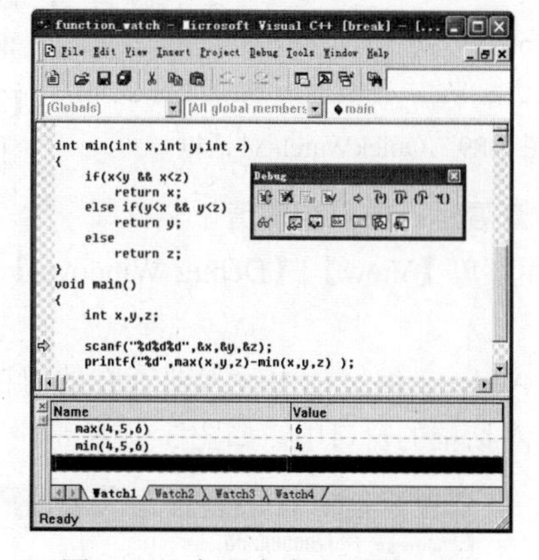

图 3-86　在观察窗口调用函数

④ 在观察窗口以数组的格式查看指针变量所指向的空间

函数调用中，若实际参数是数组名，那么形式参数可以是指针的定义，也可以是数组的定义。无论形参何种形式的定义，编译器都将其翻译为指针变量，因此形参的值的观察并不直观，可以在观察窗口中指定以数组的格式观察指针所指向的内存空间。

当形式参数定义为数组格式时，编译器也是将其翻译为指针变量，因此在观察窗口观察形参时，只能看到数组中第一个元素的值，如图 3-87 所示。在观察窗口中可以指定以数组的格式显示指针所指空间的值，方法是，在观察窗口中输入“p,10”，其中 p 是指针的名字，此表达式意味着，将指针 p 所指连续空间以数组的格式显示为 p[0]…p[9]的样式，如图 3-88 所示。

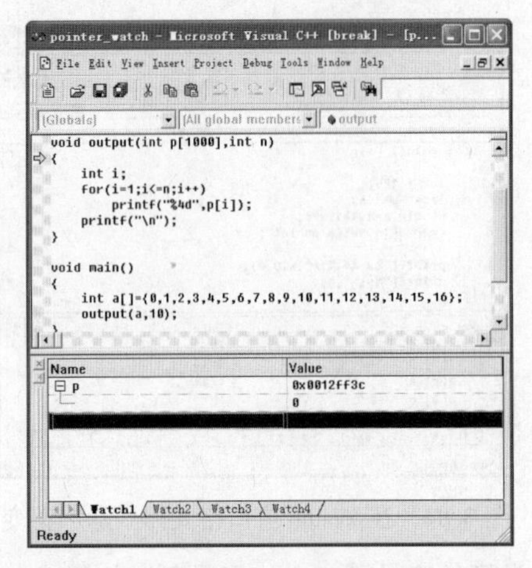

图 3-87　在观察窗口中观察形参数组的值

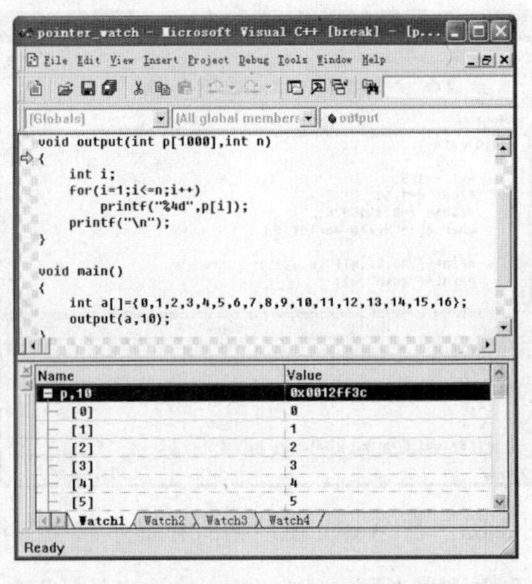

图 3-88　在观察窗口中观察形参数组的值

4．快速监视对话框(QuickWatch)

使用菜单【Debug】|【QuickWatch】命令或使用快捷键【Shift+F9】打开快速监视对话框，可以像利用观察窗口一样来查看变量或表达式的值，也可以查看变量的地址。与观察窗口相似的是也可以改变运行过程中变量的值，具体操作如下。

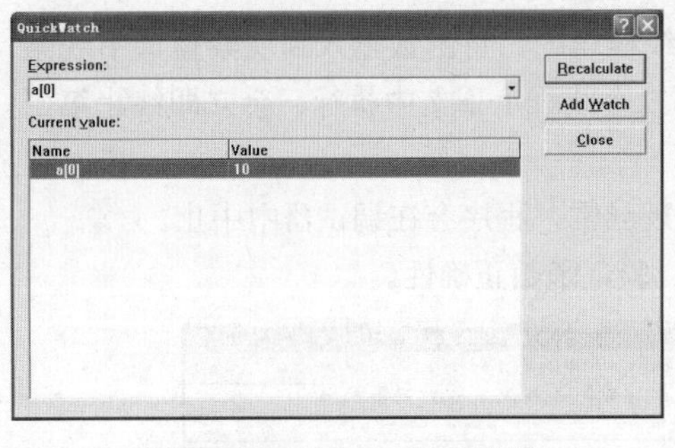

图 3-89　QuickWatch 对话框

(1) 在快速监视对话框的 Expression 编辑框中输入要查看的变量名，按 Enter 键，在 Current value 列表区域中出现变量名及当前对应的值，如图 3-89 所示。

(2) 如果要改变该变量的值，在变量对应的 Value 栏中双击，然后输入要改变的值后，按 Enter 键完成修改。关闭快速监视对话框，此时继续执行程序，该变量将使用这个新值进行计算。在快速监视对话框中【Add Watch】按钮可以将监视表达式添加到观察窗口中。

5．查看运行中内存的值

使用菜单【View】|【Debug Windows】|【Memory】命令，打开 Memory 对话框，如图 3-90 所示。

在 Address 编辑框中输入要查看的内存地址后按 Enter 键，对应内存地址中的值将显示在 Memory 对话框的窗口中，如图 3-91 所示。

图 3-90　Memory 对话框

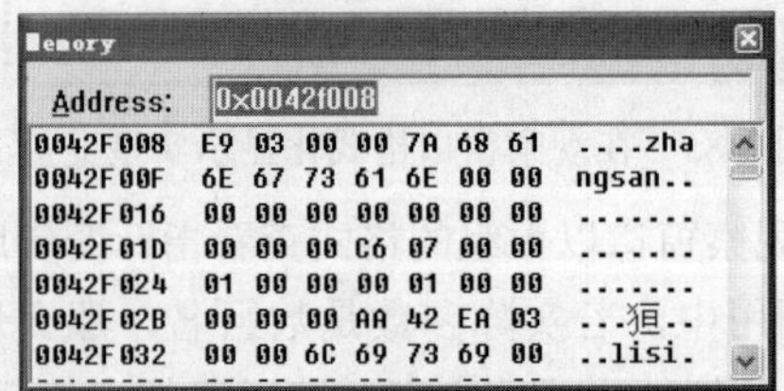

图 3-91　Memory 对话框

6．查看或修改运行中寄存器中的值

使用菜单【View】|【Debug Windows】|【Registers】命令，打开 Registers 对话框，在 Registers 对话框中信息以 Registers = Value 的形式显示，其中 Registers 代表寄存器的名字，Value 代表寄存器中的值，如图 3-92 所示。

如果要修改某一个寄存器的值，可以使用 Tab 键，或将光标移到想改变值的右边，输入需要的值，按 Enter 键完成修改。

7．使用 Call Stack 窗口查看函数的调用

Call Stack 窗口用于查看函数的参数类型、参数值、调用情况等信息。当程序处于调试状态时，使用菜单【View】|【Debug Windows】|【Call Stack】命令，打开 Call Stack 窗口，如图 3-93 所示。

```
Registers
EAX = 00000003 EBX = 7FFDF000
ECX = 0042903E EDX = 00000000
ESI = 0394F8E8 EDI = 0012FF80
EIP = 00401057 ESP = 0012FF18
EBP = 0012FF80 EFL = 00000246
MM0 = 0000000000000000
MM1 = 0000000000000000
MM2 = 0000000000000000
MM3 = 0000000000000000
```

图 3-92　Registers 对话框

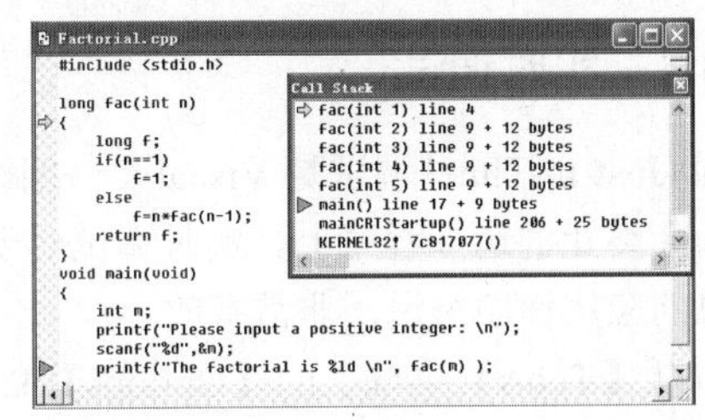

图 3-93　Call Stack 窗口查看函数调用

在 Call Stack 窗口的最上方显示的是当前被调用函数的参数信息及当前执行的代码位置，下一行是调用当前函数的上一级函数信息，从图 3-93 可以看出，主函数 main 调用了 fac(5)，在 fac(5)函数内部又调用了 fac(4)，fac(4)函数执行过程中调用了 fac(3)……

图 3-93 显示了一个函数的递归调用过程，在 Call Stack 窗口中双击主函数 main，代码编辑窗口就直接用绿色三角形定位于调用 fac(5)的语句处。

当程序遇到一个错误、例外或断言时，使用 Call Stack 窗口对代码进行反向跟踪是很有用的。一般情况下，程序发生错误、例外或断言时，被显示的实际代码经常是汇编代码或是 MFC 库代码中的某处，要找到代码中导致该事件的语句，只需调出 Call Stack 窗口，然后依次向下查看列表，直到找到项目中调用的第一个函数。双击它，就会到达出错的那行或其附近。

3.8　其他的调试手段

Visual C++ 6.0 的集成开发环境提供了强大的程序调试功能，在控制程序运行的情况下，可以通过各种调试窗口进行程序的监视和调试。同时，Visual C++ 6.0 还提供了远程调试、实时调试、命令行调试，以及使用一些函数或宏进行程序调试的功能。下面予以介绍。

3.8.1　使用函数或宏进行程序调试

Visual C++ 6.0 还提供了一系列的函数或者宏来处理程序的调试信息，具体的函数或宏名如表 3-12 所示。

表 3-12　用于程序调试的函数或宏

宏名/函数名	说　明
TRACE	使用方法和 printf 完全一致，它是在 Output 窗口中输出调试信息
ASSERT	它接收一个表达式，如果这个表达式为真，则无动作，否则中断当前程序的执行
VERIFY	与 ASSERT 功能类似，所不同的是，在 Release 版本中，ASSERT 不计算输入的表达式的值，而 VERIFY 计算表达式的值

3.8.2 远程调试

Visual C++ 6.0 的远程调试，能将被调试的程序显示放于一台计算机，而将调试器自身放于另一台计算机。

要使用远程调试，需要有两台计算机和一个网络连接。调试器通过一个监视器程序与远程机器通信。被调试程序的可执行代码不一定要在远程机器上，但监视器模块必须存在。当使用 Local host 作为网络连接时，可以在同一台机器上运行远程调试监视器，但这不能带来任何好处，当程序暂停时，它的绘屏代码不被调用，因此不能切换到它的 Output 窗口上。

在开始远程调试会话时，监视器模块从工程项目的 Debug 目录或放置可执行程序的目录装载并运行可执行程序。程序仍在调试器的控制之下，但用户不会因为暂停而不能检查它。

3.8.3 实时调试

实时(Just-In-Time)调试是 Visual C++编译器的一个性能，它将自身附加到一个由于出现未处理异常而会终止的运行程序上。实时调试对于调试最初不是从集成调试程序内部启动或未内置有调试信息的应用程序来说，非常有效。

可以从【Tools】菜单上的【Options】命令中打开实时调试，在 Options 对话框中的 Debug 选项卡中，可以设置实时调试的复选框。

3.8.4 编辑并继续调试

Visual C++ 6.0 的编辑并继续(Edit and Continue)调试的功能，使得在调试一个程序时，可以改变代码而不需要停止或重新启动程序调试，就可以应用那些改变。

要使用编辑并继续调试功能，需要在 Project Settings 对话框的 C/C++选项卡中，设置 Debug info 为：Program Database for Edit and Continue，还必须关掉所有的优化。同时在【Tools】菜单中的 Options 对话框的 Debug 选项卡中，设置 Debug commands invoke Edit and Continue 复选框，启用此功能。

如果改变被应用时发生错误，将得到一个对话框通知用户错误，并给出选择，使得可以不应用改变继续执行，或返回代码改正错误。如果决定改正错误，错误将在 Output 窗口中和状态栏中被显示。

启动编辑并继续调试功能，使用户不必暂停程序来做修改。在程序执行中的任何时候，可以改变代码并在 Debug 工具栏单击【Apply Code Changes】按钮，或按快捷键【Alt+F10】，程序将在改变被编译期间短暂的暂停，然后恢复它的正常执行。

对于编辑并继续(Edit and Continue)调试的功能，在使用时有一些限制。使用该功能不能对资源作改变，也不能对例外处理模块作改变，不能改变数据类型。同样也不能删除函数或改变函数原型或改变全局或静态代码。如果任何一个这种操作发生，用户将得到一个对话框，通知这些改变不能被应用，并让其做选择是否继续。

3.8.5 其他的调试功能

在 Visual C++ 6.0 中，可以使用 CMemoryState 类来检查内存泄漏。MFC CMemoryState 类是帮助找到和删除程序中内存泄漏的一个工具。

3.9 程序的调试版本和发布版本

程序版本分为调试版本和发布版本。两者的区别让许多程序员感到迷惑，当调试版本的程序可以运行时，但其发布版本却不一定能够正常的运行。本节将说明程序的调试版本和发布版本的差异。

3.9.1　生成调试版本和发布版本

在 Visual C++ 6.0 开发环境下，对于新建的项目，默认的编译配置是生成调试版本的程序。有两种方法可以选择编译生成的版本，一种是使用 Set Active Project Configuration（设置活动项目配置），另一种是使用 Build 工具栏进行设置。

1．使用 Set Active Project Configuration 对话框设置程序版本

使用菜单【Build】|【Set Active Configuration...】命令，打开 Set Active Project Configuration 对话框，如图 3-94 所示。

图 3-94 中 ConsoleExample 是项目名字，如果要生成调试版本，选择 ConsoleExample-Win32 Debug 选项，单击【OK】按钮即可；如果生成发布版本，选择 ConsoleExample-Win32 Release 选项，单击【OK】按钮即可。

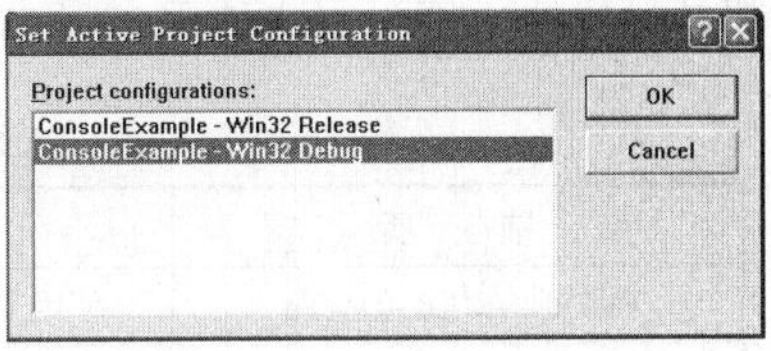

图 3-94　选择编译版本

2．使用 Build 工具栏设置程序版本

在 Visual C++菜单栏的任意位置，单击右键，在弹出的快捷菜单中选择 Build 命令，调出 Build 工具栏，在 Build 工具栏上选择需要编译的版本，如图 3-95 所示。

3．定制程序的编译选项

通常，Visual C++ 6.0 默认包含调试版本和发布版本两种，如果需要生成和保存定制的编译选项，可以使用菜单【Build】|【Configurations】命令，打开 Configurations 对话框，在此对话框中单击 Add 按钮，打开 Add Project Configuration 对话框，在 Configuration 编辑框中输入新的编译选项的名称，例如输入“MyDebug”，在 Copy settings from 和 Platform 下拉列表框中选择合适的选项，单击【OK】按钮，如图 3-96 所示。

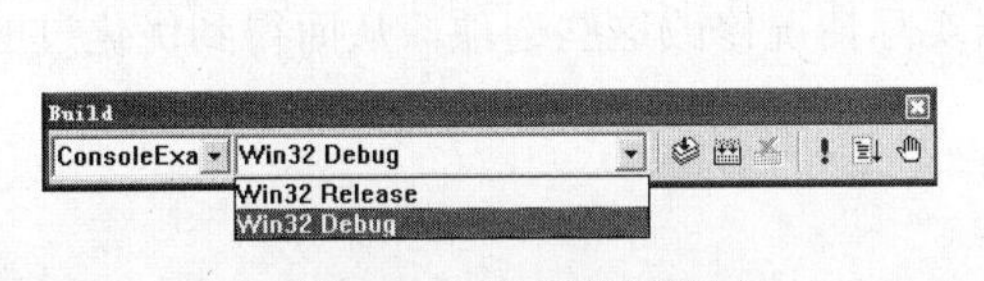

图 3-95　选择编译版本

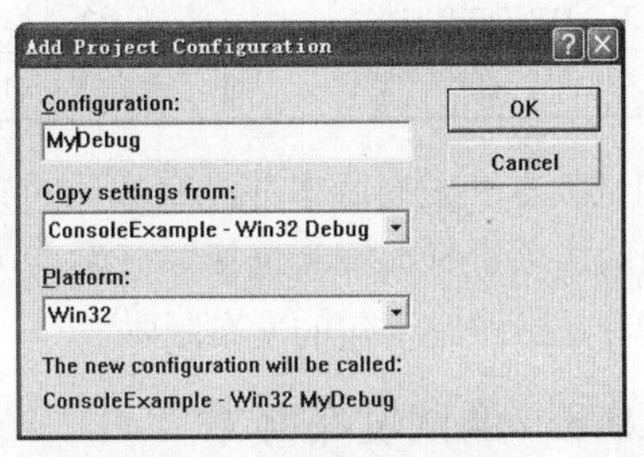

图 3-96　添加新的编译选项

添加完成后，使用【Project】|【Settings...】命令，打开 Project Settings 对话框，在左侧 Settings For 下拉列表框中选择 Win32 MyDebug，在 C++等选项卡中修改编译选项，如图 3-97 所示。

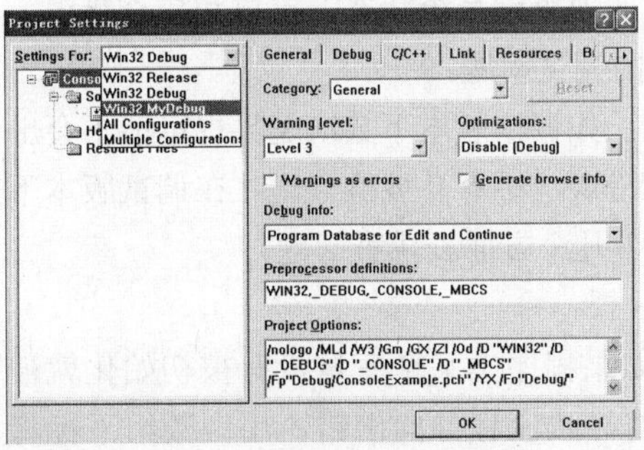

图 3-97　修改新添加的编译选项

3.9.2　调试版本与发布版本的区别

经常会遇到这样的情况，程序的调试版本运行得非常好，而发布版本会出错，同样的源代码编译的不同版本，程序的运行很不一样。因此，了解调试版本和发布版本的区别是很重要的。

1. 变量初值不同

程序的调试版本和发布版本在初始化变量时所做的操作是不同的，调试版本是将每个字节都赋值成 0xcc，而发布版本不对变量赋初值，变量的初值近似于随机。

2. 调试语句表现不同

跟踪语句以及断言调试用的语句在调试版本和发布版本中的表现是不同的。例如，ASSERT 语句，它只在调试版本下有效，发布版本不报错，是因为忽略了错误而不是没有错误。

3. 编译选项不同

调试版本和发布版本不同，本质上是编译选项的不同。调试版本包含调试信息，不作任何优化，便于程序员调试程序。发布版本通常是进行了各种优化，使得程序在代码大小和运行速度上都是最优的，便于用户使用。表 3-13 和表 3-14 列出了二者在编译选项上的主要不同之处。

表 3-13 调试版本关键编译选项

选 项	含 义
/MDd、/MLd 或/MTd	使用 Debug runtime library
/Od	关闭优化开关
/D"_DEBUG"	打开编译调试代码开关
/ZI	创建 Edit and continue 数据库，在调试过程中如果修改了源代码不需要重新编译
/GZ	帮助捕获内存错误
/Gm	打开最小化重链接开关，减少链接时间

表 3-14 发布版本关键编译选项

选 项	含 义
/MD、/ML 或 /MT	使用发布版本的运行时刻函数库
/O1 或 /O2	打开优化开关，使程序最小或最快
/D"NDEBUG"	关闭条件编译调试代码开关
/GF	合并重复的字符串，并将字符串常量放到只读内存，防止被修改

调试版本和发布版本并没有本质的界限，它们只是一组编译选项的集合，编译器只是按照事先定制的选项进行编译和链接。开发者可以根据实际情况修改这些选项，从而得到优化过的调试版本或者是带跟踪语句的发布版本。

3.9.3 调试发布版本

经常会遇到调试版本运行的很好，而发布版本运行出了问题，这种现象往往让人感觉很棘手。因为调试版本可以设置断点、进行单步调试，可以方便地查看系统状态，定位和排查错误，但是发布版本不能方便地做到这一点，本节讨论发布版本的调试问题。

代码存在错误在调试方式下可能会忽略而不易被察觉，如调试版本下数组越界也可能不会出错，但是同样的问题在发布版本下就会出问题。并且这类错误，不容易被检查出。在调试版本下运行很好的程序，在发布版本下不能正常运行，可以从以下几个方面去排查问题。

1. 检查变量是否都赋了初值

调试版本和发布版本在变量初值处理上是不同的。如果程序中某个变量没有被初始化就被引用，就很有可能出现异常；如果该变量用做控制变量将导致流程导向出错，用做数组下标将会使程序崩溃，如果是指针变量，更可能无意中更改了其他变量的值而引发严重的错误。

因此，建议在声明变量后立即对其初始化一个默认的值，对于变量没有赋初值的问题，可以使用 PCLint 工具进行 PCLint 检查，它会进行严格的语法检测，使用该工具可以方便地检测所有没有被赋初值的变量。

2．检查自定义消息函数是否有消息参数

在自定义消息的函数体声明时，如果没有为消息函数体写上消息参数，在调试版本下一般不会有问题，但在发布版本下，在多线程或进程间使用了消息传递时就会导致无效句柄之类的错误。在声明消息函数时，建议声明时加上消息参数。

3．提高调试版本的警告级别

在 Visual C++开发环境中，默认调试版本编译配置的警告级别(Warning Level)是 Level 3，为了排查错误，可以对源代码进行更加严格的检查，在调试版本中使用 Level 4 警告级别(编译选项为/W4)，可以从编译器获得最大限度的错误信息。如语句“if(n=0)”就会引起/W4 警告，不要忽略这些警告，通常这些会引起程序中的 Bug。但有时候/W4 会带来很多冗余信息，很多警告是开发者不关心的，可以通过#pragma warning 屏蔽那些不关心的警告。

使用菜单【Project】|【Settings...】命令，打开 Project Settings 对话框，在 C/C++选项卡中，可以通过修改 Warning Level 下拉选项修改警告级别。

4．为发布版本添加调试符号信息

发布版本调试的最大困难在于无法设置断点和进行单步调试，原因是发布版本下编译的程序是不带调试符号的，所以在出错的位置只能得到汇编码，而不能确认是哪行源代码出现的错误。通过修改编译选项，为发布版本加入调试符号，发布版本也能够设置断点和单步调试，具体设置如下：

使用菜单【Project】|【Settings...】命令，打开 Project Settings 对话框，如图 3-98 所示。在左侧列表框中选择所要设置的项目，在 Settings For 下拉列表框中选择 Win32 Release 选项；打开 C/C++选项卡，在 Debug Info 下拉列表框中选择 Program Database 选项；打开 Link 选项卡，选中 Generate debug info 复选框，让程序编译产生调试信息。

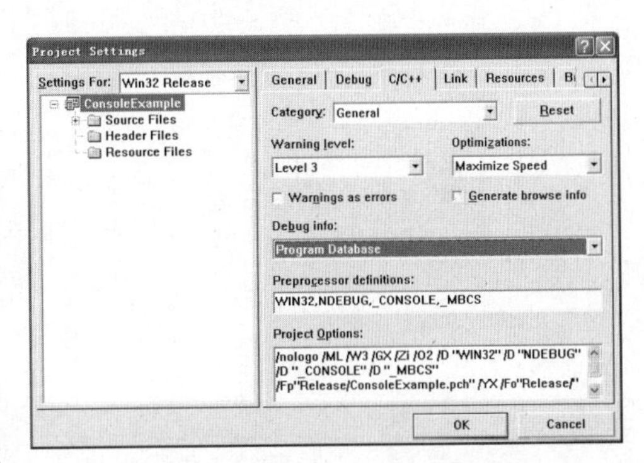

图 3-98 修改发布版本的编译选项

修改完毕后，就可以在很接近 Release 的模式下进行程序调试了，这是一种介于 Debug 和 Release 的中间模式，在正式发布软件时，需要把这些编译选项修改回去，在 Release 模式下发布软件。

5．逐项排查 Debug 和 Release 之间不同的编译选项

调试版本和发布版本最本质的区别就是编译选项的不同，如果程序在调试版本下能正常运行，但是在发布版本下不行，可以在调试程序的过程中，通过修改发布版本的编译选项来缩小错误范围。把发布版本的选项逐个改为与之相对的调试选项，如/MD 改为/MDd、/O1 改为/Od，或运行时间优化改为程序大小优化。需要注意的是，为了更好的缩小错误范围，一次只能改一个选项，定位修改哪个选项时错误消失，对应该选项相关的错误，有针对性地进行查找。

调试版本与发布版本表现出不同的问题在刚开始编写代码时会经常发生，大多数是因为代码书写错误而导致的，所以在遇到这种原因时，不要轻易把原因定位在系统问题或编译器的问题上，应该努力寻找代码的原因。为了避免类似的问题，应该在程序的编码过程中养成良好的编程习惯，树立编写高质量程序代码的理念。还要注意以下几个问题，这些问题经常在发布版本下引发错误。

养成良好的编程习惯，如申请变量后立即进行初始化；自定义消息、函数等在声明时要用标

准写法；程序调试完毕后，屏蔽调试宏；多使用“try … catch(…)”语句，尽量多得捕获和处理程序运行中的异常；编码过程中，尽量使用程序模块，方便分离问题、定位问题以及调试。

3.10 小结

本章重点介绍了 Visual C++ 6.0 集成调试工具。在很多情况下，调试窗口提供的程序信息多于程序员的全部需要。一个好的程序员不应该把所有的判断都交给编译器和调试器，应该在自己的程序中自己加以程序保护和错误定位。例如，对于所有有返回值的函数，都应该检查返回值，除非你确认这个函数调用绝对不会出错，或者不用关心它是否出错。

但是，现有的所有调试工具都不能取代优秀、高质量的程序设计。在最初编写程序代码时，代码的质量越高，花费在程序调试上面的时间就越少，并且维护人员在调试时所花费的时间也就越少。集成调试工具帮助你解决了很多逻辑错误，应该尽可能的从中吸取教训，不要在程序中重犯同样的错误，同时在**编写第一行代码的时候，就要树立编写高质量程序代码的理念，这将大大提高程序的质量，提高程序开发的效率。**

第 4 章　C 语言程序调试实例

C 语言是高级程序设计语言家族中的一朵奇葩。虽然它已经诞生了数十年，但是目前仍然是最流行的编程语言之一。C 语言看似简单，却不易吃透，它功能强大，使用灵活，想要运用好，更是需要长期的学习和积淀。因此，作为初学者要想熟练掌握 C 语言，洞悉 C 语言的精髓，就必须进行大量的编程实践。而 Visual C++ 6.0 的集成调试器是学习 C 语言程序设计的利器，利用它不仅可以排除程序中的错误，还可以更细致入微地观察程序的执行过程，体会 C 语言的语法机制。

本章将以实例的形式，在 Visual C++ 6.0 集成开发环境下，按照 C 语言的知识点循序渐进地介绍基本的程序调试技术。希望读者通过本章的学习能够掌握这些技术，并培养调试程序的基本能力，同时巩固并加深对 C 语言的理解。

4.1　基础知识程序调试实例

C 语言简洁、紧凑、运算符丰富、数据结构丰富，语法灵活，对于程序设计的初学者来说，扎实掌握 C 语言的基础知识，是学习后续知识的必备工作。

在程序设计入门初期，因为对 C 语言语法不熟悉，或由于粗心的原因，经常会有一些拼写错误。例 1 以实例形式给出了如何利用调试器发现并改正程序中的一些拼写错误。

格式控制符与转义字符的使用，过于灵活，且不宜掌握。对于初学者来说，是一个小难点。例 2 讲解了如何在调试器中认识数据类型、转义字符及格式控制符。

例 1　改正下面程序(其文件名为 SpellingMistakes.cpp)中的错误，要求在屏幕上输出如下结果：

```
**********************
Programming is fun!
**********************
You're welcome to join us!
**********************
```

下面给出有错误的源程序。

```
int mian(void)
{
        print("****************************\n");
        print("Programming is fun!\n");
        print("****************************\n");
        print("You're welcome to join us !\n");
        print("****************************\n");

        return 0;
}
```

(1) 打开文件。打开源程序文件 SpellingMistakes.cpp。

(2) 编译。执行【Build】|【Compile】命令，对程序进行编译，或使用 Build MiniBar 工具条上的按钮进行程序编译。如图 4-1 所示，在 Output 窗口出现提示信息：“Spelling Mistakes.obj - 1 error(s)”, 0 warning(s)，说明程序编译有 1 个语法错误。

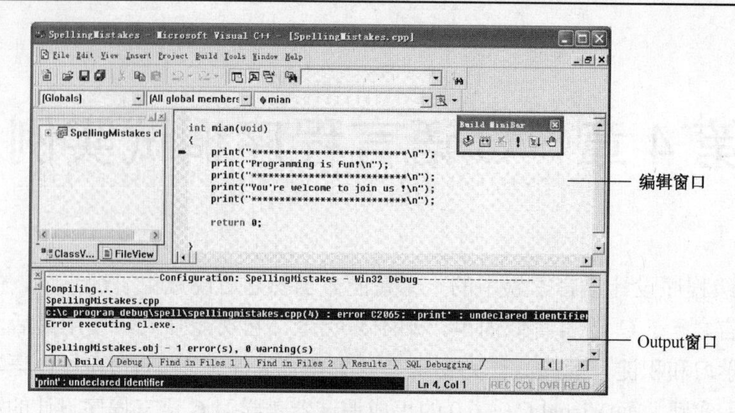

图 4-1　编译源程序产生的错误信息

(3) 修改程序中错误。在 Output 窗口中，查看错误信息，显示如下错误提示：

```
error C2065: 'print' : undeclared identifier
```

提示信息表明，print 是未被声明的标识符。查看源程序，是使用 printf 函数实现输出功能，此函数名拼写错误，则修改程序中的拼写错误。

附注　当 C 语言中一些关键字、保留字拼写错误时，编译器一般将其视为用户自定义的标识符，给出“标识符未被说明”的错误提示信息。

(4) 重新编译程序。如图 4-2 所示，在 Output 窗口中依然提示如下错误信息：

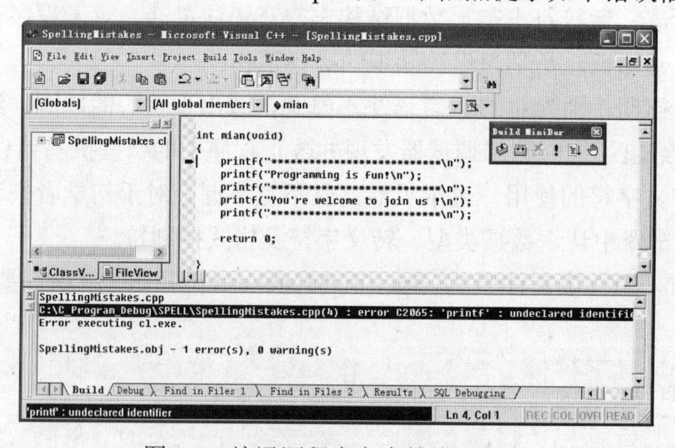

图 4-2　编译源程序产生的错误信息

```
error C2065: 'print' : undeclared identifier
```

分析错误原因，是当前使用了标准函数 printf 进行输出操作，但是没有包含标准函数所在的头文件“stdio.h”。修改程序，包含头文件“stdio.h”。

(5) 再次编译程序。在 Output 窗口提示：SpellingMistakes.obj - 0 error(s), 0 warning(s)，表明程序编译正确。

(6) 链接。执行菜单【Build】|【Build】命令对程序进行链接，或使用 Build MiniBar 工具条上的按钮进行程序链接。如图 4-3 所示，在 Output 窗口出现提示信息，error LNK2001: unresolved external symbol _main 和 fatal error LNK1120: 1 unresolved externals。错误 LNK1120 提供该链接的无法解析的外部对象数(number)。导致无法解析的外部对象的条件由错误 LNK2001 描述，LNK2001 错误出现在 LNK1120 错误信息之前(对每个无法解析的外部对象都出现一次)。

产生 LNK1120 错误的原因很多，有可能是代码中的问题，也有可能是链接时缺少库引用、版本不兼容等问题。观察本题中的错误 LNK2001 描述：不确定的外部符号_main。仔细观察源程序发现主函数 main 的单词拼写错误。修改源程序，改正 main 单词的拼写错误。

(7) 重新编译并链接程序。在 Output 窗口出现提示信息：SpellingMistakes.exe - 0 error(s)，0 warning(s)，表示链接成功，并生成了可执行文件 SpellingMistakes.exe。

(8) 运行。执行菜单【Build】|【Execute】命令运行程序，或使用 Build MiniBar 工具条上的❗按钮运行可执行程序，自动弹出运行窗口，如图 4-4 所示。显示运行结果，与题目要求的结果一致，按任意键返回。

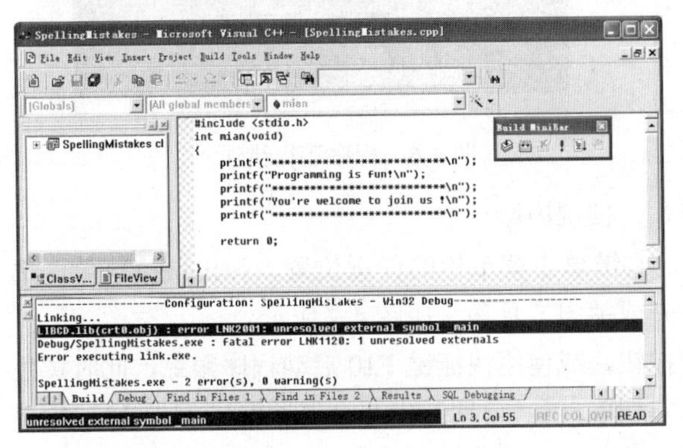

图 4-3　链接程序产生的错误信息

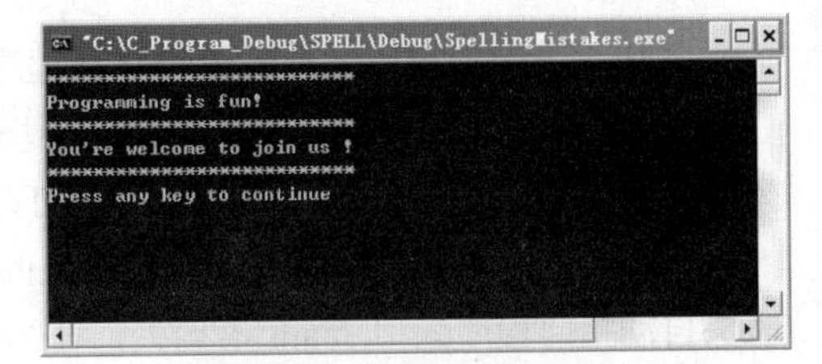

图 4-4　程序运行窗口

例 2　改正下面程序(其文件名为 input_outputMistakes.cpp)中的错误。本程序要求从键盘依次输入一个整数、一个实数、一个字符，将它们分别输出，并输出 3 种类型的数据存储所需的字节数。

```
#include <stdio.h>
int main(void)
{
        int a;
        float b;
        char c;
        scanf("Please input an integer: %d",a);
        scanf("Please input a real number: %f",b);
        scanf("Please enter a character: %c",c);

        printf("a=%d, sizeof(a)= %d\n", a,sizeof(a));
        printf("b=%f, sizeof(b)= %f\n", b,sizeof(a));
        printf("c=%c, sizeof(c)=: %c\n", c,sizeof(a));

        return 0;
}
```

(1) 打开文件。打开源程序文件 input_outputMistakes.cpp。

(2) 编译。使用 Build MiniBar 工具条上的按钮编译程序。在 Output 窗口显示程序编译成功，有 0 个错误，0 个警告，如图 4-5 所示。

附注　即使程序编译后提示没有错误和警告，也不能保证程序一定没有语法错误，例如本例中，在 scanf 和 printf 的输入和输出语句中有语法错误，但是编译器不能给出错误提示信息。

(3) 链接。使用 Build MiniBar 工具条上的按钮进行程序链接，在 Output 窗口显示程序链接成功，生成可执行程序 input_outputMistakes.exe。

(4) 运行。使用 Build MiniBar 工具条上的❗按钮运行可执行程序，在程序运行窗口输入整数 1，按回车键后，程序自动输出信息，运行结束，如图 4-6 所示，程序运行结果错误。

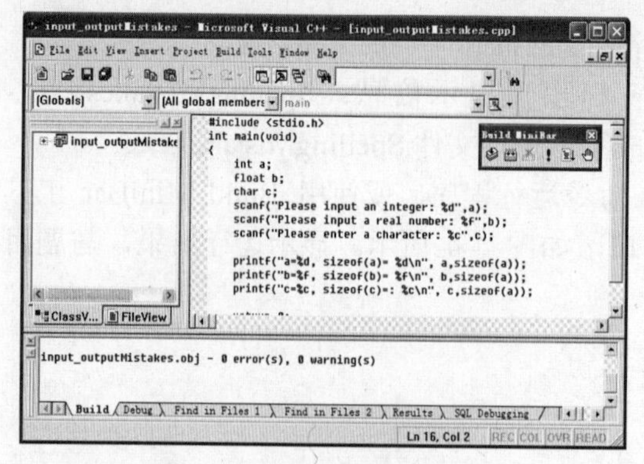

图 4-5　源程序的编译界面

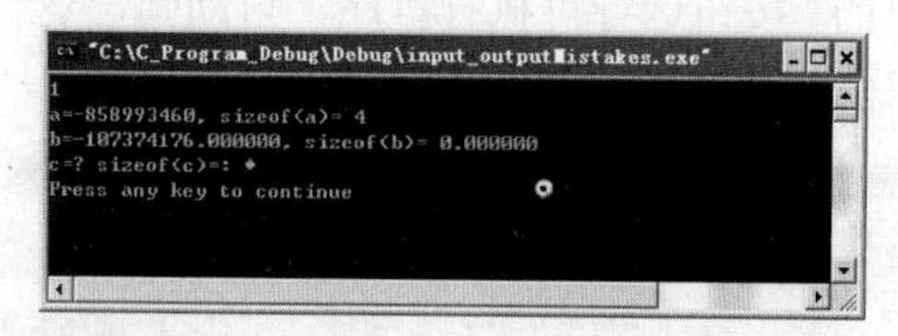

图 4-6　程序运行错误

关闭程序运行窗口，准备单步执行程序语句，调试程序。

(5) 打开调试工具条。在集成开发环境中，右键单击菜单栏的任意位置，弹出快捷菜单，选择 Debug 调出调试工具条，使用此方法可以打开或关闭工具条，如图 4-7 所示。

(6) 跟踪程序。使用 Debug 工具条上的按钮，或使用快捷键 F10 启动程序跟踪，此时黄色箭头自动指向程序入口 main 语句处，在当前调试状态下，自动弹出两个调试窗口 Variables 窗口和 Watch 窗口，如图 4-8 所示。如果这两个窗口没有自动弹出，可在程序调试状态下，右键单击菜单栏任意位置，利用弹出的快捷菜单，调出这两个调试窗口。

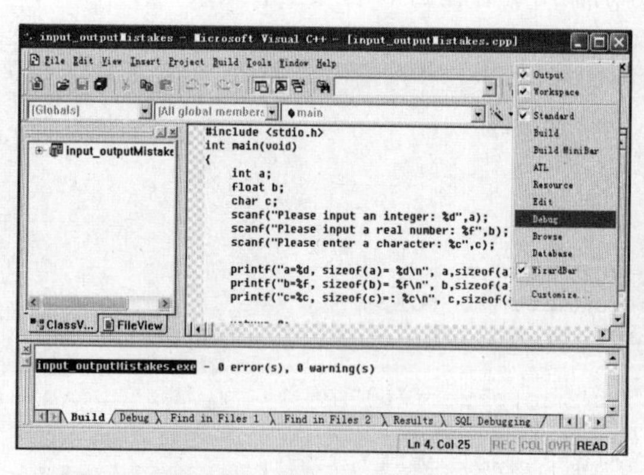

图 4-7　使用快捷菜单打开或关闭工具条

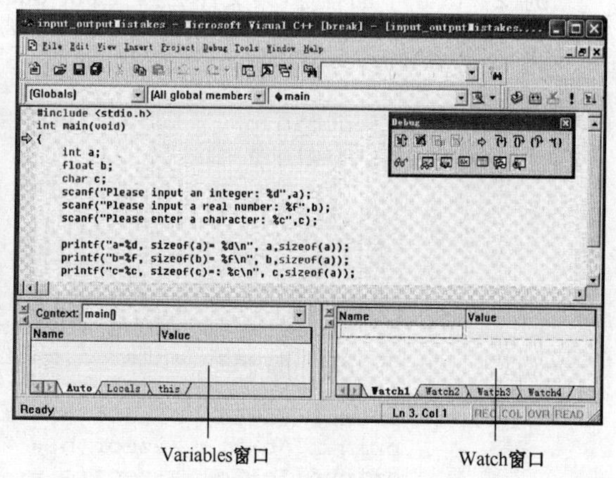

图 4-8　启动程序跟踪

在 Variables 窗口中可以查看程序运行过程中当前函数中局部变量的值、函数返回状态等信息。在 Watch 窗口中通过添加监视表达式，可以查看在程序运行过程中变量或表达式变化情况。

(7) 跟踪程序。按 F10 键跟踪程序，黄色箭头指向 scanf 语句，准备执行该语句，但还未执行，继续按 F10 键运行程序，Debug 工具条中大部分按钮变为灰色不可用状态，黄色箭头依然指向 scanf 语句，但此时正在执行该语句。打开程序运行窗口，准备输入数据，如图 4-9 所示。

在程序运行窗口输入 1，按回车键返回到调试窗口，黄色箭头指向第二个 scanf 语句。如图 4-10 所示，在 Variables 窗口中可以看到变量 *a* 的值没有得到输入的数据 1，在 Variables 窗口中还可以观察到 scanf returned 的值为 0， scanf 函数的返回值为 0 意味着变量没有得到输入的数据值。分析其原因，scanf 函数的语法规定双引号内的普通字符要在输入数据的同时输入，即正确的输入是：

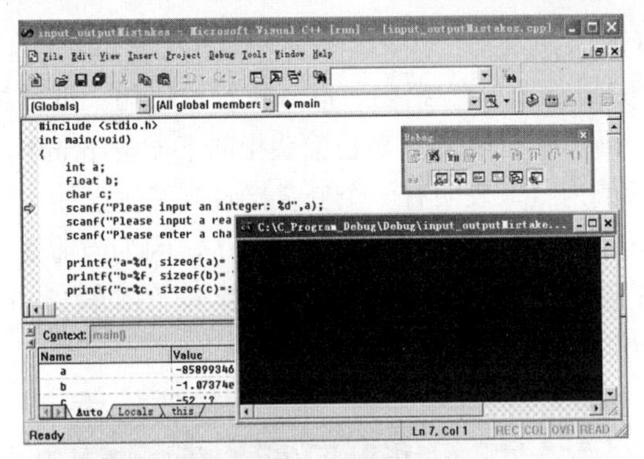

图 4-9　调试过程中打开运行窗口输入数据

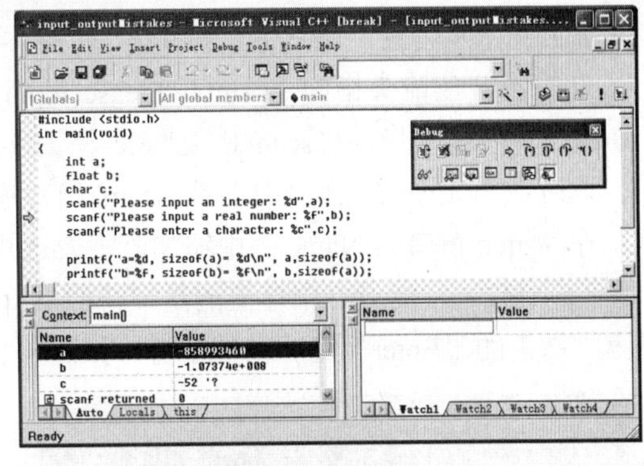

图 4-10　利用 Variables 窗口观察变量值及函数返回值

```
Please input an integer:1
```

而不是仅输入 1。

分析题意，“Please input an integer:”语句是提示用户输入指定类型的数据，对这类提示性语句，应该使用 printf 函数输出。并且 scanf 函数要求提供变量的地址，而源程序在输入语句中是使用了变量名 *a*，应该改为&a 。

(8) 中止程序调试。单击 Debug 工具条上的按钮中止程序调试，并修改代码如下：

```
......
printf("Please input an integer:");
scanf("%d",&a);
printf("Please input real number:");
scanf("%f",&b);
printf("Please input a character:" );
scanf("%c",&c);
......
```

(9) 再次编译、链接并运行程序。在程序运行窗口输入整数 1 和实数 1.2 后，程序就输出了运行结果，显示运行结果错误，如图 4-11 所示。

(10) 重新启动跟踪程序。按 F10 快捷键跟踪程序，反复按 F10 键，逐条语句执行程序，在输入整数 1，按回车键返回调试窗口后，在 Variables 窗口中查看 scanf 函数的返回值为 1，表明有一个变量接收到了键盘输入数据。在 Watch 窗口的 Name 列中添加监视表达式 a，在 Value 列中查看其值为 1，说明整型变量 *a* 得到了键盘输入数据 1，如图 4-12 所示。

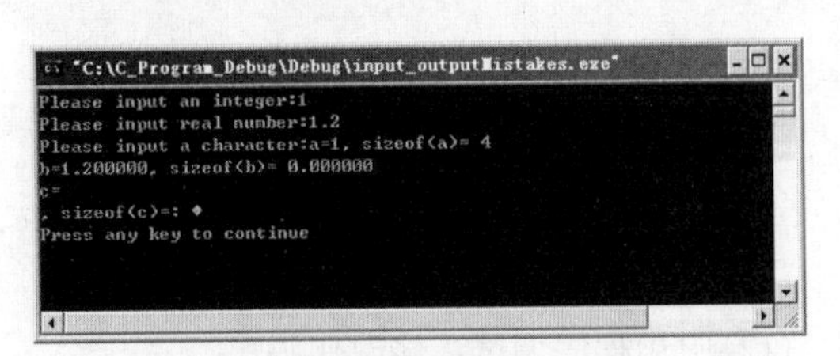

图 4-11　程序运行结果错误

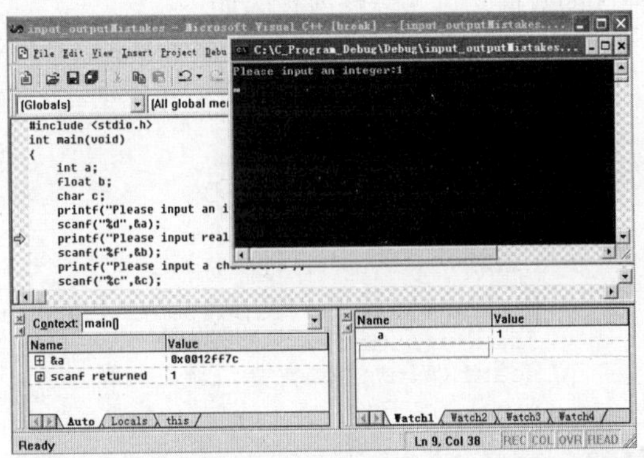

图 4-12　查看函数返回值并监看变量值

(11) 继续跟踪程序。按 F10 键继续跟踪程序，在输入实数 1.2 后，按回车键返回到调试窗口后，在 Variables 窗口中查看 scanf 函数返回值为 1，表明有一个变量接收到了从键盘上输入的数据。在 Watch 窗口的 Name 列中添加监视表达式 *b*，在 Value 列中查看其值为 1.20000，说明实型

变量 *b* 得到了从键盘上输入的数据 1.2，如图 4-13 所示。

此时，黄色箭头指向“printf("Please input a character:");”语句，准备执行该语句。继续按 F10 键，黄色箭头指向“scanf("%c",&c);”语句，再次按 F10 键，黄色箭头指向下一条 printf 语句，此时在 Variables 窗口中查看 scanf 函数返回值为 1，表明有一个变量接收到了键盘输入数据。在 Watch 窗口的 Name 列中添加监视表达式 *c*，在 Value 列中查看其值为 10 ，因为当前变量 *c* 是字符型数据，变量 *c* 中存储的是字符的 ASCII 码值，ASCII 码值为 10 代表字符“回车”，即键盘上按下的“Enter”键产生的字符，如图 4-14 所示。

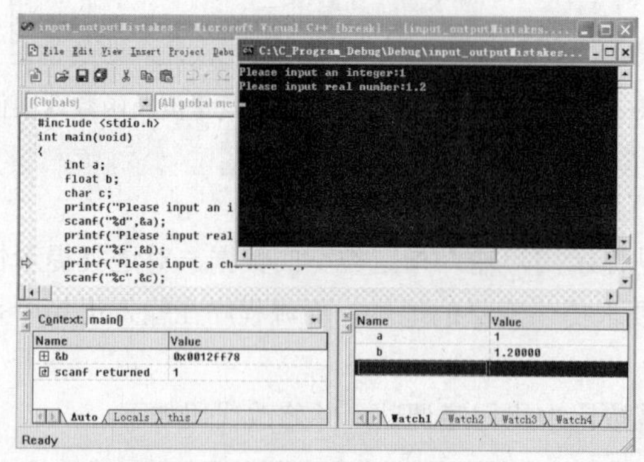

图 4-13　查看函数返回值并监看变量值

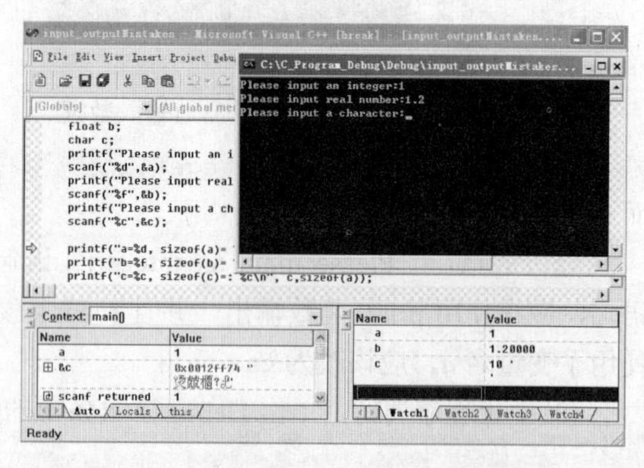

图 4-14　查看函数返回值并监看变量值

事实上，在运行“scanf("%c",&c);”语句时并没有在程序运行窗口输入“Enter”键，那么变量 *c* 得到的是什么数据呢？

原因是，程序在运行时，所输入的数据均存入了输入缓冲区中，此“Enter”字符是在输入实数 1.2 后所输入的，这个“Enter”字符暂存到了输入缓冲区中，当执行输入语句“scanf("%c",&c);”时，直接从缓冲区获取该字符赋值给了变量 *c*，但事实上，变量 *c* 并不希望得到当前输入缓冲区中的数据，而是希望得到当前从键盘输入的字符数据，那么应该如何改正此错误呢？

在高级语言程序设计中，字符型数据读入时，都会遇到“吃掉”输入缓冲区数据的问题。解决方法有两种，一是使用 getchar()函数“吃掉”缓冲区数据；二是使用 fflush()函数清空输入缓冲区的数据。方法一修改代码如下：

```
……
printf("Please input a character:");
getchar();
scanf("%c",&c);
……
```

方法二修改代码如下：

```
……
printf("Please input a character:");
fflush(stdin);
scanf("%c",&c);
……
```

```
"C:\C_Program_Debug\Debug\input_outputMistakes.exe"
Please input an integer:1
Please input real number:1.2
Please input a character:A
a=1, sizeof(a)= 4
b=1.200000, sizeof(b)= 0.000000
c=A, sizeof(c)= ♦
Press any key to continue
```

图 4-15　程序运行结果错误

(12) 中止程序调试，修改代码。

(13) 编译、链接并运行程序。输入整数 1，实数 1.2，字符“A”后，程序运行结果如图 4-15 所示，运行结果错误。

观察程序输出，发现实型变量和字符型变量

的 sizeof 运算的返回值输出错误。sizeof 运算的返回值一定是无符号整型(unsigned int)数据，分析错误原因是 printf 函数中格式符使用错误。

修改代码如下：

```
......
printf("a=%d, sizeof(a)= %d\n", a,sizeof(a));
printf("b=%f, sizeof(b)= %d\n", b,sizeof(a));
printf("c=%c, sizeof(c)= %d\n", c,sizeof(a));
......
```

(14) 再次编译、链接并运行程序。输入整数 1，实数 1.2，字符“A”后，程序运行结果如图 4-16 所示，运行结果正确。

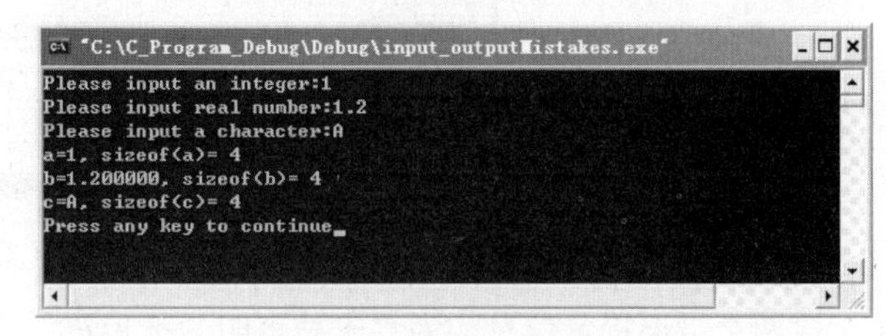

图 4-16　程序运行结果

思考：本题中 sizeof 运算的返回值还可以使用什么格式控制符来输出？

小结　在 printf 和 scanf 语句中出现语法错误，例如，格式控制符错误、scanf 语句中没有提供变量地址等等，这些语法错误，程序在编译时并不能查出并给出错误提示信息。因此，程序编译没有错误，不代表程序是完全正确的。

4.2　三种基本结构程序调试实例

顺序结构、分支结构和循环结构是三种最基本的程序结构。它们是理解较大程序的结构和算法流程的基础。本节将在调试器中让读者了解三种基本结构执行的流程，并通过位置断点、条件断点和观察窗口等调试技术观察程序执行过程中变量及表达式的变化情况。

例 3　改正下面程序(其文件名为 CalculateVolume.cpp)中的错误，本程序要求输入圆柱体的底面半径和高，求解圆柱体的体积。

```
#include <stdio.h>
#define PI 3.14159
int main(void)
{
        float height;   //圆柱体的高
        float radius;   //底面半径

        volume = pi * radius * radius * height;
        printf(" radius= ");
        scanf("%f", &radius);
        printf(" height= ");
        scanf("%f", &height);
        printf("volume=%6.2f", volume);
        printf("\n");

        return 0;
}
```

(1) 打开文件。打开源程序文件 CalculateVolume.cpp。

(2) 编译。使用 Build MiniBar 工具条上的按钮编译程序，在 Output 窗口显示程序编译有 2 个错误，1 个警告，如图 4-17 所示。

Output 窗口显示的两个错误和一个警告信息如下：

```
error C2065: 'volume' : undeclared identifier
error C2065: 'pi' : undeclared identifier
warning C4244: '=' : conversion from 'float' to 'int', possible loss of data
```

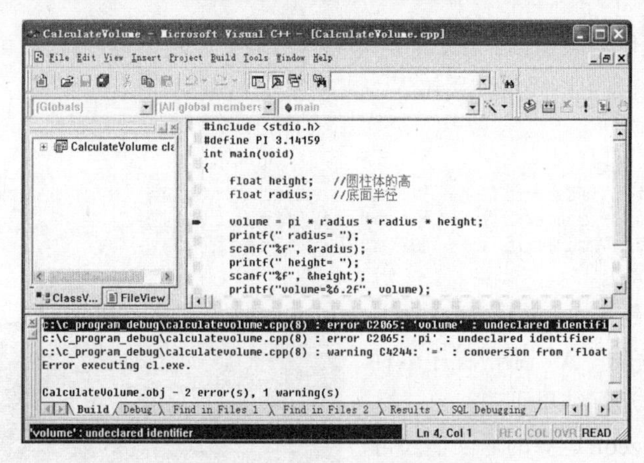

图 4-17　编译程序产生的错误信息

两个错误提示信息均为“未被声明的标识符”。观察程序可以发现，变量 volume 未定义，而 pi 不是变量，是定义的宏常量，因为 C 语言中大小写敏感，所以宏常量书写错误。从 Output 窗口可以看到产生的 1 个警告信息和两个错误是同一行，此警告有可能是由于两个错误而引起的。所以首先修改两个错误。

代码修改如下：

```
        float height;    //圆柱体的高
        float radius;    //底面半径
        float volume;    //圆柱体体积

        volume = PI * radius * radius * height;
        ......
```

(3) 重新编译。程序编译后，产生 3 个警告信息如下：

```
warning C4244: '=' : conversion from 'double' to 'float', possible loss of
data
warning C4700: local variable 'radius' used without having been initialized
warning C4700: local variable 'height' used without having been initialized
```

3 个警告信息均指向同一代码行“volume = PI * radius * radius * height;”。

因为警告不影响程序的链接和运行，所以可以继续链接并运行程序。

(4) 链接并运行程序。分别使用 Build MiniBar 工具条上的按钮和按钮链接、运行程序。在程序运行窗口分别输入底面半径和高，运行结果如图 4-18 所示，运行结果错误。

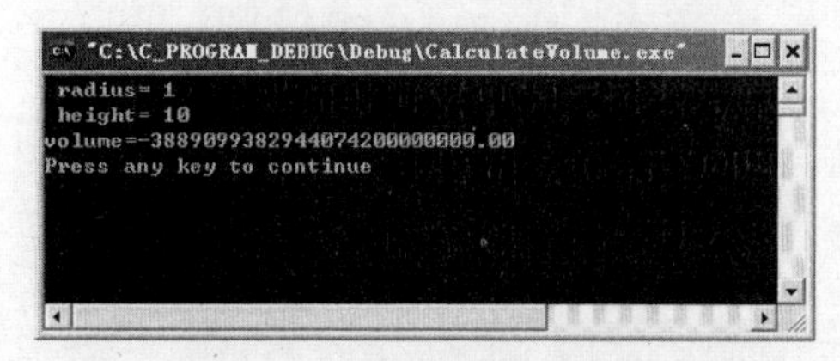

图 4-18　程序运行结果错误

附注　如果程序能够运行，但是运行结果错误，一般是因为程序中隐藏着逻辑错误。排查逻辑错误的基本方法，就是控制程序的执行过程，并借助于调试窗口监控变量和表达式的值的变化，查看变量的变化是否与预期设计一致，以此对错误进行追根溯源。

(5) 跟踪程序。关闭程序运行窗口后，按 F10 键启动程序调试，跟踪程序运行，黄色箭头首先指向程序入口。再次按 F10 键，黄色箭头指向“volume = PI * radius * radius * height;”语句，准备执行该语句，但还未执行。如图 4-19 所示，此时在 Variables 窗口中观察变量 height、radius、volume 的值均为随机值。

继续按 F10 键跟踪程序，黄色箭头指向“printf(" radius= ");”语句，表明“volume = PI * radius * radius * height;”语句已经计算完成，在 Variables 窗口中观察变量 *volume* 的计算结果错

误，如图 4-20 所示。

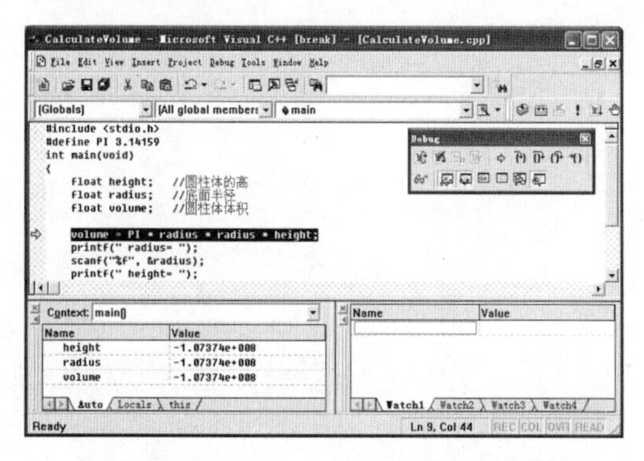

图 4-19　在 Variables 窗口观察变量的值

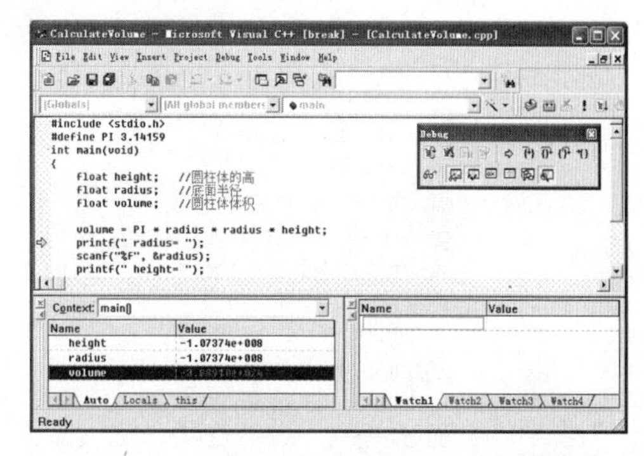

图 4-20　在 Variables 窗口观察变量的值

继续按 F10 键跟踪程序执行，发现直到程序结束，变量 volume 的值始终是错误的。分析错误的原因：程序语句的先后顺序错误，应该先输入变量 radius 和 height 的值，才能计算体积 volume。

事实上，程序在编译时，编译器已经给出了警告信息，查看以上第(3)步重新编译时，编译器给出了如下 3 个警告信息：

```
warning C4244: '=' : conversion from 'double' to 'float', possible loss of
data
warning C4700: local variable 'radius' used without having been initialized
warning C4700: local variable 'height' used without having been initialized
```

其中后两个警告信息说明了变量 radius 和 height 未被初始化。在 C 语言中变量未被初始化，局部变量将是随机值。

第一个警告信息是说将 double 类型的数据赋值给 float 类型的变量时会发生精度损失。对于“volume = PI * radius * radius * height;”语句，赋值号右侧是实型数据表达式的计算，其计算结果为 double 类型，而赋值号的左侧变量 *volume* 是 float 类型的变量，因此编译器给出了这个警告信息。将变量 volume 定义为 double 类型，可以消除这个警告信息。

附注　*在 Visual C++集成开发环境下，程序在编译后，只要没有产生错误，就可以链接生成可执行文件，因此警告不影响程序的运行。但是，一定要重视程序编译后产生的警告信息，这些警告常常显示了代码中一些难以发觉的逻辑错误的信息。*

(6) 中止程序调试。使用 Build MiniBar 工具条上的按钮中止程序运行。修改代码如下：

```
        ……
        printf(" radius= ");
        scanf("%f", &radius);
        printf(" height= ");
        scanf("%f", &height);

        volume = PI * radius * radius * height;
        printf("volume=%6.2f", volume);
        ……
```

(7) 重新编译、链接并运行程序。在程序运行窗口输入底面半径和高，计算圆柱体的体积并输出，程序运行结果如图 4-21 所示，运行结果正确。

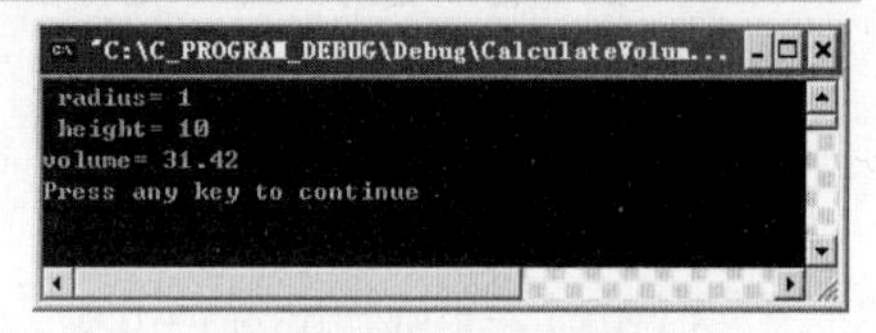

图 4-21　程序运行结果

例 4　改正下面程序(其文件名为 CalculatePiecewiseFunction.cpp)中的错误，本程序要求从键盘输入 x，计算并输出分段函数 y 的值，结果保留 2 位小数。

$$y=\begin{cases} x+2 & -10<x\le -5 \\ x & -5<x<5 \\ x-2 & 5\le x<10 \end{cases}$$

```
#include <stdio.h>
int main(void)
{       double x,y;
        printf("Enter x:");
        scanf("%lf",&x);
        if(-10<x<=-5)
                y = x + 2;
        else if(-5<x<5)
                y = x;
        else
                y=x-2;
        printf("y=%lf\n",y);
        return 0;
}
```

(1) 打开文件。打开源程序文件 CalculatePiecewiseFunction.cpp。

(2) 编译。使用 Build MiniBar 工具条上的按钮编译程序，在 Output 窗口显示程序编译成功，有 0 个错误，2 个警告，如图 4-22 所示。2 个警告信息如下：

```
warning C4804: '<=' : unsafe use of type 'bool' in operation
warning C4804: '<' : unsafe use of type 'bool' in operation
```

警告信息说明在两个关系表达式中布尔类型的运算不安全。

(3) 链接。使用 Build MiniBar 工具条上的按钮链接程序，链接成功，生成可执行程序 CalculatePiecewiseFunction.exe。

(4) 运行。使用 Build MiniBar 工具条上的 ! 按钮运行程序，运行结果如图 4-23 所示。

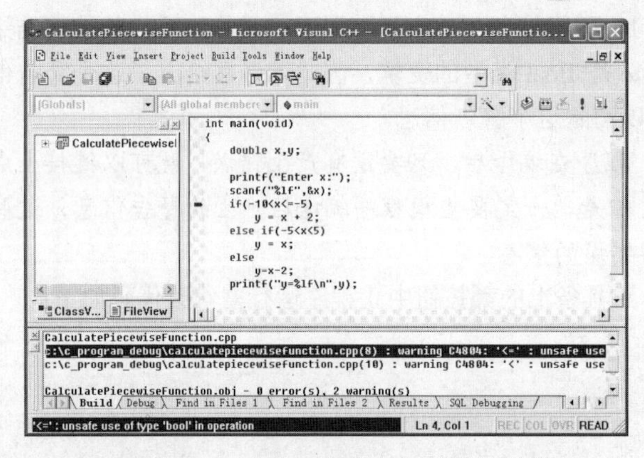

图 4-22　在 Output 窗口显示警告信息

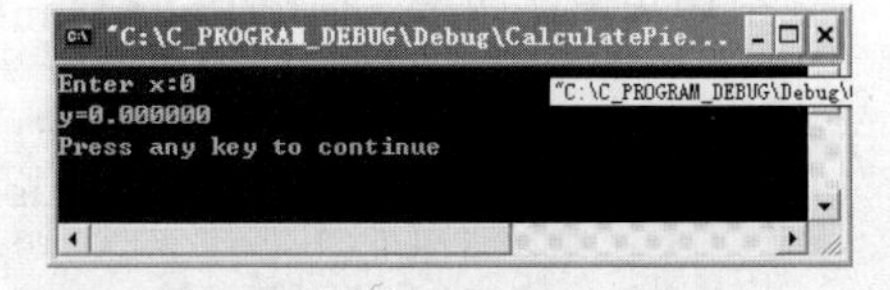

图 4-23　程序运行结果

附注　采用一个测试用例对程序进行测试，程序运行结果正确，是不是就可以证明程序是正确的呢？答案是否定的。尤其是对于程序中有多条分支路径的情况下，需要对程序中每一条可执行的路径设计测试用例，并且还需要对分支结构的边界点进行边界测试。

本例是一个三分支的选择结构，根据路径覆盖的原则设计测试用例如下：

当 x=-7 时，正确输出为 y=-5；

当 x=0 时，正确输出为 y=0；

当 x=7 时，正确输出为 y=5。

本例有两个合法边界点，**边界测试**用例如下：

当 x=-5 时，正确输出为 y=-3；

当 x=5 时，正确输出为 y=3。

除此之外，还需要对程序需求之外的**非法输入**，设计测试用例，检查程序的健壮性，如下所示：

当 x=-100，y 无输出，程序应给出提示，变量 x 超过了定义范围；

当 x=-10，y 无输出，程序应给出提示，变量 x 超过了定义范围；

当 x=10，y 无输出，程序应给出提示，变量 x 超过了定义范围；

当 x=100，y 无输出，程序应给出提示，变量 x 超过了定义范围。

综上所述，本程序需要运行 9 次，分别输入以上 9 个测试用例，检查程序的正确性和健壮性。当为变量 x 输入-7 或 7 时，程序运行结果均是错误的，如图 4-24 所示。

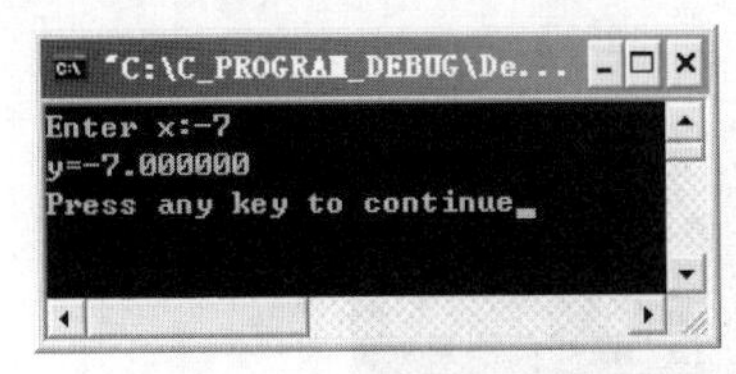

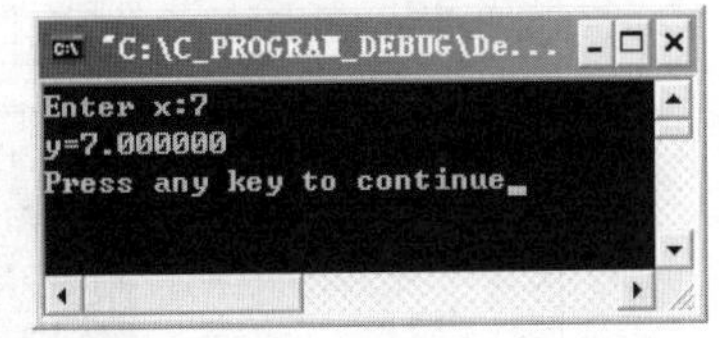

图 4-24　程序运行结果

(5) 跟踪程序。按 F10 键启动程序调试跟踪程序运行。反复按 F10 键逐条语句跟踪程序执行，直到在运行窗口输入整数-7，按回车键返回到调试窗口，如图 4-25 所示，黄色箭头指向 if 语句，鼠标选中表达式 $-10<x\leqslant-5$，在弹出的黄色提示框中显示表达式值为 0，代表 False 。说明关系表达式 $-10<x\leqslant-5$ 不能正确判断变量 x 的数据范围。分析原因，是因为在 C 语言中 $-10<x\leqslant-5$ 是一个关系表达式，首先计算 $-10<x$ 的真假，当 x 为-7 时，表达式 $-10<x$ 为“真”，C 语言中“真”用 1 表示，然后继续判断 $1\leqslant-5$，则表达式为“假”，用 0 表示。

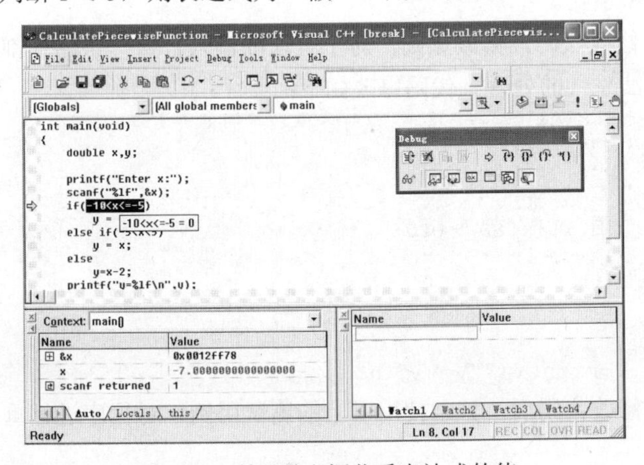

图 4-25　利用弹出框监看表达式的值

程序中两个关系表达式应该修改为逻辑表达式，即

```
if(-10<x && x<=-5)
      y = x + 2;
else if(-5<x && x<5)
      y = x;
```

(6) 中止调试。利用 Debug 工具条上的按钮中止程序调试运行，修改代码。

(7) 重新编译、链接并运行程序。这次编译器没有给出上次的警告信息。分别使用 9 个测试用例运行程序，当输入非法数据-100 或-10 时，程序依然运行，结果错误，如图 4-26 所示。

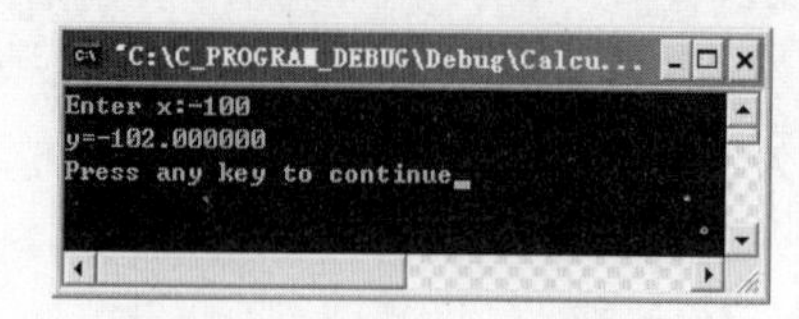

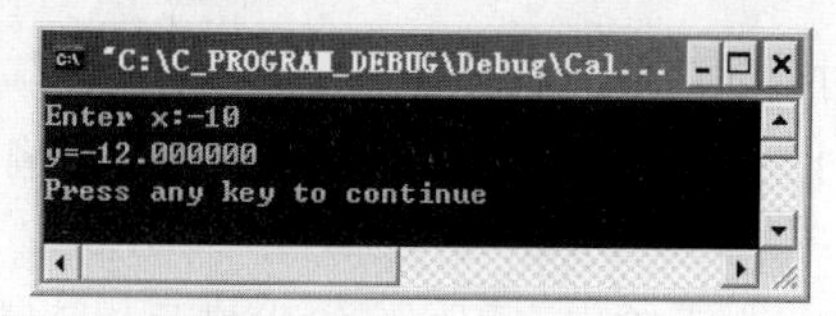

图 4-26 程序运行结果

(8) 重新跟踪程序。按 F10 键启动程序调试跟踪程序运行。反复按 F10 键逐条语句跟踪程序执行，直到在运行窗口输入整数-100，按回车键返回到调试窗口，继续按 F10 键跟踪程序，发现代码将执行 else 分支语句，如图 4-27 所示。

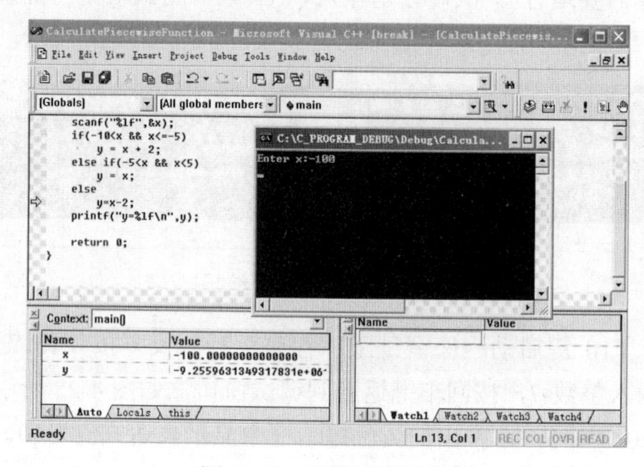

图 4-27 跟踪程序运行

分析原因是，分支结构中的第三个分支 else，没有明确变量 x 的具体范围，使得非法数据也能执行第三分支的 else 语句。

(13) 中止程序，修改代码。修改原则：对于合法的输入，每一条路径都要明确其范围，同时程序设计中要考虑非法输入的处理。代码修改如下：

```
if(-10<x && x<=-5)
        y = x + 2;
else if(-5<x && x<5)
        y = x;
else if(5<=x && x<10)
        y=x-2;
if(x<=-10 || x>=-10)
        printf("x不在有效范围\n");
else
        printf(""y=%lf\n",y);
```

(14) 回归测试。修改代码后，分别使用以上的测试用例，对程序进行重新测试，程序运行结果均是正确的。

附注 借助于分支结构对程序的非法输入进行处理，是增强程序健壮性，保证程序质量的一种方法。

例 5 改正下面程序中的错误，本程序（其文件名 CountNumber.cpp）要求从键盘输入一些整数，以输入 0 表示输入结束。判断其中正数和负数的个数。

下面给出了一个有错误的源程序，。

```
#include <stdio.h>
int main(void)
{
        int positive, negative;//分别统计正数和负数的个数
        int x;
        printf("Please input some numbers:");
```

```
        scanf("%d",&x);
        while(x != 0)                //调试时，添加断点
              if(x>0)
                    positive++;
              else if(x<0)
                    negative++;
        scanf("%d",&x);
        printf("positive:%d\n negative:%d\n",positive,negative);
        return 0;
}
```

(1) 打开文件。打开源程序文件 CountNumber.cpp。

(2) 编译。使用 Build MiniBar 工具条上的按钮编译程序，在 Output 窗口显示程序编译成功，有 0 个错误，0 个警告。

(3) 链接并运行程序。在程序运行窗口输入数据“-5 -4 -3 3 4 5 6 0”后按回车键，程序运行无任何反应，如图 4-28 所示。

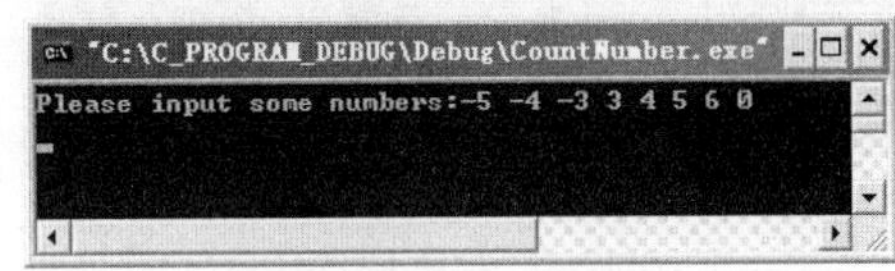

图 4-28　程序运行结果

若在程序运行状态下，输入数据后，程序运行无任何反应，一般情况下是当前程序陷入了无限循环中。关闭程序运行窗口，调试程序查找错误。

(4) 添加简单断点，跟踪程序执行。将光标定位在“while(x != 0)”语句上，单击Build工具栏上的按钮设置断点。此时该行左侧出现一个“红色的圆点”标识。断点添加和取消的方法参看前一章内容。按F5键，或使用Build工具栏上的按钮启动调试，进入程序的调试运行状态，程序将在断点处中断，若断点位置之前有数据输入，则应先输入数据，本例中输入“-5 -4 -3 3 4 5 6 0”后按回车键，程序自动在断点处中断，如图4-29所示。

在Variables窗口中观察变量*x*的值为-5，反复按F10键逐条语句跟踪程序执行，因为表达式*x*<0为真，将执行“negative++;”语句，在Watch窗口中添加变量*negative*的监视，发现当前变量*negative*的值为随机值，说明该变量未被初始化就开始使用，如图4-30所示。

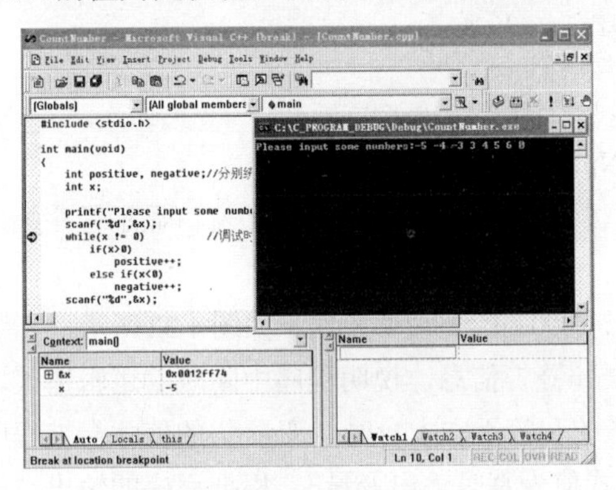

图 4-29　程序在断点处中断

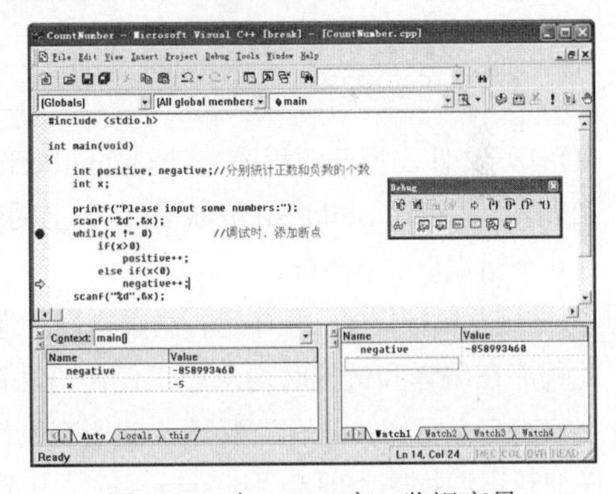

图 4-30　在 Watch 窗口监视变量

继续按F10键跟踪程序执行，当第二次进入while语句的循环体内，在Variables窗口中观察变量*x*的值依然为-5，继续跟踪会发现，第三次、第四次……进入while语句的循环体内，变量*x*的值始终是5，这说明“scanf("%d",&x);”没有被包含在循环体内。

(5) 停止调试。按【Shift+F5】组合键中止程序调试，修改源代码。一是，变量未初始化问题；二是“scanf("%d",&x);”语句应该被包含在while的循环体内。源代码修改如下：

```
        ……
        int positive=0, negative=0;   //分别统计正数和负数的个数
        int x;
        printf("Please input some numbers:");
```

```
        scanf("%d",&x);
        while(x != 0)            //调试时，添加断点
        {
                if(x>0)
                        positive++;
                else if(x<0)
                        negative++;
                scanf("%d",&x);
        }
        ......
```

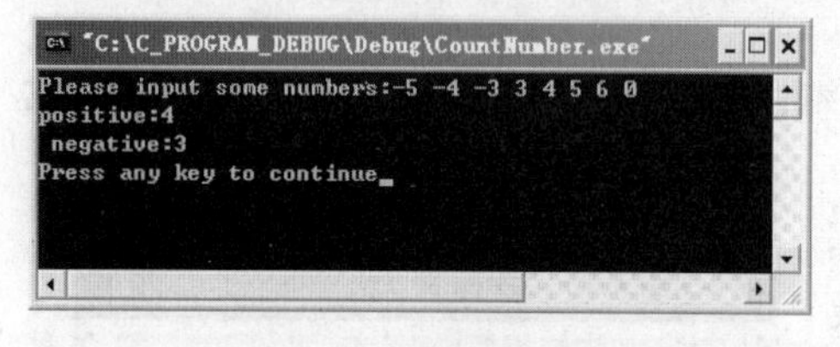

图 4-31　程序运行结果

(6) 取消断点，重新运行程序。使用F9键在断点行上取消断点，按F5键运行程序，运行结果正确，如图4-31所示。

例 6　改正下面程序(其文件名为 OutputPerfectNumber.cpp) 中的错误，本程序要求输出 1000 以内的完全数。

```
#include <stdio.h>
#define N 1000        //求解完全数的范围
int main(void)
{
        int i;          //变量i表示1~N的数据范围
        int j;          //变量j表示除数的范围
        int sum=0;      //sum表示i的因子的和
        for(i=1; i<=N; i++)
        {
                for(j=1;j<i;j++)      //调试时，在此位置添加带条件的断点
                        if( i % j == 0 )
                                sum += j;
                if(sum = i)   // i所有真因子的和恰好等于它本身，则i是完全数
                        printf("%5d",i);
        }
        printf("\n");
        return 0;
}
```

(1) 打开文件。打开源程序文件 OutputPerfectNumber.cpp。

(2) 编译。使用 Build MiniBar 工具条上的按钮编译程序，在 Output 窗口显示程序编译成功，有 0 个错误，0 个警告。

(3) 链接并运行程序。程序运行结果错误，将 1～1000 的全部整数输出，如图 4-32 所示。

此程序在编译和链接时均未产生任何语法错误和警告信息，说明程序中隐藏着逻辑错误。根据完全数的定义可知，只有当变量 *i* 的所有真因子的和等于它本身时，变量 *i* 的值才会被程序输出。仔细观察源程序，即当"if(sum = i)"中表达式值为真时输出变量 i，根据程序的输出结果，意味着所有的 *i* 均使表达式"sum = i"的值为真，事实上并不是 1～1000 之间所有的数都是完全数，由此可知表达式"sum = i"不能正确判断完全数。仔细观察可知，此表达式不是判断相等关系(==)的关系表达式，而是一个赋值表达式。对于赋值(=)表达式，变量的值只要非 0 即为真，因此该 if 语句应该修改为：

```
if(sum == i)    // i所有真因子的和恰好等于它本身，则i是完全数
    printf("%5d",i);
```

(4) 重新编译、链接并运行程序，运行结果错误，没有任何数据输出，如图 4-33 所示。

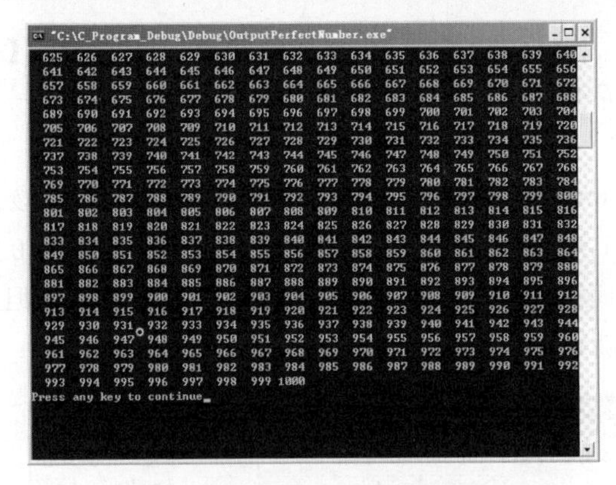

图 4-32　程序运行结果错误

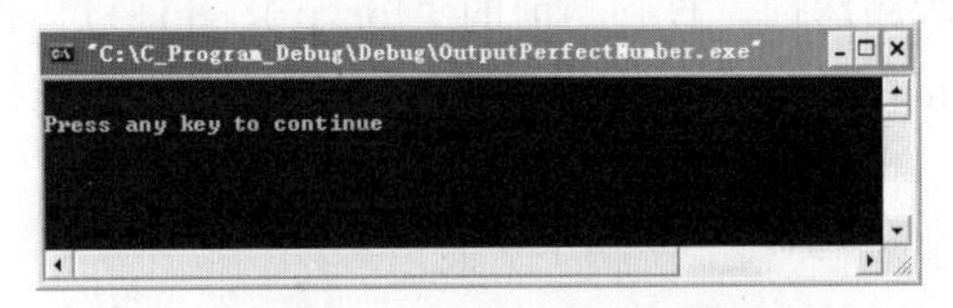

图 4-33　程序运行结果错误

程序运行结果错误，说明程序中依然隐藏着逻辑错误。则应当调试程序，跟踪程序运行的过程，查找错误的位置。但是，当前的程序是一个嵌套的循环结构，如果单步跟踪程序，耗时耗力且不易发现错误的位置。由完全数的定义可知整数 6 是一个完全数，添加带条件的断点，当变量 *i* 的值为 6 时，跟踪程序的运行过程，就可以查找程序的错误位置。

(5) 添加带条件的断点。首先将光标定位在“for (j=1;j<i;j++)”代码行上，然后通过【Edit】|【Breakpoints…】菜单命令打开 Breakpoints 对话框，在 Location 选项卡中，单击 ▸ 按钮，选择 Line 13，如图 4-34 所示，表示当前光标在第 13 行，将在此行添加断点。断点添加完毕后，在 Break at 编辑框中出现“.13”，如图 4-35 所示，表示在程序的第 13 行已经添加了位置断点。

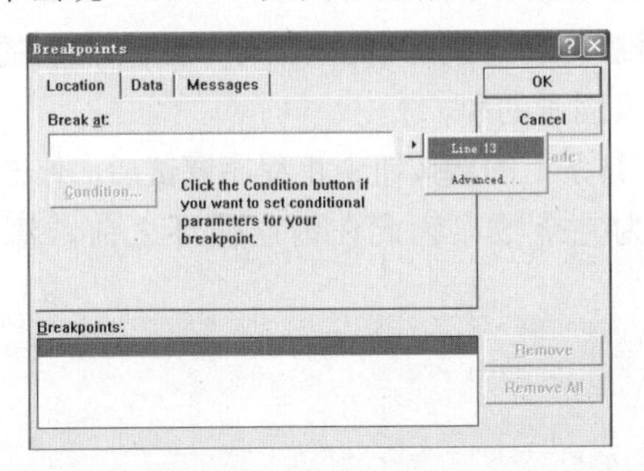

图 4-34　选择添加断点的位置

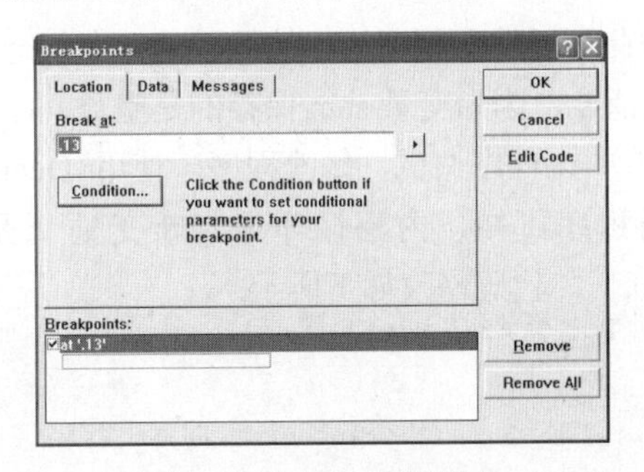

图 4-35　添加位置断点

在当前的断点对话框中，继续单击【Condition…】按钮，打开 Breakpoint Condition 对话框，如图 4-36 所示。在第一个编辑框中输入程序中断的条件：“i==6”，输入条件后，编辑框后的文字发生变化，如图 4-37 所示，此条件表示，当变量 *i* 的值为 6 时，程序在第 13 行的位置中断，条件断点是对位置断点的扩充。

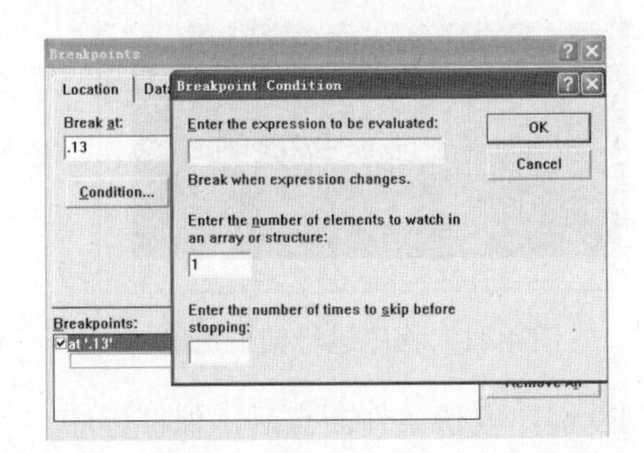

图 4-36　打开 Breakpoint Condition 对话框

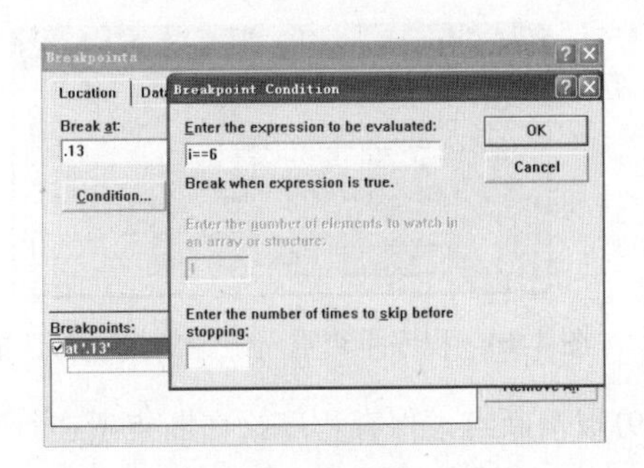

图 4-37　添加条件断点

(6)启动程序调试。按 F5 键启动程序调试，程序弹出如图 4-38 所示的对话框，单击【确定】按钮后，程序中断。此时变量 *i* 的值为 6，而变量 *j* 的值为 5，因为变量 *j* 还保存为上一次"for(j=1;j<i;j++)"语句退出时的值。

在 Watch 窗口添加监视表达式 sum，发现 sum 的值为 6，还保留着以前的值。如图 4-39 所示。此时，按 F10 键跟踪程序，变量 j 的值变为 1，但是 sum 还保留着原来的值。继续按 F10 跟踪程序运行，直到当前的"for(j=1;j<i;j++)"语句运行结束，此时 sum 的值应该为 6 才对，但是 sum 的值为 12，因此 if 语句中表达式不成立，不能输出变量 i。

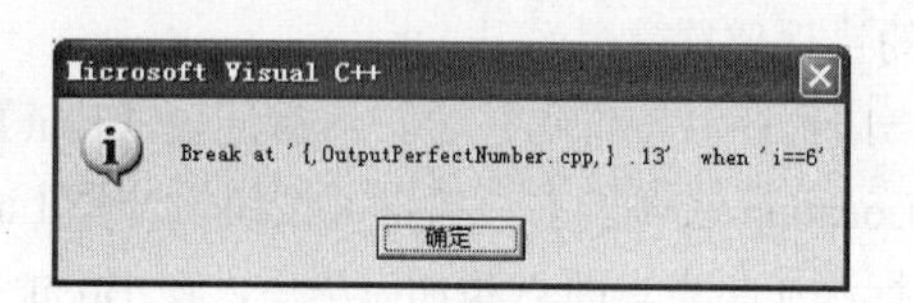

图 4-38　条件断点中断的提示对话框

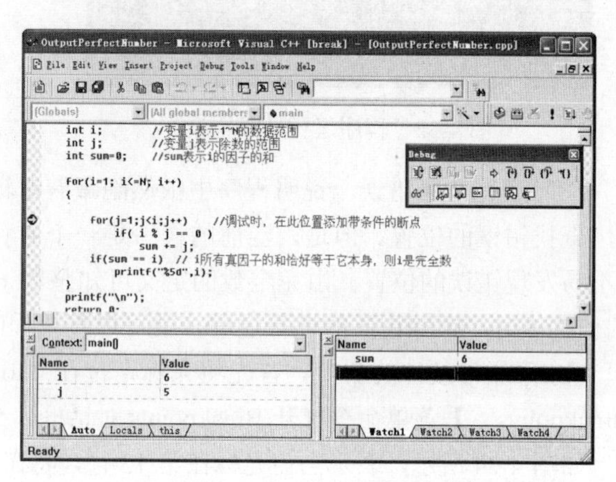

图 4-39　程序在条件断点处中断

由此可以发现程序错误的原因是，在每一次判断变量 i 是否为完全数时，变量 sum 的值没有被及时清零，因为变量 sum 保存的是整数 i 的所有真因子的和。

(7)中止程序调试，修改程序。使用 Debug 工具条上的按钮中止程序调试后，修改程序。由当前程序可知，内层循环是判断变量 *i* 是否为完全数，因此在内层循环之前，添加语句"sum=0;"，代码修改如下所示：

```
for(i=1; i<=N; i++)
{
        sum=0;
        for(j=1;j<i;j++)
            ……
        ……
}
```

(8)重新运行程序。单击 Build 工具条上的按钮，由于程序修改后，未重新编译和链接，所以弹出如图 4-40 所示对话框，单击【是】按钮后，将自动编译、链接并运行程序。程序运行结果如图 4-41 所示，程序运行正确。

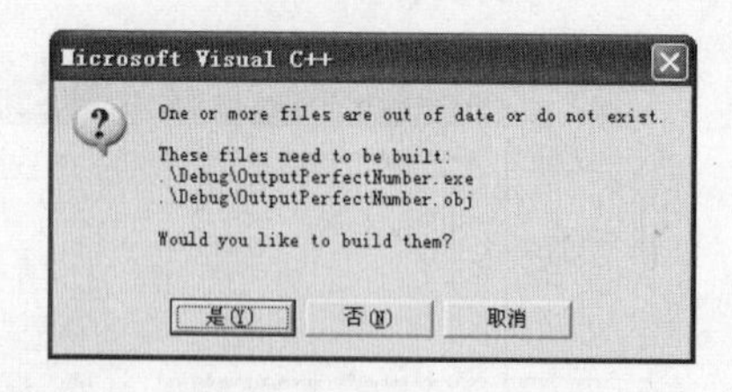

图 4-40　程序是否重新组建的提示对话框

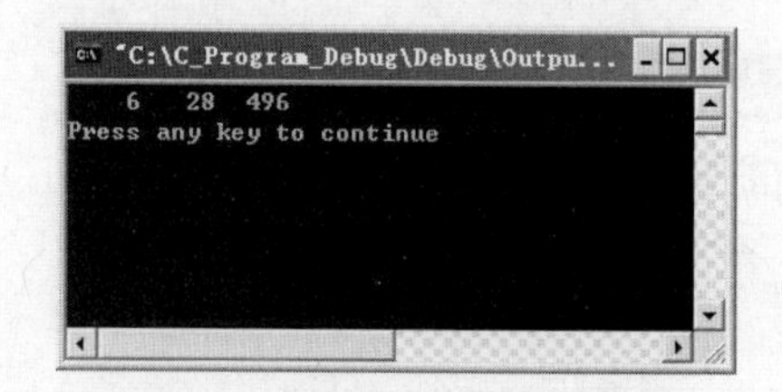

图 4-41　程序运行结果正确

(9)取消断点，保存程序。在断点所在行上，按 F9 键，取消条件断点后，保存程序。

4.3　基于数组的程序调试实例

数组是一种非常重要的数据结构，它实现了相同数据类型的数据的聚集。本节将借助于实例来介绍一维数组、二维数组和字符串数组的程序调试技术。并展示如何在调试器中观察构造数据类型，如何添加条件断点，如何使用 Run to Cursor 调试命令，如何在 Watch 窗口修改变量的值等调试技术。

例 7　改正下面程序中的错误，本程序(其文件名 InsertData.cpp)要求从键盘输入一个正整数 n ($0<n<9$) 和一组(n 个)有序的整数，再输入一个整数 x，把 x 插入到这组数据中，使该组数据仍然有序。

```
#include <stdio.h>

int main(void)
{
        int i,j,n,x;
        int a[n];

        printf("输入数据的个数n:");
        scanf("%d",&n);
        printf("请输入%d个有序的整数：",n);
        for(i=0;i<n;i++)
                scanf("%d",&a[i]);

        printf("请输入要插入的整数：");
        scanf("%d",&x);
        for(i=0;i<n;i++)
        {
                if( x>a[i] )  //调试时，添加条件断点
                        continue;
                j=n-1;
                while(j>=i)
                {
                        a[j]=a[j+1];
                        j++;
                }
                a[i]=x;    //将x插入到数组中下标为i的位置
                break;
        }
        if( i==n )
                a[n]=x;  //将x插入到数据的尾部

        for(i=0;i<n+1;i++)
                printf("%d ",a[i]);
        printf("\n");

        return 0;
}
```

(1)打开文件。打开源程序文件 InsertData.cpp。

(2)编译。使用 Build MiniBar 工具条上的按钮编译程序，在 Output 窗口显示程序编译失败，有 3 个错误，0 个警告，如图 4-42 所示。其中第一条错误信息描述如下：

```
C:\C Program Debug\InsertData.cpp(6):    error    C2057:    expected    constant
expression
```

它说明了源程序的第 6 行，数组的定义说明语句中希望出现一个常量表达式。C 语言的语法规定，数组长度的说明必须是常量或常量表达式，因此可以定义一个宏常量来说明数组的长度。代码修改如下：

```
#include <stdio.h>
#define N 10
......
int a[N];
```

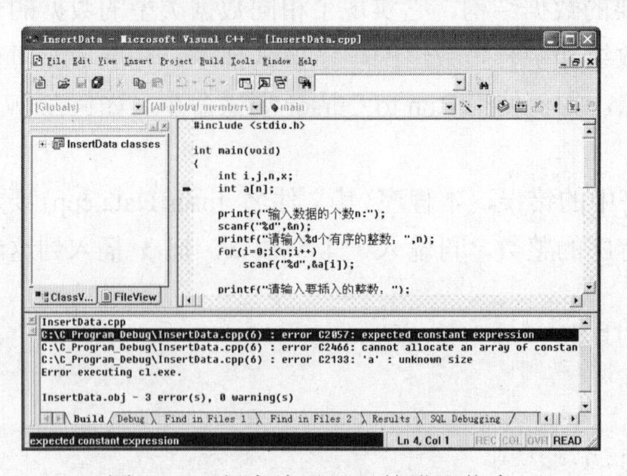

图 4-42　程序编译显示的错误信息

附注　即使程序编译提示有 *n* 个错误，但程序中不一定有 *n* 个语法错误，有可能少于 *n* 个语法错误，是一个语法错误引发了多个其他的语法错误；也可能多于 *n* 个语法错误，一个错误掩盖了其他的多个语法错误。所以修改的方法，可以每修改一个错误，就重新编译程序。

(3) 重新编译程序。在 Output 窗口显示程序编译成功，有 0 个错误，0 个警告。

(4) 链接并运行程序。依次输入 5 个有序的数据“1 8 15 56 98”后，继续输入一个要插入的数据 38，程序运行没有任何反应，程序运行错误，如图 4-43 所示。

(5) 添加条件断点。将光标定位在语句“if(x>a[i])”上，按下组合键【ALT+F9】，打开 Breakpoints 对话框，在 Location 选项卡中，单击 ▸ 按钮，选择 Line 18，表示在当前光标所在的第 18 行添加位置断点。单击【Condition…】按钮，打开 Breakpoint Condition 对话框，在其编辑框中输入表达式“x<=a[i]”，即当表达式“x<=a[i]”的值为真时，触发断点，如图 4-44 所示。

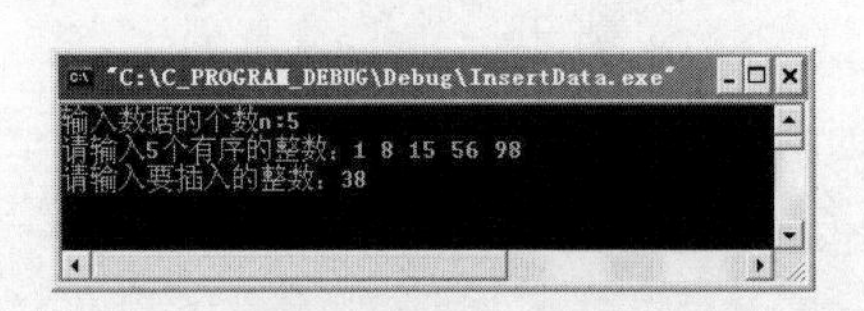

图 4-43　程序运行结果错误

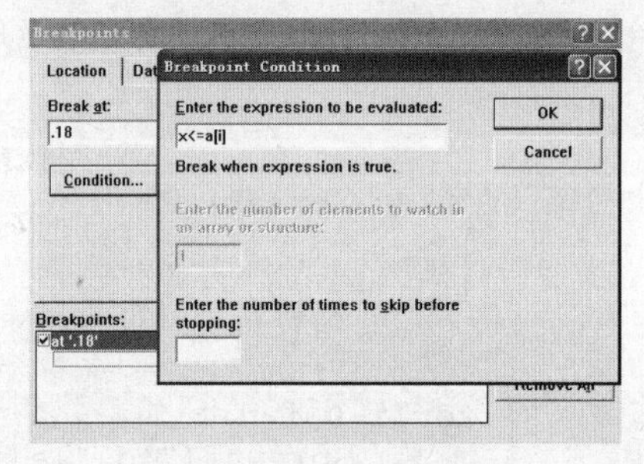

图 4-44　添加条件断点

(6) 启动程序调试。按 F5 键启动程序调试，在条件断点之前需要先输入数据，输入 5 个有序的数据“1 8 15 56 98”后，继续输入一个要插入的数据 38 后，弹出条件断点被触发的提示对话框，如图 4-45 所示。单击【确定】按钮后，程序在断点处中断，此时在 Watch 窗口中添加变量 x 和数组 a 的监视，可知，当前变量及数组的值均是正确的，如图 4-46 所示。

此时变量 *i* 的值为 3，在 Watch 窗口中，可以看到 a[3]的值为 56，变量 *x* 的值为 38，即此时表达式“x<=a[i]”的值为真,，当前指向的 if 语句表达式为假，将执行“j=n-1;”语句。

附注　从 Watch 窗口中可以看到数组名 a 代表一个地址常量。

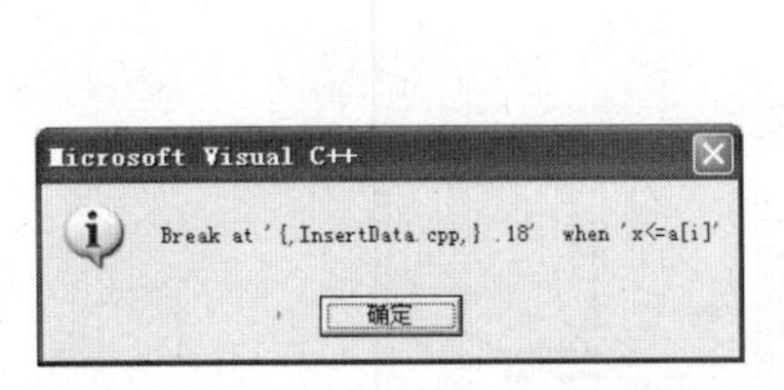

图 4-45　条件断点被触发的提示框

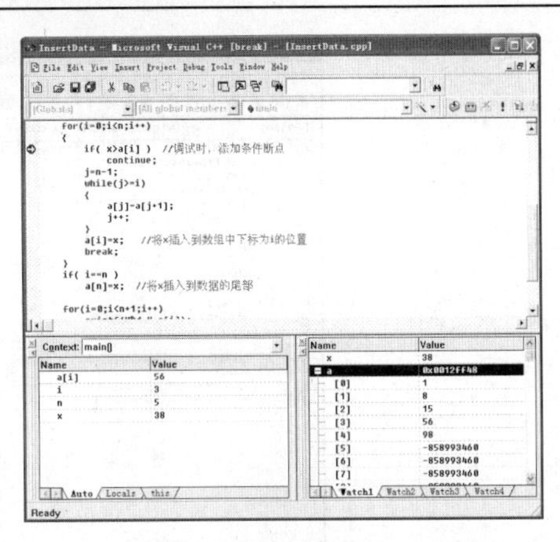

图 4-46　程序在条件断点处中断

(7) 跟踪程序运行。按 F10 键，逐条语句跟踪程序运行。源程序中 while 语句是要将 a[i]及其后的数据向后平移一位。反复按 F10 键，跟踪程序运行，发现 while 语句陷入无限循环中，并且数据并未实现向后平移一位的意图，反而是 a[4]原有的值被 a[5]给覆盖了，向前平移了。通过跟踪程序发现，即使变量 *j* 已经超过数组下标的最大界限 9，程序依然运行，如图 4-47 所示。

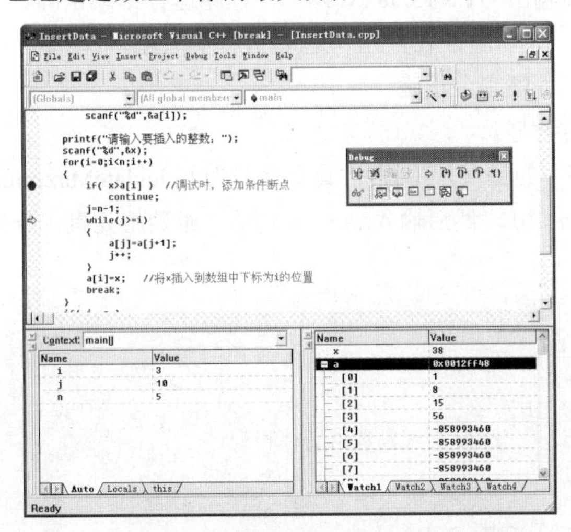

图 4-47　跟踪并监视程序运行

分析程序错误的原因，一是数组元素并未后移，反而前移了。二是变量 j 的变化趋势错误，应该是递减变化的。应该修改程序为：

```
while(j>=i)
{
   a[j+1]=a[j];
   j--;
}
```

附注　数组下标过界，程序运行时不报错误，下标过界以后访问的已经不是数组中的数据了，而是其他存储单元的数据。如果一直运行，有可能修改程序中其他变量的值。

(8) 停止调试，修改程序。按【Shift+F5】组合键停止程序调试，修改源代码。

(9) 再次按 F5 键启动程序调试，输入数据后，触发条件断点，程序在断点处中断执行。此时在 Watch 窗口中观察数组及变量的值均是正确的。将光标定位在“if(i==n)”语句上，单击 Debug 工具条上的 *{} (Run to Cursor) 按钮，让程序运行到当前光标所在位置处，此时插入完成，在 Watch 窗口中观察已经完成数据插入，如图 4-48 所示。

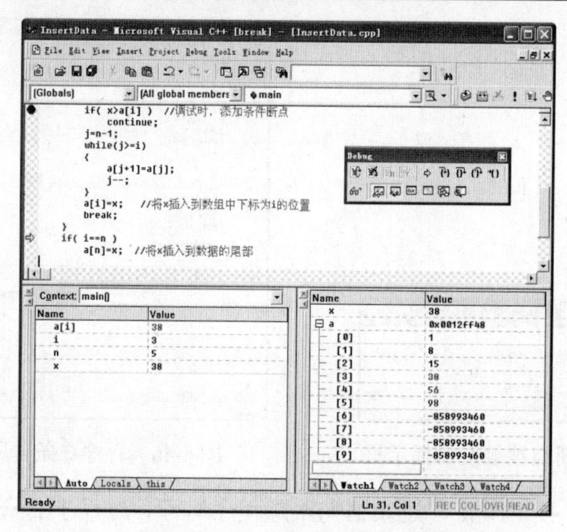

图 4-48　程序运行到光标所在位置处暂停

将光标定位在程序最后一行，单击 Debug 工具条上的 (Run to Cursor) 按钮，程序运行到该行，在输出窗口看到程序输出“1 8 15 38 56 98”，程序运行结果正确。

(10) 重新运行程序，分别验证在数组中已有数据的首部和尾部插入数据的两种情况是否正确。经过运行，可以验证程序完全正确。

(11) 去除断点，保存程序。

例 8　改正下面程序中的错误，本程序(其文件名为 CalculateMaximum.cpp) 要求从键盘输入 2 个正整数 *m* 和 *n*($m \geqslant 1$，$n \leqslant 6$)，然后输入 *m* 行 *n* 列的二维数组元素，分别计算每一行的最大值并将其输出。

```
#include <stdio.h>
#define N 5
int main(void)
{
        int a[N][N];
        int m,n;    //分别代表数组的行和列
        int i,j;
        int max;    //保存最大值
        printf("Input m,n:");
        scanf("%d %d",&m,&n);  //输入行列
        printf("Please input the array:\n");
        for(i=0;i<m;i++)
               for(j=0;j<n;j++)
                      scanf("%d",&a[i][j]);    // 输入数组元素
        max=0;
        for(i=0;i<m;i++)
        {
               for(j=0;j<n;j++)          //调试时添加断点
                      if(a[i][j]>max)
                             max=a[i][j];
               printf("The Maximum of row %d is %d\n",i,max);
        }
        return 0;
}
```

(1) 打开文件。打开源程序文件 CalculateMaximum.cpp。

(2) 编译。使用 Build MiniBar 工具条上的按钮编译程序，在 Output 窗口显示程序编译成功，有 0 个错误，0 个警告。

(3) 链接并运行程序。输入 3 行 3 列数组元素后，程序运行结果错误，如图 4-49 所示。

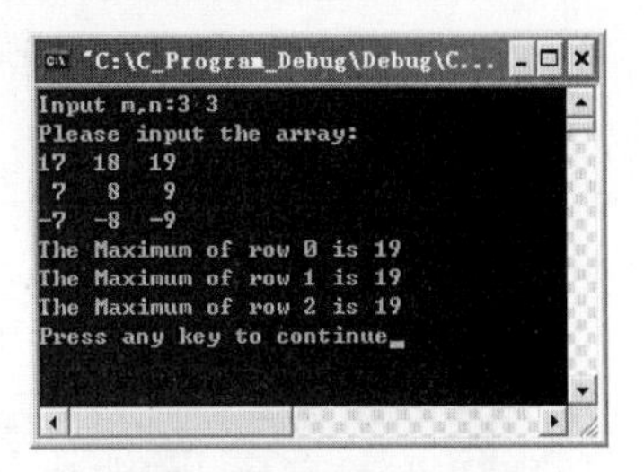

图 4-49　程序运行结果错误

分析程序的运行结果，发现对于当前的数组输入，第一行最大值计算正确，第二行和第三行的最大值计算错误。因此可以估计错误应该发生在计算第二行的最大值时，那么可以添加带条件的断点，断点中断的条件是第 2 次通过内层循环语句时。

(4) 添加条件断点。将光标定位在内层循环的“for(j=0;j<n;j++)”语句上，通过菜单命令【Edit】|【Breakpoints...】打开 Breakpoints 对话框，在 Location 选项卡中，单击 ▸ 按钮，选择 Line 22，表示在当前光标所在的第 22 行添加位置断点。单击【Condition...】按钮，打开 Breakpoint Condition 对话框，如图 4-50 所示。在第三个编辑框中输入 1，此编辑框的含义是：Enter the number of times to skip before stopping。输入整数 1 表示在当前行中断之前此语句已经执行过 1 次，也意味着在即将第 2 次执行该语句时程序中断。第 2 次执行内循环语句是要计算第 2 行数组元素的最大值。

(5) 启动调试。按 F5 键启动程序调试，在程序中断前输入如下 3 行 3 列的数组元素：

```
17  18  19
7   8   9
-7  -8  -9
```

按【Enter】键输入完毕，程序中断，当前程序已经计算出第一行数组元素的最大值并输出，此时变量 *i* 的值为 1，变量 *j* 依然是上一次内层循环退出时的值 3，当前程序中断在内循环语句上，即将计算第二行数组元素的最大值，如图 4-51 所示。

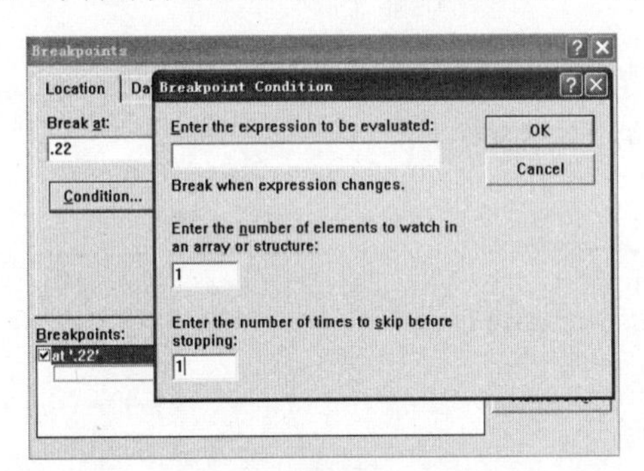

图 4-50　添加条件断点

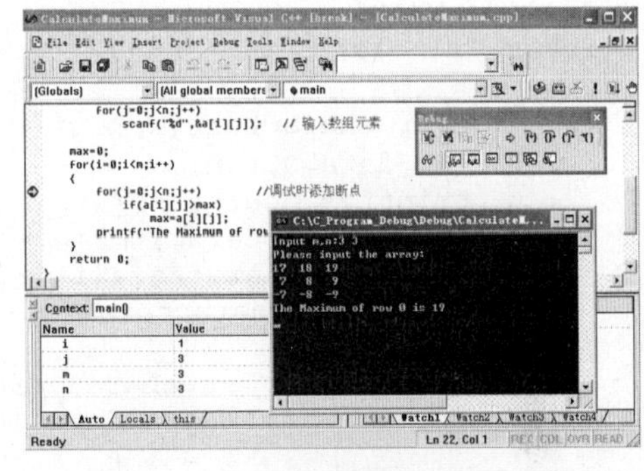

图 4-51　程序在条件断点处中断

在 Watch 窗口中添加变量 max 的监视，发现当前变量 max 的值依然是第一行中的最大值 19。按 F10 键跟踪程序执行，进入内层循环的循环体内部，变量 *j* 的值为 0，max 的值依然是 19，这是错误的，因此第二行数组元素最大值的计算一定错误。

将光标再次定位在语句“for(j=0;j<n;j++)”行上，单击 Debug 工具条上的 (Run to cursor)，此按钮的作用是程序从当前位置继续执行，直到到达当前光标所在的行中断。这次中断是内层循环语句“for(j=0;j<n;j++)”第三次执行，当前变量 *i* 的值为 2，*j* 的值为第二次内层循环退出时的值 3，在 Watch 窗口中可以看到变量 max 的值为 19 是错误的，如图 4-52 所示。

由此，分析错误的原因是：在每次计算一行数组元素的最大值时，都应该对 max 的值重新赋值。但是将 0 赋值给 max 依然是错误的，若当前行全部是负数，将得不到正确的结果。由擂台赛思想可知，最好将本行的第一个元素值赋值给 max，然后本行剩余的元素和 max 比较即可。

(6) 停止调试，修改程序。使用 Debug 工具条上的按钮停止程序调试。代码修改如下：

```
......
for(i=0;i<m;i++)
{
        max=a[i][0];
```

```
            for(j=0;j<n;j++)          //调试时添加断点
                if(a[i][j]>max)
                    max=a[i][j];
            printf("The Maximum of row %d is %d\n",i,max);
    }
    ……
```

(7) 重新编译并运行程序，运行结果正确，如图4-53所示。

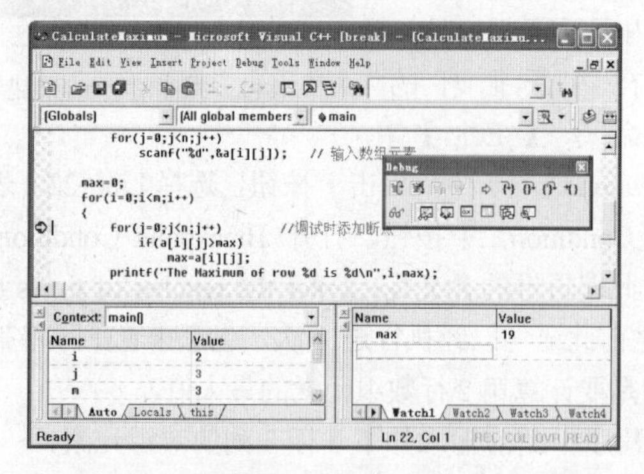

图 4-52　程序运行到光标定位的行中断

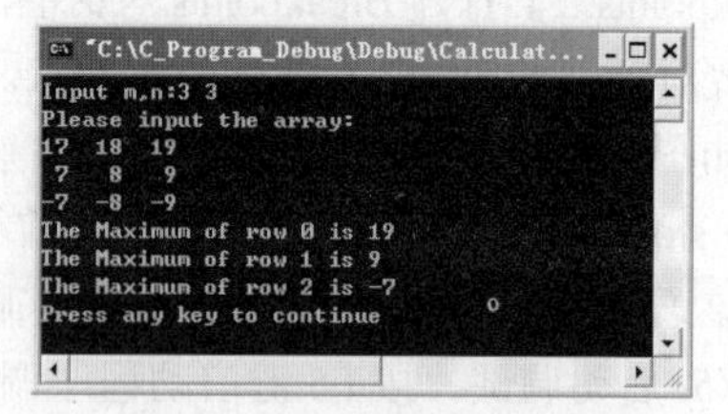

图 4-53　程序运行结果正确

例 9　改正程序中的错误，本程序(其文件名为 DigitalCharacterConvert.cpp) 要求从键盘输入一个字符串，将字符串中的数字字符取出，将其转换为一个整数输出。例如输入的字符串为“dog:20cat:30”，则输出整数 2030。

```
#include <stdio.h>
#define N 100
int main(void)
{
        char characters[N];   //保存输入的字符串
        int data=0,i,n;
        printf("Input a string: ");
        gets(characters);
        for(i=0; characters[i] ;i++)
            if(characters[i]>=0 && characters[i]<=9)
            {
                n=characters[i]-48;
                data=data*10+n;
            }
        printf("The number is : %d\n",data);
        return 0;
}
```

(1) 打开文件。打开源程序文件 DigitalCharacterConvert.cpp。

(2) 编译。使用 Build MiniBar 工具条上的按钮编译程序，在 Output 窗口显示程序编译成功，有 0 个错误，0 个警告。

(3) 链接并运行程序。程序运行结果错误，如图 4-54 所示。程序输出的整数是 0，意味着程序在运行过程中语句“if(characters[i]>=0 && characters[i]<=9)”中的逻辑表达式始终为假。

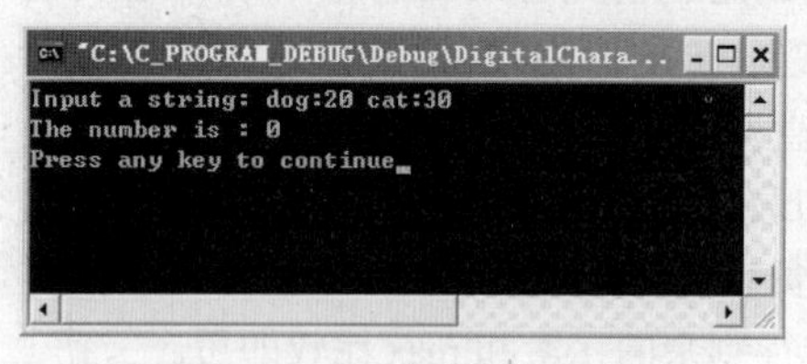

图 4-54　程序运行结果错误

(4) 添加断点。将光标定位在语句“if(characters[i]>=0 && characters[i]<=9)”行上，按 F9 键添加断点。

(5) 启动程序调试。按 F5 键启动程序调试。输入字符串“dog:20 cat:30”后，程序在断点处中断。此时在 Watch 窗口中添加字符串 characters 的监视，从 Watch 窗口可以观察到字符串的数组名是地址常量，单击监视表达式 characters 前面的加号，可以展开数组查看数组元素的值，如图 4-55 所示。在当前的

Watch 窗口可以观察到空格的 ASCII 码值为 32，字符串的结尾标志“\0”的 ASCII 值为 0。

在 Watch 窗口添加监视表达式“characters[i]>=0”和“characters[i]<=9”，当这两个关系表达式的值均为真时(C 语言中表达式的值为真用整数 1 表示，表达式的值为假用整数 0 表示)，if 语句的条件为真。在 Watch 窗口可以观察到当前变量 *i* 的值为 0，表达式“characters[i]>=0”的值为真，“characters[i]<=9”的值为假，则当前的 if 语句逻辑表达式值为假，如图 4-56 所示。由图 4-55 观察可知当变量 *i* 的值为 4 时，characters[4]是字符“2”。若要查看变量 *i* 的值为 4 时，关系表达式的值，则需要按 F10 键跟踪循环语句的执行过程，这样做费时费力，调试状态下在 Watch 窗口中可以直接修改变量的值，然后再跟踪程序的执行。

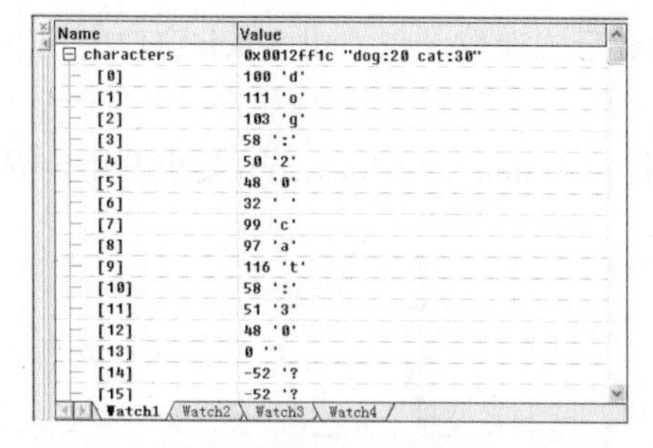

图 4-55　在 Watch 窗口查看数组元素的值

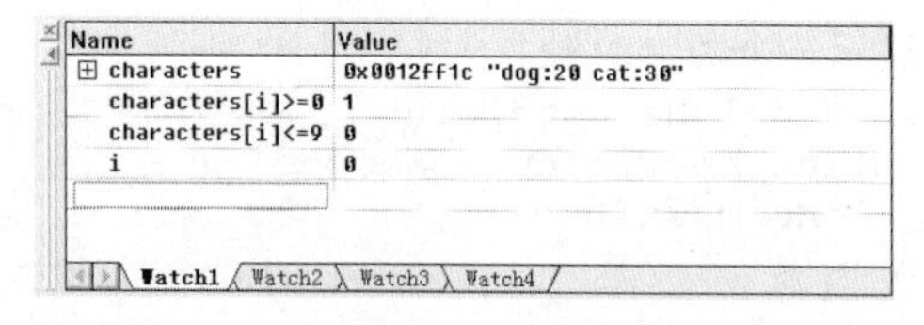

图 4-56　在 Watch 窗口查看关系表达式的值

在图 4-56 所示的状态下，直接修改变量 *i* 的值为 4，此时观察表达式“characters[i]>=0”的值为真，“characters[i]<=9”的值为假，如图 4-57 所示。

继续按 F10 键跟踪程序执行，当变量 *i* 的值为 5 时，表达式“characters[i]>=0”的值依然为真，“characters[i]<=9”的值依然为假，由此可知当前的表达式描述有问题。

由题意可知，if 语句是判断当前字符是否为数字字符，因此 characters[i]应该与数字字符“0”和“9”比较，而不是和整数 0 和 9 比较。

(6) 停止调试，修改程序。使用 Debug 工具条上的按钮停止程序调试。if 语句的代码修改为“if (characters[i]>='0' && characters[i]<='9')”。

(7) 重新启动调试。按 F5 键启动调试，输入字符串后，程序在断点处中断，在 Watch 窗口中首先将两个监视表达式改为：“characters[i]>='0'”和“characters[i]<='9'”，此时变量 i 的值为 0，表达式“characters[i]>='0'”为真，表达式“characters[i]<='9'”的值为假。在 Watch 窗口中直接修改变量 i 的值为 4，关系表达式“characters[i]>='0'”和“characters[i]<='9'”的值均为真，如图 4-58 所示。继续跟踪程序，程序执行正确。

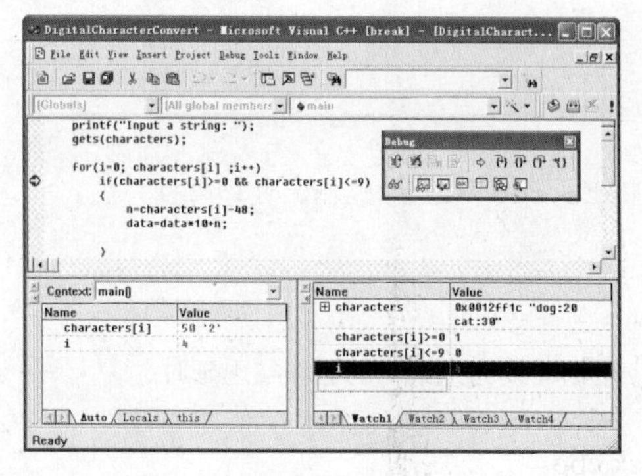

图 4-57　程序调试状态下在 Watch 窗口中直接修改变量的值

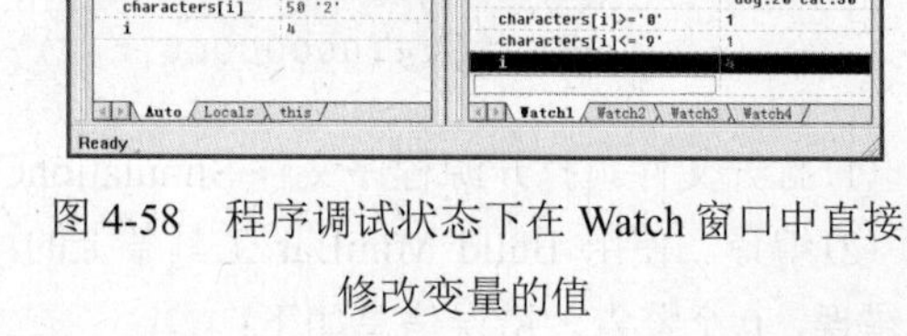

图 4-58　程序调试状态下在 Watch 窗口中直接修改变量的值

(8) 取消断点，保存程序。

附注 调试状态下在 Watch 窗口中修改变量的值，是一种非常高效的调试手段，经常应用于循环语句的调试中，通过修改循环变量的值加快调试的速度和效率。

4.4 函数的程序调试实例

函数是高级语言程序设计教学中一个难点，其涉及的参数传递、变量作用域与生存期、递归调用等知识点，相对于初学者来说都是重点和难点。本节将在调试器中帮助读者观察函数的有关机制。具体地，将要介绍如何在循环语句中运用 Run to Cursor 跳出循环，在 Watch 窗口修改变量的值，在 Variables 窗口的上下文环境中观察实际参数和形式参数，在 Call Stack 窗口中观察递归调用。

例 10 改正下面程序中的错误，本程序(其文件名为 SimulationClock.cpp)要求利用全局变量模拟显示一个数字时钟。

```
#include <stdio.h>
int hour,minute,second;
int main()
{
        int i;
        for(i=0;i<1000000;i++)
        {
                update();
                display();
                delay();
        }
        return 0;
}
void update()  //更新时、分、秒
{
        second++;
        if(second == 60)
        {
                second=0;
                minute++;
        }
        if(minute == 60)
        {
                minute=0;
                hour++;
        }
        if(hour==60)
                hour=0;
}
void display()
{
        printf("%d:%d:%d\n",hour,minute,second); //输出时:分:秒
}
void delay()
{
        int t;
        for(t=0;t<100000000;t++); //用循环体为空语句的循环实现延时
}
```

(1) 打开文件。打开源程序文件 SimulationClock.cpp。

(2) 编译。使用 Build MiniBar 工具条上的按钮编译程序，在 Output 窗口显示程序编译有 6 个错误，0 个警告。错误信息如下：

```
SimulationClock.cpp(9)  : error C2065: 'update' : undeclared identifier
SimulationClock.cpp(10) :error C2065: 'display' : undeclared identifier
```

```
SimulationClock.cpp(11) :error C2065: 'delay' : undeclared identifier
SimulationClock.cpp(16)  :error  C2373:  'update'  :  redefinition;  different
type modifiers
SimulationClock.cpp(32)  :error  C2373:  'display'  :  redefinition;  different
type modifiers
SimulationClock.cpp(36)  :  error  C2373:  'delay'  :  redefinition;  different
type modifiers
```

观察以上错误提示信息，前三个错误提示“update”、“display”和“delay”是未说明的标识符，错误位置指向主函数的函数调用语句上；后三个错误提示“update”、“display”和“delay”重新定义，且类型修饰不同，错误位置指向函数定义语句。

产生以上错误的原因是，在 C 语言中使用自定义函数时，若被调函数定义在主调函数之前，可直接调用；若被调函数定义在主调函数之后，需进行函数声明；若被调函数定义在主调函数之后，但是函数的返回值类型为整型，则函数声明可省略。

修改本程序的方法有两种：一是将三个被调用函数的定义写在主函数之前；二是在文件开头或主函数数据说明部分添加三个函数的函数原型声明语句。

在文件开头添加函数原型声明语句，代码修改如下：

```
#include <stdio.h>

int hour,minute,second;
void update();
void display();
void delay();
int main()
{
……
}
……
```

(3) 重新编译。按【Ctrl+F7】组合键重新编译程序，程序编译成功，有 0 个错误，0 个警告。

(4) 链接并运行程序。按 F7 键链接程序，链接成功生成可执行程序 Simulation Clock.exe，运行程序，程序运行结果如图 4-59 所示。

图 4-59　模拟时钟的程序运行结果

从程序运行结果看，每到 60 秒时，秒会归零进位变为 1 分钟，如果想检查 60 分钟时，是否会归零进位，变为 1 小时，需要等待程序运行很长时间，若要检查 24 小时是否归零，则需等待更长的程序运行时间。可以通过调试来观察程序的运行是否正确。

(5) 启动程序调试。首先关闭程序运行窗口，按 F10 键跟踪程序，此时黄色箭头指向主程序的入口，在 Watch 窗口添加变量 hour、minute 和 second 的监视，可以看到 hour、minute 和 second 的值均为 0，这说明了全局变量如果没有初始化，其值自动为 0。

继续按 F10 键跟踪程序，当黄色箭头指向“update();”语句时，将要执行函数调用，此时若按 F10 键则不进入 update 函数内部跟踪，若使用 F11 键则进入函数内部单步跟踪程序。

按 F11 键进入 update 函数内部，黄色箭头指向 update 函数的入口，此时在 Variables 窗口中单击 Context 后的下拉列表框，选择“main()”，则在主函数中显示一个绿色的三角形，其指向的位置是 update 函数调用完毕后应当返回到主函数中的位置，如图 4-60 所示。

继续按 F10 键在 update 函数内部逐条语句跟踪程序运行，直到程序控制返回到主函数的“display();”语句位置处，此时黄色箭头指向“display();”语句，即将要执行 display 函数调用，按 F10 键，此函数调用语句执行结束，在程序输出窗口，输出了“0:0:1”的信息。

黄色箭头指向“delay();”语句，即将执行 delay 函数调用。按 F11 键进入 delay 函数内部，继续反复按 F10 键跟踪程序运行，此时 Debug 工具条中大部分按钮变为灰色，如图 4-61 所示。当前程序正在执行循环语句，此循环语句中，循环体为分号是空语句，循环次数是 100000000 次。

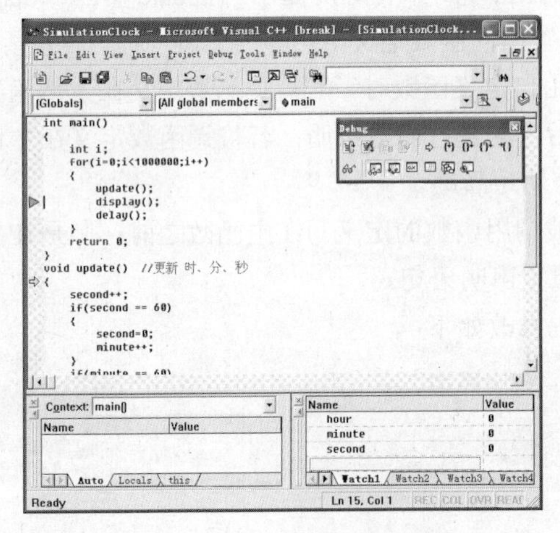

图 4-60 利用 Variables 窗口观察函数调用的上下文环境

图 4-61 调试过程中程序陷入循环时 Debug 工具条的状态

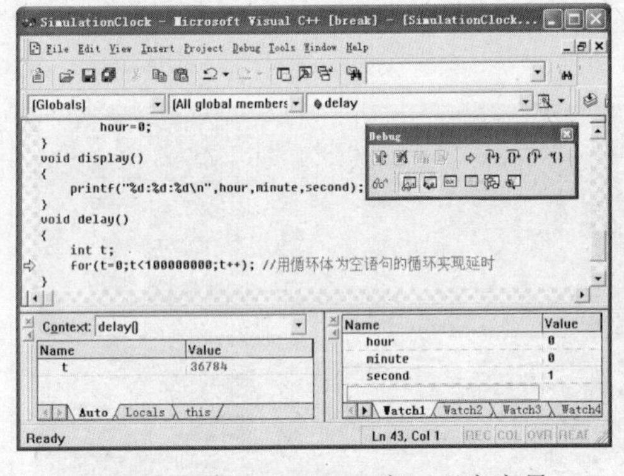

图 4-62 通过 Variables 窗口观察变量

单击 Debug 工具条上的按钮，中断程序执行，在 Variables 窗口中显示变量 t 的值还远远未到循环的终止条件，如图 4-62 所示。此时，若继续按 F10 跟踪程序运行，要等待很长的时间。观察程序可知，delay 函数执行完毕后，会返回到主函数中，继续执行主函数的下一次的循环语句，因此首先将光标定位在主函数中“update();”语句上，然后单击 Debug 工具条上的 (Run to cursor) 按钮，则 delay 函数执行完毕，黄色箭头指向主函数的“update();”语句。

附注　在程序调试过程中使用 Run to cursor 的功能可以快速的执行完某些代码段，使得程序控制转移到指定位置。

此时，主程序的 for 循环的循环体刚刚执行完 1 次，而 for 循环的次数是 1000000 次。如果继续逐条语句跟踪程序，则需要消耗大量的时间。由题意可知，调试程序的目的是想监看模拟时钟在到达 60 分钟时，分钟是否归零向小时进位，当达到 24 小时时，小时是否会归零。

可以在 Watch 窗口直接修改变量为特殊值后跟踪程序运行。

(6) 在 Watch 窗口直接修改变量的值。在 Watch 窗口直接修改 minute 的值为 59，修改 second 的值为 59。在主函数中“update();”语句上，按 F11 键进入 update 函数内部，在 update 函数内部反复使用 F10 键跟踪程序运行，可以观察到程序运行与预期相同，返回到主程序中，执行 display 函数调用完毕，查看程序输出结果与预期相同，如图 4-63 所示。

此时，黄色箭头指向“delay();”语句，按 F10 键该函数执行完毕，继续按 F10 键，直到黄色箭头指向“update();”语句，在 Watch 窗口中修改 hour 的值为 23，minute 的值为 59，second 的值为 59。按 F11 键进入 update 函数内部跟踪，发现 hour 变化错误。返回到主程序后，执行完 display 函数后，观察程序运行结果错误，应显示“0:0:0”，却显示“24:0:0”，如图 4-64 所示，原因是在 update 函数内部“if(hour==60)”语句判断条件错误。

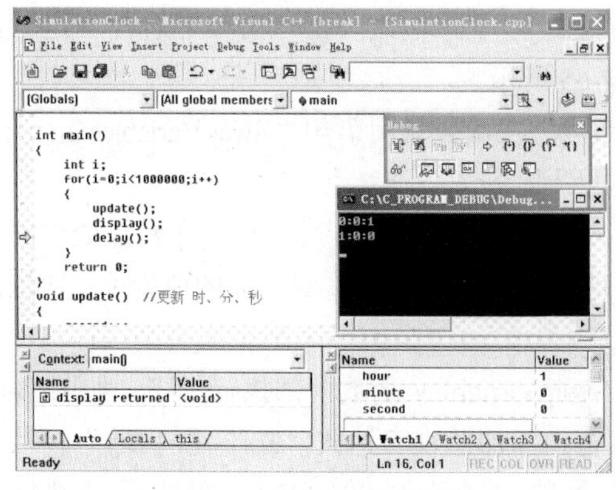

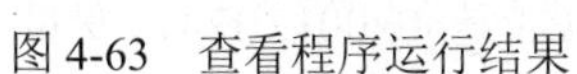
图 4-63　查看程序运行结果

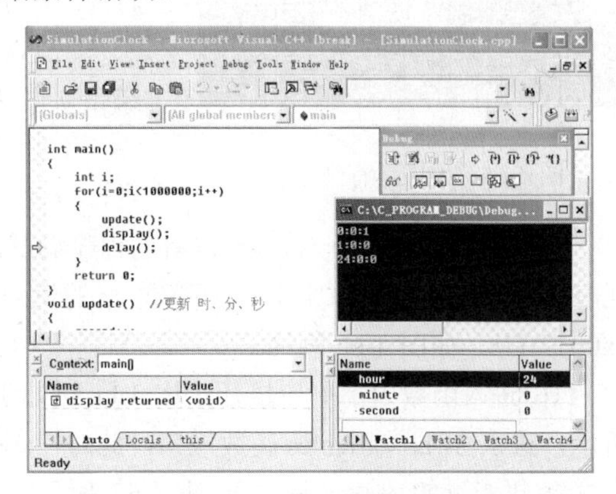

图 4-64　查看程序运行结果

(7) 停止调试，修改程序。使用【Shift+F5】组合键停止程序调试，将 update 函数内部的代码修改如下：

```
void update()  //更新时、分、秒
{
        second++;
        if(second == 60)
        {
                second=0;
                minute++;
        }
        if(minute == 60)
        {
                minute=0;
                hour++;
        }
        if(hour==24)
                hour=0;
}
```

(8) 重复刚才的调试过程，程序运行正确，保存程序。

例 11　改正程序中的错误，本程序(其文件名为 SwapVariable.cpp)要求通过调用 swap 函数交换两个变量的值。

```
#include <stdio.h>
void SwapVariables(int x,int y)
{
        int z;
        z=x;
        x=y;
        y=z;
}
int main(void)
{
        int m,n;
        printf("Please input m,n:\n");
        scanf("m=%d n=%d",&m,&n);
        SwapVariables(m,n);
        printf("After swap:\n ");
        printf("m=%d n=%d\n",m,n);
```

```
        return 0;
    }
```

```
C:\C_PROGRAM_DEBUG\Debug\SwapVa...
Please input m,n:
m=3 n=9
After swap:
 m=3 n=9
Press any key to continue
```

图 4-65　程序运行结果错误

(1) 打开文件。打开源程序文件 SwapVariable.cpp。

(2) 编译。使用 Build MiniBar 工具条上的按钮编译程序，在 Output 窗口显示程序编译有 0 个错误，0 个警告。

(3) 链接并运行程序。输入“m=3 n=9”后程序运行结果错误，如图 4-65 所示。

(4) 添加断点。在函数调用语句“SwapVariables(m,n);”上，按 F9 键添加断点。

(5) 启动程序调试。按 F5 键启动程序调试，输入数据“m=3 n=9”后，程序在断点处中断，此时在 Variables 窗口中可以观察变量 *m* 的值为 3，地址是 0x0012ff7c，变量 *n* 的值为 9，地址是 0x0012ff78，如图 4-66 所示。

(6) 进入函数内部单步执行。按 F11 键，进入 SwapVariables 函数内部执行程序，如图 4-67 所示，进入 SwapVariables 函数入口，此时在 Watch 窗口添加监视表达式“&x”和“&y”，监看形式参数变量的内存地址。如图 4-67 所示，变量 *x* 的地址是 0x0012ff24，变量 *y* 的地址是 0x0012ff28，对比主程序中实参变量 *m* 和 *n* 的地址，可以看到实际参数 *m* 和 *n* 与形式参数 *x* 和 *y* 分别占用不同的内存单元。

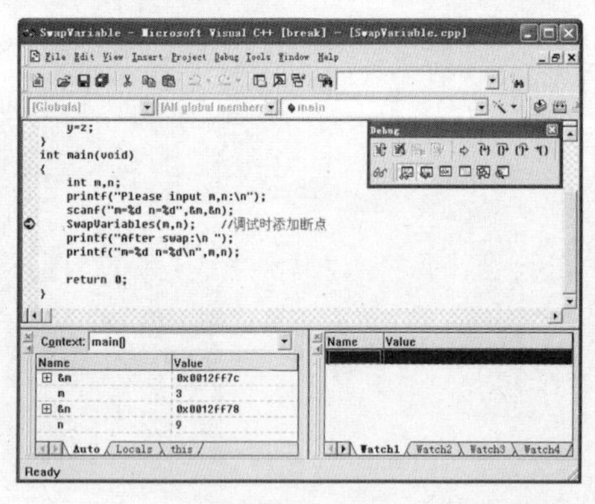

图 4-66　在 Variables 窗口观察变量及地址

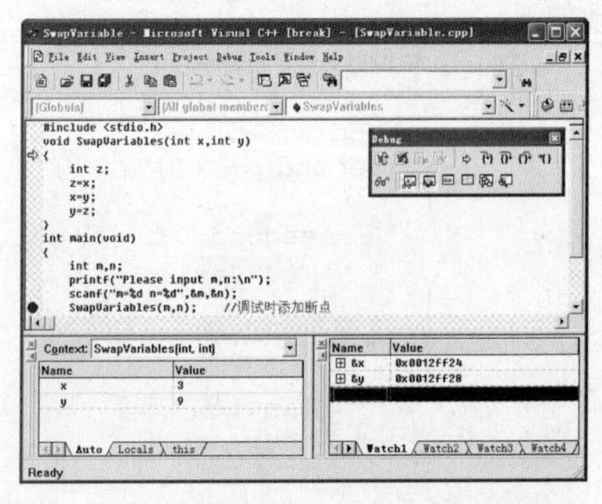

图 4-67　在 Watch 窗口监看形参变量的地址

在 SwapVariables 函数内部按 F11 键继续单步执行程序，在 Watch 窗口中可以观察到变量 *x* 和 *y* 的值发生了交换，如图 4-68 所示。此时在 Variables 窗口中单击 Context 后的下拉列表框，选择 main()，观察当前主函数中变量 *m* 和 *n* 的值仍然是原来的值并没有发生交换，如图 4-69 所示。

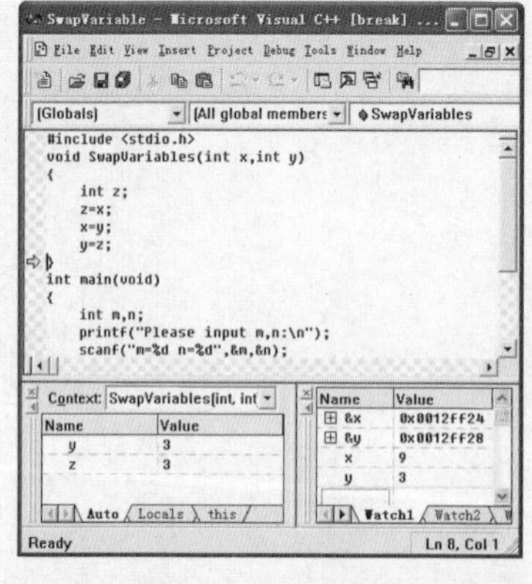

图 4-68　形参 *x* 和 *y* 的值发生了交换

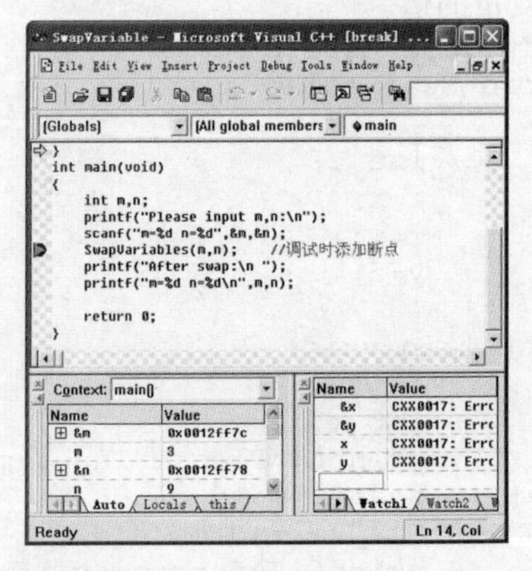

图 4-69　实参 *m* 和 *n* 的值未发生交换

因此程序控制返回到主函数后，输出变量 m 和 n 的值依然是原来的值并没有发生交换。经常把这种参数传递的方式，称为值传递。

本题的题意是要借助 SwapVariables 函数交换主函数中变量 *m* 和 *n* 的值，解决的方法是利用实际参数把变量 *m* 和 *n* 的地址传递过去，SwapVariables 函数的形式参数 *x* 和 *y* 定义为指针变量接收传递的地址值。

(7) 停止调试，修改程序。使用 Debug 工具条上的按钮停止程序调试。将主函数的函数调用语句修改为：SwapVariables(&m,&n)，相应的 SwapVariables 函数修改为：

```
void SwapVariables(int *x,int *y)
{
        int z;
        z = *x;
        *x = *y;
        *y = z;
}
```

(8) 重新启动程序调试。按 F5 键启动程序调试，输入数据“m=3 n=9”后，程序在断点处中断执行，此时按 F11 键进入 SwapVariables 函数内部执行，在 Watch 窗口中分别添加如下的监视表达式：“&x，&y，x，y，*x，*y”，如图 4-70 所示。

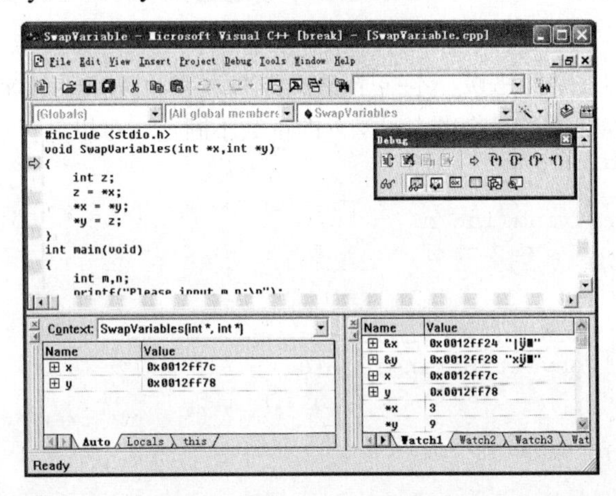

图 4-70　在 Watch 窗口监视指针变量的地址、指针变量的值、指针变量所指向的值

在图 4-70 的 Watch 窗口中可以观察到指针变量 *x* 的地址是 0x0012ff24，指针变量 *y* 的地址是 0x0012ff28；变量 *x* 保存的值是一个地址值：0x0012ff7c，正是主函数中变量 *m* 的地址，变量 *y* 保存的也是一个地址值：0x0012ff78，正是主函数中变量 *n* 的地址；*x 代表指针变量 *x* 所指内存空间的值，正是主函数中变量 *m* 的值，*y 代表指针变量 *y* 所指内存空间的值，正是主函数中变量 *n* 的值。

此时在 Variables 窗口中单击 Context 后的下拉列表框，选择 main()，查看当前变量 *m* 和 *n* 的值分别是 3 和 9，它们的地址值正是当前 SwapVariables 函数的指针变量 *x* 和 *y* 保存的值，如图 4-71 所示。

在 SwapVariables 函数内反复按 F11 键或 F10 键逐条语句跟踪程序运行，在 Watch 窗口中可以观察到*x 和*y 的值发生了交换，此时在 Variables 窗口中单击 Context 后的下拉列表框，选择 main()，查看当前变量 *m* 和 *n* 的值分别是 9 和 3，已经发生了交换，如图 4-72 所示。

继续按 F10 键，返回到主函数继续执行，查看程序运行结果正确。经常把这种参数的传递称为地址传递。

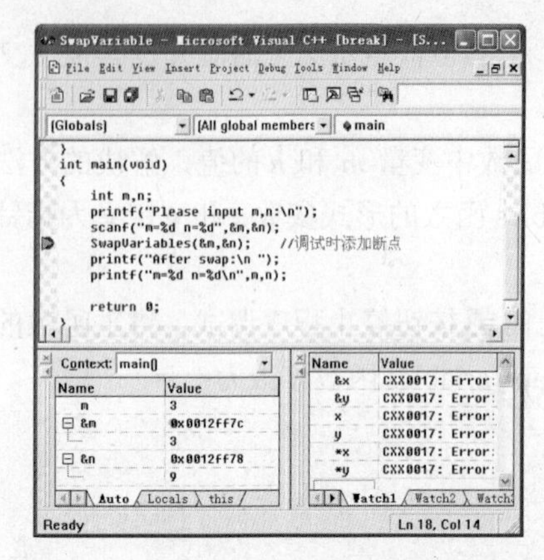

图 4-71　交换前主函数中变量 *m* 和 *n* 的值

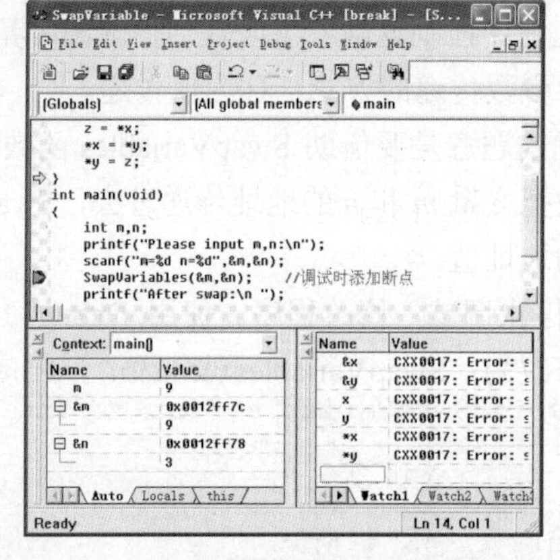

图 4-72　交换后主函数中变量 *m* 和 *n* 的值

(9) 停止调试。停止程序调试，取消断点，保存程序。

附注　使用程序调试技术不仅仅是为了发现程序中的错误，还可以通过调试程序运行，监视变量或表达式的变化，理解知识点的内涵。例如本例通过程序调试理解参数传递的方式，理解指针变量的概念。

例 12　改正下面程序中的错误，本程序(其文件名为 ConvertString.cpp) 要求用递归的方法将一个正整数 *n* 转换成相应的数字字符串输出，*n* 的位数不固定，可以是任意位数的整数。

```
#include <stdio.h>

void Convert_String(int n);
{
        if(n>0)
        {
                printf("%c",n%10);
                Convert_String( n/10 ); //调试时设置断点
        }
}
int main(void)
{
        int n;
        printf("Please input an integer:");
        scanf("%d",&n);
        Convert_String(n);
        putchar('\n');
        return 0;
}
```

(1) 打开文件。打开源程序文件 ConvertString.cpp。

(2) 编译。使用 Build MiniBar 工具条上的按钮编译程序，在 Output 窗口显示程序编译有 1 个错误，0 个警告，如图 4-73 所示。错误信息描述如下：

```
C:\C Program Debug\ConvertString.cpp(4) : error C2447: missing function header
(old-style formal list?)
```

编译给出的错误提示“丢失函数头部”，在 Output 窗口中的错误提示信息上双击鼠标，自动定位源代码中错误出现的位置，如图 4-73 所示。观察代码，发现错误位置定位在 Convert_String 函数的函数体的位置，发生此错误的原因是函数头部末尾多出了一个分号，使得函数定义的头部变为了一个声明语句，而函数体部分找不到匹配的函数头部，所以引发此错误。代码修改的方法是删除函数定义中函数头末尾的分号。

(3) 重新编译。删除函数头末尾的分号，修改代码后，重新编译程序，程序编译成功。

(4) 链接并运行程序。链接程序成功，运行程序，输入整数 12345，输出结果错误，如图 4-74 所示。

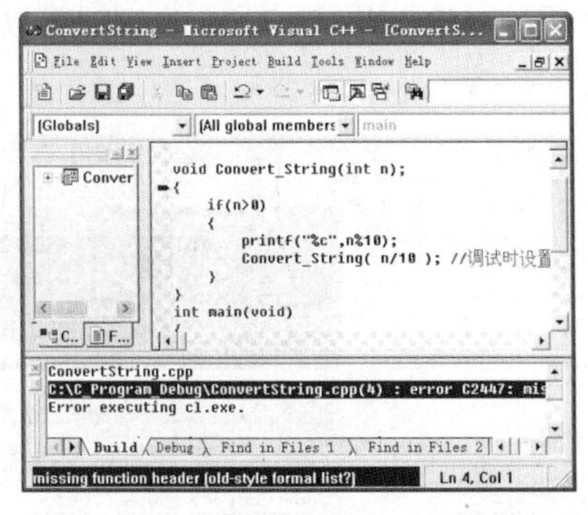

图 4-73　错误信息提示“丢失函数头部”

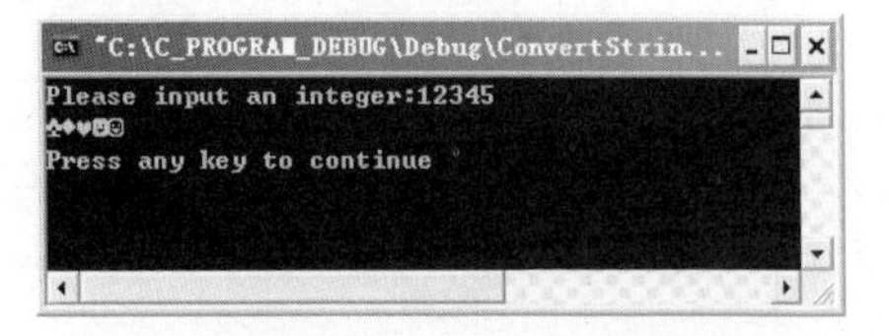

图 4-74　程序运行结果错误

(5) 添加断点。使用 F9 键在递归调用的语句上设置断点。

(6) 启动程序调试。按 F5 键启动程序调试，在程序运行窗口输入整数 12345，程序运行输出字符“♣”后，在断点处中断。

利用【View】|【Debug Windows】|【Call Stack】菜单命令，打开 Call Stack 窗口，同时在 Watch 窗口分别添加 *n*、*n*%10 和 *n*/10 的监视表达式，如图 4-75 所示。

图 4-75　使用 Call Stack 窗口监视程序递归调用

在 Call Stack 窗口中，观察当前程序正在 Convert_String 函数内部执行，断点位置是程序的第 8 行，此函数的参数为整型，形参的值为 12345，当前正执行的函数是被主函数 main 调用的，在 Call Stack 窗口中显示了在主函数的第 16 代码行上发生的此函数调用。

在 Watch 窗口中，观察变量 *n* 当前值为 12345，表达式 *n*%10 的值为 5，*n*/10 的值为 1234。

从程序运行窗口观察到当前程序运行已经出错。查看源程序，此时程序在递归调用语句上中断执行，则前面的 printf 语句已经执行，以字符格式输出了表达式 *n*%10 的值。由 Watch 窗口可知，*n*%10 的值为 5，则 printf 语句是要输出面值相等的字符数字“5”，但是却输出了字符“♣”。

由 ASCII 码表可知，字符“♣”的 ASCII 码值为 5，那么要输出字符“5”，需要计算字符“5”的 ASCII 码值，然后将其以字符格式(%c)输出。因为数字字符“0”的 ASCII 码值为 48，要输出面值相等的数字字符，只需将数字加 48 后变为该数字对应的 ASCII 码值，然后以字符格式(%c)输出。因此当前的 printf 语句应该改为：

```
printf("%c",n%10+48);
```

(7) 停止调试，修改程序。使用 Debug 工具条上的按钮停止程序调试。修改 Convert_String 函数内部的 printf 语句。

(8) 重新编译、链接并运行程序。在程序运行窗口输入 12345 后，程序输出的字符串为“54321”，程序运行结果错误，如图 4-76 所示。

(9) 重新启动调试。按 F5 键启动程序调试，程序在断点处第一次中断，程序运行窗口输出字符“5”，继续按 F5 键，程序继续运行在断点处第二次中断，在程序运行窗口输出字符“4”，继续按 F5 键，程序继续运行在断点处第三次中断……

如图 4-77 所示，在 Call Stack 窗口显示了程序递归调用的过程，在 Call Stack 窗口显示在最上层的是当前正在运行的函数，以下逐层显示了递归调用的层次。从 Call Stack 窗口可以看到程序运行保存了被调用函数执行结束后要返回到主调函数的位置。

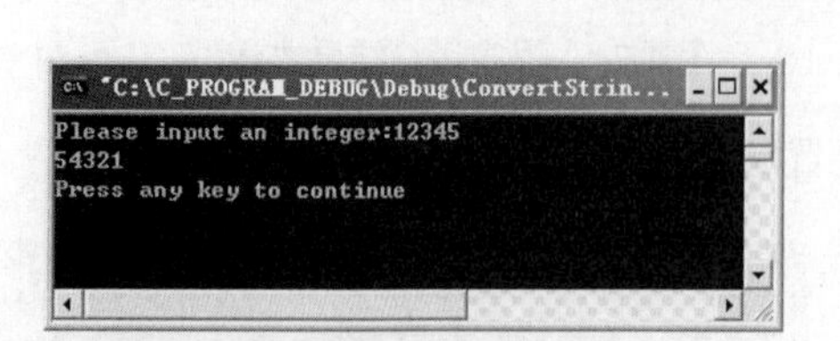

图 4-76　程序运行结果错误

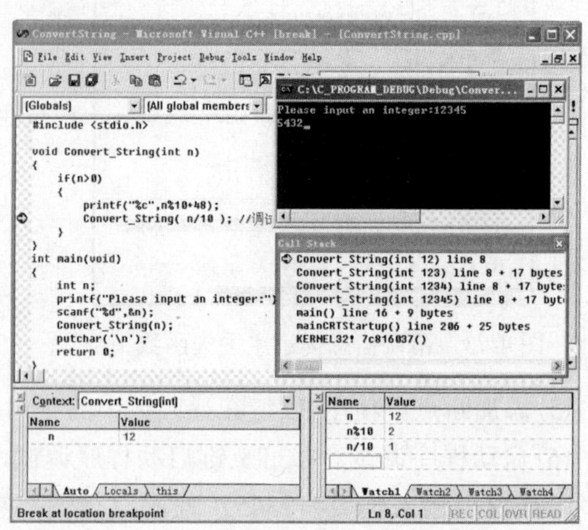

图 4-77　在 Call Stack 窗口中监看函数递归调用

程序运行结果与预期字符串次序相反，观察程序运行可知，应该先执行递归调用，再输出相应字符。

(10) 停止调试，修改程序。使用 Debug 工具条上的按钮停止程序调试。修改 Convert_String 函数如下：

```
void Convert_String(int n)
{
        if(n>0)
        {
                Convert_String( n/10 ); //调试时设置断点
                printf("%c",n%10+48);
        }
}
```

(11) 重新编译、链接并运行程序。在程序运行窗口输入整数 12345 后，程序运行输出字符串“12345”，程序运行结果正确。

(12) 取消断点，保存程序。

4.5　结构体的程序调试实例

结构体作为一个构造数据类型，可以实现不同数据类型的数据的聚集。本节介绍基于结构体数组的程序调试，展示如何在调试器中观察构造数据类型，以及如何查看参数传递。

例 13　改正程序中的错误，本程序(其文件名 StudentManage.cpp)要求从键盘录入五名同学的基本信息(学号、数学、语文、英语、总分)，计算总分后，按总分从低到高排序后输出。

```
#include <stdio.h>
#define N 5   //学生人数
#define M 4   //成绩科目数
enum course{math,chinese,english,total};//4个枚举常量分别代表数学、语文、英语、总分
typedef struct
{
```

```
        long number;     //学号
        float score[M]; //数组score存放三门课成绩和总分
}Student;               //定义学生类型

void inputStudent(Student s[],int n)  //录入学生基本信息
{
        int i;
        printf("Please input information of %d students  \n",n);
              "english");
        printf("\n%s %s %s %s \n","StudentNo","math","chinese",
        for(i=0;i<n;i++)
        {
          scanf("%ld %f %f %f",&s[i].number,&s[i].score[math],
               &s[i].score[chinese],&s[i].score[english]);
          s[i].score[total] = s[i].score[math] +
                              s[i].score[chinese]+
                               s[i].score[english];
        }
}
void sortTotal(Student *s,int n)  //对学生基本信息按总分排序
{
        int i,j;
        float total Score;

        for(i=0;i<n-1;i++)
              for(j=0;j<n-1-i;j++)
                    if( s[j].score[total] > s[j+1].score[total] )
                    {
                          total Score = s[j].score[total];
                          s[j].score[total] = s[j+1].score[total];
                          s[j+1].score[total] = total Score;
                    }
}
void outputStudent(Student *s,int n) //输出学生信息
{
        Student *p;
        printf("\n%s  %s  %s %s %s\n","StudentNo","math","chinese",
             "english","total");
        printf("-----------------------------------------------\n");
        for(p=s;p<s+n;p++)
          printf("%8ld %6.2f %6.2f %6.2f %6.2f\n",p->number,
               p->score[math],p->score[chinese],p->score[english],
               p->score[total]);
}
int main(void)       //主函数
{
        Student stu[N];      //定义数组保存五位学生信息

        inputStudent(stu,N);
        printf("\nBefore sorting ...");
        outputStudent(stu,N);

         sortTotal(stu,N);//调试时添加断点
        printf("\nAfter sorting ...");
        outputStudent(stu,N);
        return 0;
}
```

(1) 打开文件。打开源程序文件 StudentManage.cpp。

(2) 编译。使用 Build MiniBar 工具条上的按钮编译程序，在 Output 窗口显示程序编译有 0 个错误，0 个警告。

(3) 链接并运行程序。按 F7 键链接程序，链接成功生成可执行程序 StudentManage.exe。运行程序，在程序运行窗口输入 5 名同学的基本信息后，按总分从低到高排序后输出，程序运行结果错误，如图 4-78 所示。

由运行结果可知，每个同学的录入信息及总分的计算结果没有错误，但是在对学生按照总分排序后，输出的每个学生的总分结果是错误的。由此可以推断错误位置出现在排序函数中，只需对该函数跟踪监视查找错误根源即可。

(4) 添加断点。在主函数中的 sortTotal(stu,N) 函数调用语句上添加断点。

(5) 启动调试。按 F5 键启动程序调试，在程序运行窗口输入 5 个同学的基本信息，程序运行到断点处中断，此时程序已经将排序前学生的基本信息输出，由输出结果可以看到当前学生信息完全正确，如图 4-79 所示。

```
"C:\C_Program_Debug\Debug\StudentManage.exe"
Please input information of 5 students

StudentNo math chinese english
41210301   90    90    90
41210302   80    80    80
41210303   95    90    85
41210304   60    50    70
41210305   100   90    95

Before sorting ...
StudentNo   math  chinese english total
---------------------------------------------
41210301   90.00  90.00  90.00 270.00
41210302   80.00  80.00  80.00 240.00
41210303   95.00  90.00  85.00 270.00
41210304   60.00  50.00  70.00 180.00
41210305  100.00  90.00  95.00 285.00

After sorting ...
StudentNo   math  chinese english total
---------------------------------------------
41210301   90.00  90.00  90.00 180.00
41210302   80.00  80.00  80.00 240.00
41210303   95.00  90.00  85.00 270.00
41210304   60.00  50.00  70.00 270.00
41210305  100.00  90.00  95.00 285.00
Press any key to continue
```

图 4-78　按总分排序后输出的学生信息错误

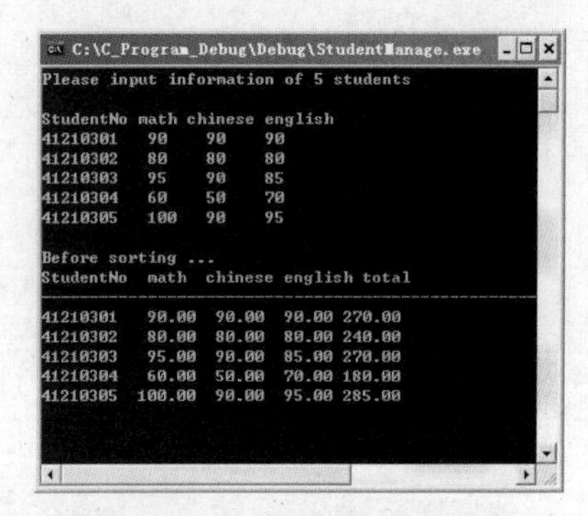

图 4-79　排序前学生基本信息输出正确

在 Watch 窗口添加监视表达式 stu，单击前面的加号展开折叠项，可在 Watch 窗口查看 stu 数组的每一个元素的详细信息。并且在当前的 Watch 窗口可以看到数组名 stu 就是一个地址常量，如图 4-80 所示。

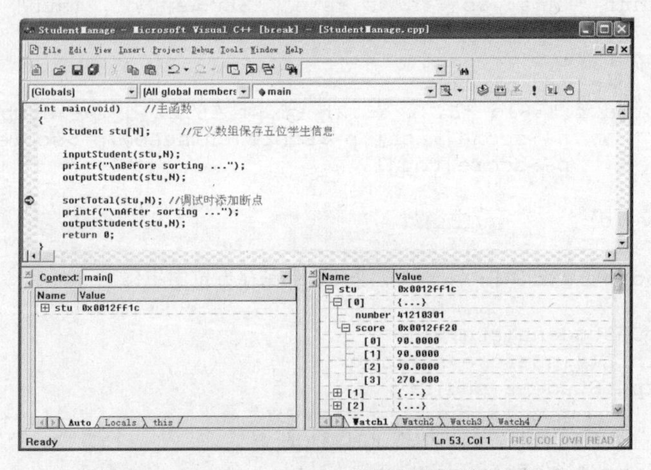

图 4-80　在 Watch 窗口监看数组元素的详细信息

(6) 进入函数内部跟踪程序运行。按 F11 键进入 sortTotal 函数入口，此时在 Watch 窗口添加监视表达式“s,5”。在 Watch 窗口可以观察到指针变量 s 保存的是主函数中数组 stu 的地址。展开 s[0]可以看到其内容是主函数中数组元素 stu[0]，同理 s[1]是主函数的数组元素 stu[1]的值。如图 4-81 所示，Watch 窗口输入“s,5”，则可以将指针 s 所指空间按数组形式展开。

在 sortTotal 函数内部按 F10 键逐条语句跟踪程序运行，发现程序排序时交换的仅仅是两个学生的总分信息，其他信息并没有交换，这就造成了总分与其余科目之和不相等。此时，利用【Debug】|【QuickWatch…】菜单命令打开 QuickWatch 对话框，在编辑框中输入 s[0]，在 Current value 的列表框中展开 score，可以观察到总分与其他三个分数的和不匹配，如图 4-82 所示。在 QuickWatch 对话框中可以在程序调试过程中修改变量的值，使得程序在修改以后的基础上继续调试运行。

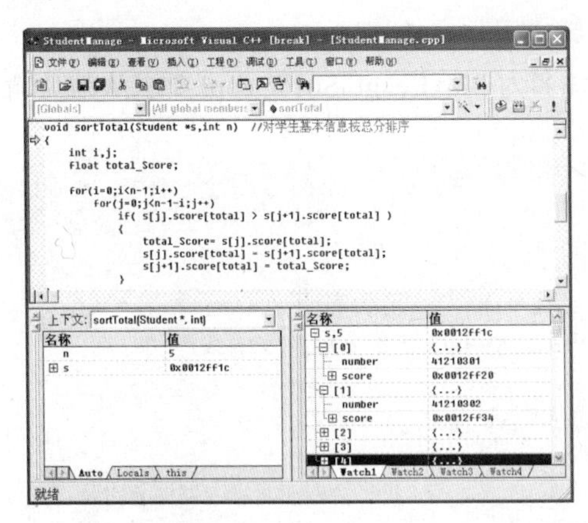

图 4-81　在 Watch 窗口监看利用指针访问数组元素的方式

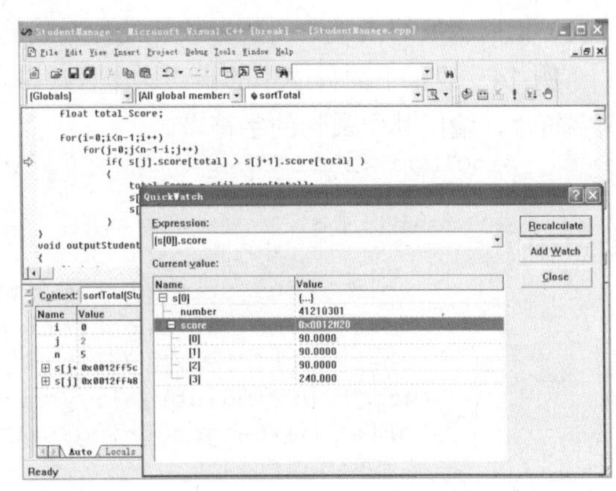

图 4-82　利用 QuickWatch 对话框监看变量的值

(7) 停止调试，修改程序。使用 Debug 工具条上的按钮停止程序调试。修改 sortTotal 函数如下：

```
void sortTotal(Student *s,int n)   //对学生基本信息按总分排序
{
        int i,j;
        Student temp stu;
        for(i=0;i<n-1;i++)
                for(j=0;j<n-1-i;j++)
                        if( s[j].score[total] > s[j+1].score[total] )
                        {
                                temp stu = s[j];
                                s[j] = s[j+1];
                                s[j+1] = temp stu;
                        }
}
```

(8) 重新编译、链接并运行程序。在输入五个同学的基本信息后，按总分从低到高排序后输出结果正确，如图 4-83 所示。

```
"C:\C_Program_Debug\Debug\StudentManage.exe"
Please input information of 5 students

StudentNo math chinese english
41210301   90    90    90
41210302   80    80    80
41210303   95    90    85
41210304   60    50    70
41210305   100   90    95

Before sorting ...
StudentNo   math  chinese english total

41210301    90.00  90.00  90.00 270.00
41210302    80.00  80.00  80.00 240.00
41210303    95.00  90.00  85.00 270.00
41210304    60.00  50.00  70.00 180.00
41210305   100.00  90.00  95.00 285.00

After sorting ...
StudentNo   math  chinese english total

41210304    60.00  50.00  70.00 180.00
41210302    80.00  80.00  80.00 240.00
41210301    90.00  90.00  90.00 270.00
41210303    95.00  90.00  85.00 270.00
41210305   100.00  90.00  95.00 285.00
```

图 4-83　程序运行结果正确

(9)取消断点，保存程序。

4.6 基于指针的程序调试实例

指针的概念是C语言的重点和难点，它使用灵活多变，但是一旦使用方式错误，会造成很大的麻烦。并且基于指针的错误在调试过程中经常难以被察觉，本节以实例形式展示了指针数组、链表、指向函数的指针做函数参数等几种形式的指针应用程序的调试方法。

例14 改正下面程序中的错误，本程序(其文件名为MaxLengthString.cpp)要求从键盘输入5个字符串，输出其中最长的字符串。

```
#include <stdio.h>
#define N 5
int main(void)
{
        void input_string(char *s[],int n); //函数声明
        void print_maxLengthString(char *s[],int n); //函数声明
        char *str[N];//定义指针数组
        input_string(str,N);//调试时添加断点
        print maxLengthString(str,N);
        return 0;
}
void input_string(char *s[],int n) //输入n个字符串
{
        int i;
        printf("Please enter %d strings: \n",n);
        for(i=0;i<n;i++)
              scanf("%s",s[i]);
}
void print_maxLengthString(char *s[],int n)  //输出最长的字符串
{
        int i,max; //max记录最长字符串在字符数组中的下标
        max=0;
        for(i=1;i<n;i++)
              if( strlen(s[i]) > strlen(s[max]) )
                    max=i;
        printf("The longest string is: %s \n", s[max] );
}
```

(1)打开文件。打开源程序文件MaxLengthString.cpp。

(2)编译。使用Build MiniBar工具条上的按钮编译程序，在Output窗口显示程序编译有1个错误，0个警告。错误提示信息是：

```
error C2065: 'strlen' : undeclared identifier
```

观察程序，在程序中使用了字符串函数strlen，但是却未包含字符串的头文件，所以引发此错误。

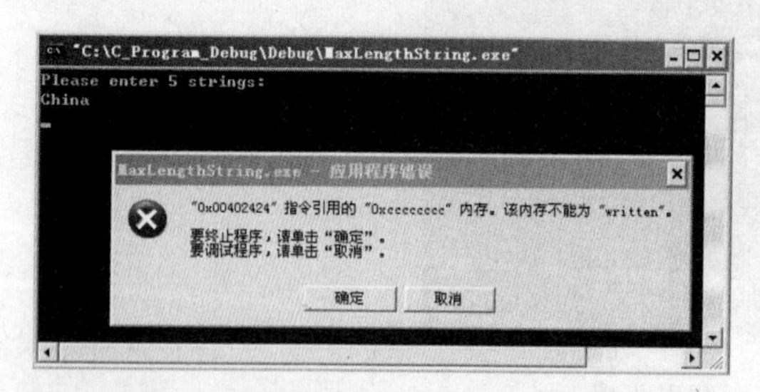

图4-84 程序运行期间产生应用程序错误

(3)修改程序。增加头文件包含的语句：#include <string.h>

(4)再次编译程序。程序编译成功，在Output窗口显示程序编译有0个错误，0个警告。

(5)链接并运行程序。按F7键程序链接成功生成可执行程序，运行程序，在程序运行窗口输入一个字符串后，弹出应用程序错误的对话框，如图4-84所示。

从运行窗口可以看到错误发生在 input_string 函数内部。

(6) 添加断点。在主函数的 input_string 函数调用语句上使用 F9 键添加断点。

(7) 启动程序调试。按 F5 键，启动程序调试，程序在断点处中断。在 Variables 窗口单击 str 前面的加号打开折叠的信息，查看 str 数组元素的值均为 0xcccccccc，如图 4-85 所示。

程序中 str 是指针数组，每一个数组元素均为指针变量，其值均为 0xcccccccc，意味着这些指针变量未保存任何内存单元的地址。

(8) 进入函数内部跟踪程序运行。按 F11 键进入 input_string 函数入口，在 Watch 窗口添加如下监视表达式："s,5"。可以观察到 s[0]、s[1]、s[2]等的值均为 0xcccccccc。

继续按 F10 键逐条语句执行程序，当 Debug 工具条的大部分调试按钮变为灰色不可用状态时，应该在程序运行窗口输入字符串，当输入一个字符串完毕后，程序弹出错误提示信息：Access Violation，说明内存访问非法，如图 4-86 所示。

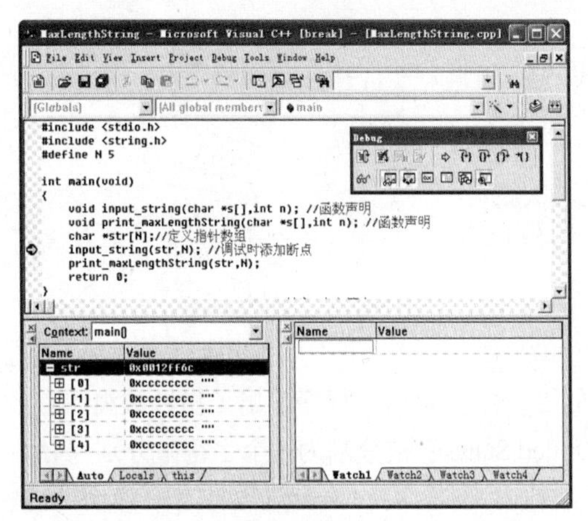

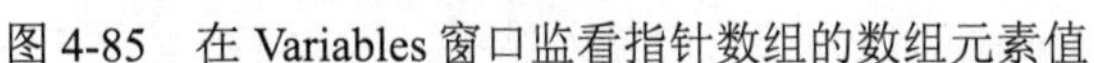

图 4-85　在 Variables 窗口监看指针数组的数组元素值

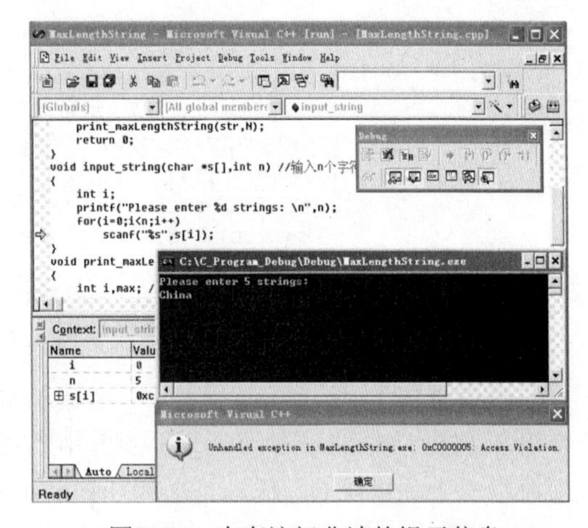

图 4-86　内存访问非法的提示信息

产生内存访问非法的错误，一般是意味着程序正在试图访问无效内存，或试图访问一块不再有效的内存。本例中访问的内存是无效的，因为试图向 0xcccccccc 内存空间写入字符串数据。0xcccccccc 地址对于指针变量来说意味着尚未保存有效的内存空间地址，因此产生此错误。修改方法是为指针数组的每一个数组元素（指针数组的每一个数组元素都是一个指针变量）利用 malloc 函数申请内存单元，将内存单元的地址存储到数组元素中。

(9) 停止调试，修改程序。使用 Debug 工具条上的按钮停止程序调试。修改 input_string 函数如下：

```
void input_string(char *s[],int n) //输入n个字符串
{
        int i;
        printf("Please enter %d strings: \n",n);
        for(i=0;i<n;i++)
        {
                s[i]=(char *)malloc(100 * sizeof(char));
                scanf("%s",s[i]);
        }
}
```

并在程序首部添加 malloc 函数的头文件包含：#include <stdlib.h>

(10) 重新编译、链接并运行程序。在程序运行窗口输入如下字符串：

```
China
Russia
The United States
```

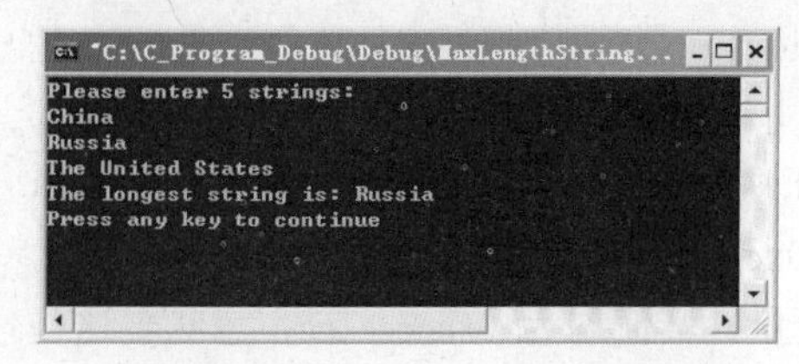

图 4-87　程序运行结果错误

5 个字符串尚未完全输入完毕，程序即输出了结果，结果错误，如图 4-87 所示。

分析错误的原因，应该是在 input_string 函数内部发生了错误，追查错误的位置可以在 input_string 函数内通过跟踪逐语句执行程序，并在 Watch 窗口监看指针数组是否正确存入字符串信息，来查找错误的原因。

有些时候，可以不用单步跟踪程序，只需要在源程序中增加一些 printf 语句，输出那些怀疑已经出错的变量的值，从而判断错误的位置。

本例怀疑指针数组未完全正确保存字符串信息，则在主函数中添加 printf 语句，输出指针数组保存的字符串信息，main 函数代码修改如下：

```
int main(void)
{
        void input_string(char *s[],int n); //函数声明
        void print_maxLengthString(char *s[],int n); //函数声明
        char *str[N];//定义指针数组
        input_string(str,N); //调试时添加断点
        printf("\n\n");
        for(int i=0;i<N;i++)
                printf("s[%d]: %s\n",i, str[i]);

        print maxLengthString(str,N);
        return 0;
}
```

(11) 重新编译、链接并运行程序。在输入如上的 3 个字符串后，程序输出了指针数组保存的 5 个字符串信息，如图 4-88 所示，其中字符串“The United States”被分割为 3 个字符串分别保存。

分析产生此错误的原因，是因为 input_string 函数内部使用了“scanf("%s",s[i]);”语句输入字符串，此语句中格式控制符%s 遇到空格或 Enter 键即认为字符串输入结束，因此字符串“The United States”被分割为 3 个字符串保存。解决的方法是使用 gets 函数替换 scanf 语句。这样 input_string 函数修改如下：

```
void input_string(char *s[],int n) //输入n个字符串
{
        int i;
        printf("Please enter %d strings: \n",n);
        for(i=0;i<n;i++)
        {
                s[i]=(char *)malloc(100 * sizeof(char));
                gets(s[i] );
        }
}
```

(12) 修改程序后，再次运行程序，运行结果正确，如图4-89所示。

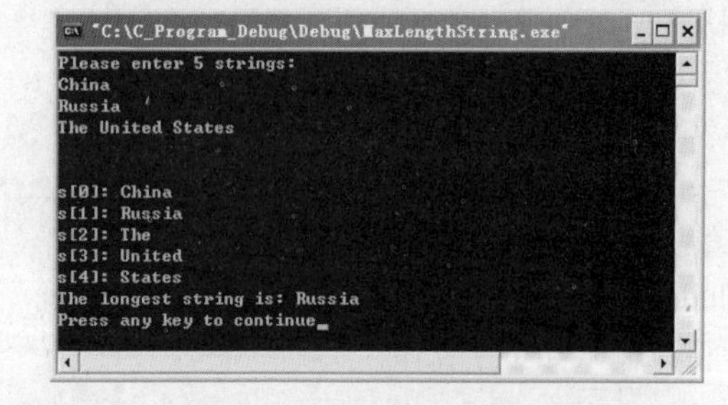

图 4-88　利用 printf 语句的输出查找程序错误

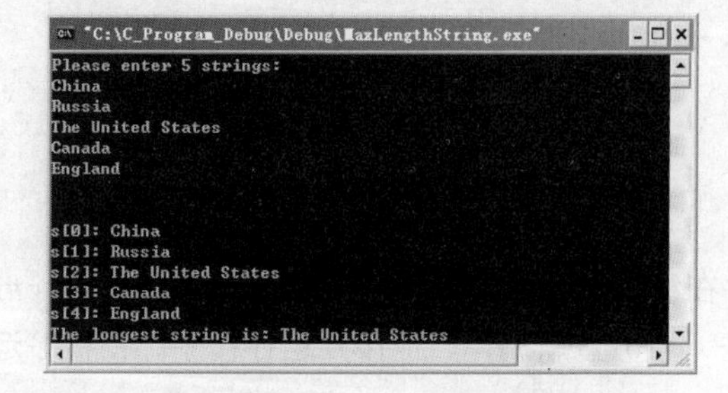

图 4-89　程序运行结果正确

(13) 删除主函数中增加的 printf 语句，取消断点，保存程序。

附注　在查找程序错误位置时，在适当的位置添加 printf 语句，对可疑变量或表达式的值输出，从而可以快速判定错误的位置或原因。

例 15　改正下面程序中的错误，本程序(其文件名 ListOperation.cpp) 要求从键盘输入若干个正整数，以输入-1 为结束标志，建立一个不带头结点的单向链表，然后将链表中的偶数删除后输出。

```
#include <stdio.h>
#include <stdlib.h>
typedef struct node
{
        int data;
        struct node *next;
}Node;   //定义了Node类型

Node *Create_Link(void) //尾插法创建不带头结点的单向链表
{
        Node *head;  //头指针
        Node *p,*q;
        int x;

        head = NULL;
        printf("Please input data: ");
        scanf("%d",&x);
        while(x != -1)
        {
                p = (Node *)malloc( sizeof(Node) );
                if(p == NULL)
                {
                        printf("No enough memory to allocate! \n");
                        exit(0);
                }
                p->data = x;
                p->next = NULL;
                if(head == NULL)
                        head = p;
                else
                        q->next = p;
                q = p;
                scanf("%d",&x);
        }
        return head; //返回链表的头指针
}
void Output_Link(Node *head) //输出链表中的数据
{
        Node *p;
        p = head ;
        if(p == NULL)
                printf("Linked Table is empty!\n");
        while(p != NULL)
        {
                printf("%d ",p->data );
                p = p->next;
        }
        printf("\n");
}
void Delete_Node(Node *head)//删除链表中的偶数
{
        Node *p,*q;
        p = head;
        if(p == NULL)
        {
```

```
                printf("Linked Table is empty!\n");
        }
        while(p != NULL)
        {
                if(p->data % 2 == 0)    //结点的数据域为偶数
                {
                        if(p == head)        //要删除的是第一个结点
                        {
                                head = head->next ;
                                free(p);
                                p = p->next;
                        }
                        else         //要删除的不是第一个结点
                        {
                                q->next = p->next ;
                                free(p);
                                p = q->next;
                        }
                }
                else    //结点的数据域不是偶数
                {
                        q = p;
                        p = p->next;
                }
        }
}
int main(void)
{
        Node *head;
        head = Create Link();
        printf("\nBefore delete:\n");
        Output Link(head);
        Delete_Node(head);  //调试时设置断点
        printf("\nAfter delete:\n");
        Output Link(head);
        return 0;
}
```

(1)打开文件。打开源程序文件 ListOperation.cpp。

(2)编译。使用 Build MiniBar 工具条上的按钮编译程序，在 Output 窗口显示程序编译有 0 个错误，0 个警告。

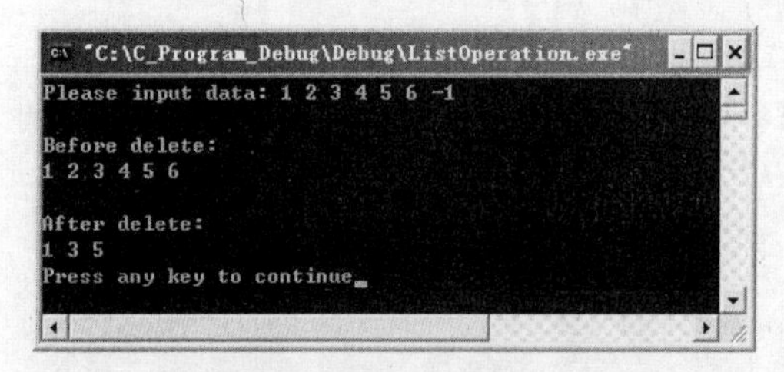

图 4-90 程序运行结果正确

(3)链接并运行程序。按 F7 键链接程序，程序链接成功，生成可执行程序。按【Ctrl+F5】键运行可执行程序，在程序运行窗口输入：“1 2 3 4 5 6 -1”后，程序输出运行结果，如图 4-90 所示，运行结果正确。

对于链表的插入和删除操作，需要对程序进行多次测试，分别测试在链表的首部、中部和尾部进行插入或删除数据时，程序是否能够正确运行。

以上的测试用例测试了在链表的中部和尾部删除偶数结点时程序运行正确。

再次运行程序，在程序运行窗口输入：“2 3 4 5 6 -1”后，程序运行结果出错，如图 4-91 所示。程序运行弹出“应用程序错误”的对话框，对话框提示“内存不能为 read”。查看程序运行窗口显示链表在删除数据之前能正确输出链表中的数据，这表示链表建立和输出的函数均是正确的。由错误提示对话框可以判断程序的错误应该出现在链表的删除操作中。

(4)添加断点。主函数中，在链表的删除数据的函数调用语句“Delete_Node(head)”上添加断点，详见代码注释。

(5) 启动程序调试。按 F5 键，启动程序调试，在程序运行窗口输入：2 3 4 5 6 -1 后，程序运行到断点处中断，此时程序运行已经正确输出了链表中的数据，如图 4-92 所示。

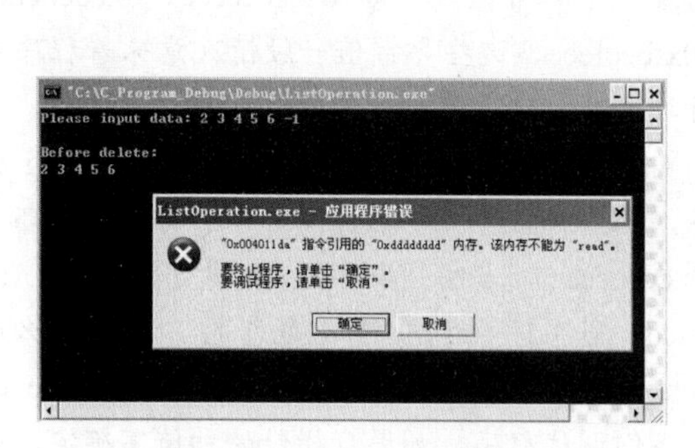

图 4-91　程序运行结果错误

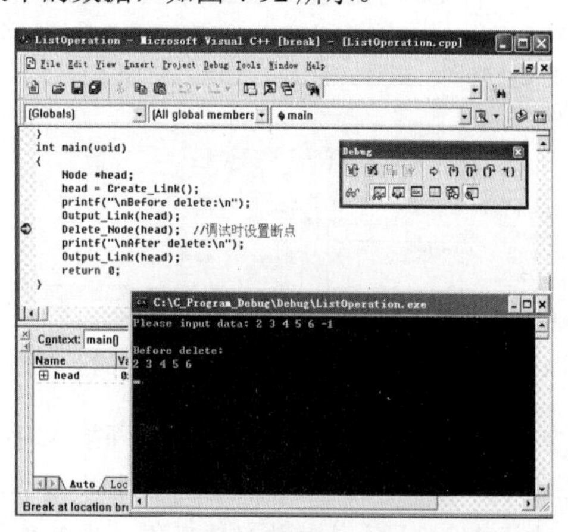

图 4-92　程序在断点处中断

按 F11 键进入 Delete_Node 函数内部执行，在 Delete_Node 函数内部继续按 F10 键逐条语句执行程序代码，同时在 Watch 窗口添加指针变量 p、q 和 head 的监视，在 Watch 窗口可以观察指针变量 p 和 q 在定义后未被赋初值时，其值是 0xcccccccc，如图 4-93 所示。

在 Delete_Node 函数内部继续按 F10 键逐条语句跟踪程序运行，由输入的数据可知，当前单向链表中的第一个结点的数据是偶数，该结点将要被删除，跟踪程序进入 while 语句之后，表达式“p->data % 2 == 0”的值为真，该结点将要删除，继续按 F10 键跟踪程序运行，表达式“p == head”的值也为真，即当前要删除的结点是单向链表中第一个结点，则在以下语句中将删除结点，释放结点所占内存空间。

```
if(p == head)        //要删除的是第一个结点
{
    head = head->next ;
    free(p);
    p = p->next;
}
```

在跟踪程序执行过程中，执行“free(p)”语句后，又执行了“p = p->next”语句，此语句错误，访问了已经被释放的空间，该语句执行后，指针变量 p 的值变为了 0xfeeefeee，如图 4-94 所示。

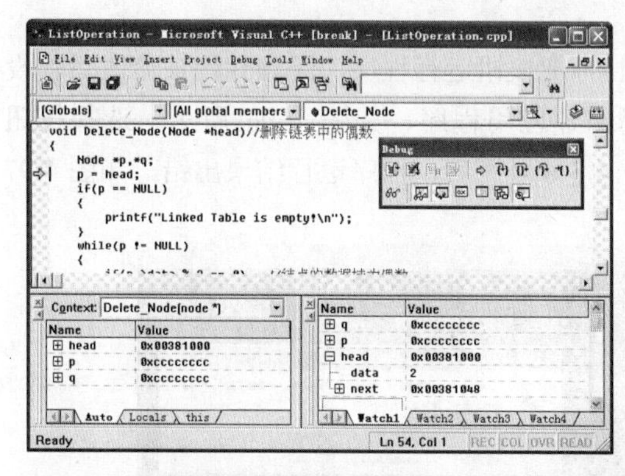

图 4-93　指针变量未初始化时其值为 0xcccccccc

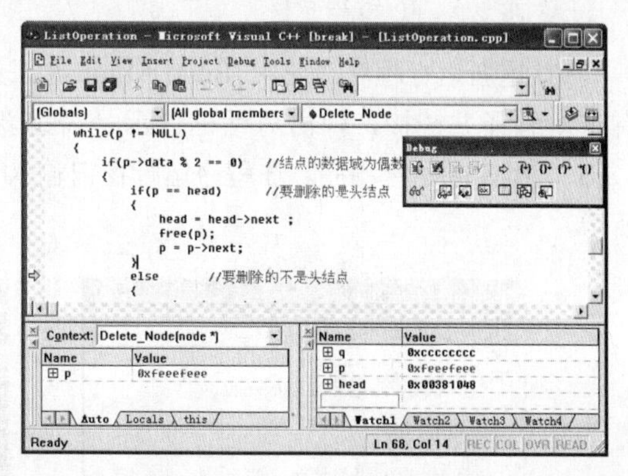

图 4-94　访问已被释放的空间，指针变量的值为 0xfeeefeee

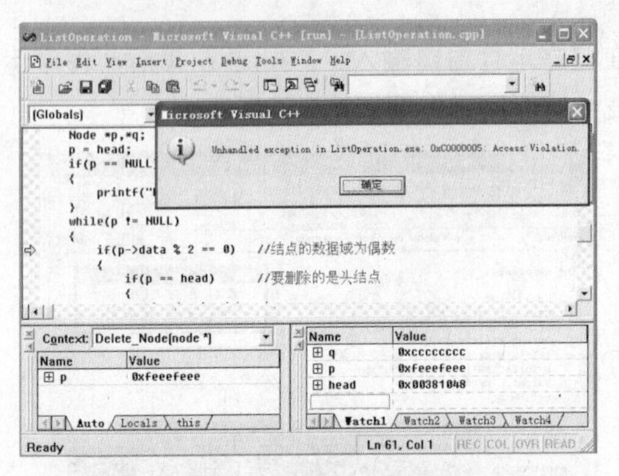

图 4-95　程序调试过程中弹出出错提示的对话框

继续按 F10 键，跟踪程序，再次进入 while 语句，当执行“p->data % 2 == 0”语句时，因为访问了已经释放过的内存空间，弹出了程序出错的提示对话框，如图 4-95 所示。

附注　在程序调试过程中，会发现指针变量的值出现一些异常值，例如 0xcccccccc、0xcdcdcdcd 和 0xfeeefeee，这些异常值一般情况意味着程序在运行时已经出现问题了。

对于 0xcccccccc 和 0xcdcdcdcd，在 Debug 模式下，VC 会把未初始化的栈内存上的指针全部填成 0xcccccccc，当字符串看就是“烫烫烫烫……”；会把未初始化的堆内存上的指针全部填成 0xcdcdcdcd，当字符串看就是“屯屯屯屯……”。那么调试器为什么要这么做呢？VC 的 Debug 版会把未初始化的指针自动初始化为 0xcccccccc 或 0xcdcdcdcd，而不是就让取随机值，那是为了方便我们调试程序，如果野指针的初值不确定，那么每次调试同一个程序就可能出现不一样的结果，比如这次程序崩掉，下次却能正常运行，这样显然对我们查找 Bug 是非常不利的，所以自动初始化的目的是为了让我们一眼就能确定我们使用了未初始化的野指针了。

对于 0xfeeefeee，是用来标记堆上已经释放掉的内存。注意，如果指针指向的内存被释放了，指针变量本身存储的地址值如未做改动，则指针变量还是指向之前的内存地址。如果该指针是一个类的指针，并且类中包含有指针变量，则内存被释放后(对于 C++类，通常是执行 delete 操作)，类中的指针变量就会被赋值为 0xfeeefeee。如果在调试代码过程中，发现有值为 0xfeeefeee 的指针，就说明对应的内存被释放掉了，如果继续使用该指针，程序就会出错。

(6) 停止调试，修改程序。通过上面的跟踪调试，发现当执行了“free(p)”语句后，意味着释放了指针变量 p 所指向的空间，但是却又执行了“p = p->next”语句，造成对内存空间的非法访问。本段代码的意图是释放指针变量 p 的内存空间后，使指针指向链表中下一个未被判断的结点，因此代码修改如下：

```
......
if(p == head)        //要删除的是第一个结点
{
        head = head->next ;
        free(p);
        p = head;
}
```

(7) 重新运行程序。使用 Build Minibar 工具条上的 ! 按钮运行程序，因源代码被修改后，没有重新编译并链接，弹出对话框提示是否重新编译组建应用程序，如图 4-96 所示，选择按钮【是】，组建并运行程序。在程序运行窗口输入“2 3 4 5 6 -1”后，程序运行结果出错，如图 4-97 所示。

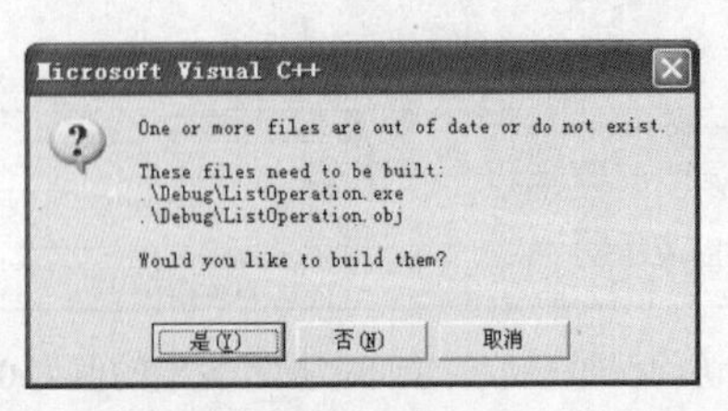

图 4-96　提示重新组建程序的对话框

图 4-97　程序运行时产生应用程序错误

附注　程序运行过程产生指针值为 0xdddddddd 的错误，一般是指针变量未赋初值，或者是指针所指空间已经被 Delete，但指针没被赋 NULL。

(8) 重新启动程序调试。按 F5 键重新启动程序调试，在程序运行窗口输入 2 3 4 5 6 -1 后，程序在断点处中断，按 F11 键进入 Delete_Node 函数内部执行，在函数内部按 F10 键逐条语句跟踪程序，可以看到程序能够正确删除单向链表首部和中间的结点。则当前函数 Delete_Node 的删除功能是正确的，为了加快调试速度，使用 Build Minibar 工具条上的 (Step Out) 按钮，使得程序控制跳出当前正在执行的函数，返回到主函数的调用语句“Delete_Node(head);”处，此时链表的删除操作已经完成。

在 Watch 窗口观察头指针 head 所指向的单向链表，却发现 head 所指向的第一个结点的 data 数据域是随机值-17891602，next 指针域的值是 0xfeeefeee，代表 next 是一个被释放的值。这意味着程序运行已经产生了错误，如图 4-98 所示。

继续按 F10 键运行程序，当在“Output_Link(head);”语句上按 F10 键运行程序时，弹出错误提示对话框，如图 4-99 所示。

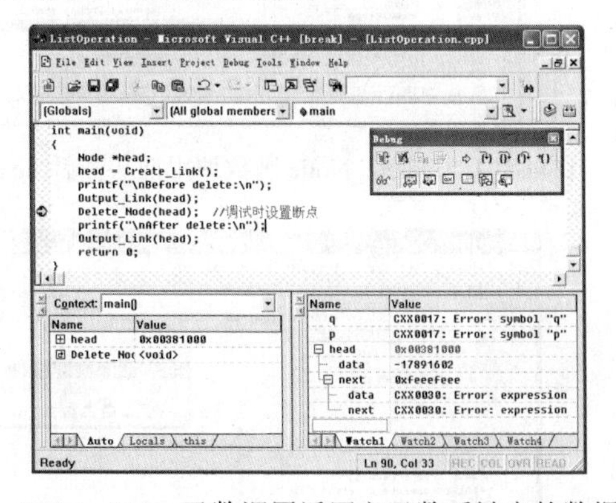

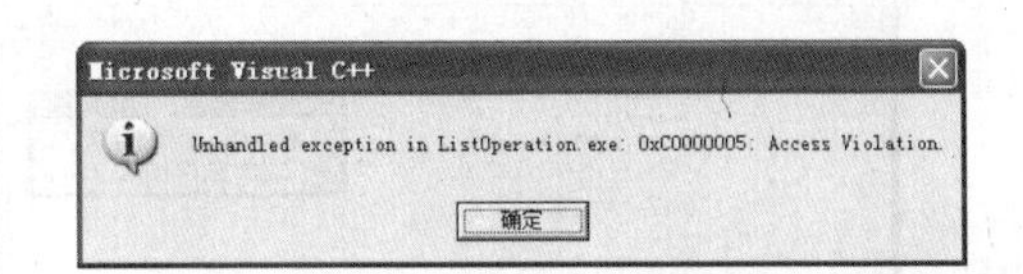

图 4-98　Delete_Node 函数调用返回主函数后链表的数据观察　　图 4-99　程序运行过程中内存访问异常

单击【确定】按钮后，程序在运行出错的代码处中断，如图 4-100 所示。此时观察程序运行窗口已经输出了第一个结点的数据-17891602，这是一个随机值；在 Watch 窗口观察指针 *p* 当前的值为 0xfeeefeee，此值表示该空间已经被释放，因此程序在执行“printf("%d ",p->data);”语句，访问 p->data 时，因为内存的非法访问，产生错误，程序执行中断。

分析程序错误的原因，在 Delete_Node 函数内部执行结点删除操作并未产生错误，但是此函数调用结束后返回到主函数时却产生了错误。是因为在 Delete_Node 函数内部删除了链表中的第一个结点，链表中原来的第一个结点的空间已经被释放，使得 head 指针所指的结点发生了变化，形式参数 head 属于局部变量，当 Delete_Node 函数执行结束后，并不能把链表的新的头指针返回，使得程序返回到主函数后，产生错误。

(9) 重新启动程序调试，观察 Delete_Node 函数调用前和调用过程中头指针的变化。按 F5 键重新启动程序调试，在程序运行窗口输入“2 3 4 5 6 -1”后，程序在断点处中断，此时在 Watch 窗口中观察到链表头指针 head 的值为 0x00381000，指向的第一个结点的数据域值为 2，如图 4-101 所示。

按 F11 键进入 Delete_Node 函数内部执行，将光标定位在 Delete_Node 函数末尾的“}”上，使用 Build Minibar 工具条上的 (Run to Cursor) 按钮，使得程序运行到当前光标所在的函数末尾位置，此时在 Watch 窗口观察单向链表的头指针 head 的值发生了变化，其值为 0x00381048，它所指向的链表的第一个结点的数据域值为 3，如图 4-102 所示。

此时，在 Variables 窗口单击 Context 后的下拉列表框选择主函数 main()，在 Watch 窗口可以看到主函数中单向链表的头指针还是原来的值 0x00381000，但是其数据域变为随机数，其指针域的值变为 0xfeeefeee，那是因为 head 指针所指空间在 Delete_Node 函数内已经被释放了，如图 4-103 所示。

图 4-100　内存访问异常，程序运行中断

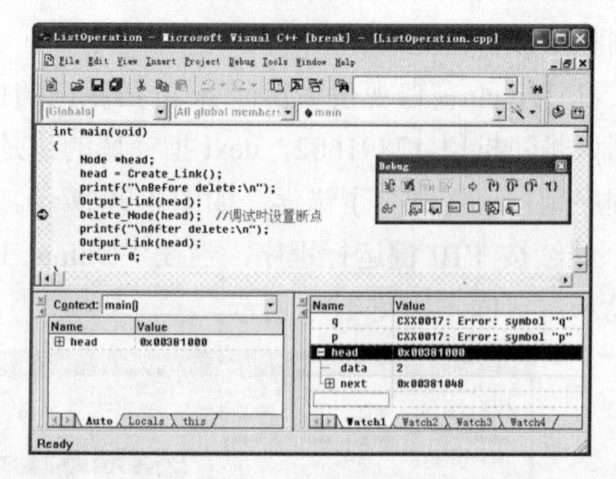

图 4-101　Delete_Node 函数调用前头指针 head 的值

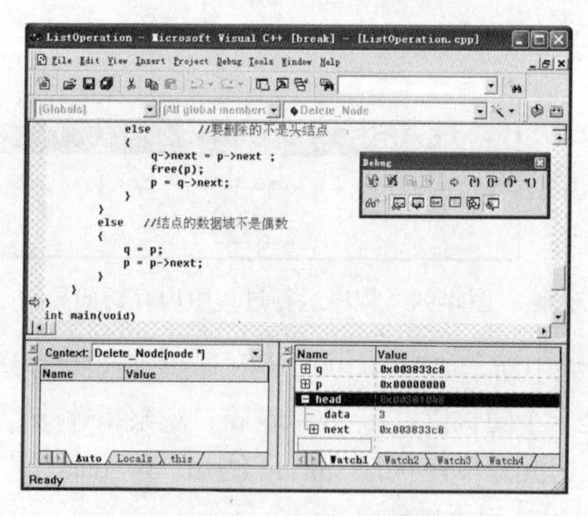

图 4-102　Delete_Node 函数执行过程中头指针的变化

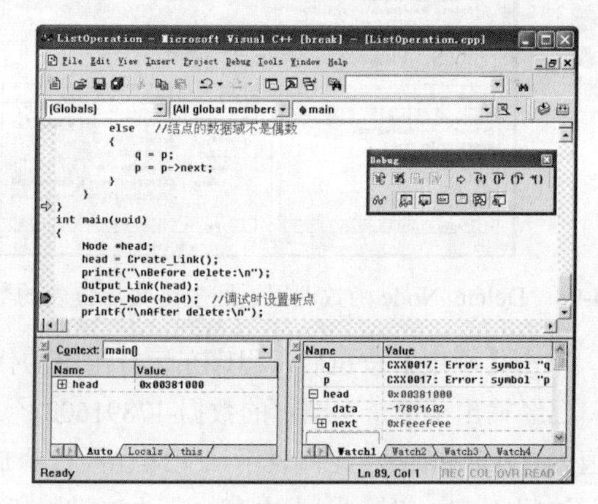

图 4-103　Delete_Node 函数执行过程中主函数内头指针的值

使用 Build Minibar 工具条上的 (Step Out) 按钮，使得程序控制跳出当前正在执行的函数，返回到主函数的调用语句“Delete_Node(head);”处，在 Watch 窗口观察的 head 的取值与图 4-103 所示的值相同，已经出现错误。

修改此错误的方法有两种：一是将单向链表的头指针 head 定义为全局变量；二是使 Delete_Node 函数返回单向链表的头指针，这样在 Delete_Node 函数内头指针发生变化也可以带回到主函数中。

(10)停止调试程序，修改程序。按第二种方法修改程序，将 Delete_Node 函数修改为返回指针的函数。代码修改如下：

```
Node *Delete_Node(Node *head)//删除链表中的偶数
{
    ……
    while(p != NULL)
    {
```

```
        ……
    }
    return head;
}
int main(void)
{
    ……
    head = Delete_Node(head);   //调试时设置断点
    ……
}
```

(11)测试程序。分别使用不同的数据输入，验证程序在链表首部、中间、尾部删除数据是否正确，运行结果如下，结果正确，如图 4-104 所示。

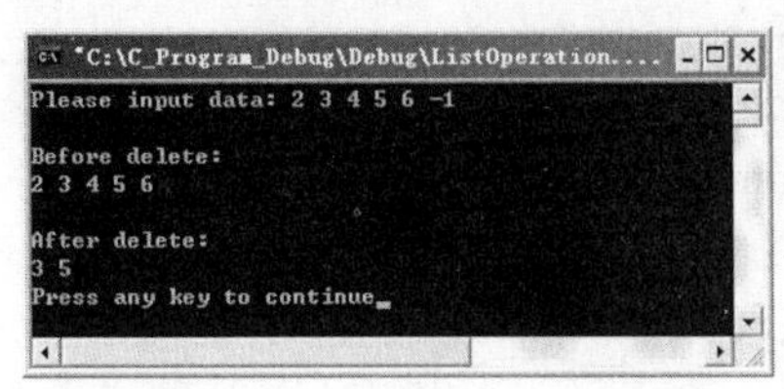

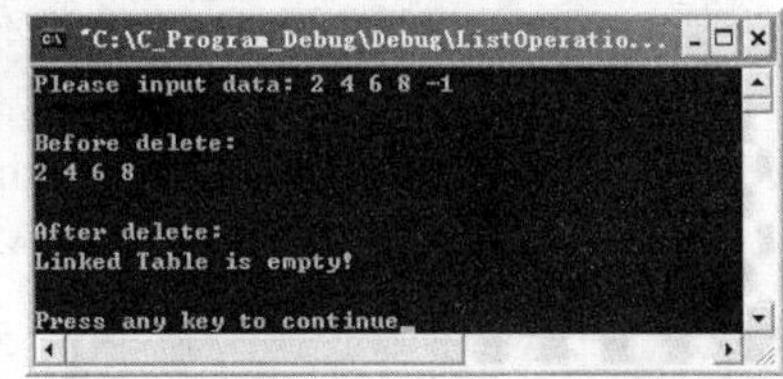

图 4-104　测试程序，程序运行结果正确

(12)取消断点，保存程序。

例 16　改正下面程序中的错误，本程序(其文件名为 pointer_Arithmetic.cpp)要求利用指向函数的指针作为函数的参数，分别调用加减乘除的四个函数计算两个数据的和、差、积和商并输出。

```
#include <stdio.h>
#include <math.h>
float add_Operation(float x,float y) //加法操作
{
    return x + y;
}
float subtract_Operation(float x,float y) //减法操作
{
    return x - y;
}
float multiply_Operation(float x,float y) //乘法操作
{
    return x * y;
}
float divide_Operation(float x,float y) //除法操作
{
    return x / y;
}
void  arithmetic Operation(float  x,float  y,  float  *process(float,
float) ) //使用函数指针
{                                                          //作为函数的参数
    float result;
result = process(x,y);
    printf("%.3f \n",result);
}

int main(void)
{
    float a,b;

    printf("Input 2 operands for some arithmetic:\n");
    //提示输入两个操作数
    scanf("%f%f",&a,&b);
```

```
        printf("Sum: ");
        arithmetic_Operation(a,b,add_Operation); //调试时添加断点 //求和
        printf("Difference: ");
        arithmetic_Operation(a,b,subtract_Operation); //求差
        printf("Product: ");
        arithmetic_Operation(a,b,multiply_Operation); //求积
        printf("Quotient: ");
        if(fabs(b) < 1e-5)
             printf("Divisor cannot be zero \n"); //提示0不能做除数
        else
             arithmetic_Operation(a,b,divide_Operation);  //求商
        printf("\n\n");
        return 0;
    }
```

(1) 打开文件。打开源程序文件 pointer_Arithmetic.cpp。

(2) 编译。使用 Build MiniBar 工具条上的按钮编译程序，在 Output 窗口显示程序编译有 5 个错误，0 个警告。

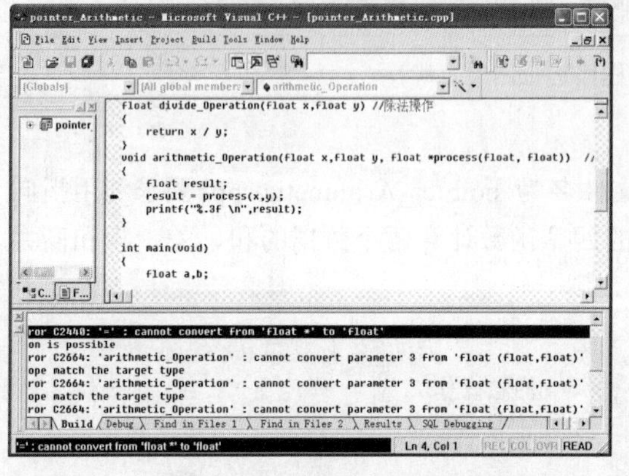

图 4-105　定位错误位置

将光标定位在第一条错误提示信息上双击，则在源程序窗口定位了错误位置，如图 4-105 所示。此错误的描述是“cannot convert from 'float *' to 'float'”，从源代码窗口可以看到定位的错误语句是一条赋值语句，错误提示赋值号左侧和右侧的类型不一致。由题意可知，result 是保存四则运算的结果的，其类型是 float 类型，因此赋值号左侧类型正确，据此推断赋值号右侧类型不对。赋值号的右侧是函数指针，其定义位置在形参位置，定义如下：

```
    float *process(float, float)
```

观察上述定义，由于圆括号的优先级最高，则先解释圆括号，然后再解释*号，所以该定义视 process(float, float) 为一个函数声明，该函数具有两个 float 类型的参数，该函数的返回值类型为 float *类型。

由题意可知，这需要定义一个函数指针，而不是定义一个函数声明。定义指针变量，必须先让*号与 process 结合解释为指针变量 process，因此需要添加小括号，修改运算优先级。该函数指针正确的定义如下：

```
    float(*process) (float, float)
```

此时，在解释这个变量声明时，由于圆括号的优先级最高，从左向右结合，所以先解释第一个圆括号中的*号，然后再解释第二个圆括号。*号与 process 结合，表示 process 是一个指针变量，(*process) 与其后的 () 结合，表示该指针变量可以指向一个函数，因后面的圆括号有两个 float 类型参数，(*process) 前面有类型说明符 float，则表明该指针变量可以指向一个具有两个 float 类型形参，返回值为 float 类型的函数，即 process 是一个函数指针。

(3) 修改程序，将 arithmetic_Operation 函数的形参定义修改为如下形式：

```
    void arithmetic Operation(float x,float y, float (*process) (float,
float) )
    {……}
```

(4) 编译、链接并运行程序。再次编译程序，程序编译成功，链接并运行程序，输入 10，5 后，程序运行结果正确。但是仍需对程序进行测试，验证除数为 0 的情况，再次运行程序，输入

10，0 后，程序运行正确，在除法运算中给出提示信息“除数不能为 0”，运行结果如图 4-106 所示。

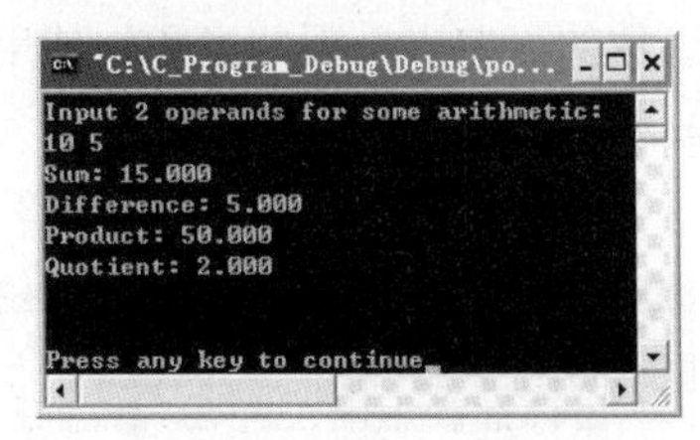

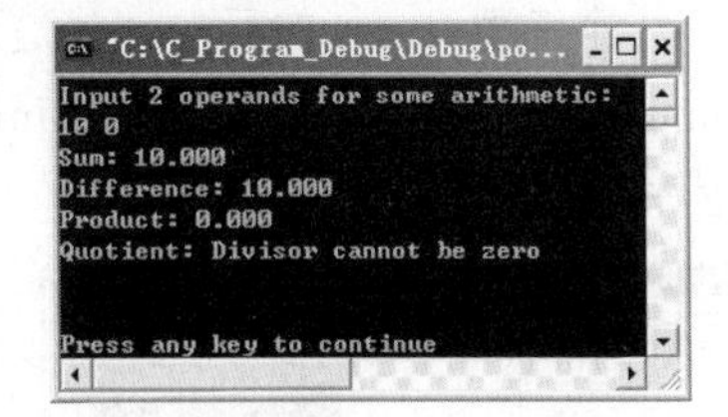

图 4-106　程序测试，结果运行正确

附注　程序调试技术，不仅能对程序的错误进行追根溯源的定位，而且在程序设计语言的学习过程中，可以利用程序调试技术，理解语言的语法规则，以下将通过调试本例，来说明函数指针的语法和语义。

(5) 添加断点并调试。在主函数中函数调用语句“arithmetic_Operation(a,b,add_Operation);”上添加断点。按 F5 键启动程序调试，在输入 10，5 后，程序运行到断点处中断，如图 4-107 所示。此时，在 Watch 窗口添加如下监视：add_Operation、subtract_Operation、multiply_Operation、divide_Operation，这 4 个表达式是当前程序中用于计算加减乘除的四个函数的函数名，在 Watch 窗口中可以看到编译器将这些不带()的函数名解释为该函数的入口地址。

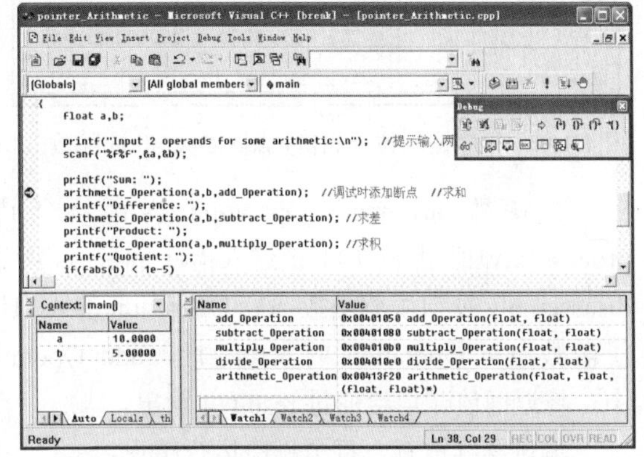

图 4-107　函数名解释为函数的入口地址

冯 • 诺依曼体系结构的计算机强调程序和数据共同存储在内存中，函数是子程序，当然也存储在内存中，指向存储这个函数的第一条指令的地址，称为函数的入口地址。

观察当前代码行的函数调用语句，其中的第三个实际参数是一个函数名 add_Operation，从 Watch 窗口可知，函数名 add_Operation 代表该函数的入口地址：0x00401050，对应的形式参数是函数指针 process 将接收此函数的地址，而函数 add_Operation 又有两个参数，指针 process 无法接收 add_Operation 函数的参数，因此 add_Operation 的两个参数也将作为实际参数传递给被调用的函数 arithmetic_Operation。

从 Watch 窗口可知，当前要调用的函数 arithmetic_Operation 的入口地址是 0x00413f20，按 F11 键进入函数 arithmetic_Operation 的入口，如图 4-108 所示。此时使用【View】|【Debug Windows】|【disassembly】菜单命令打开反汇编窗口，可以观察到当前正在执行的 arithmetic_Operation 函数的第一条指令位置正是 0x00413f20，如图 4-109 所示。单击当前编辑环境内侧的 **✖**，可以关闭 disassembly 窗口。

但是，在图 4-108 的 Variables 窗口中，可以看到函数指针 process 的值是 0x00401005，并不是函数名所代表的入口地址 0x00401050。从上面的分析可知，当前正在执行函数调用，函数名 add_Operation 是实际参数，函数指针 process 是形式参数，形式参数 process 应该接收实际参数传递的值，但是现在为什么函数指针 process 得到的值并不是函数的入口地址的值呢？是参数传递发生了错误吗？

答案是否定的，这与参数传递无关。即使当前函数指针 process 不是一个形式参数，把函数名赋值给函数指针 process，process 得到的值也依然不是函数名所代表的函数入口地址。产生此问题的原因，是因为当前的程序在链接时，采用了增量链接(Link incrementally)的方式，程序在增量链接时使用了增量链接表(Incremental Link Table)，增量链接表中存储了一些 jmp 语句，每一个 jmp 语句对应一个函数，jmp 的目的地就是函数的入口点，因此当我们使用函数名时，事实上得到的是一个 jmp 语句的地址，但是通过此 jmp 语句可以跳转到对应函数的入口地址。增量链接的目的是提高程序链接的效率。

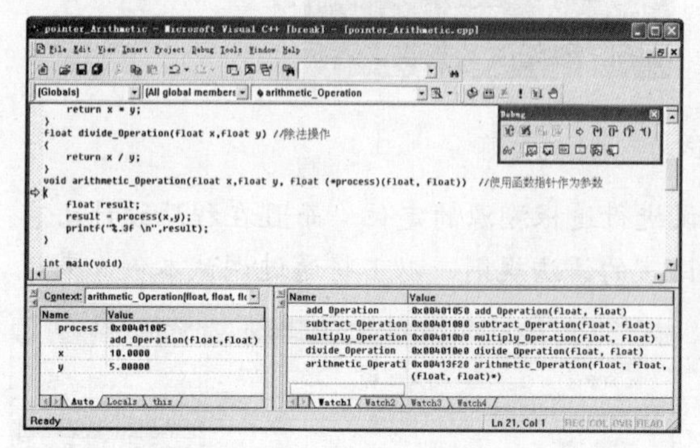

图 4-108　程序控制位于 arithmetic_Operation 函数入口

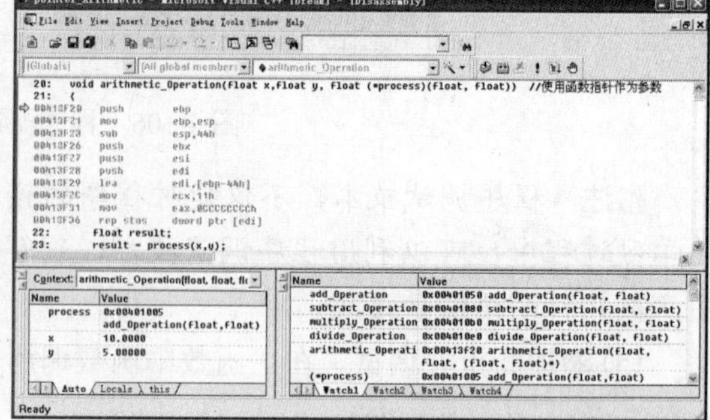

图 4-109　在 disassembly 窗口观察函数的入口地址

在函数 arithmetic_Operation 内部逐条语句调试程序，在函数调用语句“result = process(x,y);”上按 F11 键进入指针 process 所指函数 add_Operation 内部执行，此时，可以借助 disassembly 窗口观察函数 add_Operation 的入口地址确实为 0x00401050，即通过 jmp 语句跳转到了函数 add_Operation 的入口地址。add_Operation 函数执行完毕后返回到 arithmetic_Operation 中，将返回值赋值给变量 result 并输出。

调试继续进行，直至程序运行结束。

附注　arithmetic_Operation 函数内部的“result = process(x,y);”语句可以修改为“result = (*process)(x,y);”，并且使用“(*process)(x,y)”的形式能够更好的体现当前的变量 process 为指针变量。调试过程清晰地展示了如何利用函数指针调用多个函数的过程，使读者更好的理解了函数指针的语法和语义。

如果程序的链接方式不是采用的增量链接(Link incrementally)，那么将函数名赋值给函数指针变量 process，process 得到的值就是函数名所代表的函数入口地址。在 Project Settings 对话框的 Link 选项卡中，去掉 Link incrementally 前面的复选框，就取消了程序的增量链接方式，如图 4-110 所示。重复刚才的调试过程，在发生函数调用时，在 Variables 窗口可以看到函数指针 process 保存的值与函数名 add_Operation 所代表的地址相同，均为 0x00401000，如图 4-111 所示。

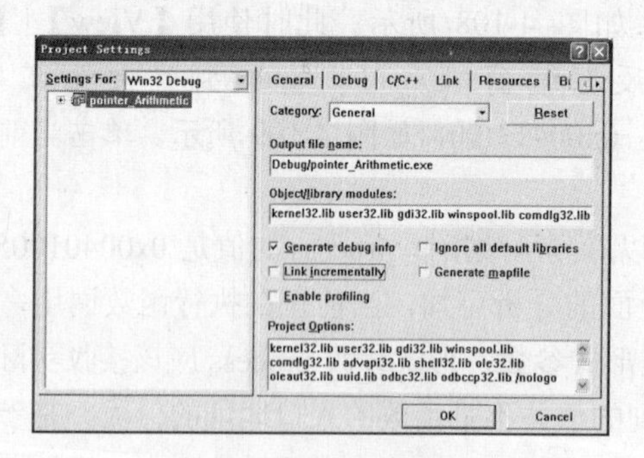

图 4-110　取消增量链接

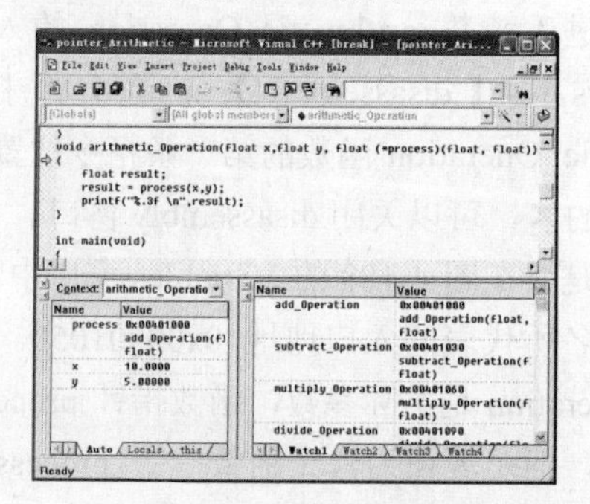

图 4-111　观察函数指针与函数名的值

(6) 取消断点，保存程序。

第 5 章　Delphi 7.0 集成开发环境及调试器介绍

在 Pascal 语言问世以来的三十余年间，先后产生了适合于不同机型的各种各样的版本，但主要有 5 个版本。其中，Borland Pascal 版本主要应用在 DOS 系统下的 Turbo Pascal 系列软件，Delphi Object Pascal 版本主要应用于 Windows 平台下 Delphi 系列软件。由于 Turbo Pascal 和 Delphi 软件功能强大并且广为流行，Borland Pascal 和 Delphi Object Pascal 为许多人所熟悉。

当前，Delphi 已经成为 Windows 平台下主流的快速应用程序开发工具(Rapid Application Development，简称 RAD)。它的开发语言 Object Pascal 是由传统Pascal 语言发展而来，其编译器也是建立在 Pascal 编译器基础之上的，针对 Windows 的最快的高级语言代码编译器。

Delphi 发展至今，从 Delphi 1.0、Delphi 2.0 到现在的 Delphi XE5，功能越来越强大，其完整的产品线满足了不同类型开发人员的需要。面对初学者，同时考虑到读者将来的需要，本书将介绍如何在 Delphi 7.0 版本环境下进行 Pascal 语言程序的编辑、编译、运行和调试。

本章首先介绍 Delphi 7.0 集成开发环境、控制台应用程序、定制控制台应用程序的开发环境以及 Delphi 7.0 的使用技巧。随后介绍 Delphi 7.0 程序的编译、调试环境的配置、Delphi 7.0 集成调试器的使用，最后介绍 Delphi 7.0 程序的发布。

5.1　Delphi 7.0 集成开发环境

工欲善其事，必先利其器。在使用 Delphi 7.0 进行应用程序开发以前必须熟悉它的集成开发环境。所谓集成开发环境(IDE，Integrated Development Environment)，是指集应用程序界面设计、代码编辑、编译、链接以及调试等功能为一体的开发应用程序的软件环境。

5.1.1　Delphi 7.0 的开发环境

启动 Delphi 7.0 之后，其集成开发环境如图 5-1 所示，主要包括主窗口、窗体设计器、代码编辑器、对象树形查看器和对象监视器 5 大部分。

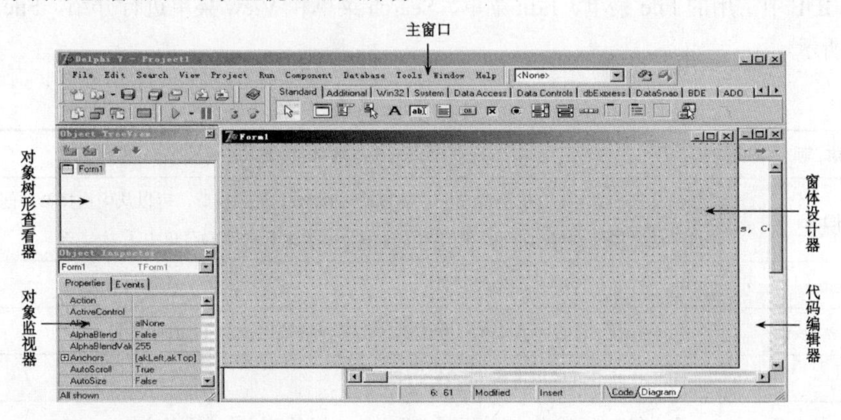

图 5-1　Delphi 7.0 集成开发环境

其中对象树形查看器、对象监视器和窗体设计器都是面向对象的可视化编程的工具窗口，这里不再详细介绍。

5.1.2 主窗口

集成开发环境的主窗口位于整个程序界面的顶部，是集成开发环境的控制核心，由标题栏、菜单栏、工具栏和组件面板组成，如图 5-2 所示。

图 5-2 Delphi 7.0 主窗口

其中，组件面板(Component Palette)是面向对象程序设计的工具，这里不再介绍。

1．标题栏(Title Bar)：包含由Delphi 7图标所表示的标准Windows系统菜单、IDE本身的名称和IDE中当前工程的名称，在标题栏的右侧，分别是最小化、最大化/恢复和关闭按钮。

2．菜单栏(Menu Bar)：主菜单是Delphi最深邃的部分，它提供了Delphi集成开发环境的所有功能。Delphi 7主菜单共包含了11个菜单组，每一个菜单组的功能描述如表5-1所示。

表 5-1 主菜单简介

菜 单 名	基 本 功 能
File	提供工程和文件的各种操作命令
Edit	提供编辑代码和管理控件的命令
Search	提供代码的查找、替换等功能
View	用于打开集成开发环境中的各种窗口和对话框
Project	用于工程的管理和设置等
Run	提供各种运行和调试程序工程的命令
Component	用于建立、安装和设置组件
Database	提供开发数据库的各种工具
Tools	用于对集成开发环境进行配置，并提供辅助开发工具
Window	用于在打开的各窗口之间转移焦点
Help	提供全面的帮助信息

下面对 IDE 中常用的 File 菜单、Edit 菜单、Search 菜单和 View 菜单进行介绍，File 菜单各项功能如表 5-2 所示。

表 5-2 File 菜单

菜 单 项	基 本 功 能
New|Other	选择该命令后，IDE 会弹出一个新建项目(New Items)窗口，可以从中选择希望创建的项目。对于经常需要创建的项目，则已经包含在了“New”的级联菜单中了
Open…	用于打开已经存在的各种文件
Open Project	用于打开一个已经存在的工程文件，该命令的快捷键为【Ctrl+F11】
Reopen	用于打开最近使用过的工程或文件
Save	用于保存当前文件，既可以是工程文件，也可以是其他类型的文件

续表

菜 单 项	基 本 功 能
Save As…	用于将当前文件另存为一个新文件
Save Project As…	用于将当前工程文件另存为一个新的工程文件
Save All	用于保存当前集成开发环境中所有打开的文件
Close	用于关闭当前文件
Close All	用于关闭当前集成开发环境中所有打开的文件
Exit	关闭并退出 Delphi 的集成开发环境

Edit 菜单中，具有常用的编辑命令：Undo(撤销)、Redo(重做)、Cut(剪切)、Copy(复制)、Paste(粘贴)、Delete(删除)、Select All(全选)。此外还有组件管理命令，如表 5-3 所示。

表 5-3　Edit 菜单

菜 单 项	基 本 功 能
Align to Grid	将选中的一个或多个组件对齐到各自最接近的窗体网格点上
Align…	调整组件之间的对齐和分布
Size…	调整控件的大小
Scale…	按比例缩放窗体中所有控件的大小
Tab Order…	调整窗体中窗口控件接收输入焦点的顺序
Creation Order…	调整窗体中非可视组件的创建顺序
Lock Controls	用于锁定窗体上所有组件的位置和大小

View 菜单中，可以显示的窗口有：Project Manager(工程管理器)、Object Inspector (对象监视器)、Object TreeView(对象树形查看器)、To-Do List(任务列表)、Alignment Palette(对齐面板)、Browser(工程浏览器)、Code Explorer(代码浏览器)、Component List(组件列表)、Window List(窗口列表)、Debug Windows(调试窗口)、Type Library(类型库)、Toolbars(工具栏)，还有如表 5-4 所示的命令项。

表 5-4　View 菜单

菜 单 项	基 本 功 能
Units…	打开包含当前工程中工程文件和其他单元文件的对话框，选取文件在代码编辑器中打开
Forms…	打开包含当前工程中所有窗体的对话框，选取窗体将其打开
Toggle Form/Unit	在窗体和窗体所对应的单元文件之间进行切换
New Edit Window	在一个新窗口中生成当前代码编辑页面的一个副本

Search菜单主要用于实现查找与替换操作，和各文件编辑软件的查找功能一样。另外专为编程人员设置的功能如表5-5所示。

表 5-5　Search 菜单

菜 单 项	基 本 功 能
Go to Line Number…	将光标跳转到指定行
Find Error…	程序运行产生错误时，显示错误的地址
Browse Symbol…	浏览用户指定的符号

3．工具栏(Tool Bar)：在默认条件下，IDE包含有5个工具栏，它们的默认布局如图5-3所示。用鼠标选定每一个工具栏左侧的竖条将其拖动到所希望的位置，就可以重新定位这些工具栏。将鼠标指针在某个工具按钮上停留片刻就会出现Tooltips(工具提示条)，Tooltips会以浮动的带有提示信息的黄色小框呈现出来。图5-4至图5-8所示是Delphi 7的常用工具栏。

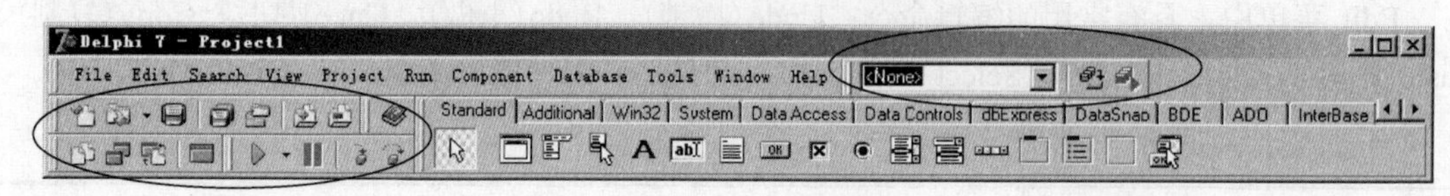

图 5-3　Delphi 7 的工具栏

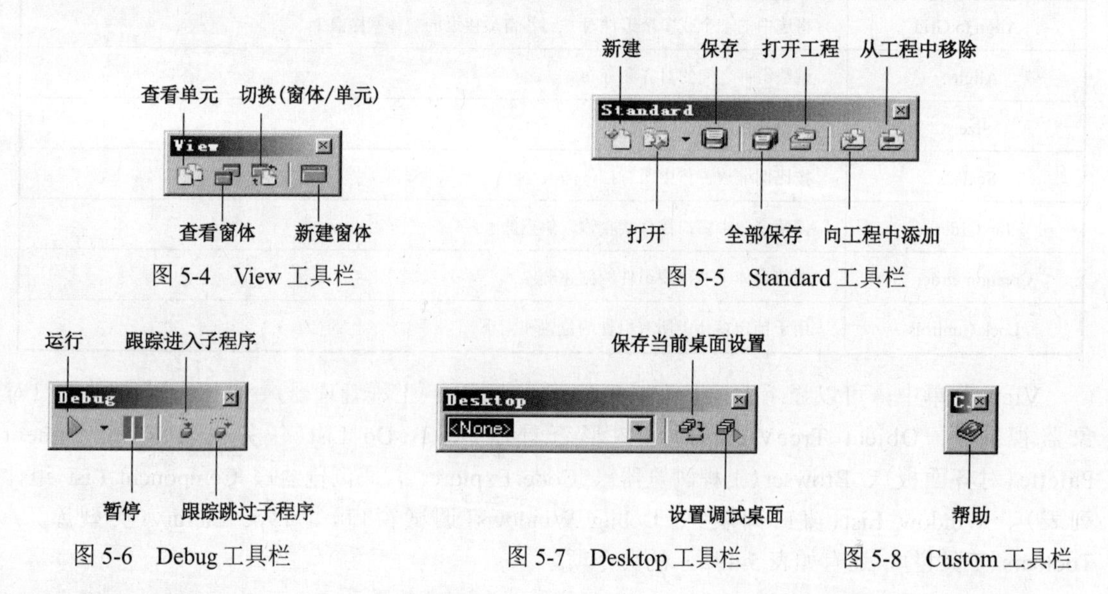

图 5-4　View 工具栏

图 5-5　Standard 工具栏

图 5-6　Debug 工具栏

图 5-7　Desktop 工具栏

图 5-8　Custom 工具栏

工具栏是可以定制的。在菜单栏的任意位置，单击右键，弹出快捷菜单，如图 5-9 所示，通过这个快捷菜单可以关闭或显示各工具栏。

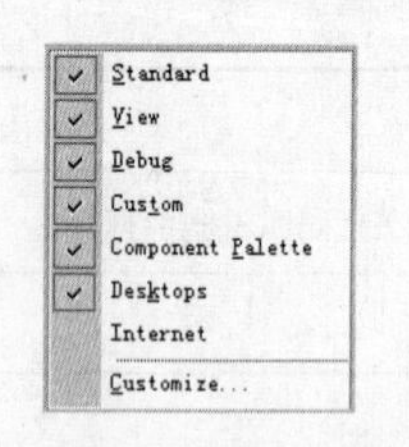

图 5-9　工具栏管理的快捷菜单

可以使用快捷菜单中的 Customize 选项，实现对工具栏的定制，也可以在主菜单中选择“View|Toolbars|Customize…”命令，弹出如图 5-10 所示的包含三个标签页面的工具栏定制对话框。

在 Toolbars 标签页面，可以通过复选框来打开或关闭工具栏；在 Commands 标签页面，可以用鼠标左键拖放的方式向工具栏中添加或删除命令项按钮；在 Options 标签页面，可以选择是否显示工具提示，也可以选择是否在工具提示条中显示快捷键。

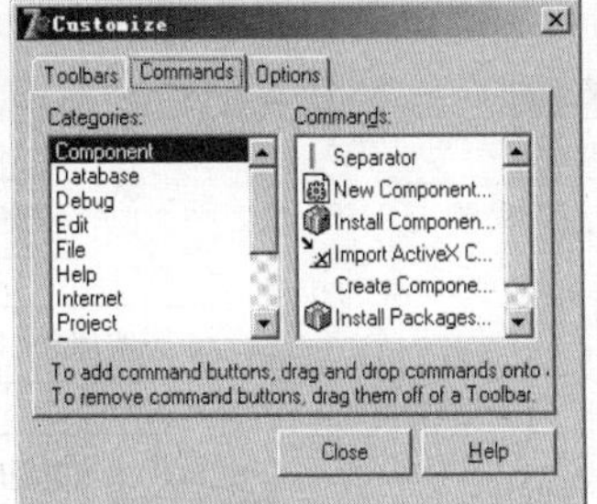

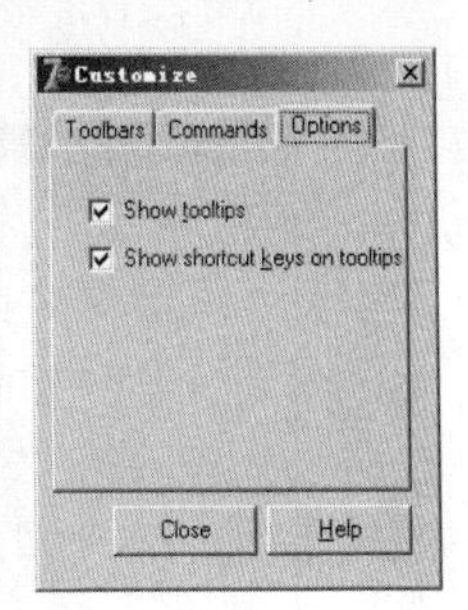

图 5-10　定制工具栏对话框

5.2　控制台应用程序

控制台程序是 WINDOWS 为了兼容 DOS 程序而设立的，这种程序的执行就好像在一个 DOS 窗口中执行一样，没有自己的界面。在 Delphi 环境下可以建立控制台应用程序，运行 Pascal 语言的代码。

5.2.1　创建控制台应用程序

基本步骤是：在启动 Delphi7.0 之后，首先选择菜单【File】|【Close All】命令，关闭当前所有工程。然后执行菜单【File】|【New】|【Others…】命令，在弹出的 New Items（新建项目）对话框中选择 Console Application（控制台应用程序），如图 5-11 所示，单击【OK】按钮，建立一个控制台应用程序的工程，默认的控制台应用程序的工程界面如图 5-12 所示。

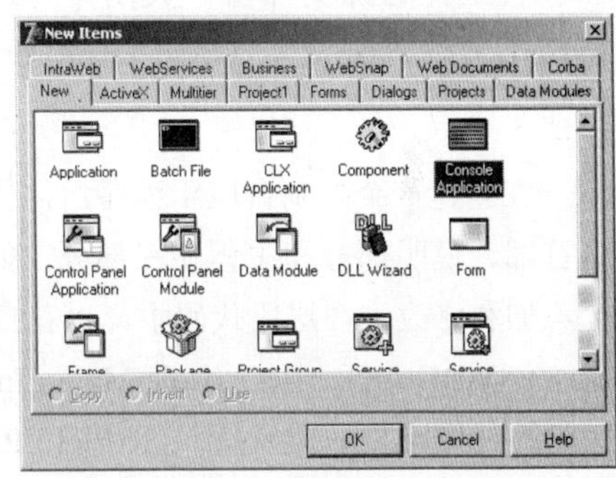

图 5-11　新建控制台应用程序

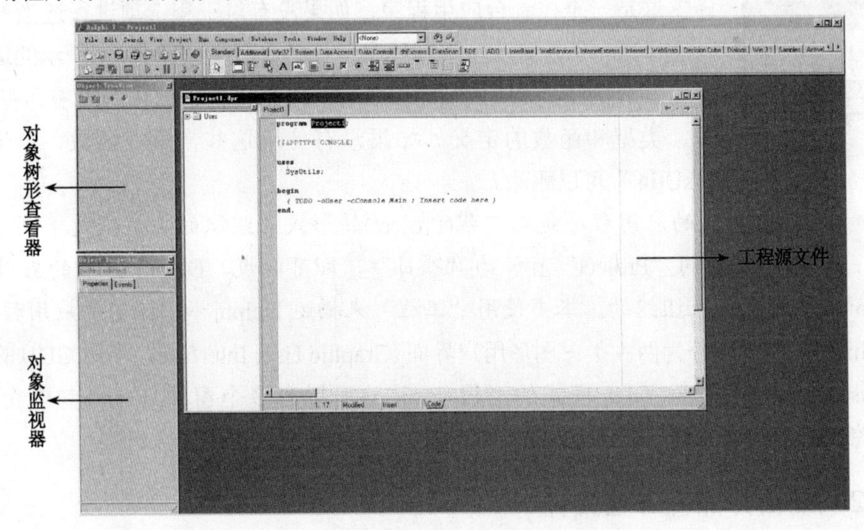

图 5-12　默认的控制台应用程序界面

创建控制台应用程序产生的工程源文件窗口，有两部分组成，如图 5-13 所示，右侧是代码编辑窗口，是编写程序代码的地方。左侧是代码浏览器窗口，代码浏览器(Code Explorer)是对程序中的所有常量、变量、过程等程序元素以树状列表的形式显示的管理工具。在代码浏览器中，用户可以双击任意节点进行查看。源文件窗口的标题栏中显示当前工程的名字。

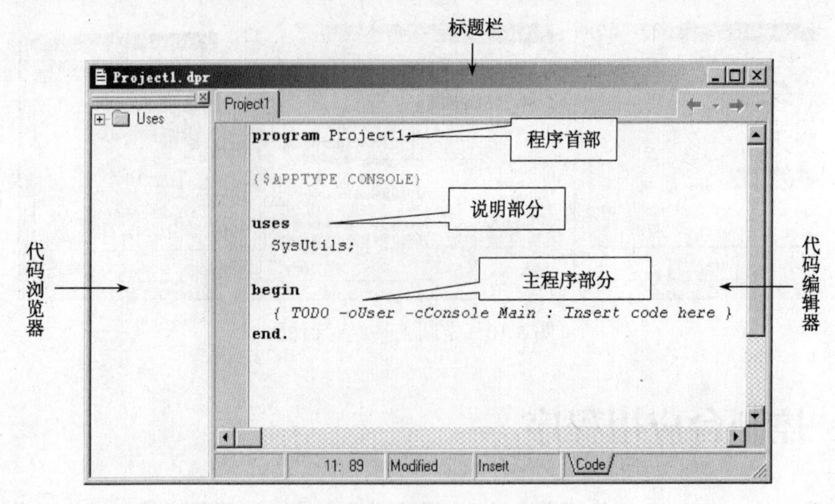

图 5-13　工程的源文件窗口

若工程的源文件窗口关闭，可通过菜单【Project】|【View Source】命令来显示源文件窗口，若代码浏览器(Code Explorer)窗口关闭，可以通过【View】|【Code Explorer】命令来显示。

在新建一个控制台应用程序后，代码浏览器窗口会自动生成一段框架代码，该代码包括了程序首部、说明部分和主程序三部分，如图 5-13 所示。我们所需要编写的程序只需在此基础上进行添加和修改。在这段代码中，以花括号括起来的部分是注释语句，这里有两条注释语句。一条是：{ TODO -oUser -cConsole Main : Insert code here }，这是一条普通的注释语句，提示用户主程序的编写位置。另一条是：{$APPTYPE CONSOLE}，注释语句中以“$”符号开头，表示该注释为一个编译器指令，与普通的注释不同，通常用来对编译过程进行设置，这条注释语句是告诉编译器这是一个控制台应用程序，如果没有对工程选项进行适当的配置，这条注释语句不能删除，否则程序运行时会产生如图 5-14 所示的运行错误。说明部分的语句引用了“SysUtils”单元，该单元中包含有一些常量的声明、类型和函数的定义。如果没有使用这些常量或函数，该语句“uses SysUtils”可以删除。

图 5-14　运行错误图

说明　Delphi 开发的应用程序是以工程(Project)的形式来组织的，工程是单词“Project”的直译，一些书籍将单词“Project”直译为“项目”，即可以说，Delphi 开发的应用程序是以项目（Project）的形式来组织的。本书使用“工程”来描述 Delphi 和 Pascal 的应用程序。

Delphi 的工程可以分为两大类：图形用户界面(Graphic User Interface，简称 GUI)的工程和控制台(Console)工程。一个 GUI 模式的工程(Project)可以有多个窗体(Form)与多个程序单元(Unit)。控制台模式的工程与 GUI 模式的工程的最大区别是没有窗体。

5.2.2　编辑并保存工程文件

在代码编辑器窗口进行程序代码编写的过程中，常用的代码编辑方式(剪切、复制、粘贴、全选、删除、撤销、重做)与普通的文本编辑软件(例如记事本、Word)的使用方法相同，快捷键也基本相同。这些命令项在 Edit(编辑)菜单中。

在代码编辑器中编写如图 5-15 所示的程序代码，使用菜单【File】|【Save】命令项，弹出

Save Project As 对话框，选择保存路径、指定工程文件名，保存工程文件。

说明　工程(Project)是整个 Delphi 应用程序源文件的集合，包括工程文件，单元文件，窗体文件，工程选项文件，工程配置文件，资源文件，可执行文件等。其中工程文件扩展名为 dpr，又称为项目文件，一般是由 Delphi 在设计阶段自动创建的，包含了 Pascal 代码，是整个应用程序的入口，入口点位于 begin 和 end 之间，通过编译生成的文件(可执行文件 EXE，或动态链接库 DLL 等)的主文件名与工程文件的主文件名是相同的。

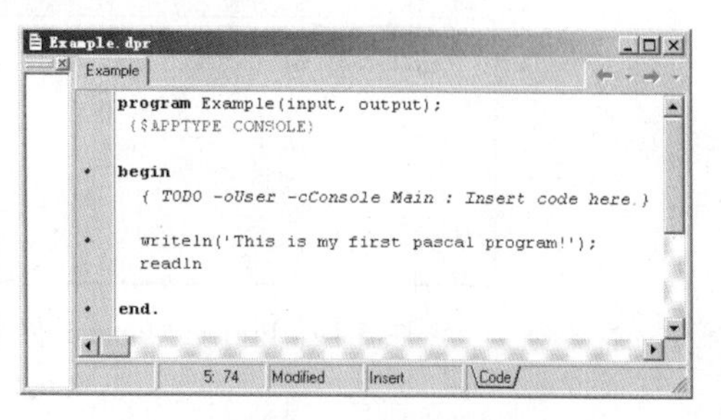

图 5-15　代码编辑器

5.2.3　编译并运行工程

编译之前，首先检查环境的配置，选择【Tools】|【Environment Options】命令，弹出 Environment Options(环境选项)对话框，在 Preferences 标签页面中，检查 Compiling and running 面板中，Show compiler progress 命令前的复选框是否选中，如果选中，工程编译时，会显示编译的过程和结果，如图 5-16 所示。

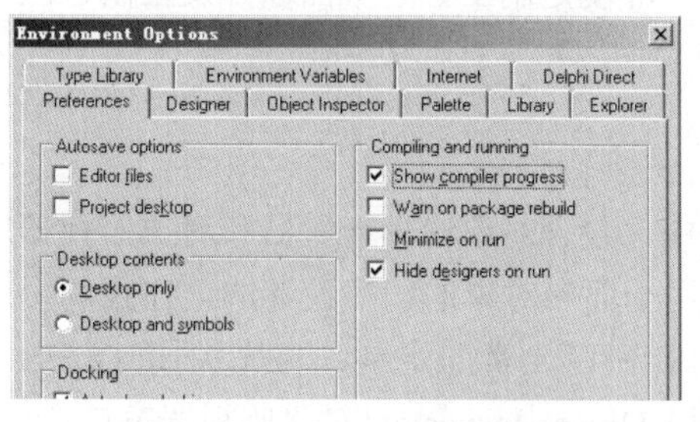

图 5-16　编译的环境选项配置

选择【Project】|【Compile】命令，对工程进行编译，弹出 Compiling 对话框，显示编译的结果，如图 5-17 所示。编译对话框中显示有：0 个提示(Hints)，0 个警告(Warnings)，0 个错误(Errors)，编译成功后，会自动链接编译后的文件生成目标代码文件。选择【Run】|【Run】命令运行程序，运行结果如图 5-18 所示。

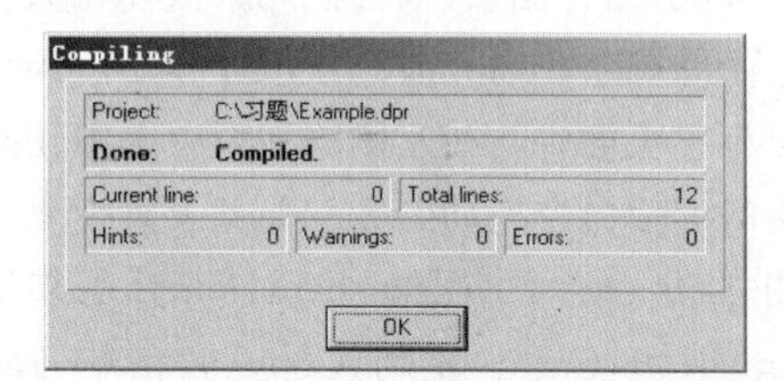

图 5-17　Compiling 对话框

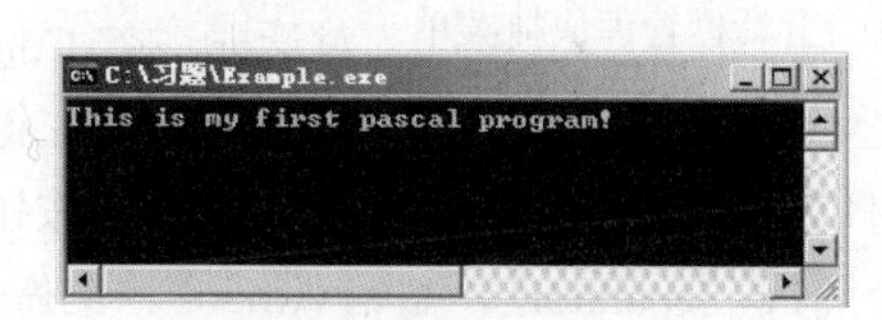

图 5-18　运行结果

5.2.4　控制台应用程序工程的组成

选择【View】|【Project Manager】命令，打开工程管理器窗口，如图 5-19 所示，从中可以看出该工程的组成非常的简单，仅包含一个 Example.exe 结点。打开保存该工程的文件夹，如图 5-20 所示，可以看到 Delphi 所保存的该应用程序工程的文件，其中包括文件名后缀分别为.dpr、.exe、.cfg 和.dof 的 4 个与工程同名的文件。工程文件扩展名是.dpr，在本质上包含了应用程序的入口。扩展名为.dof 的文件是配置与选项文件，当改动【Project Options】设置时，Delphi 会把改动存储在.dof 的文件中，扩展名为.cfg 的文件是带项目选项的配置文件，与.dof 文件类似。扩展名为.exe 为应用程序的可执行文件，在文件夹窗口用鼠标双击 Example.exe 这一目标代码文件，就可以在 Windows 环境下运行该应用程序，运行结果与图 5-18 所示完全相同。

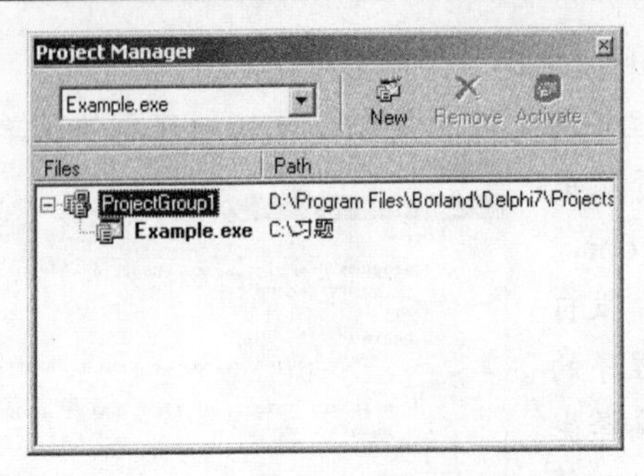

图 5-19 Project Manager 界面

图 5-20 工程的组成文件

5.3 定制控制台应用程序的开发环境

为了适应开发者的个性与习惯，Delphi 7.0 提供了多个环境定制工具。下面以开发控制台应用程序为例，定制 IDE 的开发环境。

5.3.1 窗口和工具栏的定制

从图 5-12 可以看到，默认的控制台应用程序的界面中，包含对象树形查看器和对象监视器窗口，这些窗口元素都是应用于面向对象的程序设计的，在控制台应用程序设计中一般不使用。窗口元素的定制：首先关闭 Object TreeView（对象树形查看器）和 Object Inspector（对象监视器窗口），然后将工程源文件窗口最大化。

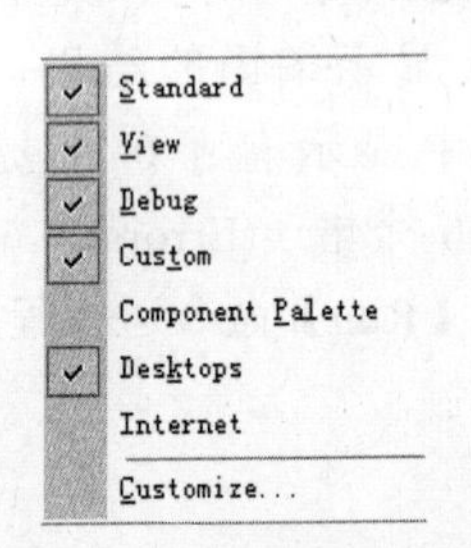

图 5-21 工具栏管理快捷菜单

在菜单栏的任意位置单击右键，弹出如图 5-21 所示的快捷菜单，去掉 Component Palette（组件面板）前面的勾，关闭工具栏中组件面板。然后选择快捷菜单中的 Customize...命令，弹出 Customize 对话框，在 Commands 标签页面中，在左侧的列表中选中 Edit，右侧列表中显示了 Edit 的编辑命令，用鼠标左键将常用的编辑命令拖动到 Standard 工具栏上。

可以根据需要，向工具栏中添加命令按钮。如图 5-22 所示，向 Standard（标准）工具栏上添加了分隔线（Separator）、撤销（Undo）、重做（Redo）、剪切（Cut）、复制（Copy）、粘贴（Paste）的命令按钮。

将各工具栏调整到合适的位置，在 Desktop（桌面）工具栏中，选择命令按钮，弹出 Save Desktop（保存桌面设置）的对话框，输入 console，单击【OK】按钮，就以 console 命名保存了当前桌面开发环境的配置，如图 5-23 所示。

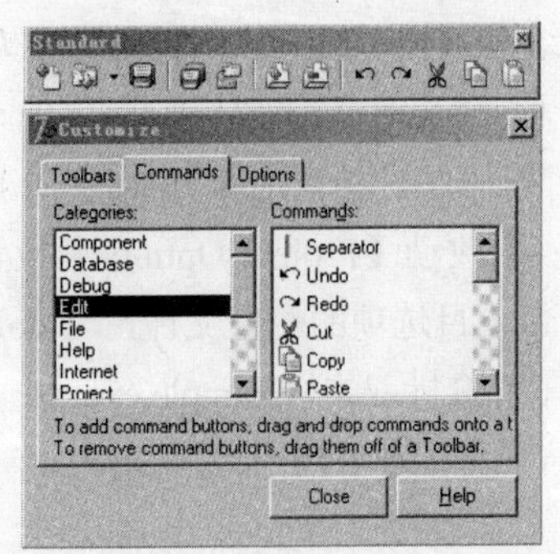

图 5-22 定制 Standard（标准）工具栏

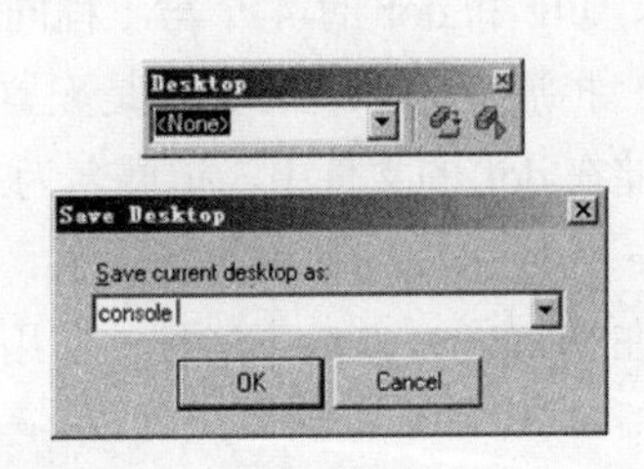

图 5-23 Desktop 工具栏和 Save Desktop 对话框

定制后的控制台应用程序的集成开发环境如图 5-24 所示。

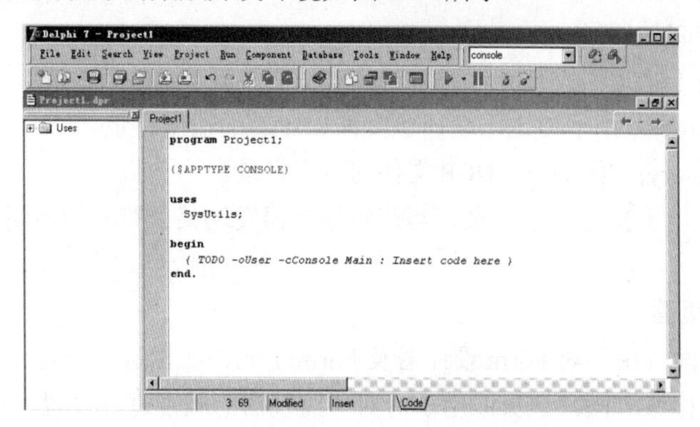

图 5-24 定制后的控制台应用程序开发环境

5.3.2 编程环境的定制

根据用户要求的不同，可以对编程环境进行设置，在菜单中依次选择【Tools】|【Environment Options】命令，将弹出环境选项(Environment Options)对话框，如图 5-25 所示。环境选项对话框按设置类别分成 10 个标签页面。

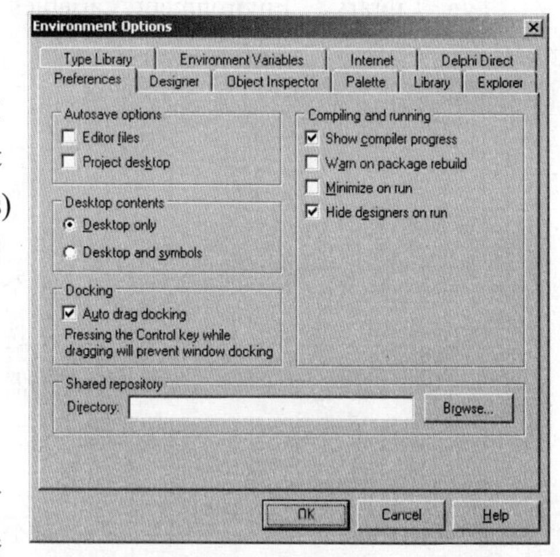

图 5-25 Environment Optins 对话框

1. Preferences 标签页面

该页面用于设置 IDE 的参数。

① Autosave options 框

选中 Editor files：当使用 Run 菜单上的有关命令对程序进行调试或退出 Delphi 时，将自动保存编辑器中修改了的文件

选中 Project desktop：当关闭一个项目或退出 Delphi 时，将自动保存桌面上的布局。以后再打开这个项目时，桌面将自动恢复成原来的样子。

② Desktop contents 框

选中 Desktop only：当退出 Delphi 时，只保存当前的目录信息、代码编辑器中打开的文件和打开的窗口。

选中 Desktop only symbols：当退出 Delphi 时，除了保存上述的桌面信息外，还保存上次成功编译的符号信息。

③ Compiling and running 框

选中 Show compiler progress：编译时将显示编译进程。

选中 Warn on package rebuild：编译时如果包需要重建就显示警告。

选中 Minimize on run：当程序运行时，将把 Delphi 的主窗口最小化，以免屏幕太乱。

选中 Hide designers on run：当程序运行时，将隐去 Object Inspector、Form 编辑器等窗口。

④ Shared repository 框

用于指定对象所在的目录。

⑤ Docking 框

选中 Auto drag docking：表示可以拖动泊靠的窗体均自动实现该功能。

2．Library 标签页面

该页面用于设置包的路径。

Library path：用于指定当安装元件和包时到哪里去找源文件和库文件。

BPL output directory：用于指定已编译包文件(.BPL)的输出目录。

DCP output directory：用于指定 DCP 文件的输出目录。

Browsing path：用于指定一个目录，当代码导航器发现某个符号的声明不在本单元中时，就从这个指定的目录中去找。

3．其他的标签页面

Designer 标签页面：用于对 Form 设计器及 Form 上元件属性进行设置。

Object Inspector 标签页面：该页面用于对对象监视器的属性进行设置。

Palette 标签页面：用于对组件页和显示的组件进行设置。

Type Library、 Environment Variables、 Explorer、Internet、Delphi Direct 等标签页面不再详细介绍。

5.3.3 代码编辑器环境的定制

Delphi 7 的用户大部分时间都在使用代码编辑器工作。用户可以根据 Delphi 提供的编辑环境设置对话框来进行个性化的设置，这样就可以提高工作效率。在菜单中依次选择【Tools】|【Editor Options...】命令，打开代码编辑器选项对话框，如图 5-26 所示。

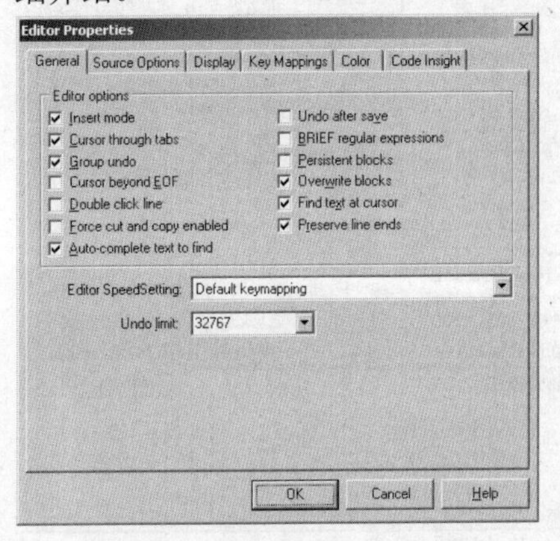

图 5-26 Editor Properties 对话框

1．General 标签页面

选中 Insert mode：键入的字符将插在当前光标之前，而不是覆盖字符，可以按键盘上的 Insert 键在插入方式和覆盖方式之间切换。

选中 Undo after save：即使已经存盘，也能进行 Undo 操作。

选中 Group undo：支持成组 Undo 功能。

选中 Persistent blocks：即使光标移走，原来被选择的块仍然保持选择状态，除非又选择新块。

选中 Overwrite blocks：键入的字符将改写被选择的块。

选中 Double click line：双击某行，该行将突出显示。

选中 Find text at cursor：使用 Search 菜单上的 Find 命令时，光标所在的单词自动成为要查找的单词。

选中 Force cut and copy enabled：即使当前没有选择文本，Edit 菜单上的 Cut 命令和 Copy 命令也不会变灰。

在 Editor SpeedSetting 项中可以快速地设置编辑环境，其中预定义好了几个方案，可以通过下拉式组合框进行选择，可以根据自己其他编程语言的习惯（例如 Visual Basic）进行选择。

Undo limit：用于指定 Undo 的级数。

2．Source Options 标签页面

Source file type：选择源文件的类型。

选中 Auto indent mode：当按下 Enter 键后，新的行与上一行的第一个非空字符对齐。

选中 Keep trailing blanks：将在行尾保持空白。

选中 Use tab character：允许使用 Tab 键插入一个制表位(打印受到影响)。

选中 Show tab character：显示使用 Tab 键所插入的制表位。

选中 Show space character：显示空格字符。

选中 Smart tab：按下 Tab 键即与上一行第一个非空字符对齐。

选中 Optimal fill：每一个自动缩进的行用制表位或空格填空。

选中 Use syntax highlight：不同的语法成份将用不同的颜色显示。

选中 Backspace unindents：按下 Backspace 键将取消自动缩进(如果光标在第一个非空字符上)。

Syntax Highlighter：用于指定要使用彩色突出显示的源文件类型。

Block indent：用于指定被选择块第一行缩进的空格数(1～16 之间)。

Edit Code Templates…按钮：单击该按钮可以编辑自定义代码模板(Code Templates)，如图 5-27 所示。

Code Templates 对话框列出了所有已定义的代码模板。选中其中一个模板，该模板的代码将显示在下面的 Code 框中，可以编辑该模板代码。模板代码中的竖线(|)用于指示模板的代码被插入到源文件后光标移动的位置。

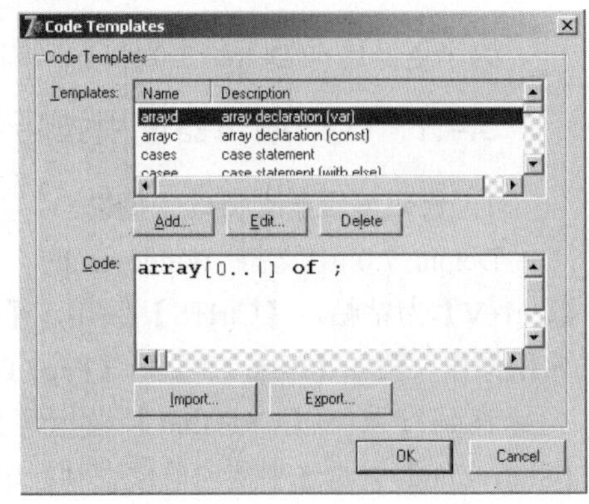

图 5-27　Code Templates 对话框

3．Display 标签页面

选中 BRIEF cursor shapes：光标的形状变为短线。

选中 Zoom to full screen：代码编辑器最大化时将盖住 IDE 的主窗口。

选中 Create backup file：当保存文件时将同时生成备份文件。

选中 Visible right margin：代码编辑器的右边界显示一条竖线，竖线位置由 Right margin 框指定，默认是 80。

选中 Visible gutter：代码编辑器的左侧将开辟“装订区”。装订区的宽度由 Gutter width 框设置，默认是 30。

Editor font：指定代码编辑器使用的字体。

Size：指定代码编辑器中字体的大小。

4．Key Mappings 标签页面

用于指定键盘映射方案。

5．Color 标签页面

该页面用于指定代码编辑器的颜色。

Color SpeedSetting：用于指定代码编辑器的颜色风格。

Element：列出各语法成份。选择其中一种语法成份，然后在 Color 框内指定它的前景和背景颜色。用鼠标左键选择前景，鼠标右键选择背景。

Text attributes：用于设置字符属性。

Foreground / Background：设置整个代码编辑器使用的默认的前景 / 背景颜色。

6．Code Insight 标签页面

该页面可以对代码感知(Code Aware)方面的属性进行设置。所谓代码感知是当用户书写已经定义好了的关键字时查找最接近的列出完整的格式和参数。

选中 Code completion：“代码自动完成”功能有效，其属性、方法和事件以下拉菜单的形式列出。

选中 Code parameters：“参数提示”功能有效，自动显示函数或过程所需的参数。

选中 Tooltip expression evaluation：“提示表达式值”功能有效。

选中 Tooltip symbol insight：“符号声明”功能有效，当鼠标移至任一标识符时，将出现一个小窗口显示其声明信息。

5.4 Delphi 7.0 的使用技巧

为了更好地在 Delphi 7.0 环境下调试程序，本节将介绍一些 Delphi 7.0 的使用技巧。

5.4.1 代码编辑器使用技巧

1．代码编辑器支持的快捷键

Delphi 7.0 中支持 Windows 的一般操作，例如【Ctrl+C】为拷贝，【Ctrl+X】为剪切，【Ctrl+V】为粘帖，【Ctrl+S】保存，【Ctrl+A】全选。代码编辑器还支持一些常用的字处理器的常用操作，例如【Page UP】，【Page Down】为向上向下翻页；End 键为光标移到行尾，Home 键光标移到行首；【Ctrl+End】光标跳到程序结尾，【Ctrl+Home】光标跳到程序起始位置。【Shift+End】就是选中从当前位置到行尾的代码。此外代码编辑器还支持如表 5-6 所示的快捷键。

表 5-6 代码编辑器快捷键

快 捷 键	操作的意义
Ctrl+空格键	显示类变量的成员信息，如过程、函数、事件等(与输入法的热键冲突，需调整输入法中的热键)
Ctrl+Shift+空格键	显示过程或函数的参数个数及各个参数的类型信息
Ctrl+J 键	显示代码模板，用于快捷输入预定义的代码片段，Delphi 有内置的模板。
Ctrl+鼠标左键	以超级链接方式打开鼠标指针所指的变量、函数或过程所在单元，自动定位到其声明、定义的位置
Ctrl+K、U 或 I 键	将多行代码同时向前或向后移动制表位
Ctrl+ Shift+上、下键	实现光标所在位置的过程或函数的定义与代码实现部分的自由切换
Ctrl+ Shift+C 键	自动补全代码，在声明部分写出过程或函数声明的语句，Delphi 自动生成函数过程的框架
Ctrl+ Shift+数字键	定义/取消一个书签(BookMark)位置
Ctrl+数字键	跳到一个预先定义的书签(BookMark)位置

2．设置代码模版

代码模板是 Delphi 的代码感知特性的一种，通过它可以快速、高效和正确地输入代码。Delphi 已经将一些常用的语句块保存在代码模板中，在代码编辑器中只需按下【Ctrl+J】组合键，就会弹出一个小窗口，其中对已有的语句块进行列表显示。可以选择其中的一个并按下回车键，则该模块语句就完整地出现在当前光标所在的位置。

可以根据需要，添加自己的代码模版。添加、删除代码模版的过程如下：

① 选择菜单【Tools】|【Editor Options…】命令，打开 Editor Properties 对话框，选择 Source Options 标签页面。

② 单击【Edit Code Templates…】按钮，弹出 Code Templates 对话框，单击【Add…】按钮，弹出 Add Code Template 对话框，输入代码模版的名字和描述。单击【OK】按钮，回到 Code Templates 对话框。

③ Templates 项中自动选中的项就是刚才添加的代码模版。在 Code 项中输入代码模版中包

含的代码，单击【OK】按钮，就可以在代码编辑器中使用自己定义的代码模版了。

④ 要删除已有的代码模版，在 Editor Properties 对话框的 Templates 项中选中要删除的代码模版，单击【Delete】按钮即可。

⑤ 在 Code Templates 对话框中单击【Edit…】按钮，可对 Templates 项中当前选中的代码模版的名称和描述进行修改。

3. 代码编辑器使用方法

① 可以在代码编辑器的某一行代码上定义书签，并可以通过快捷键快速定位到定义的书签。在代码行上，单击右键，在快捷菜单中选择【Toggle Bookmarks】|【Bookmarks N】命令。这里 N 为 0 到 9，即一个文件中最多可定义 10 个书签，删除书签与定义操作一样，在代码编辑器中，按下【Ctrl+0】，就定位到第 0 个书签所在的行。

② 单击鼠标右键，在快捷菜单中选择 ReadOnly 可以锁定当前的文件，避免对文件进行无意义的操作。解除锁定的方法和设置锁定过程相同。

③ 单击鼠标右键，在快捷菜单中选择 Close page 可以关闭当前文件。

④ 将光标定位在一个标识符上，单击鼠标右键，在快捷菜单中选择“Open File At Cursor”命令可以打开一个文件，文件名为“标识符.PAS”，通常将光标定位在 uses 语句中某个单元名上。

⑤ 在代码编辑器中按下 Ctrl 键，移动鼠标到标识符上，鼠标形状变为手型，标识符变为超级链接状态，字体蓝色有下划线，若标识符是变量或者类型，单击鼠标左键就会跳到其定义位置。

5.4.2　调试环境配置技巧

① 在调试过程中，显示必要的提示警告信息很重要，提示信息和警告信息经常隐含逻辑错误。选择菜单【Project】|【Options…】命令，打开 Project Options 对话框，在 Compiler Messages 标签页面中设置显示提示和警告信息。

② 在控制台应用程序开发过程中，设置应用程序的类型为控制台应用程序，可以在源代码中去掉编译的注释语句{$APPTYPE CONSOLE}。设置方法是：在 Project Options 对话框中，在 Linker 标签页面，选择 Generate console application 复选框。

③ 在调试过程中，去掉代码优化选项。在代码优化情况下，某些可执行的代码行上无法设置断点，某些局部变量无法进行监视。设置方法是：在 Project Option 对话框中，Compiler 标签页面上去掉 Optimization 复选框。

5.4.3　帮助的使用

Delphi 7 提供了功能强大的帮助功能，用户可以随时取得需要的帮助信息。

① 当遇到问题时，按 F1 键，Delphi 会根据当前焦点而启动相应的帮助，一般情况下能准确定位帮助。

② 在 Delphi 的对话框上一般都提供了帮助按钮，可以获得本对话框内容的帮助信息。

③ 可以使用主菜单【Help】|【Delphi Help】命令，打开关于 Delphi 系统的帮助内容，可以在目录标签中选择相应的主题进行学习，也可以在索引页中，输入要查找的信息，显示相应的帮助。

④ 在帮助菜单中，还提供了对 Delphi 工具的帮助和 Windows 软件开发工具包的相关帮助信息。分别使用【Help】|【Delphi Tools】命令和【Help】|【Windows SDK】命令启动相应的帮助。

5.5　程序的编译

应用程序的代码编制完成之后，即要对程序进行编译，通过编译可以检查代码的语法错误，编译成功会生成应用程序的可执行文件，程序才能运行。Delphi 7.0 提供了以下几种编译方式。

① 使用工具栏的▶按钮或者选择主菜单的【Run】|【Run】命令,在这种方式下，Delphi 7 将重新编译自上次编译以后存在改动的源代码，并运行编译成功后的目标程序。该命令的快捷键是 F9。

② 选择主菜单下的【Project】|【Syntax check】命令，该命令将对当前工程中的文件重新进行语句检查，不进行编译和链接，花费时间较少。

③ 选择主菜单下的【Project】|【Compile】命令,该命令将对当前工程中自上次编译以后存在改动的源代码进行重新编译，并生成目标文件，包括可执行文件(.exe)。

④ 选择主菜单下的【Project】|【Build】命令，该命令对当前工程中所有的源代码进行重新编译(不管上次编译后是否进行过改动)，并生成目标文件，包括可执行文件(.exe)。使用该命令比使用 Compile 命令需要花费较长的时间。

⑤ 选择主菜单下的【Project】|【Compile All】命令和【Project】|【Build All】命令，是对当前工程组中所有的工程进行编译。

不管使用哪种编译方式，如果源代码中存在语法错误，代码编译器将显示错误的位置及相关错误信息，并停止要进行的链接操作。双击错误信息，光标将跳到错误的位置，用高亮色显示出错的代码行。

附注 有时编译器所给出的错误位置的行号并不是真正的错误行，需要调试者结合上下文才能找出真正的错误位置。

5.6 Delphi 7.0 调试环境的配置

在 Delphi 7.0 集成开发环境中，包含一个功能强大的集成调试器，因此可以直接使用集成调试器对程序进行调试。下面介绍如何对调试环境进行配置。

1. 工程调试选项的配置

在使用调试器之前，可以通过编译器将必要的调试信息嵌入到编译文件中去，而在程序编写、调试完毕准备发布之前，再通过编译器将调试信息剔除。可在工程选项对话框中进行这些选项的配置，打开主菜单【Project】|【Options...】命令，弹出工程选项对话框如图 5-28 所示。工程选项对话框提供了 8 个标签页面，其中 Compiler、Compiler Messages、Linker 三个标签页面是关于编译和链接过程设置的。

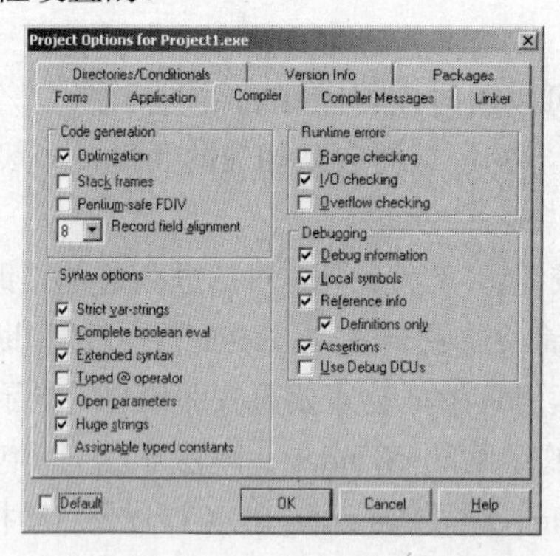

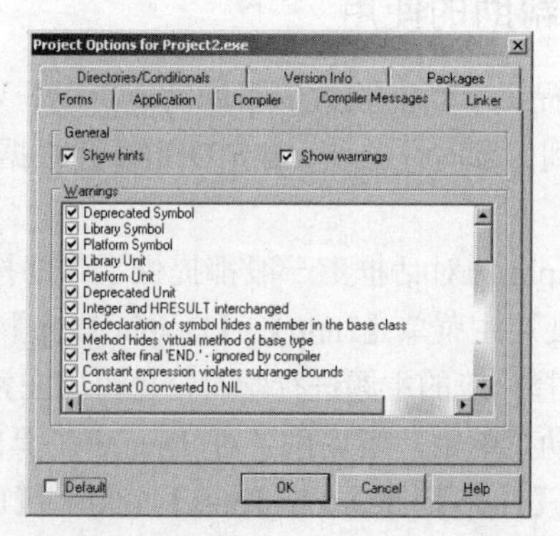

图 5-28 Project Options 对话框

① Compiler 标签页面

Optimization 选项是指代码优化，建议在调试阶段取消该选项，等调试工作完成，正式发布软件时再选中该复选框。

在 Runtime errors（运行期错误）框中，有三个选项，分别是：

Range checking：检查数组或字符串的下标是否越界，默认不检测。

I/O checking：检测输入/输出错误，默认检查。

Overflow checking：整型操作溢出检测，默认不检测。选中该复选框调试器将对整数运算是否溢出做检测，默认情况下不报告错误。建议在调试期以上三个选项都选上。

在 Debugging 框中，设置调试的信息，默认几乎全部选中，一般无需改变该区域的选项设置。

Debug information：表示产生调试信息，该选项选中后，调试信息会嵌入到编译后的文件中，当程序在 IDE 环境运行时，就可以激活 Search 菜单中的 Find Error 命令项。若程序在运行期产生错误，记录下十六进制的错误地址，执行 Find Error 命令并在对话框中输入这个地址，Delphi 会重新编译程序并且在导致运行期错误的指令处停止下来，在 CPU 窗口显示导致运行期错误的代码的语言指令。

Local symbols：产生局部变量的调试信息。选中该复选框，能够对程序中的局部变量进行求值、修改和监视。若未选中，在调试器中看不到这些变量。

Reference info/Definitions only：使用标识符应用信息，选中这两个复选框时，编译器生成标识符在何处定义的信息。

只选中 Reference info 而没有选中 Definitions only，编译器生成每一个标识符在何处定义以及何处使用的信息。若要查看某变量的声明位置，可以在应用该变量的位置，单击鼠标右键，在弹出的快捷菜单中选择 Find Declaration 命令将自动定位到变量的声明处。但是如果不选中 Debug information 和 Local symbols 复选框，该功能不起作用。

Assertions：产生断言的调试代码。

② Compiler Messages 标签页面

选中 Show hints 复选框，使编译器产生提示信息。例如声明了但是一直未使用的变量信息。

选中 Show warnings 复选框，使编译器产生警告信息。例如类型转换警告。

③ Linker 标签页面

在 EXE and DLL options 框中，选中 Generate console application 复选框，让编译器生成控制台应用程序。

其他标签页面介绍见附录 1。

2．调试器选项的配置

在调试之前，首先要激活内部调试器，方法是：打开主菜单的【Tools】|【Debugger Options…】命令，打开 Debugger Options 对话框，如图 5-29 所示。在 General 标签页面中，选中 Integrated debugging 复选框，默认情况下该复选框被选中。

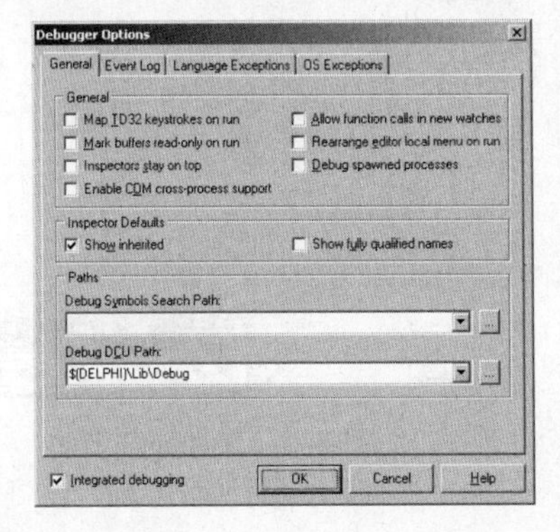

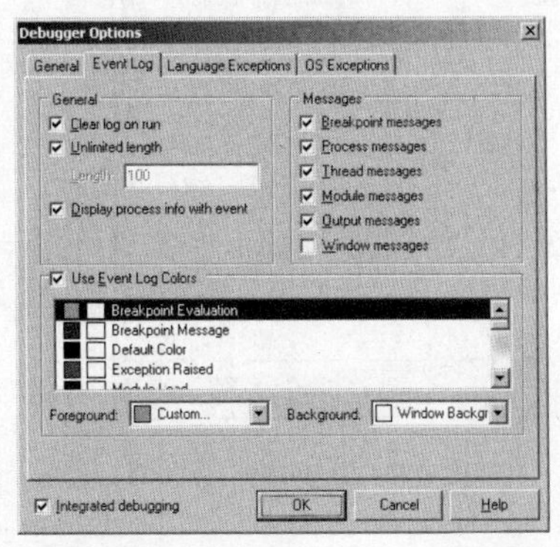

图 5-29　Debugger Options 对话框

Debugger Options 对话框提供了 4 个标签页面，这里不讨论与异常处理相关的页面。这里只介绍与调试相关的常用的选项，更为详细的介绍见附录 1。

① General 标签页面

Mark buffers read-only on run：在程序运行时使得所有的编辑文件，包括工程和工程组文件只读。选中该选项时，如果运行程序前文件属性非只读，则在运行后恢复其属性。

Inspectors stay on top：使得所有的调试窗口始终可见，处于最上层。

Allow function calls in new watches：引入函数调用时变量的观察不受影响。

Rearrange editor local menu on run：运行程序时把代码编辑区上下文菜单的调试区移至最上层，以便于调试。在代码编辑窗口任何位置右键单击鼠标都将弹出上下文菜单。

② Event Log 标签页面

该页面是用来为事件日志(Event Log)调试窗口进行选项设置的。通过设置选项，可以控制调试过程中在 Event Log 窗口显示消息的数量以及显示哪些消息。

Clear log on run：在每次调用前清除事件日志。

Unlimited length：消除事件日志长度的限制，否则设置日志的最大长度。

Display process info with event：当选中时，显示每一个产生事件的进程名和进程 ID。

Breakpoint messages：遇到断点时，能够向事件日志中写入断点的信息，如 Pass、Count、Condition、源文件名、所在行等。

Process messages：进程开始或结束时都可以向事件日志写入信息，不管进程中是否装载或卸载模块。

3．环境选项的配置

打开主菜单【Tools】|【Environment Options…】命令，弹出 Environment Options 对话框，在 Preferences 标签页面中，对 Compiling and running 框中的编译运行项进行设置，如图 5-30 所示。

选中 Show compiler progress 复选框：显示程序的编译进展情况。

选中 Minimize on run 复选框：当程序运行时，Delphi7 的开发环境最小化，避免屏幕上内容过多。

4．调试工具栏的定制

为了便于调试，可以将常用的调试窗口的按钮驻留在调试工具栏上，如图 5-31 所示，将断点列表、监视列表、调用栈窗口、局部变量窗口的按钮放置在 Debug 工具栏上。

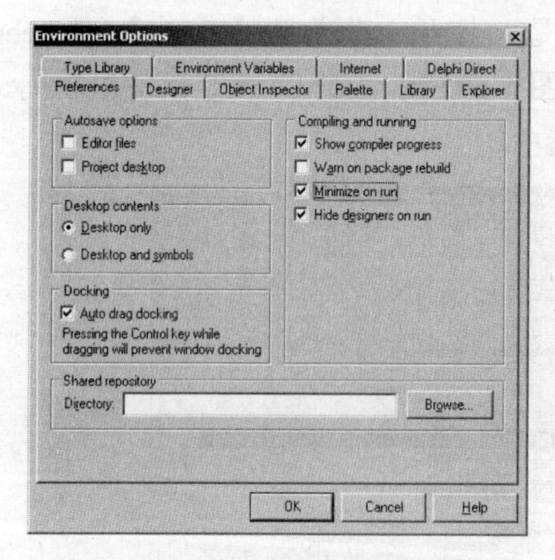

图 5-30　Environment Options 的配置

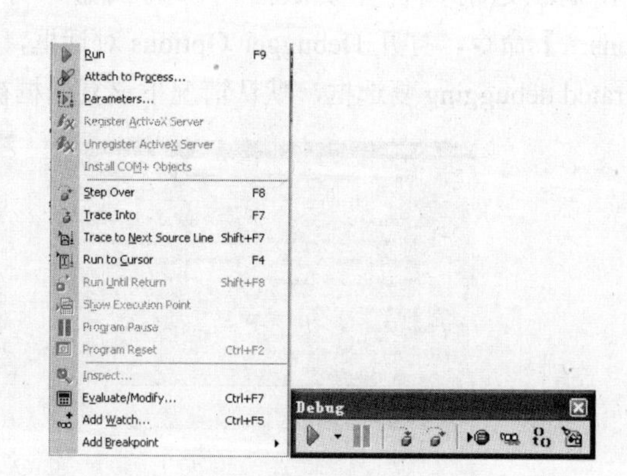

图 5-31　Debug 工具栏

5.7　使用集成调试器进行程序调试

程序调试的主要内容可以概括为以下几个方面：

① 控制程序的执行。

② 断点的使用。

③ 检查或修改数据的值。

Delphi 7.0 集成开发环境下，程序调试过程使用的命令基本都在 Run 和 Project 菜单下。

5.7.1　控制程序的执行

控制程序的运行过程是集成调试器的重要功能。当应用程序发生错误时，利用调试器控制程序运行至可能出现错误的代码处，借助于必要的调试工具查找错误原因。控制程序执行的命令均在 Run 菜单中，如图 5-32 所示。

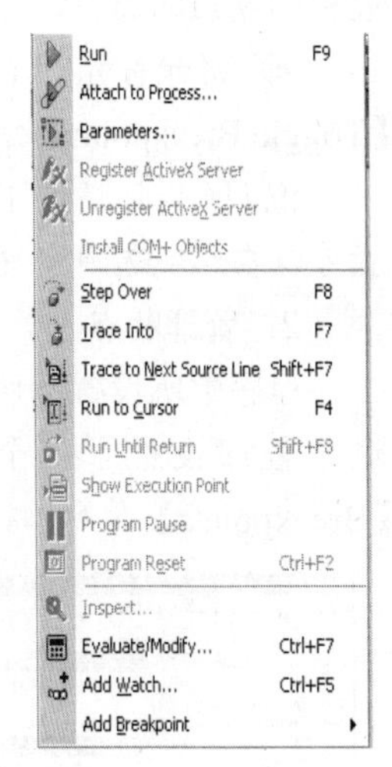

图 5-32　Run 菜单

① Run：用于运行程序。如果该工程中包含有修改之后尚未编译的文件，则该命令会对这些文件进行编译并重新链接生成目标代码后运行,快捷键 F9。

② Step Over：单步执行，调试器将一次执行一行代码(一行代码中可以有多条语句)。当遇到函数或过程调用时，不进入函数或过程的内部，一次执行完该调用语句，快捷键是 F8。

③ Trace Into：跟踪，调试器一次执行一行代码(一行代码中可以有多条语句)。当遇到包含调试信息的函数或过程时，进入函数或过程的内部，执行其内部的语句。快捷键是 F7。

③ Trace to Next Source Line：运行到下一代码行。

④ Run to Cursor：执行到光标所在的代码行。在程序调试过程中，并不需要查看每一条代码的执行，而只需查看到某一行代码停止时的执行结果，这时使用该命令。快捷键是 F4。

⑤ Run Until Return：运行到函数或过程的结束处。指调试器直接运行完当前的函数或过程，返回到调用该函数或过程的代码处，快捷键是【Shift+F8】。

⑥ Show Execution Point：在调试过程中，可以回到开发环境或任何其他程序中进行各种操作，若要重新返回到调试器的执行点，使用该命令。

⑦ 运行至断点：设置断点后，使用 Run 命令(或 F9)，程序就会在每一个断点处停止。

⑧ Program Pause：暂停应用程序的执行。

⑨ Program Reset：终止应用程序的执行，快捷键是【Ctrl+F2】。

5.7.2　断点的使用

断点(Breakpoint)是为程序中的一行代码设置一个标记，当应用程序执行到标记有断点的代码行时，就会停止执行，挂起程序，此时，可以监视变量的值，也可以以单步或跟踪方式继续执行程序。

1. 断点的设置

断点既可以在设计状态下设置，也可以在调试状态下设置。需要注意的是，断点必须设置在可执行的代码行上，设置在空白行、注释行、变量说明行上都是无效的。有时即使是可执行的代码，由于程序的优化也可能无法在上面设置断点。断点通常设置在怀疑有问题的代码区域，常用的断点设置方法有如下几种：

① 单击要设置断点的代码行左侧的空白位置，出现红色圆点，即设置了有效断点。

② 将光标定位在要设置断点的代码行，按 F5 键设置断点。

③ 将光标定位在要设置断点的代码行，选择菜单命令【Run】|【Add Breakpoint】，选择要设置的断点的类型，弹出断点设置的对话框，设置断点属性即可。

④ 将光标定位在要设置断点的代码行上，右击鼠标，弹出快捷菜单，选择【Debug】|【Toggle Breakpoint】命令设置断点。

说明 默认情况下，有效的断点行以红色显示，无效的断点行以蓝色显示。但断点颜色的设置可以在环境选项中更改。

2．管理断点

程序中所设置的所有断点，可以通过断点列表(Breakpoint List)窗口进行查看和管理。例如对某程序设置了三个断点，如图 5-33 所示，选择主菜单【View】|【Debug Windows】|【Breakpoints】命令，打开断点列表窗口，如图 5-34 所示。

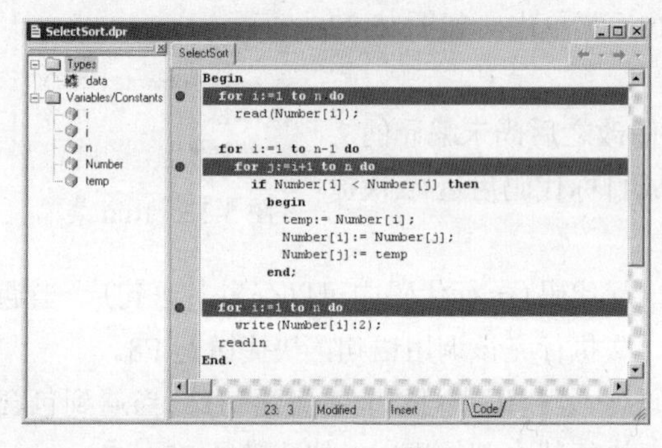

图 5-33　断点的设置

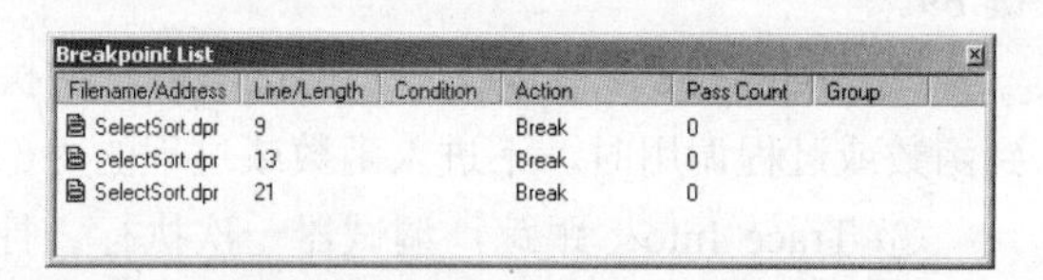

Filename/Address	Line/Length	Condition	Action	Pass Count	Group
SelectSort.dpr	9		Break	0	
SelectSort.dpr	13		Break	0	
SelectSort.dpr	21		Break	0	

图 5-34　BreakPoint List 示意

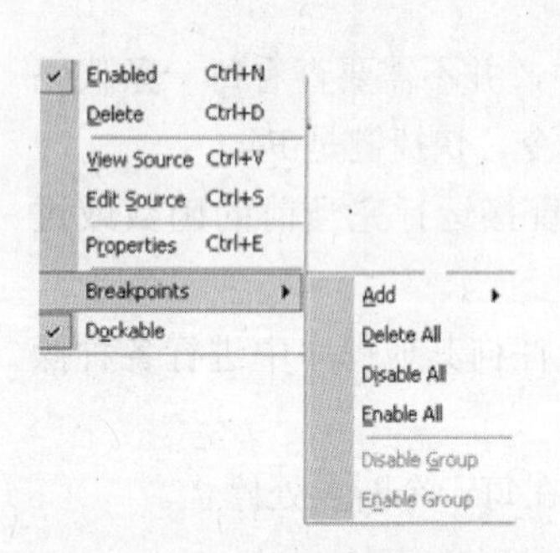

图 5-35　断点管理快捷菜单

在 BreakPoint List 中显示了断点在源代码中所在的行号，激活断点的条件、通过的次数，以及断点所在的分组。选中其中一个断点，单击鼠标右键，弹出快捷菜单，如图 5-35 所示。利用快捷菜单可以实现对断点的管理操作：添加断点(Breakpoints|Add)、删除断点(Delete)、使断点有效/无效(Enabled)、查看当前断点所在源代码(View Source)，编辑源代码(Edit Source)、编辑当前断点的属性(Properties)等。

3．删除断点

可以在程序中设置断点，也可以在程序调试后，删除不需要的断点，使调试过程更清晰。常用的删除断点的方法如下：

① 在代码编辑器中单击断点行最左侧的红色圆点，删除断点。

② 把光标放在断点行上，按 F5 键删除断点。

③ 把光标放在断点行上，右键单击，弹出快捷菜单，选择【Debug】|【Toggle Breakpoint】命令删除断点。

④ 在断点列表(如图 5-34)中，选择要删除的断点，右键单击，在快捷菜单中选择【Delete】命令删除断点。

⑤ 如果删除所有断点，在断点列表中，不要选择任何断点，在空白位置，单击右键，在快捷菜单中选择【Delete All】命令，即可删除所有断点。

4．高级断点的使用(源代码断点)

高级断点可以通过断点属性对话框设置，可以设置激活断点的条件，并对断点进行分组。例如在多重循环或循环次数较多的循环语句中，可以设置带激活条件的断点。方法是：把光标放在要设置断点的代码行上，选择菜单【Run】|【Add Breakpoint】|【Source Breakpoint…】命令，进行源代码断点的设置，弹出如图 5-36 所示的源代码断点属性对话框(Source Breakpoint Properties)。

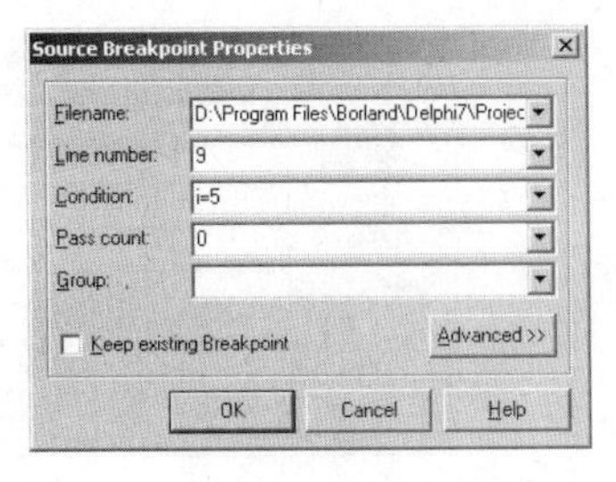

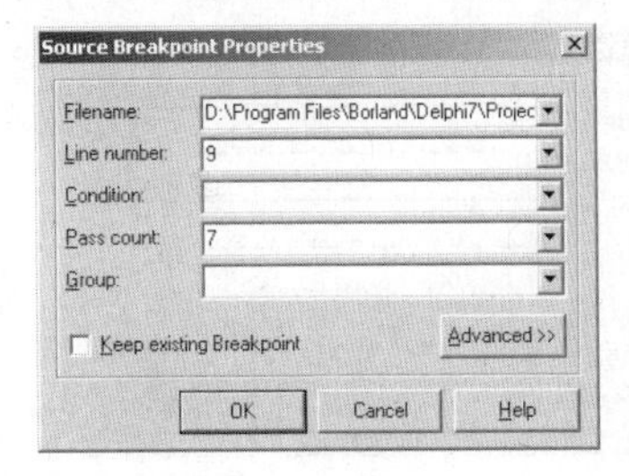

图 5-36 Source Breakpoint Properties 对话框

① Filename：断点所在的源文件的路径。

② Line number：当前断点所在的行号。

③ Condition：用于设置布尔表达式条件。在程序运行过程中，当此表达式为真时程序运行到断点处中断，否则调试器将忽略该断点。

④ Pass count：用于设置通过的次数条件。只有当程序运行至该断点通过设定次数时程序才会在该断点中断。

⑤ Group：断点分组。当断点较多时，可以将其分组，在某一时刻，可以设置某组断点有效或无效，单击【Advanced>>】按钮进行设置。

⑥ 当 Condition 和 Pass count 同时设置时，Pass count 是指满足条件的通过次数。

在某一行代码上可以设置多个断点，不同断点的激活条件不相同。如图 5-36 所示，在第 9 行代码上，设置了两个断点，一个是当表达式 i=5 为真时激活断点，一个是当该行代码第 7 次通过时激活断点。

打开断点属性对话框的方法还有：在已经设置的断点行左侧小圆点上，右键单击，在快捷菜单中选择【Breakpoint Properties…】命令，或者在断点列表中，选择一个断点，单击右键，在快捷菜单中选择【Properties】命令。

5．高级断点的使用(地址断点、数据断点、模块断点)

① 地址断点：地址断点迫使调试器在指定的地址中断，当程序处于调试模式时，可通过如下方式创建地址断点：

- 使用菜单【Run】|【Add Breakpoint】|【Address Breakpoint…】命令，添加地址断点。
- 使用断点列表窗口的快捷菜单命令【Breakpoints】|【Add】|【Address Breakpoint】，添加地址断点。
- 使用 CPU 窗口中代码窗格的左侧空白区域单击鼠标，添加地址断点。

添加地址断点的对话框，与添加源代码断点的对话框类似，如图 5-37 所示，可以为断点指定地址(Address)、条件(Condition)、通过次数(Pass count)、分组(Advanced)。地址可以在 CPU 窗口获得，通过【View】|【Debug Windows】|【CPU】命令打开 CPU 窗口。

② 数据断点：当指定地址的内存被写入数据时，数据断点将引起调试器的中断。当程序处于调试模式时，可通过如下方式创建数据断点：

- 使用菜单【Run】|【Add Breakpoint】|【Data Breakpoint…】命令，添加数据断点。

●使用断点列表窗口的快捷菜单命令【Breakpoints】|【Add】|【Data Breakpoint】，添加数据断点。

添加数据断点的对话框，需要输入数据断点的地址和指定长度，如图 5-38 所示。在 Address 文本框中输入变量名称或者用作数据断点的地址，在 Length 文件框中指定起始于给定地址的数据断点的长度。其他选项与地址断点类似。

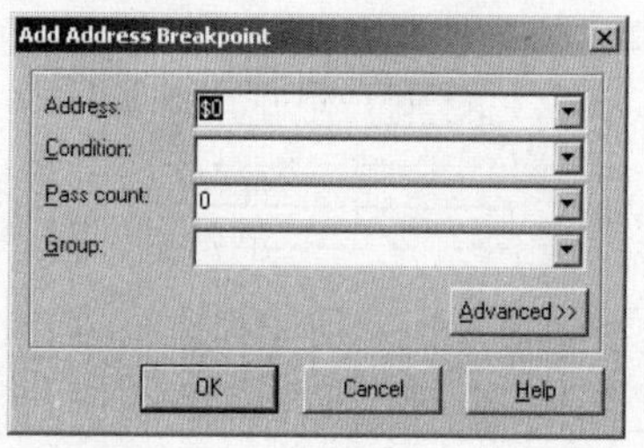

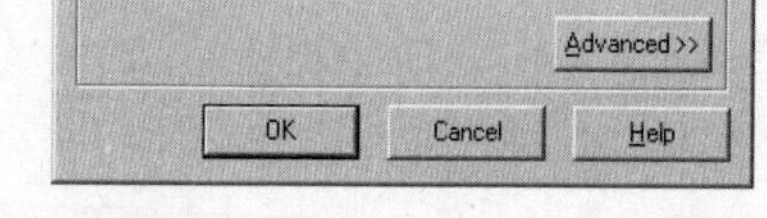

图 5-37　Add Address BreakPoint 对话框　　图 5-38　Add Data BreakPoint 对话框

③ 模块断点：当一个模块被装入内存时，可以将程序运行挂起。

选择【Run】|【Add Breakpoint】|【Module Load Breakpoint…】命令，在 Add Module 对话框中输入模块的名字，可以创建相应模块加载的断点。

5.7.3　查看变量的值

在程序调试过程中，只要将鼠标放置在变量或表达式上，即可以显示该变量或表达式的值。若希望同时观测几个变量或表达式的值，可以使用 Delphi 内置的调试器。

1．使用监视窗口

① 添加监视表达式

打开菜单【Run】|【Add Watch…】命令，弹出如图 5-39 所示的 Watch Properties 对话框，设置监视表达式及其属性。

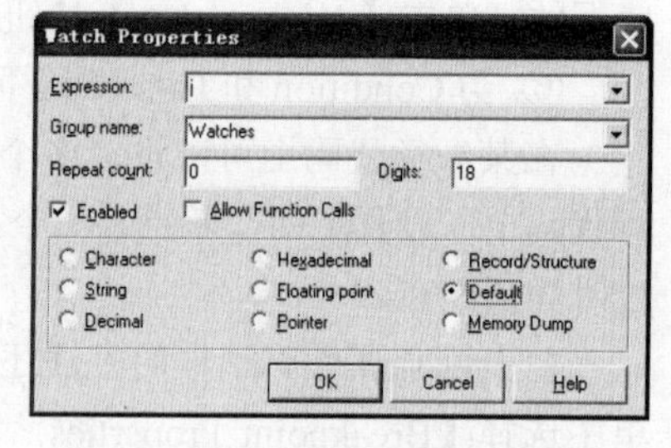

图 5-39　Watch Properties 对话框

Expression：在编辑框中添加要监视的变量或表达式。

Repeat count：显示监视数据重复的次数。

Digits：若监视表达式的值是浮点型数据，Digits 文本框中设置数据的有效位数。

Enabled：该复选框设置监视表达式是否有效。

Allow Function Calls：若 Expression 中的监视表达式中包含有函数调用，必须选中该项，才可以求该表达式的值。

下侧框中的一系列单选按钮是用来确定在监视窗口中查看表达式值的方式。默认选择 Default(以常规方式显示)。例如选择 Hexadecimal，则表达式值以十六进制显示。

在代码编辑器窗口，选择要监视的表达式，右键单击，在快捷菜单中，选择【Debug】|【Add Watch at cursor】命令，或使用快捷键【Ctrl+F5】，也可以添加监视表达式。

② 监视列表

在监视列表中，可以查看、管理多个监视表达式。使用菜单【View】|【Debug Windows】|【Watches】命令，打开监视列表(Watch List)，如图 5-40 所示。

在监视列表中，利用右键单击弹出的快捷菜单，可以实现添加监视、删除监视、设置监视有效/无效、编辑监视属性、拷贝监视表达式的值等功能。

2．计算和修改表达式的值

在程序的调试过程中，可以计算或修改表达式的值，选择【Run】|【Evaluate/Modify…】命

令，或使用快捷键【Ctrl+F7】，弹出如图 5-41 所示的对话框，可以计算或修改表达式的值。

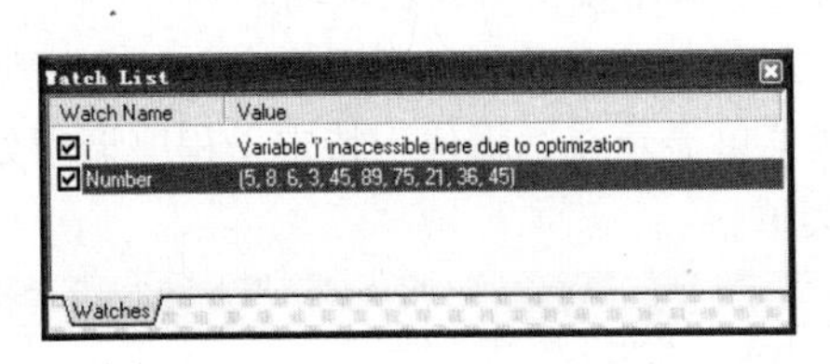

图 5-40　Watch List

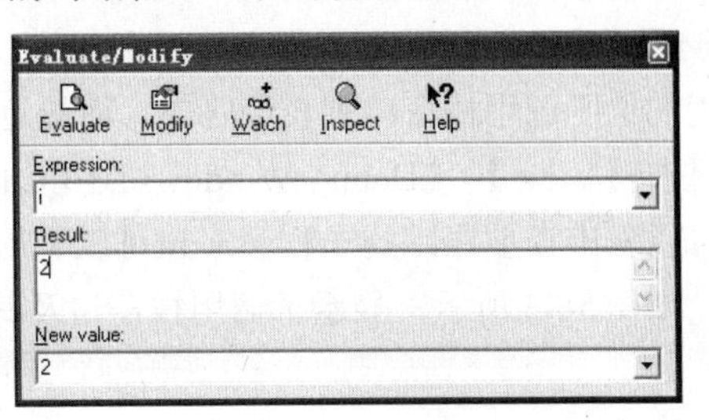

图 5-41　Evaluate/Modify 对话框

Expression：在下拉列表框中输入或选择合法的表达式，不能包括在当前执行点不能引用的局部或静态变量的表达式，也不能包括函数或过程的调用。

表达式可以带特定格式字符，其语法格式为：“变量名,格式字符串”。例如“I, F4”表示显示一个浮点型数据的前 4 位有效数字。格式字符与功能如表 5-7 所示。

表 5-7　格式字符及其功能

格式字符	功　能
$,H,X	以十六进制格式显示表达式值
D	以十进制格式显示表达式值
C	把 ASCII 码在 0～31 的特殊字符显示为 ASCII 码图形
Fn	用 *n* 个有效数字显示浮点数
M	以十六进制方式显示一个变量的内存转储值
P	以段和偏移量格式显示指针。两部分均为四位十六进制值
R	显示记录、对象的域名和值
S	用 ASCII 码显示字符串（包括特殊字符），用于修改内存转储值

单击对话框上侧的【Evaluate】按钮，Expression 中表达式的值在 Result 列表框中显示，在 New value 编辑框中输入或选择一个新值，单击对话框上侧的【Modify】按钮，修改表达式的值，程序将按修改后的值执行，这种修改只影响特定的程序运行。一般修改表达式的值常用于验证错误解决方案的正确性。

附注　修改指针变量和数组下标可能会引起无法预计的后果，使用要小心。

单击对话框上侧的【Watch】按钮，打开监视列表窗口，并自动添加表达式到监视列表中。

单击对话框上侧的【Inspect】按钮，弹出 Debug Inspector 窗口，查看变量的数据结构和值。

3. 查看局部变量

当调试的程序位于某一个过程或函数内部时，可以执行【View】|【Debug Windows】|【Local variables】命令，打开局部变量显示的窗口，可以查看过程或函数内部所有局部变量的值，当然也包括外部传来的形参变量的值。需要注意的是，有些局部变量可能由于程序优化不能显示其值。如果程序不在调试模式，该窗口显示为空。

在局部变量的显示窗口中，选中变量并右键单击，在快捷菜单中选择【Inspect】命令时，就可以将所选变量在监视器窗口显示。

如图 5-42 所示，程序中定义了函数 gcd 用来求两个整数的最大公约数，当程序控制在 gcd 函数内部时，可以通过 Local Variables 窗口查看该函数的局部变量的值。

4．使用调用栈窗口

调用栈窗口可以显示子程序的调用关系，反映程序运行过程中子程序被调用的顺序。第一个被调用的位于调用栈窗口列表最底部，而最近调用的位于调用栈窗口列表顶端。

选择【View】|【Debug Windows】|【Call Stack】命令，可以打开调用栈窗口。利用调用栈窗口可以退出当前跟踪的子程序，也可以利用其快捷菜单显示或编辑位于特定子程序调用处的源代码。如图 5-43 所示，显示了调用栈窗口及其快捷菜单。

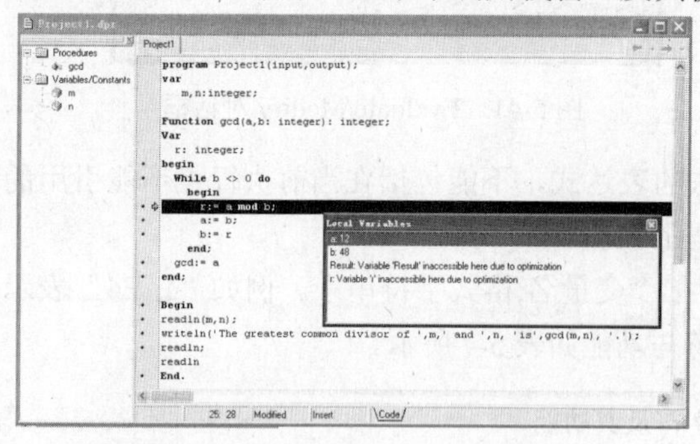

图 5-42　Local Variables 查看窗口

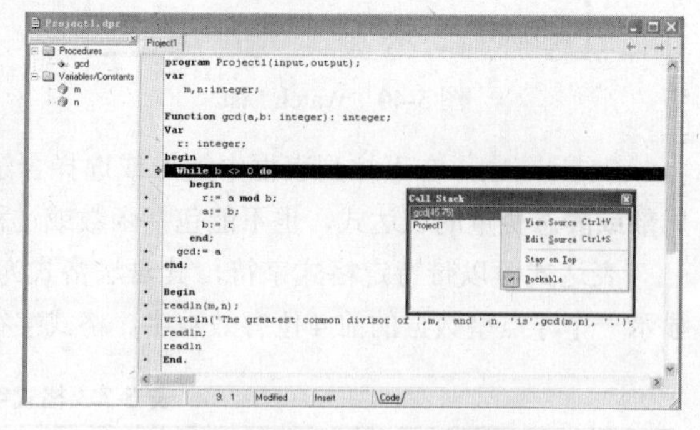

图 5-43　Call Stack 窗口

使用调用栈窗口可以对子程序的嵌套调用以及递归调用的执行过程的观察更加清晰。

5．使用调试监视器窗口

调试监视器可以在一个窗口中查看变量的地址和值等信息，该窗口仅在程序调试过程中，暂停时使用。

可以使用【Run】|【Inspect...】命令，弹出 Inspect 对话框，如图 5-44 所示，在 Expression 的下拉列表框中输入或选择要监视的表达式，单击【OK】按钮，就弹出了调试监视器(Debug Inspector)对话框，如图 5-45 所示。在 Debug Inspector 对话框中，单击按钮┅弹出 Change 对话框可以修改变量或表达式的值。

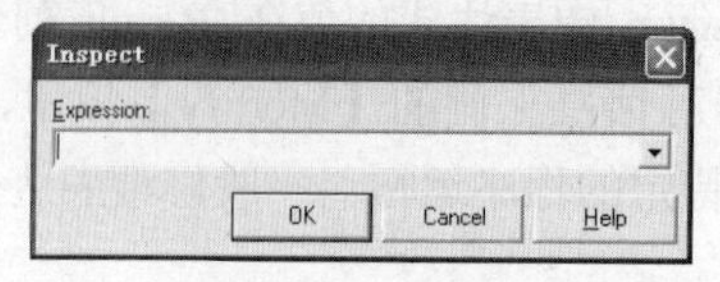

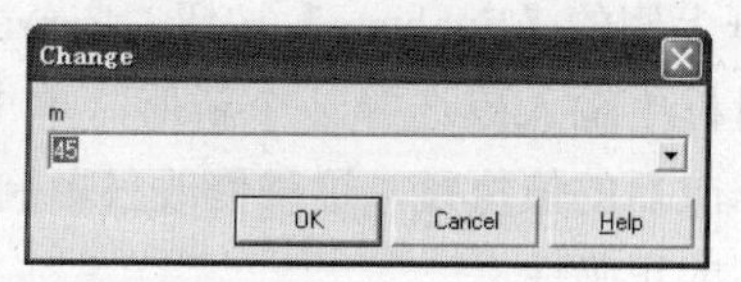

图 5-44　Inspect 对话框和 Change 对话框

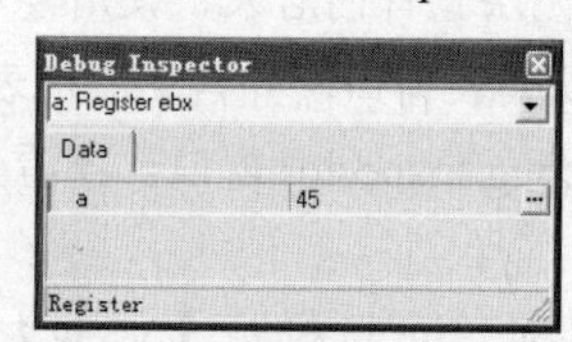

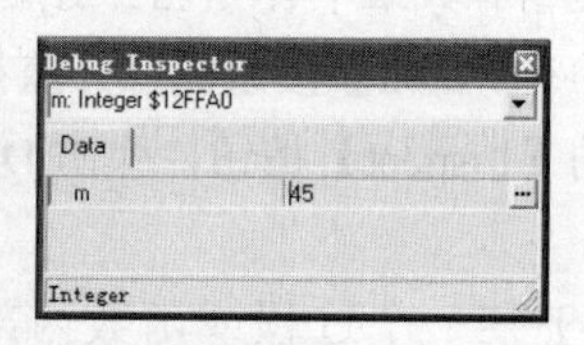

图 5-45　Debug Inspector 对话框

5.7.4　其他调试方法

Delphi 7.0 的集成开发环境提供了丰富的调试工具，除以上所介绍的常用的调试手段外，还有其他的调试工具：事件日志、线程状态、模块窗口、查看 CPU 窗口等，这里只作简单介绍，不再详细介绍。

1．查看事件日志

事件日志(Event Log)窗口显示了过程的控制信息、断点消息、调试输出信息等，单击鼠标右键可以选择清除事件日志、保存事件日志到文本文件、为事件日志添加注释、设置日志属性等。事件日志窗口显示的内容可以在 Debugger Options 调试器选项对话框中定制。

通过菜单【View】|【Debug Windows】|【Event Log】命令，可以打开 Event Log 窗口，如图 5-46 所示。

2. 查看 CPU 状态

Delphi7.0 提供了显示 CPU 状态的工具，选择【View】|【Debug Windows】|【CPU】命令，打开如图 5-47 所示的 CPU 窗口。

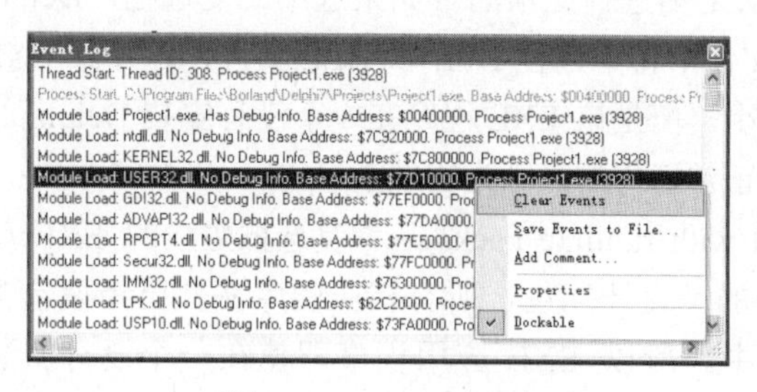

图 5-46　Event Log 窗口

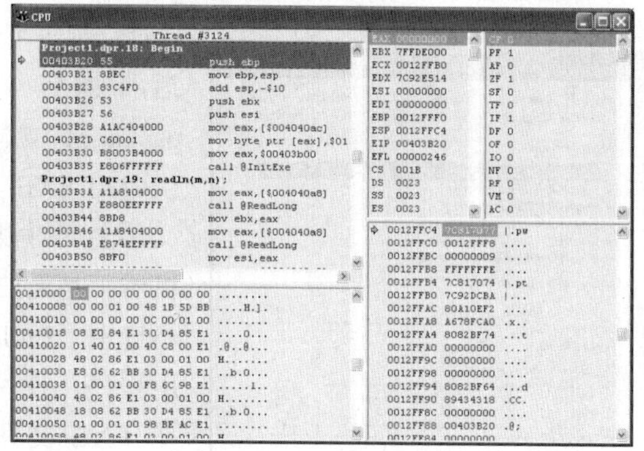

图 5-47　CPU 窗口

CPU 显示窗口共包括五个子窗口，显示了被跟踪的应用程序底层的调用信息，每个窗口都有跟本窗口相关的快捷菜单。其左上角是反汇编窗口、左下角是内存子窗口、寄存器窗口在中间、标志位窗口在右上角、堆栈窗口在右下角。

3. 模块窗口

选择【View】|【Debug Windows】|【Modules】命令，打开模块窗口。模块窗口用来显示当前运行程序对外界模块的调用情况，可以分析模块之间的关系并跟踪模块之间的关系变化。

4. 线程状态窗口

线程状态窗口用来显示当前运行的程序中所有线程的状态。选择【View】|【Debug Windows】|【Threads】命令，可以打开线程状态窗口，如图 5-48 所示。使用该窗口，可以跟踪多线程的应用程序，观察各线程的运行状况。

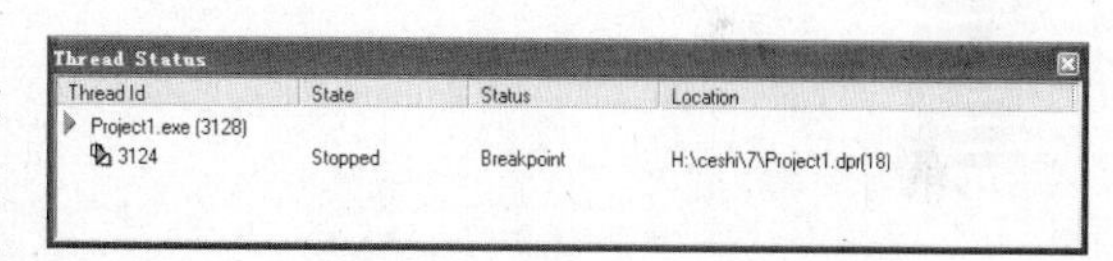

图 5-48　Thread Status 窗口

5.8　其他的调试工具

除 Delphi 内部集成调试器外，可以使用其他的调试工具调试程序。例如 Turbo Debugger，它是 Borland 公司开发的经典的应用程序调试工具，简称为 TD，它可以支持许多低级硬件信息方面的控制，支持 Windows 的特殊功能，具有远程调试功能。还可以使用 WinSight 调试，它是用来查看 Windows 对象并跟踪消息发送和接收的调试工具，WinSight 是一个独立程序，可以在 Delphi 的集成开发环境中使用，也可以在 Delphi 的集成开发环境以外运行。

5.9　程序的发布

软件开发完成之后，就要进行测试，测试的目的就是发现错误，然后使用调试工具定位错误，修改错误，这是一个反复进行的过程。软件测试会在软件工程的课程中介绍。当软件完成了测试工作之后，就要对外发布了。

通常，Delphi 程序只需一个 EXE 文件就可以运行，这个 EXE 文件链接了所有的 BPL(Delphi 包文件)、DLL 文件，即把所有用到的 VCR 库都包含在了 EXE 文件中，因此发布应用程序只需发布一个 EXE 文件就可以了，这是最简单的应用程序发布方式了。

在生成 EXE 文件时，需要注意包文件的配置信息，打开菜单【Project】|【Options…】命令，弹出如图 5-49 所示的工程选项对话框，在 Packages 标签页面中，对话框的上部分是 Design Packages，下部分是 Runtime Packages，分别表示设计期包和运行期包。在下部分中，复选框“Build with runtime packages”默认是不选择此项的。如果选中此复选框，Delphi 生成的 EXE 文件中将不包含 BPL 和 DLL 文件，这样做 EXE 文件会变得很小，但是该 EXE 程序在一个没有安装 Delphi 的机器上是无法正常运行的，因为它缺少了 BPL 和 DLL 文件。不选中“Build with runtime packages”复选框生成的 EXE 应用程序，使用的是设计期包，所有相应的库文件已经被包含在 EXE 文件中，所以 EXE 应用程序即使在一个没有安装 Delphi 的机器上也能正常运行，缺点就是 EXE 文件太大。

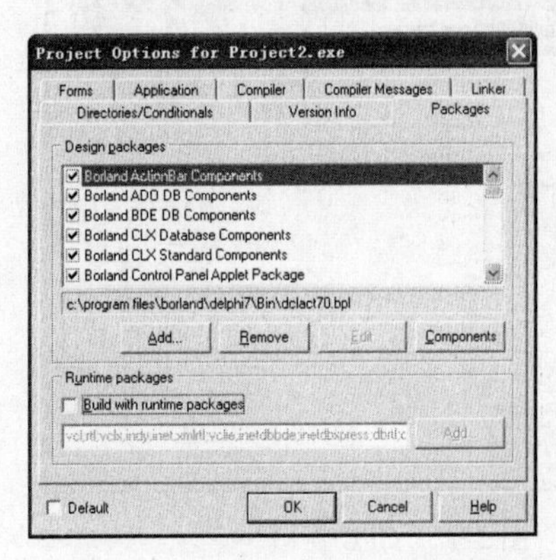

图 5-49　Project Options 对话框

当开发数据库应用程序或其他的一些大型应用程序时，需要众多的 BPL 和相关的驱动程序，应用程序就需要编写 Setup 程序进行发布了，这样才能提高程序的性能。编写 Setup 程序需要专门的软件工具。Delphi 系统软件包中集成了 Install Shield 公司专门为 Delphi 定制的安装程序的制作工具：Install Shield Express Borland Limited Edition 软件，利用它可以方便的制作应用软件的安装程序。除此之外，还有其他的制作安装程序的软件，这里不再介绍。

第 6 章　Pascal 语言程序调试实例

要想学好程序设计，洞悉程序设计的精髓，就必须进行大量的编程和调试程序的实践。本章将重点介绍每一个基本实验单元的实验目的和实验内容等，并通过实验实例详细介绍 Delphi 7.0 集成开发环境下的主要程序调试技术。读者可以通过大量的上机实践，学习并掌握这些程序调试技术，培养其调试程序的基本能力，同时巩固和加深对相关知识点的理解，掌握计算机求解问题的基本过程和思路。特别值得注意的是，对于初学者来说，在代码编写过程中，一定要建立编写高质量程序代码的理念，遵循 Pascal/Delphi 的基本编程规范，以培养良好的程序设计风格和习惯。

6.1　第一单元——顺序程序设计和分支程序设计

本单元实验共分三个组成部分：简单 Pascal 程序的实践过程，顺序程序设计和分支程序设计。通过本单元的实验，应熟练掌握 Delphi 7.0 的集成开发环境，熟练掌握创建控制台应用程序的基本步骤，掌握初步的程序测试和调试方法。

6.1.1　简单 Pascal 程序的上机过程

1．实验目的

- 熟悉 Delphi 7.0 的集成开发环境；
- 掌握创建控制台应用程序的基本步骤，掌握上机运行一个 Pascal 程序的全过程；
- 掌握编译、调试和运行的基本步骤；
- 初步学会查错和排错的技能；
- 培养良好的编程风格，代码编写要遵循基本规范。

2．编程示例

例 1　编写一个程序，向屏幕输出如下结果：

```
**********************
Programming is fun!
**********************
```

(1) 分析

向屏幕原样输出字符串，且换行输出，应该使用 writeln 语句。

(2) 算法

算法的基本思想是：分别使用三个 writeln 语句实现输出。

(3) 源程序

```
Program OutputExample (input,output);
begin
  writeln('**********************');
  writeln('Programming is fun!');
  writeln('**********************');
  readln
end.
```

附注　作为初学者应从程序设计入门开始就要建立编写高质量程序代码的理念。本例的代码虽然短小，但依然要遵循应用程序命名规范和代码版式规范。

源代码中程序名“OutputExample”要遵循望文知义的原则，程序和子程序的名字一般使用

“动词”或者“动词+名词”的格式命名，且每个单词的首字母大写。代码编写不要书写复杂的语句行，一行代码只做一件事情。应用程序的命名规范、文件结构和程序版式的规范请参看附录3。本例中，readln 语句的作用是将程序暂停，以查看程序的执行结果。

3．创建控制台应用程序的基本步骤

(1) 从【开始】|【程序】|【Borland Delphi 7】|【Delphi 7】启动 Delphi 7.0 集成开发环境，首先选择菜单【File】|【Close All】命令，关闭当前所有工程。然后执行菜单【File】|【New】|【Others…】命令，在弹出的 New Items (新建项目) 对话框中选择 Console Application (控制台应用程序)，如图 6-1 所示，单击【OK】按钮，建立一个控制台应用程序的工程，默认的控制台应用程序的工程界面如图 6-2 所示。

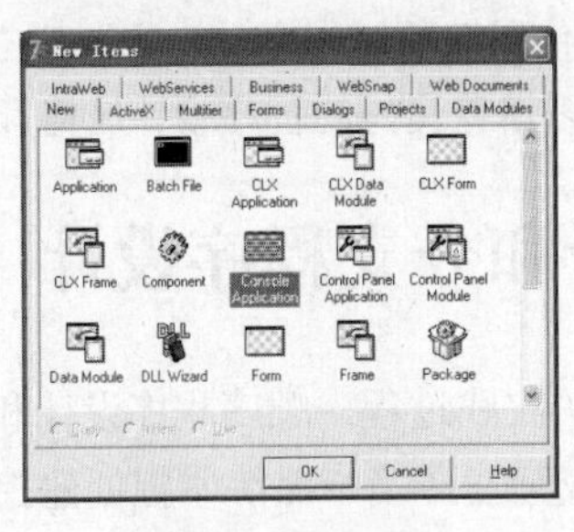

图 6-1　New Items

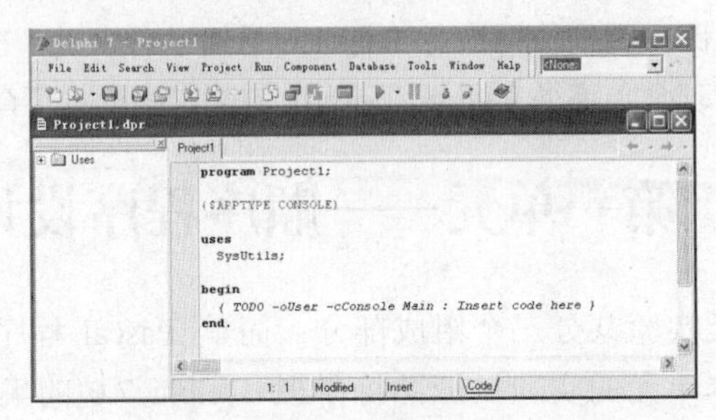

图 6-2　控制台应用程序的默认界面

(2) 控制台应用程序的选项配置。使用菜单【Project】|【Options…】命令，打开工程选项对话框，在 Compiler 标签页面的 Code generation 分组框中去掉 Optimization 复选框中的选定状态，即在代码调试状态时去掉代码优化，等发布软件时，再选择此复选框，如图 6-3 所示。在 Linker 标签页面的 EXE and DLL options 分组框中，选择 Generate console application 复选框，告诉编译器要生成控制台应用程序。若程序代码中有注释语句{$APPTYPE CONSOLE}，则可以不选此复选框，该注释语句的作用也是告诉编译器要生成控制台应用程序。

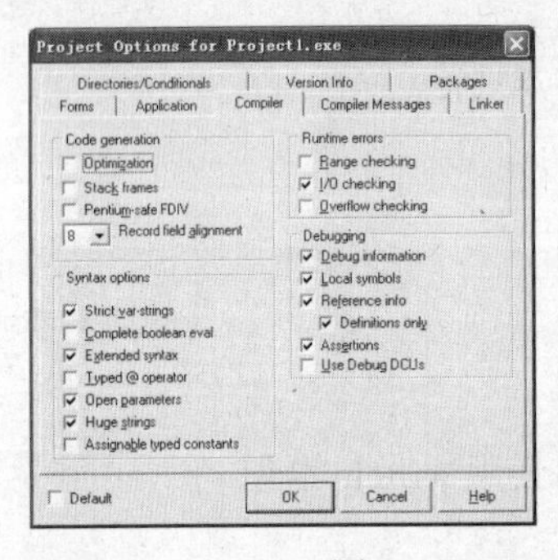

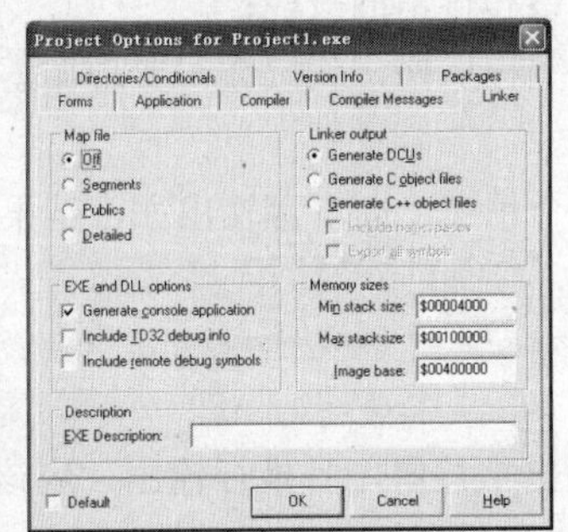

图 6-3　Project Options 设置

(3) 在代码编辑器中编辑代码，如图 6-4 所示。

(4) 保存工程。使用菜单【File】|【Save】命令，打开保存工程的对话框，选择保存路径，填写文件名 OutputExample，保存工程文件。在“我的电脑”中，打开保存该工程的文件夹，可以看到保存工程产生了三个主文件名相同的文件：OutputExample.dpr、OutputExample.dof、OutputExample.cfg。其中 OutputExample.dpr 称为工程文件，包含了程序代码，是应用程序的入口；OutputExample.dof 是项目选项文件，当改动【Project Options】设置时，Delphi 会把改动存储在.dof 的文件中；OutputExample.cfg 是配置文件。

(5) 编译文件。使用菜单【Project】|【Compile】命令，或使用快捷键【Ctrl+F9】编译文件。若代码没有语法错误，编译成功，则生成扩展名为.exe 的可执行程序 OutputExample.exe，若

编译失败，则在 Messages 窗口给出编译失败的提示信息。

(6)运行程序。使用菜单【Run】|【Run】命令，或使用快捷键 F9 运行程序。本质是在运行编译生成的.exe 可执行程序。运行结果如图 6-5 所示。

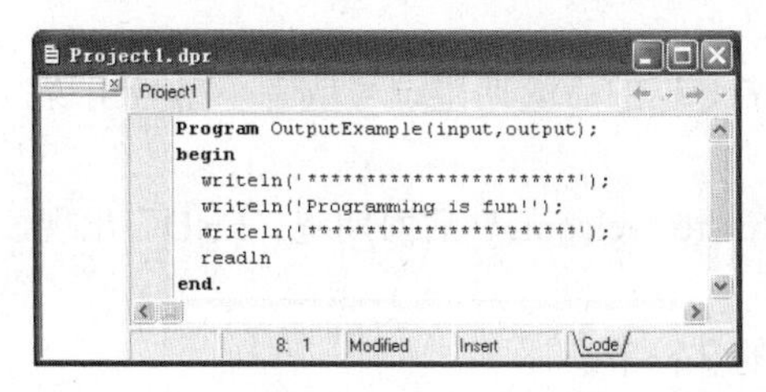

图 6-4　编辑代码

图 6-5　运行结果

4．调试示例

要求　将代码中的错误改正，并分别使用 Step Over、Trace Into 等命令对程序的运行过程进行控制，观察程序的执行过程。

例 2　编写一个程序，向屏幕输出如下结果：

```
*********************
Programming is fun!
**********************
You're welcome to join us !
**********************
```

下面给出了一个有错误的源程序，其文件名 debug1_1.dpr。

```
Program debug1 1(input,output);
  {$APPTYPE CONSOLE}
begin
  writeln('**********************');
  writeln('Programming is fun!');
  writeln('**********************');
  writeln('You're welcome to join us!');
  writeln('**********************');
  readln
end.
```

(1)程序调试

① 打开文件。在 Delphi 7 集成开发环境下，通过【File】|【Open...】命令，打开工程文件 debug1_1.dpr，如图 6-6 所示。

说明　为了使界面清晰，关闭了对象树形查看器窗口、对象监视器窗口和工具面板。

② 编译。通过【Project】|【Compile】命令对程序进行编译，或者通过【Ctrl+F9】快捷键对程序进行编译。显示编译过程的对话框如图 6-7 所示，在 Compiling 对话框中显示了程序编译后，有 0 个 Hints(提示)，0 个 Warnings(警告)，3 个 Errors(错误)。

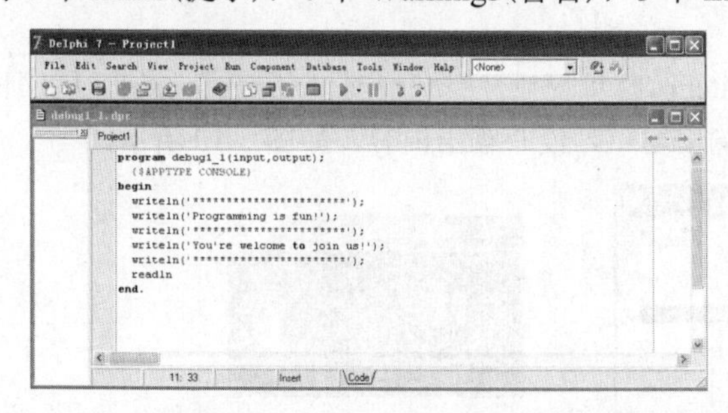

图 6-6　打开 debug1_1.dpr 工程文件

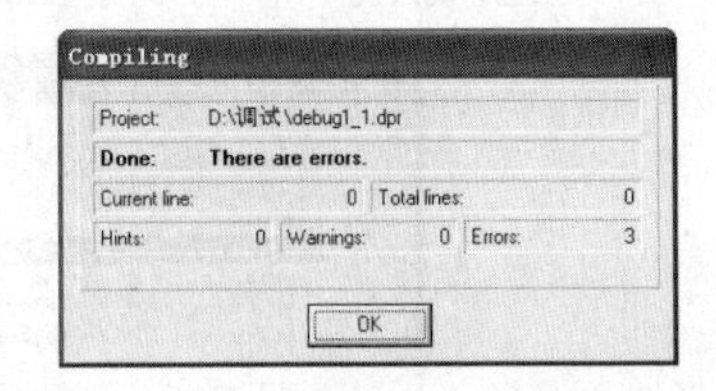

图 6-7　编译对话框

在 Messages 窗口给出了 3 个错误信息如下：

```
[Error] debug1 1.dpr(7): ',' or ')' expected but identifier 're' found
[Error] debug1 1.dpr(7): 'END' expected but 'TO' found
[Error] debug1_1.dpr(7): Unterminated string
```

给出的错误信息，均集中在同一行代码“ writeln('You're welcome to join us!');”上。双击这些错误信息，可以在代码上准确定位错误位置。

• 第一条错误信息说明了在代码“writeln('You'”的后面期望逗号或者小括号出现，但是却发现了标识符“re”；

• 第二条错误信息说明了在代码“writeln('You're welcome”后面期望“END”出现，但是却发现了“TO”；

• 第三条错误信息说明了此行代码有未结束的字符串。

仔细观察代码编辑器中代码的颜色，可发现，使用 writeln 输出的字符串使用一对单引号括起来，并且字符串的颜色为蓝色。但是在出错行的代码上，只有字符串“ You ”是蓝色字体，并且被一对单引号括起来了。

提示 *在要输出的字符串“You're welcome to join us! ”中，包含一个单引号‘'’，这个单引号和 writeln 语句中的一对单引号发生了冲突，引发了编译错误，要正确输出这个单引号，则需要在 writeln 语句中，将单引号‘'’书写为‘''’。因此，该行代码要修改为“writeln('You''re welcome to join us!');”。*

③ 编译并运行。代码修改完毕后，重新编译程序，显示有 0 个提示，0 个警告，0 个错误。使用【Run】|【Run】命令，或使用快捷键 F9 运行程序，运行结果如图 6-8 所示。

图 6-8 程序运行结果

附注 *编译器给出的错误信息如果有 n 条，并不代表代码中一定有 n 处语法错误，代码中的语法错误可能少于 n 个，可能等于 n 个，也可能多于 n 个。*

本例中，编译器虽然给出了 3 个错误信息，但实质只有一个语法错误，其被修改后，程序就可以正确执行。

(2)程序执行的控制练习

Delphi 提供了多个控制程序运行的命令，通过这些命令可以控制程序执行的过程，并在此过程中，可以使用其他的工具窗口，对程序执行过程中的细节进行观察。以下以单步执行(Step Over)为例，控制程序的执行。

① 按 F8 键或使用【Run】|【Step Over】命令，启动程序单步执行，如图 6-9 所示。

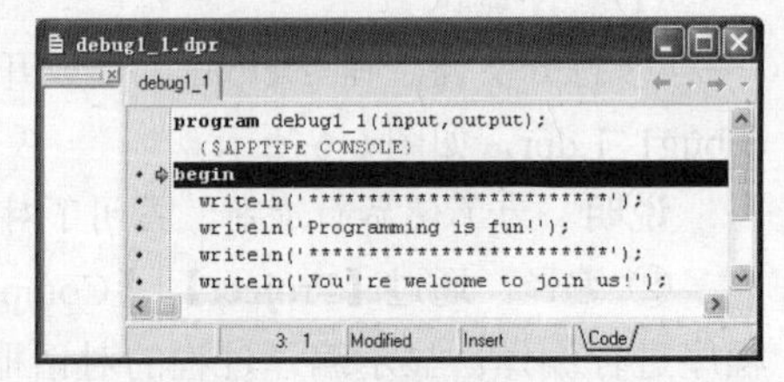

图 6-9 单步执行程序

程序自动定位在入口位置，如图 6-9 所示，绿色的箭头指向程序的入口 begin 语句。

② 继续按 F8 键，绿色箭头指向“writeln('************************');”语句，程序将要执行该语句，但还未执行。同时观察控制台输出窗口，没有输出内容，如图 6-10 所示。

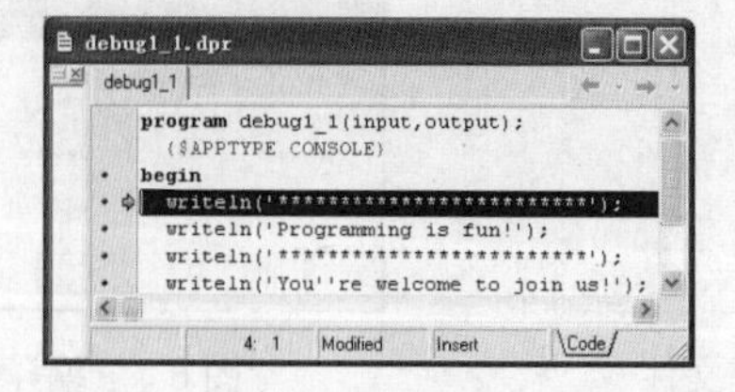

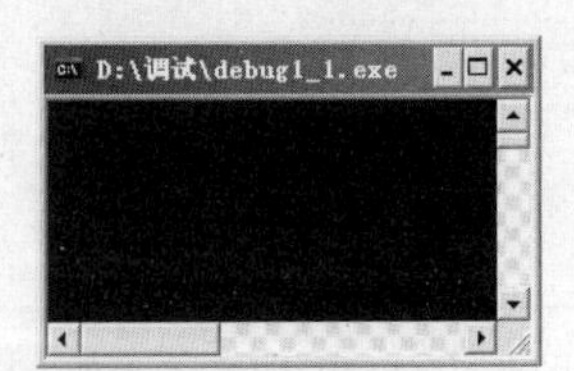

图 6-10 单步执行程序

③ 继续按F8键，绿色箭头指向“ writeln('Programming is fun!')；”语句，程序将要执行该语句，上一语句的内容已经输出，观察控制台输出窗口，如图6-11所示。

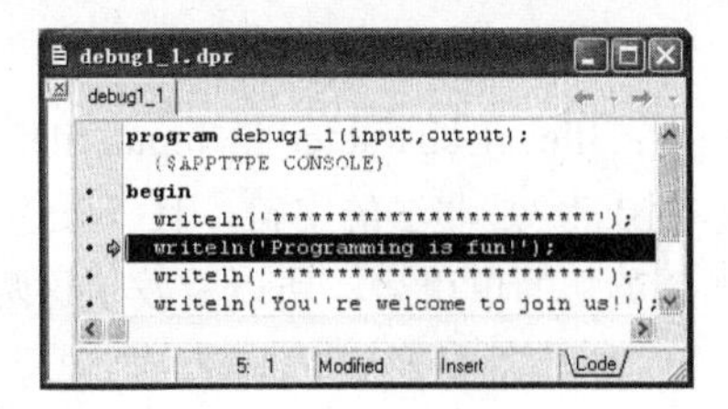

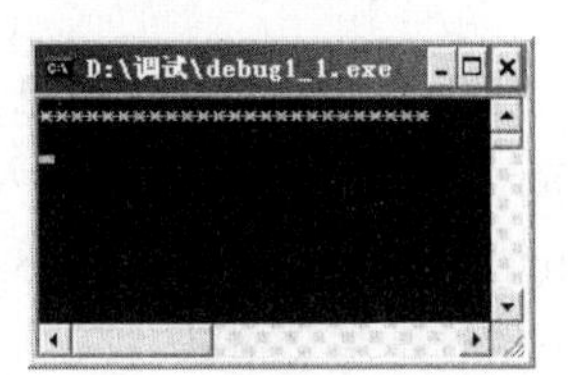

图6-11　单步执行程序

④ 继续按F8键，直到程序运行结束，在此过程中，可随时查看控制台窗口的输出情况。

提示　请使用 Trace Into 命令，或 F7 键，再次跟踪本程序的执行过程，并比较单步执行(Step Over)和跟踪(Trace Into)两种方式在本例中有无区别。

5．常见错误小结

(1)语句结尾丢掉分号

例如，下面程序由于某一(些)语句结尾丢掉了分号而导致出错。

```
program Err1_1(input, output);
{$APPTYPE CONSOLE}
begin
  writeln('Programing is fun.')
  readln
end.
```

程序编译错误，错误信息为：Missing operator or semicolon。说明“丢失运算符或分号”，其中单词 semicolon 是分号。双击错误信息，代码编辑器中定位在“readln”语句，观察代码是“writeln('Programing is fun.')”语句丢失了分号，因此错误的改正应该是在提示行的上一行。因为“readln”语句的下面是“end.”，所以“readln”语句要省略分号，如果“readln”语句加上分号也不为错，相当于在“end.”前多了一个空语句。

(2)语句中的分号、小括号和单引号是中文格式

① 语句结尾分号为中文全角的分号

例如，下面程序由于某一(些)语句结尾的分号错写为中文全角的分号而导致出错。

```
program Err1_2(input, output);
{$APPTYPE CONSOLE}
begin
  writeln('Programing is fun.')；
  readln
end.
```

程序编译显示有两个错误，一条错误信息为：Illegal character in input file: '；'($A3BB)，即符号'；'为非法字符，并提示错误位置在第 4 行；另一条错误信息为： Missing operator or semicolon，即“丢失运算符或分号”，提示错误位置在第 5 行。分别双击这两个错误信息，代码编辑器中定位两个错误的行分别是“writeln('Programing is fun.')；”语句和“readln”语句。分析发现“readln”语句不需要加分号，所以两个错误位置均在“writeln('Programing is fun.')；”语句，这个语句中有一个分号，但是这个分号是中文标点，所以编译器不认为它是 Pascal 语言的合法标识符。修改代码的方法是把“writeln('Programing is fun.')；”语句中的分号改为英文半角的分号。

② 单引号为中文输入法状态下的单引号

例如，下面程序由于某一(些)语句中的单引号错写为中文输入法状态下的单引号而导致出错。

```
program Err1_3(input, output);
```

```
{$APPTYPE CONSOLE}
begin
  writeln('Programing is fun.' );
  readln
end.
```

程序编译显示有两个错误，错误信息分别为：Illegal character in input file: ' ' '($A1AE)，Undeclared identifier: ' fun '。即说明在输入语句中' ' '是非法的字符，且“fun”是未被声明的标识符，因为writeln语句中的一对单引号不是半角英文的单引号，所以引发了这两个错误。

③ 语句中的小括号是中文格式

例如，下面程序由于把小括号错写为中文格式的全角小括号而导致出错。

```
program Err1_4(input, output);
{$APPTYPE CONSOLE}
begin
  writeln('Programing is fun.');
  readln
end.
```

程序编译显示有两个错误，两个错误信息分别为：Illegal character in input file: '(' ($A3A8)，Illegal character in input file: ')' ($A3A9)。这两个错误信息说明了writeln语句中的小括号均为非法的标识符。因为writeln语句两侧小括号是中文格式，所以引发了这两个错误。

(3) 关键字的单词拼写错误

例如，下面程序由于关键字写错而导致出错。

```
program Err1_5(input, output);
{$APPTYPE CONSOLE}
begin
  writln('Programing is fun.');
  readln
end.
```

程序编译显示的错误信息为：Undeclared identifier: ' writln '，即“writln ”是未被声明的标识符，因为writeln关键字拼写错误。

(4) 丢失语句{$APPTYPE CONSOLE}

例如，下面程序由于丢失语句{$APPTYPE CONSOLE}而导致出错。

```
program Err1_6(input, output);
begin
  writeln('Programing is fun.');
  readln
end.
```

程序编译有0个提示、0个警告和0个错误，但是运行程序时，弹出错误对话框，提示有运行错误：Runtime error 105 at 0040398D。引发此错误的原因是，丢失了{$APPTYPE CONSOLE}语句，编译器不知道当前程序是控制台应用程序。修改此错误的方法有两种，一种是，在程序说明部分，增加注释语句{$APPTYPE CONSOLE}；另一方法是，在【Project】|【Options…】命令中，打开工程选项对话框，在Linker标签页面中，选中“Generate console application”复选框，告诉编译器当前生成的是控制台应用程序，则{$APPTYPE CONSOLE}注释语句可以省略不写。

(5) writeln或write语句要输出的字符串两侧丢失一对单引号

例如，下面程序由于输出语句要输出的字符串两侧丢失一对单引号而导致出错。

```
program Err1_7(input, output);
  {$APPTYPE CONSOLE}
begin
  writeln(Programing is fun. );
  readln
end.
```

程序编译显示有两个错误，错误信息分别为：Undeclared identifier: ' Programing ',

Undeclared identifier: ' fun '。说明“Programing”和“fun”是未被声明的标识符，因为这两个单词两侧丢失单引号，所以引发了这两个错误。

6．实验内容

(1)改错题

下面给出了一个有错误的源程序，其文件名 Error1_1.dpr。

```
program Error1_1(input,output);
begin
  writeln( '*****);
  readln
end.
```

改正错误后程序的运行结果如下：

```
*****
```

(2)改错题

下面给出了一个有错误的源程序，其文件名 Error1_2.dpr。

```
program Error1_2(input,output);
  {$APPTYPE CONSOLE}
begin
  writln(Hello world! );
  readln
end.
```

改正错误后程序的运行结果如下：

```
Hello world!
```

(3)改错题

下面给出了一个有错误的源程序，其文件名 Error1_3.dpr。

```
program Error1_3(input,output);
  {$APPTYPE CONSOLE}
begin
  writeln('It's a dog.');
  readln
end.
```

改正错误后程序的运行结果如下：

```
It's a dog.
```

(4)编程题

编写一个程序，在屏幕上输出如下图形：

```
    *
  * *
* * *
```

(5)编程题

编写一个程序，按照下述格式输出数据。

```
------------------------------------------------------------------
Class        Number of student       Average
------------------------------------------------------------------
Class one             30                85.5
Class two             35                86
Class three           32                80.5
Class four            38                82
------------------------------------------------------------------
```

6.1.2　顺序程序设计

1．实验目的

- 熟练掌握基本输入和输出语句；
- 掌握基本数据类型的常量的表示、变量的定义和表达式的正确使用；
- 能够设计简单的顺序结构的程序；

• 掌握基本调试方法，调试过程中能使用自动提示功能和监视列表查看变量的值；
• 理解程序测试的目的，能够设计合理的测试用例，以检验程序的正确性和健壮性。

2. 编程示例

例 3 输入存款金额 *money*、存期 *year* 和年利率 *rate*，根据下列公式计算存款到期时的利息 *interest*，输出时保留 2 位小数。

$$interest = money(1 + rate)^{year} - money$$

(1) 分析

根据公式及题意可知，变量 *year* 应该为整型数据，其余 3 个变量均为实型数据。

(2) 算法

由公式可知，首先输入 3 个数据：*money*、*rate* 和 *year*，然后根据公式计算利息 *interest*。需要注意的是 Pascal 语言中没有提供幂函数，可用复合函数 $x^n = \exp(n \times \ln(x))$ 来计算。

(3) 源程序

```
program CalculateInterest (input, output);
{$APPTYPE CONSOLE}
var
  year: integer;
  money, rate, interest: real;
begin
  write('Please input money,year and rate:');
  readln(money, year, rate);
  interest := money * exp(year * ln(1 + rate) ) - money;
  writeln('interest =', interest:0:2);
  readln
end.
```

输入输出示例：

测试用例 1：存款金额为 1000，存期为 3，年利率为 0.025。

运行程序如下：

```
Please input money, year and rate:1000   3   0.025
interest =76.89
```

测试用例 2：存款金额为-1000，存期为 3，年利率为 0.025。

运行程序如下：

```
Please input money, year and rate:-1000   3   0.025
interest =-76.89
```

测试用例 3：存款金额为 1000，存期为-3，年利率为 0.025。

运行程序如下：

```
Please input money, year and rate:1000   -3   0.025
interest =-71.40
```

测试用例 4：存款金额为 1000，存期为 3，年利率为-0.025。

运行程序如下：

```
Please input money, year and rate:1000   3   -0.025
interest =-73.14
```

说明 只要运行第一个测试用例就可以知道程序运行结果是正确的，为什么要设计多个测试用例呢？因为，第一个测试用例只是验证了程序的正确性，程序的质量不仅仅要求它具有正确性，还要有健壮性、安全性等多个属性。

软件的质量属性很多，如正确性、精确性、健壮性、可靠性、性能、易用性、安全性、可扩展性、可移植性、可维护性、可复用性等等。这些质量属性可分为两大类：“功能性”与“非功能性”。其中，功能性质量属性有 3 个：正确性、健壮性和可靠性。作为初学者，目前首先要关注的是功能性的属性。

软件测试可以提高软件的质量。软件测试是一门学问。在成熟的软件企业，软件测试成本已经占到软件开发成本的半数以上。软件测试要根据测试的目的，选择合适的测试方法，编写测试用例，测试程序的质量。不仅要选择合理的输入数据，对于非法的输入也要设计测试用例进行测试。

在本例中，设计了 4 个测试用例对程序进行测试。测试用例 1 验证了程序的正确性，正确性是指软件按照需求正确执行任务的能力。测试用例 2、用例 3、用例 4 是检查程序的健壮性。健壮性是指在异常情况下，软件能够正常运行的能力。正确性与健壮性的区别是：前者是描述程序在需求范围之内的行为，而后者描述程序在需求范围之外的行为。

分析本题，由题意可知，存款金额、存期、年利率都不能是负数。测试用例 2、用例 3、用例 4，是检查一旦发生存款金额、存期、年利率为负数的意外情况下，软件是否能正常运行的能力。对于测试用例 2、用例 3、用例 4，本例的程序能够执行，但是运行的结果显然不符合实际情况，在发生用户的错误输入后，程序不能正确处理，所以该程序的健壮性差。在学习了分支结构和循环结构的程序设计后，可以改进该程序的健壮性。

3. 调试实例

要求　改正程序中的错误，使用单步执行(Step Over)或跟踪(Trace Into)控制程序执行，观察程序执行过程中变量的变化。

例 4　编写一个程序，输入圆柱体的底面半径和高，求圆柱体的体积。

下面给出了一个有错误的源程序，其文件名 debug1_2.dpr。

```
program debug1 2 (input, output);
{$APPTYPE CONSOLE}
var
  height, radius : real;
begin
  volume = pi * radius * radius * height;
  write('radius=');
  readln(radius);
  write('height=');
  readln(height);
  writeln('volume=', volume:8:3);
  readln;
end.
```

(1) 打开文件。在 Delphi 7 集成编辑环境下，通过【File】|【Open...】命令，打开工程文件 debug1_2.dpr 。

(2) 编译。使用快捷键【Ctrl+F9】，对代码进行编译。弹出 Compiling 对话框，显示“Hints: 0 Warnings: 0 Errors: 2”，如图 6-12 所示。

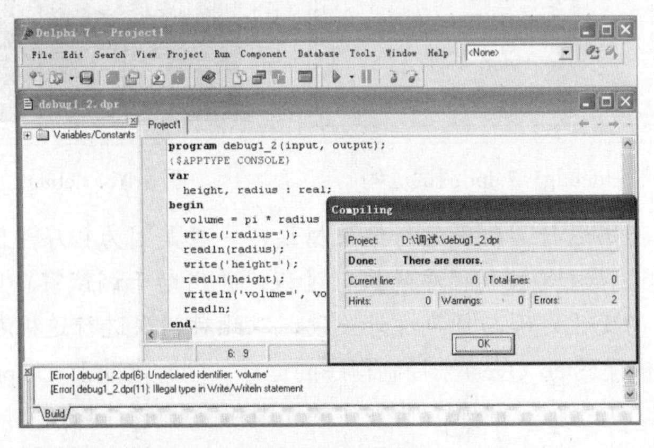

图 6-12　编译工程文件 debug1_2.dpr

Messages 窗口给出了详细的错误信息及所在的位置，错误信息如下：

```
[Error] debug1_2.dpr(6): Undeclared identifier: 'volume'
[Error] debug1_2.dpr(11): Illegal type in Write/Writeln statement
```

双击第一条错误信息，代码编辑器中出错行以高亮颜色显示，如图 6-13 所示。错误信息：标识符 volume 未说明，没有定义。代码修改：在程序说明部分，增加变量 volume 的定义。

(3) 重新编译。代码修改后，按【Ctrl+F9】组合键，对代码重新编译。编译对话框显示有 1 个错误，Messages 窗口给出的错误信息如下：

```
[Error] debug1_2.dpr(6): ':=' expected but '=' found
```

在 Messages 窗口中，右键单击错误信息，在快捷菜单中选择【View Source】命令，在代码编辑器中，出错行以高亮颜色显示，如图 6-14 所示。

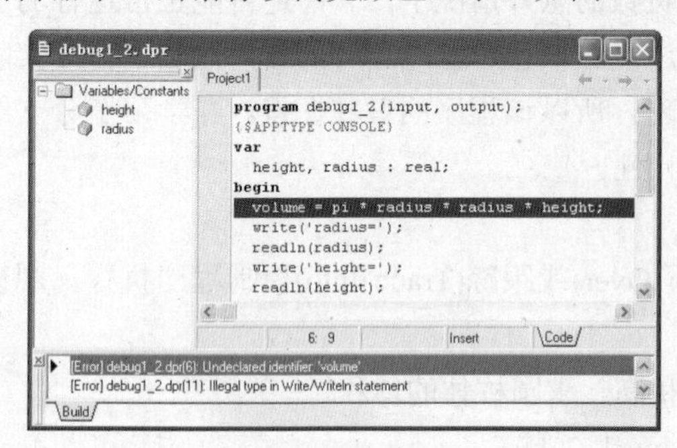

图 6-13　工程文件 debug1_2.dpr 调试过程

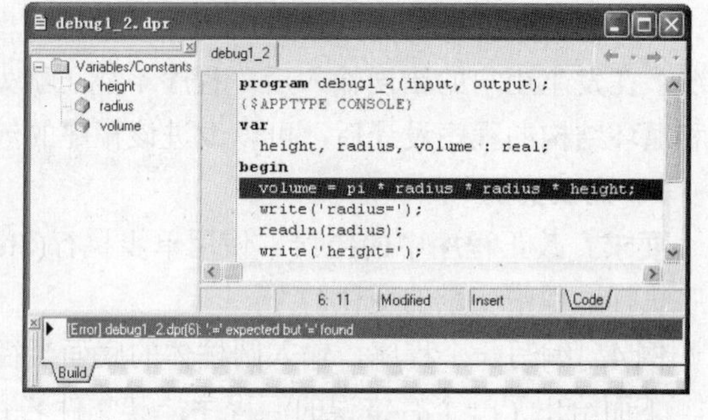

图 6-14　工程文件 debug1_2.dpr 调试过程

Messages 窗口的错误提示是：期望出现赋值号“:=”，但是却发现了等号“=”。由题意可知，这里是对变量 volume 赋值。代码修改：将等号改为赋值号。

(4) 重新编译。按【Ctrl+F9】组合键，对代码重新编译，如图 6-15 所示。

Compiling 对话框显示有 2 个 Hints(提示)，2 个 Warnings(警告)，0 个 Errors(错误)。提示和警告不影响程序编译、链接生成可执行文件，因此程序可以运行。

(5) 运行程序。按 F9 键运行程序，在控制台窗口输入底面半径为 1，高为 1，程序计算的圆柱体的体积为 0.000，结果错误，如图 6-16 所示。

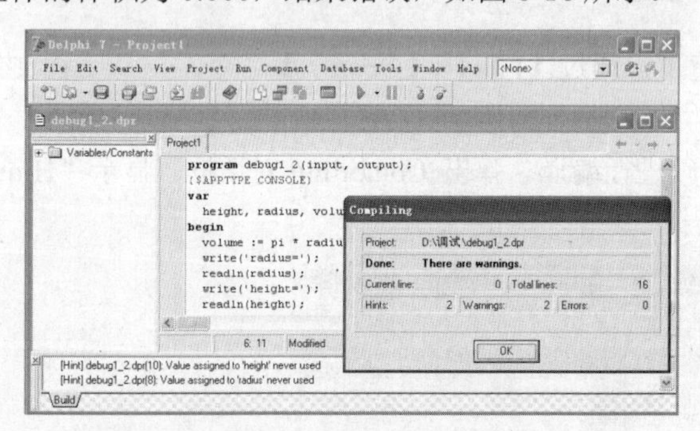

图 6-15　工程文件 debug1_2.dpr 调试过程

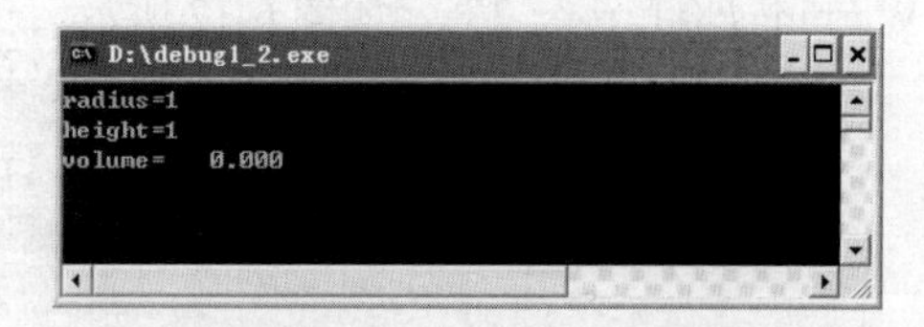

图 6-16　debug1_2.dpr 运行结果

附注　如果程序能够运行，但是运行结果错误，一般是因为程序中隐藏着逻辑错误。排查逻辑错误的基本方法，就是控制程序的执行过程，并借助于调试窗口监控变量和表达式的值的变化，查看变量的变化是否与预期设计一致，以此对错误进行追根溯源。

本例将通过单步执行(Step Over)来控制程序的运行，同时借助于 Delphi 提供的自动提示功能和监视列表监看变量的变化，对逻辑错误发生的原因和位置进行排查。

(6) 单步执行程序。按 F8 键，启动单步执行程序，绿色箭头指向程序的入口 begin 语句。

(7) 按 F8 键，继续单步执行，绿色箭头指向语句“volume := pi * radius * radius * height; ”，将要执行该语句，还未执行。此时，将光标放在变量 height 上，变量 height 的下方出现黄色底色的矩形提示框，提示当前变量的值是：height=0 ，如图 6-17 所示。同样把光标放在变量 radius 上，提示的值也是：radius=0 。代码的自动提示功能说明了当前这两个变量的值都是 0。

(8) 按 F8 键，继续单步执行，绿色箭头指向语句“ write('radius='); ”，则上一行的代码已经执行完毕。将光标放在变量 volume 上，提示值为：volume=0 。

(9) 添加监视。使用【Run】|【Add Watch…】命令，打开 Watch Properties 对话框，在 Expression(表达式) 文本框中，输入变量名 volume，单击【OK】按钮，添加了监视表达式。弹出 Watch List(监视列表) 窗口，从监视列表窗口中，可以看到变量 volume 的值为 0，如图 6-18 所示。

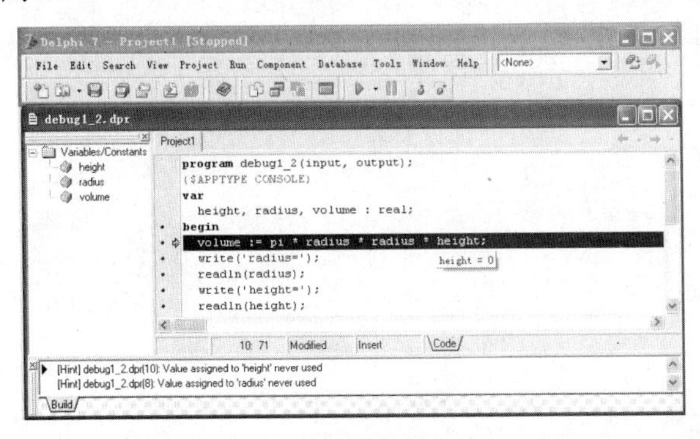

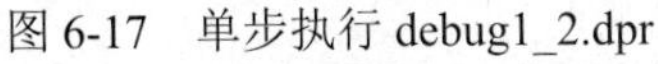
图 6-17　单步执行 debug1_2.dpr

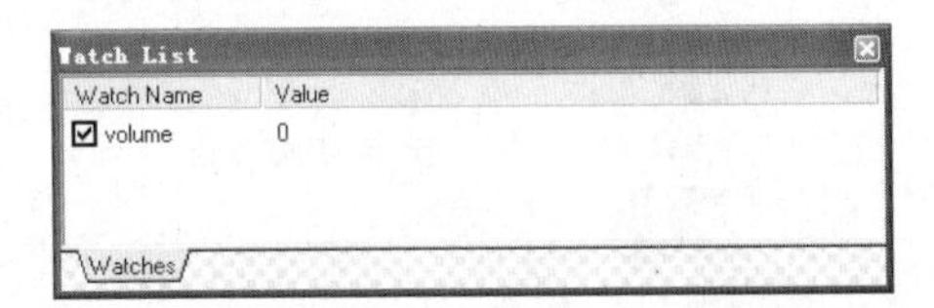

图 6-18　Watch List 窗口

(10) 继续按 F8 键，直到程序运行结束，从监视列表窗口可知，变量 *volume* 的值始终为 0。单步执行完毕后，可以发现错误的原因是语句的先后顺序错误，应该先输入变量 radius 和 height 的值，才能计算体积 volume。

事实上，编译器已经给出了此错误的信息，在程序编译和单步执行的过程中，Messages 窗口始终有 2 个提示和 2 个警告信息，这些信息如下：

```
[Hint] debug1 2.dpr(10): Value assigned to 'height' never used
[Hint] debug1 2.dpr(8): Value assigned to 'radius' never used
[Warning] debug1 2.dpr(6): Variable 'radius' might not have been initialized
[Warning] debug1_2.dpr(6): Variable 'height' might not have been initialized
```

两个提示，说明了给变量 height 和 radius 赋的值，从来没有被使用过。两个警告，说明了在计算 volume 时，变量 height 和 radius 还没有被初始化。

代码修改：调整语句顺序，如图 6-19 所示。

(11) 编译并运行程序，运行结果正确。

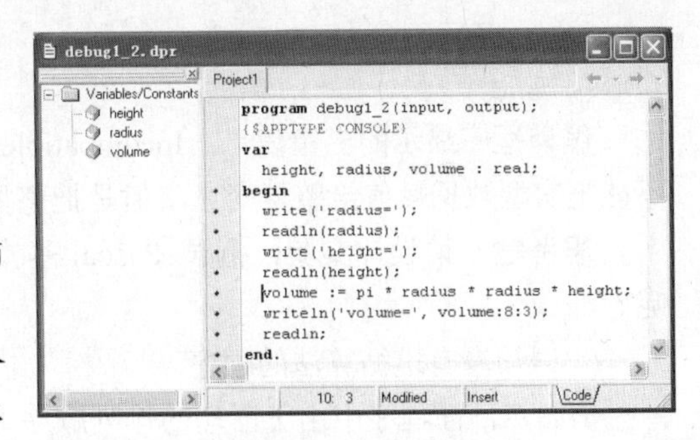

图 6-19　修改后代码

附注

(1) 该程序健壮性差，若输入错误的数据，则程序运行结果与现实情况不符，学习分支结构或循环结构后，可改善此程序的健壮性。

(2) 程序在编译后，只要没有产生错误，就会链接生成可执行文件，因此提示和警告不影响程序的运行。但是，一定要重视程序编译后，产生的提示和警告，这些提示和警告常常显示了代码中一些难以发觉的逻辑错误的信息。

4．常见错误小结

(1)变量没有定义

在 Pascal 语言中，变量必须先定义后使用。例如：

```
program Err1_8(input, output);
{$APPTYPE CONSOLE}
var
  a, b: integer ;
begin
  a := 5;
  b := 100;
  c := a * b;
  writeln('c =', c);
  readln;
end.
```

编译程序显示的出错信息：Undeclared identifier : ‘c’ 。说明了变量 c 没有定义，程序不能运行。

(2)变量没有赋初值

例如，下面程序中有的变量没有赋初值。

```
program Err1_9 (input, output);
{$APPTYPE CONSOLE}
var
  a, b, c: integer ;
begin
  readln(a);
  c := a * b;
  writeln('c =', c);
  readln;
end.
```

编译程序显示有 0 个错误，但是有一个警告，警告信息：Variable ‘b’ might not have been initialized 。说明了变量 b 没有被赋初值，程序能够执行，但是结果错误。

(3)不同类型的变量互相赋值，可能会出错

例如，下面程序中由于赋值不相容而导致错误。

```
program Err1_10 (input, output);
{$APPTYPE CONSOLE}
var
  a, b: real ;
  c: integer;
begin
  a:=12.56;
  b:=9.8;
  c := a * b;
  writeln('c =', c);
  readln;
end.
```

编译程序显示的出错信息：Incompatible types:’Integer’ and ‘Extended’。说明类型不相容，即不能把实型数据赋值给整型变量。但是把整型数据赋值给实型变量是可以的。

思考题 请设计实验，测试 Pascal 基本数据类型的变量在赋值的时候，什么类型是相容的呢？

(4)语句没有遵循算法的顺序

例如，下面程序中由于语句的排列顺序下的语义与其算法的语义不一致而导致错误。

```
program Err1_11 (input, output);
{$APPTYPE CONSOLE}
var
  a, b: real ;
begin
  b:=2*a;
```

```
    readln(a);
    writeln('b =', b);
    readln;
  end.
```

程序的功能是求出变量 b 的值，并输出。变量 b 的值是变量 a 的 2 倍。程序能够运行，但结果不正确，可以通过单步追踪发现程序语句的顺序是错误的。

该程序在编译时，有一个提示和一个警告信息。提示：Value assigned to ‘a’ never used，即赋给变量 a 的值从来没有使用过。警告：Variable ‘a’ might not have been initialized，即在计算时变量 a 没有被初始化。因此在程序编译时，要重视编译器给出的提示和警告信息。

(5) 赋值号和等号混淆

例如，下面的错误程序，是由于把赋值号和等号混淆而导致的。

```
program Err1_12(input, output);
{$APPTYPE CONSOLE}
var
  a: real ;
begin
  a=10;
  writeln('a =', a);
  readln;
end.
```

编译程序显示的出错信息：‘:=’ expected but ‘=’ found 。说明现在是需要一个赋值号，不是等号。

(6) 数据溢出错误

例如，下面的错误程序，是由于超出了某数据类型的值域而导致的。

```
program Err1_13 (input, output);
{$APPTYPE CONSOLE}
var
  a: integer ;
begin
  a:= 12345678910;
  writeln('a =', a);
  readln;
end.
```

编译程序显示的出错信息：Constant expression violates subrange bounds，因为给变量所赋的值，已经超过了 integer 类型的值域的数据范围。

附注　本题的实验环境是字长为 32 位的计算机。

5. 实验内容

(1) 阅读程序，给出程序运行结果。

① 注意，在不同系统中，变量的默认域宽不相同。

```
program Read1_1(input, output);
{$APPTYPE CONSOLE}
const
  s = 'abcd';
var
  i: integer;
  r: real;
  c: char;
  b: Boolean;
begin
  i := 1234;
  r := 123.456;
  c := '*';
  b := true;
  writeln(i, i:5, i:3);
  writeln(r, r:8:4, r:8:2);
  writeln(c, c:4);
  writeln(s, s:8, s:3);
```

```
    writeln(b, b:5, b:3);
    readln
  end.
```

② 阅读下面程序，给出其运行结果。

```
  program Read1_2 (input, output);
  {$APPTYPE CONSOLE}
  begin
    writeln(1, 2, 3, 4, 5);
    writeln(1:4, 2:4, 3:4, 4:4, 5:4);
    writeln('a', 'b', 'c', 'd', 'e');
    writeln('a':4, 'b':4, 'c':4, 'd':4, 'e':4);
    writeln(123, 'abc');
    writeln(123:4, 'abc':4);
    writeln(123, ' ':6, 'abc');
    readln
  end.
```

③ 运行下面程序，观察其运行结果。

```
  program Read1_3 (input, output);
  {$APPTYPE CONSOLE}
  var
    a: real;
  begin
    a:= 1.2233445566778899;
    writeln( 'a=', a);
    readln
  end.
```

附注 计算机不能精确表示实数，只能表示特定数据范围和精度范围内的实数。

(2) 改错题。编写一个程序，输入商品的单价和数量，输出商品的总价值。

下面给出了一个有错误的源程序，其文件名 Error1_4.dpr。

```
  program Error1_4(input, output);
  {$APPTYPE CONSOLE}
  var
    price, num, TotalPrice: shortint;
  begin
    price := 500;
    num := 100;
    TotalPrice := price * num;
    writeln('TotalPrice =', TotalPrice);
    readln;
  end.
```

改正错误后程序的运行结果如下：

```
  TotalPrice = 50000
```

(3) 改错题。编写一个程序，按下面的公式计算三角形面积。其中，a,b,c 为三角形的三边长。计算三角形面积公式为：$area=\sqrt{s(s-a)(s-b)(s-c)}$。其中，$s=\frac{a+b+c}{2}$。

下面给出了一个有错误的源程序，其文件名 Error1_5.dpr。

```
  program Error1_5(input,output);
  {$APPTYPE CONSOLE}
  var
    a,b,c,s,area:real;
  begin
    writeln('Please input three numbers');
    readln(a,b,c);
    area = sqrt(s(s - a) (s - b) (s - c) );
    s = (a+b+c) / 2;
    writeln('area = ',area:5:2 );
    readln;
  end.
```

(4) 编程题(基础题)。从键盘输入三个数给 a，b，c，然后交换它们的值，即把 a 中原来的数给 b，把 b 中原来的数给 c，把 c 中原来的数给 a，最后输出它们的值。

(5) 编程题(基础题)。从键盘输入一个三位数的整数，分别计算其个位、十位、百位上的数字，并反向构成一个三位数输出，例如输入 123，输出 321。

(6) 编程题(基础题)。从键盘输入小写英文字母，将其变为大写字母输出，同时输出该大写字母的 ASCII 码值。

(7) 编程题(中等难度)。某车棚存有自行车和三轮车共 65 辆，它们的轮子数合计为 150 个，求自行车和三轮车分别有多少辆?

(8) 编程题(基础题)。编写一个程序，声明一个整型变量，将其值赋为 maxint，输出其值，然后将其值增 1，再次输出其值。

附注　在计算机中每种数据类型的取值范围都是有限的，这与数学上的数据类型不同。对于整数，计算机能够表示的数据范围受机器字长的限制。在字长为 32 位的机器中，能表达的数据范围是 $-2^{31} \sim 2^{31}-1$，即 -2147483648 ~ 2147483647。在 Pascal 中，maxint 的值是 $2^{w-1}-1$，其中 W 代表机器的字长。本题中，可以将整型变量的值赋为 maxlongint 进行上述实验，maxint 和 maxlongint 都是 Pascal 中的常量。

(9) 编程题(基础题)。整数的运算。从键盘输入两个整数，分别计算它们的和、差、积、商、整除及取余运算，并将计算的结果输出。

6.1.3　分支程序设计

1. 实验目的

- 学会正确使用逻辑运算符和逻辑表达式、关系运算符和关系表达式;
- 熟练掌握 if 语句和 case 语句，掌握嵌套的分支结构;
- 了解程序流程图(算法的一种图表示)的画法，能够读懂基本流程图;
- 熟练使用 Step Over、Trace Into、Run to cursor 命令控制程序的执行过程;
- 能熟练使用监视列表，监看程序执行过程中表达式的变化;
- 理解程序测试的目的，针对分支结构的程序能够设计合理的测试用例。

2. 编程示例

例 5　利用分支结构处理程序的非法输入，对本单元中的例 3 的代码进行修改，增强程序的健壮性。

(1) 分析

由例 3 的题意可知，存款金额、存款期限、年利率都不能为负数，因此可使用分支结构对非法输入进行限制。

(2) 方法

利用分支结构处理程序的非法输入。

方法 1　修改后的源代码如下。

```
program CalculateInterest (input, output);
{$APPTYPE CONSOLE}
var
  year: integer;
  money, rate, interest: real;
begin
  write('Please input money,year and rate:');
  readln(money, year, rate);
  if (money<0) or (year<0) or(rate<0) then
    begin
```

```
        writeln('Data can''t is negative');        {数据不能是负数}
        readln;
        halt  {用于强行终止应用程序的执行,返回操作系统,非正常退出方式}
      end;
    interest := money * exp(year * ln(1 + rate) ) - money;
    writeln('interest =', interest:0:2);
    readln
  end.
```

附注 在方法 1 中，使用分支语句对非法输入进行了判断，如果三个变量中只要有一个是负数，就输出提示信息：数据不能是负数（Data can't is negative），然后利用 halt 语句强行终止应用程序的执行，返回操作系统（非正常退出方式）。这种方法的缺点是：程序的出口将不止一个。

方法 2 修改后的源代码如下：

```
  program CalculateInterest (input, output);
  {$APPTYPE CONSOLE}
  var
    year: integer;
    money, rate, interest: real;
  begin
    write('Please input money,year and rate:');
    readln(money, year, rate);
    if (money<0) or (year<0) or(rate<0) then
      writeln('Data can''t is negative')
    else
        begin
          interest := money * exp(year * ln(1 + rate)) - money;
          writeln('interest =', interest:0:2);
        end;
    readln
  end.
```

对比两种修改方法，方法 2 比方法 1 更规范，在 Delphi 的编码规范中，每个子程序尽量只有一个出口，避免引出多个出口。

例 6 请写出一个程序，输入商品价格，求打折后的价格，流程图如图 6-20 所示。

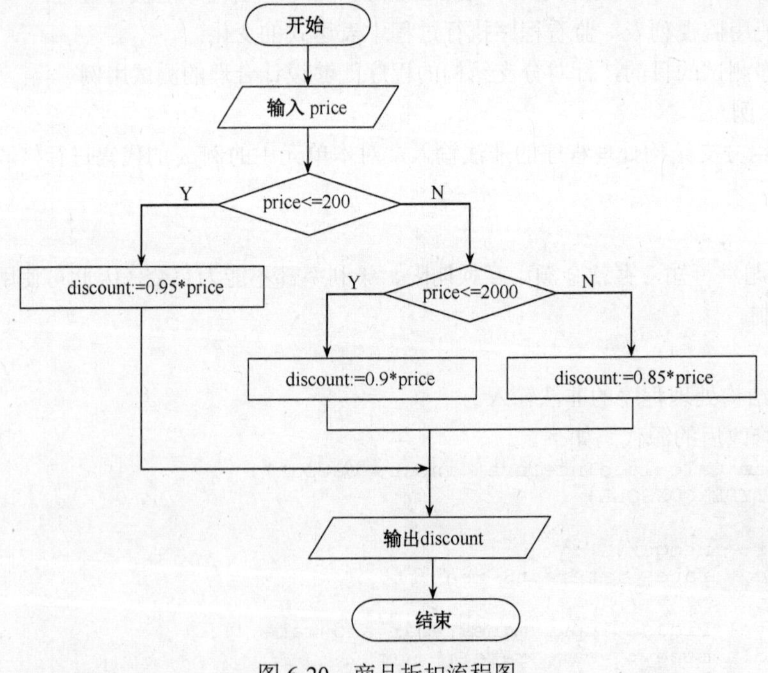

图 6-20 商品折扣流程图

(1) 分析

由流程图可知，本题涉及到两个变量，商品价格 price 和打折后的价格 discount，共有 3 种打折情况，分别是：九五折，九折，八五折，由商品价格的范围决定了打折的情况。

(2) 算法

① 输入商品价格 y。

② 判断，若 price≤200 成立，则折扣为九五折，计算折扣后的价格 discount:=0.95*y。若 price≤200 不成立，则继续判断，是否 price≤2000，若是，则折扣为九折，计算折扣后的价格 discount:=0.9*y。若 price≤2000 不成立，则折扣为八五折，计算折扣后的价格 discount:=0.85*y。

③ 输出折扣后的价格 discount。

(3) 源程序

```
program CalculateDiscount (input, output);
{$APPTYPE CONSOLE}
var
  price, discount: real;
begin
  write('please input price:');
  readln(price);
  if price <= 200 then
    discount := 0.95 * price
  else if price <= 2000 then
    discount := 0.9 * price
  else
    discount := 0.85 * price;
  writeln('discount = ', discount:8:2);
  readln;
end.
```

(4) 程序测试

程序测试的目的是为了发现软件的缺陷，成功的测试在于发现了迄今尚未发现的缺陷。对于简单的分支结构的程序测试，设计测试用例的方法一般使用路径覆盖测试、边界测试等。

路径覆盖是使程序中每一条可能的路径至少执行一次。对于简单的程序，路径覆盖测试所需的测试用例很少，但是对于复杂的程序，路径数量巨大，要想实现路径覆盖几乎不可能。对于本例，要实现分支结构的每一条路径被覆盖，至少设计三个测试用例，如下所示：

```
测试用例1:  price=100   discount=95
测试用例2:  price=1000  discount=900
测试用例3:  price=3000  discount=2550
```

工作经验告诉我们，大量的错误是发生在输入或输出范围的边界上，而不是发生在输入输出范围的内部。因此针对各种边界情况设计测试用例，可以查出更多的错误。数值的选取应该是正好等于，刚刚大于或刚刚小于边界的值作为测试用例。对于本例，要进行边界测试，至少要设计两个测试用例，如下所示：

```
测试用例4:  price=200   discount=190
测试用例5:  price=2000  discount=1800
```

除此之外，还要对需求范围之外的数据设计测试用例，用于检测程序的健壮性。例如本例若用户意外输入一个负数，看程序是否能够给出合理的输出信息。

```
测试用例6:  price=-1000   输出提示信息，提示数据输入错误！
```

以上的 6 个测试用例给出了程序在输入 6 种数据后，应该给出的正确的输出结果。分别利用以上测试用例运行程序，检验程序的正确性和健壮性。

通过测试可知，测试用例 6，预计输出结果与实际输出结果不符，当输入 price=-1000 时，输出结果为 discount=-950。由题意可知商品价格不能是负数，程序正确的输出应该是给出提示信息，提示输入数据有错误，由此可知程序有缺陷。分析产生错误的原因，是当 price=-1000 时，执行了 else 语句，产生了错误。

(5) 修改代码

```
program CalculateDiscount (input, output);
{$APPTYPE CONSOLE}
var
  price, discount: real;
begin
  write('please input price:');
  readln(price);
  if price <=0 then
    discount := 0
  else if price <= 200 then
    discount := 0.95 * price
  else if price <= 2000 then
    discount := 0.9 * price
  else
    discount := 0.85 * price;
  if abs(discount)<1e-6 then
     writeln('data error!')
  else
     writeln('discount = ', discount:8:2);
  readln;
end.
```

(6) 回归测试

回归测试是指修改了旧代码后，重新进行测试，以确认修改没有引入新的错误或导致其他代码产生错误。回归测试将大幅降低系统测试、维护升级等阶段的成本。

例 7 请写一个程序，要求输入月份，判断其季节，已知流程图如图 6-21 所示。

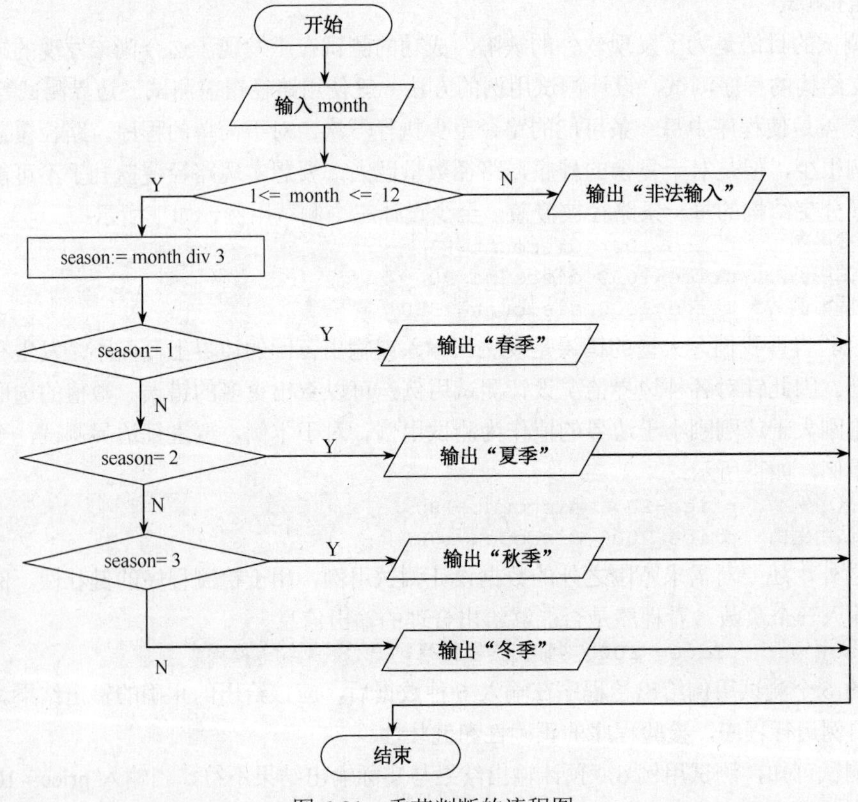

图 6-21 季节判断的流程图

(1) 分析

在我国北方一般以公历 3 月、4 月、5 月份为春季，6 月、7 月、8 月份为夏季，9 月、10 月、11 月份为秋季，12 月、1 月、2 月份为冬季。3、4、5 这三个数对 3 整除结果均为 1，6、7、8 这三个数对 3 整除结果均为 2，9、10、11 这三个数对 3 整除结果均为 3。

(2) 算法

① 输入月份 month。

② 判断月份的数字是否合法，若不合法，输出提示信息。

③ 月份若在 1 和 12 之间，则计算季节 season:=month div 3，然后进行判断，若 season=1，则输出“春季”，若 season=2，则输出“夏季”，若 season=3，则输出“秋季”，否则，输出“冬季”。

(3) 源程序

方法 1　使用 if 语句进行程序设计

```
program CalculateSeason(input, output);
{$APPTYPE CONSOLE}
var
  month, season: integer;
begin
  write('please input month:');
  readln(month);
  if (month < 1) or (month > 12) then
     writeln('data error!')
  else
    begin
      season := month div 3;
      if season = 1 then
        writeln('spring')
      else if season = 2 then
        writeln('summer')
      else if scason = 3 then
        writeln('autumn')
      else
        writeln('winter')
    end;
  readln;
end.
```

方法 2　使用 case 语句进行程序设计。

提示　12 月、1 月、2 月为冬季。12 整除 3 结果为 4，1 和 2 整除 3 结果为 0。

```
program CalculateSeason(input, output);
{$APPTYPE CONSOLE}
var
  month, season: integer;
begin
  write('please input month:');
  readln(month);
  if (month < 1) or (month > 12) then
  writeln('data error!')
  else
    begin
      season := month div 3;
      case season of
        1: writeln('spring');
        2: writeln('summer');
        3: writeln('autumn');
        4: writeln('winter');
        0: writeln('winter');
     end;
```

```
        end;
    readln;
  end.
```

提示 请根据路径覆盖测试、边界测试等方法设计合理的测试用例，验证以上两个程序的正确性和健壮性。

3. 调试实例

要求 请改正下面例 8 程序中的错误，练习使用 Step Over、Trace Into、Run to cursor 命令控制程序执行，利用监视列表观察程序执行过程中变量的变化。

例 8 编写一个程序，输入 x，计算并输出分段函数 y 的值，结果保留 2 位小数。

$$y=\begin{cases} x+2 & -10<x\le -5 \\ x & -5<x<5 \\ x-2 & 5\le x<10 \end{cases}$$

下面给出了一个有错误的源程序，其文件名 debug1_3.dpr。

```
program debug1 3 (input, output);
 {$APPTYPE CONSOLE}
var
  x, y: real;
begin
  readln(x);
  if -10<x<=-5 then
    y:=x+2;
  else if -5<x<5 then
    y:=x;
  else
    y:=x-2;
  writeln('y=',y:8:2);
  readln
end.
```

(1) 打开文件。在 Delphi 7 集成开发环境下，使用【Ctrl+F11】组合键，打开工程文件 debug1_3.dpr 。

(2) 编译。使用组合键【Ctrl+F9】对程序进行编译，编译对话框显示有 4 个错误。Messages 窗口的错误信息显示如下：

```
[Error] Project1.dpr(7): Incompatible types
[Error] Project1.dpr(9): ';' not allowed before 'ELSE'
[Error] Project1.dpr(9): Incompatible types
[Error] Project1.dpr(11): ';' not allowed before 'ELSE'
```

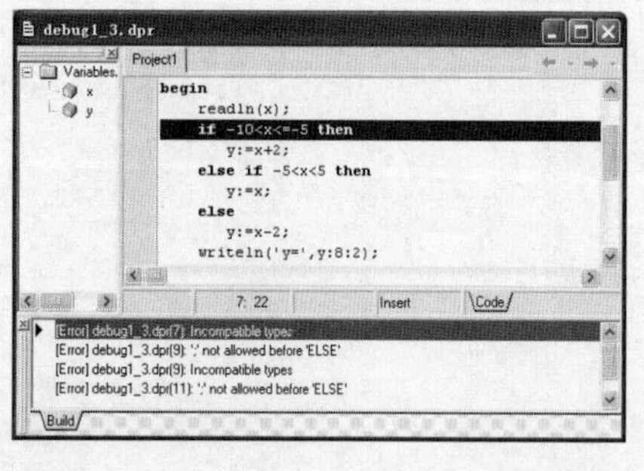

图 6-22 工程文件 debug1_3.dpr 调试过程

在 Messages 窗口中，选中第一条错误信息，右键单击，在快捷菜单中选择【View Source】命令，代码编辑器中错误行以高亮颜色显示，如图 6-22 所示。

第一条错误信息显示：不兼容的类型。说明错误行的代码中，出现了运算符两侧的操作数类型不兼容的情况。分析本行的代码，在表达式“-10<x<=-5”中，按从左到右的顺序先计算“-10<x”，结果为一个逻辑值(true 或 false)，这个计算结果再和整数-5 进行大小关系的比较，则在第二个运算符“<”的两侧出现了不兼容的数据类型，其左侧是一个逻辑值，右侧是一个整数，因此不能进行关系运算。代码改正方法：将关系表达式改为逻辑表达式，代码修改为“ if (-10<x) and (x<=-5) then ”，其中表达式中的小括号不可省略，否则会产生语法错误。

认真观察代码另一个分支结构中，有同种类型的错误，将其改正为“ else if (-5<x) and (x<5)

then ”。

(3) 重新编译。代码修改后，使用组合键【Ctrl+F9】重新编译程序，Messages 窗口的错误变为 2 个：

```
    [Error]  debug1 3.dpr(9):  ';'  not
allowed before 'ELSE'
    [Error]  debug1 3.dpr(11):  ';'  not
allowed before 'ELSE'
```

这两条错误信息均说明在 else 前面不允许出现分号。检查代码中两个 else 语句前均有分号。代码改正：将 else 语句前的分号删除。修改后的代码如图 6-23 所示。

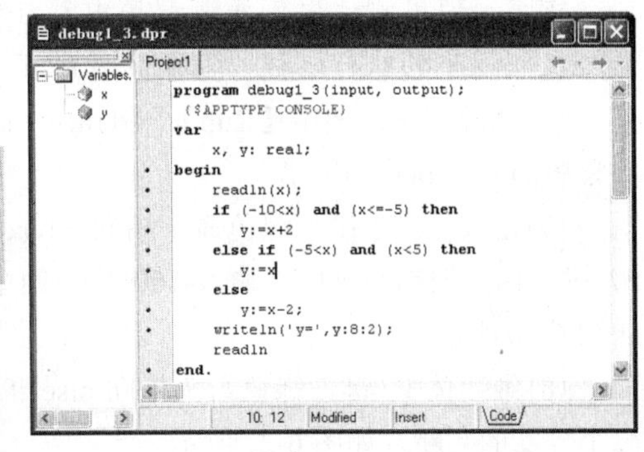

图 6-23　工程文件 debug1_3.dpr 调试过程

(4) 重新编译。代码修改后，重新编译程序，编译对话框显示有 0 个提示，0 个警告，0 个错误，如图 6-24 所示。

(5) 运行程序。按 F9 键，运行程序。输入测试用例：x 值为 1，y 的值应该为 1。运行结果如图 6-25 所示。

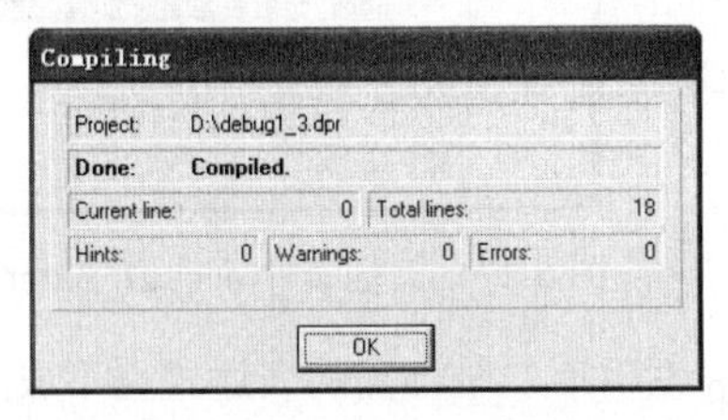

图 6-24　Compiling 对话框

图 6-25　运行结果

附注　采用一个测试用例对程序进行测试，程序运行结果正确，是不是就可以证明程序是正确的呢？答案是否定的。尤其是对于程序中有多条分支路径的情况下，需要对程序中每一条可执行的路径设计测试用例，并且还需要对分支结构的边界点进行边界测试。

本例是一个三分支的选择结构，根据路径覆盖的原则设计测试用例如下：

当 *x*=-7 时，*y*=-5。

当 *x*=0 时，*y*=0。

当 *x*=7 时，*y*=5。

本例有两个合法边界点，边界测试用例如下：

当 *x*=-5 时，*y*=-3。

当 *x*=5 时，*y*=3。

分别使用以上测试用例运行程序可以发现程序的运行结果都是正确的。即便如此，不能就确定程序是完全正确的。因为以上测试用例均是合法输入，也需要对程序需求之外的非法输入，设计测试用例，检查程序的健壮性，如下所示：

当 x=-100 时，*y* 无输出，程序应给出提示，变量 x 超过了定义范围。

当 *x*=-10 时，*y* 无输出，程序应给出提示，变量 *x* 超过了定义范围。

当 x=10 时，*y* 无输出，程序应给出提示，变量 *x* 超过了定义范围。

当 x=100 时，*y* 无输出，程序应给出提示，变量 *x* 超过了定义范围。

分别使用以上四个测试用例运行程序，程序运行结果与预测结果不符。由题意可知，这些变量 x 的输入都是非法输入，所以变量 *y* 应该没有计算值输出才对。但是这些用例的输出均有结果，由此可知，程序是错误的。

提示 使用测试用例发现程序中存在错误后，为了进一步明确错误的位置和原因，可以通过控制程序的执行过程，监视变量的变化来查找原因。

(6)跟踪程序。使用【Run】|【Trace Into】命令，或按 F7 键，启动跟踪程序，绿色箭头指向程序的入口 begin 语句。

(7)继续按 F7 键，绿色箭头指向“readln(x);”语句，将要执行该语句，还未执行。继续按 F7 键，调出控制台窗口，输入-100 后按回车键，程序控制自动返回到代码窗口，指向 if 语句，如图 6-26 所示。

(8)继续按 F7 键，绿色箭头指向 else if 语句，说明第一个分支的表达式不成立，即将进行第二个分支的判断，如图 6-27 所示。

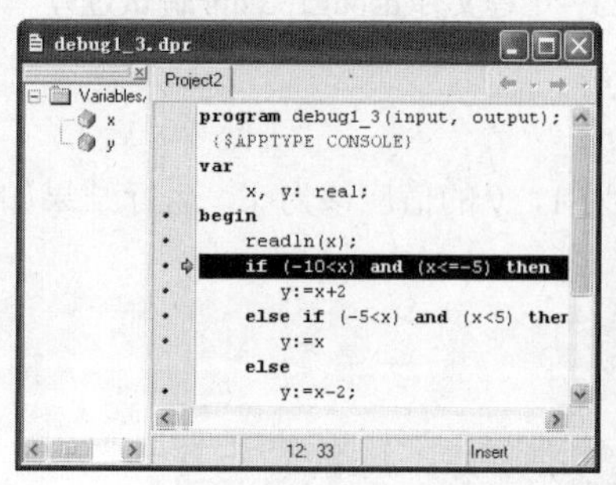

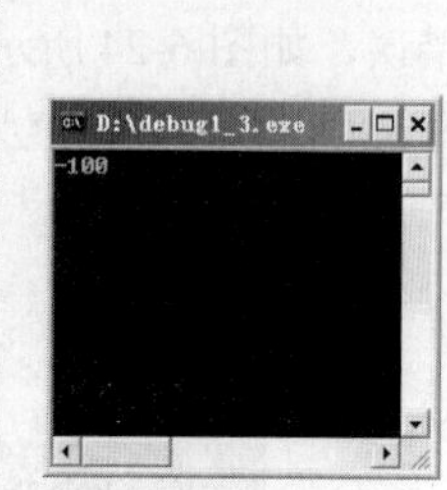

图 6-26 工程文件 debug1_3.dpr 调试过程

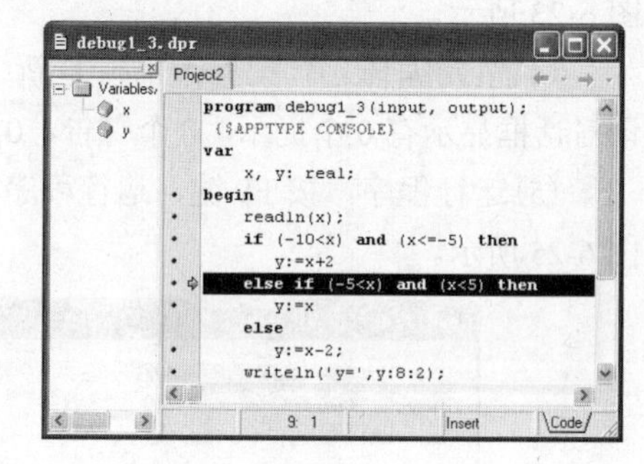

图 6-27 工程文件 debug1_3.dpr 调试过程

(9)继续按 F7 键，绿色箭头指向“y:=x-2”语句，说明第二个分支的表达式也不成立，即将执行 else 语句。

(10)添加监视。按【Ctrl+F5】组合键，打开 Watch Properties 对话框，在 Expression(表达式)文本框中，输入变量名 *x*，单击【OK】按钮，添加了监视表达式。同理，添加变量 *y* 的监视，在弹出的 Watch List(监视列表)窗口中，可以看到当前变量 *x* 的值为-100，变量 *y* 的值为 0，如图 6-28 所示。

(11)继续按 F7 键，绿色箭头指向“ writeln('y=',y:8:2);”语句，使用【View】|【Debug Windows】|【Watches】命令调出监视窗口，在监视列表中观察变量 *x* 的值为-100，变量 *y* 的值为-102，如图 6-29 所示。

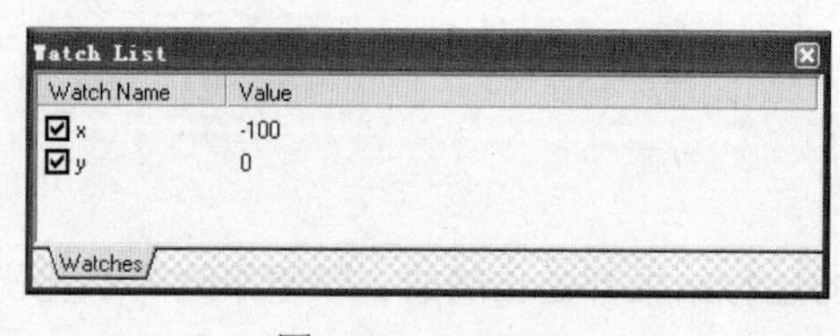

图 6-28 Watch List

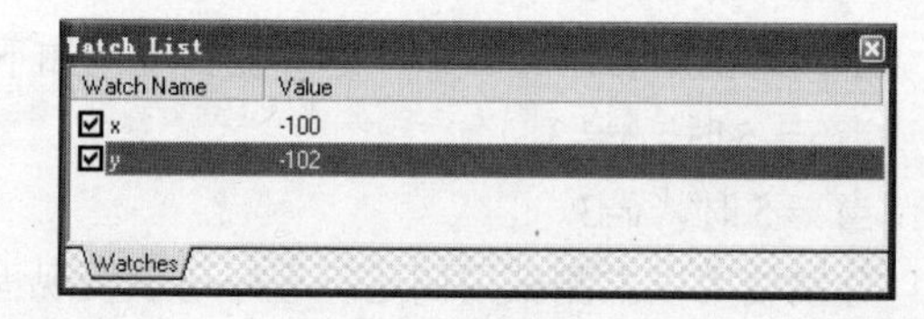

图 6-29 Watch List

(12)终止程序调试。发现错误原因在于第三个分支没有明确变量 *x* 的具体范围，使得非法数据也能执行第三分支的 else 语句。使用【Run】|【Program Reset】命令，或使用快捷键【Ctrl+F2】终止程序调试。

(13)修改代码。原则：对于合法的输入，每一条路径都要明确其范围，同时程序设计中要考虑非法输入的处理。代码修改如下：

```
program debug1_3(input, output);
 {$APPTYPE CONSOLE}
var
```

```
    x, y: real;
  begin
    readln(x);
    if (-10<x) and (x<=-5) then
      y:=x+2
    else if (-5<x) and (x<5) then
      y:=x
    else if (5<=x) and (x<10) then
      y:=x-2;

    if (x<= -10) or (x>=10) then
      writeln('data error!')
    else
      writeln('y=',y:8:2);
    readln
  end.
```

(14) 回归测试。修改代码后，分别使用以上的测试用例，对程序进行重新测试，程序运行结果均是正确的。

附注　借助于分支结构对程序的非法输入进行处理，是增强程序健壮性保证程序质量的一种方法。

思考题　在本例中，增加了非法输入的处理语句后，编译程序产生了一个警告信息[Warning] debug1_3.dpr(17): Variable 'y' might not have been initialized，但不影响整个程序的正确性。请问你能否使用分支结构处理程序的非法输入问题，并且使得本例程序编译后不产生任何提示、警告和错误？如果能，怎样完善该程序？在学习了循环结构后，可以使用循环结构更好的处理非法输入的问题。

附注　程序编译后，显示有 0 个提示，0 个警告，0 个错误，也不能代表程序是完全正确的，只能说明当前代码中没有语法错误，但不能保证此题的算法是正确的。需要对程序进行严格的测试，才能发现隐藏在程序中的逻辑错误。程序的测试要考虑语句的全覆盖，对于分支结构要进行路径覆盖测试和边界点测试。测试数据不仅考虑合法输入还要考虑非法输入。代码修改完毕，要进行回归测试，防止修改了旧错误，引发新的错误。

4．常见错误小结

(1) 运算符的优先级问题

例如，下面是一个因运算符两侧的操作数类型不匹配而导致错误的程序。

```
  program Err1 14 (input, output);
  {$APPTYPE CONSOLE}
  var
    x, y: real;
  begin
    readln(x);
    if -10 < x and x < 10 then
      y := x + 2
    else
      y := x - 2;
    writeln('y=',y:8:2);
    readln
  end.
```

程序中表达式“-10 < x and x < 10”编译错误，错误信息：Operator not applicable to this operand type，即运算符两侧的操作数类型不匹配，因为“and”运算符要求两侧操作数均是逻辑值(true 或 false)。修改方法是改为“(-10 < x) and (x < 10)”。

(2) else 语句之前加了分号

例如，下面是一个因 else 语句之前加了分号而导致错误的程序。

```
program Err1_15 (input, output);
{$APPTYPE CONSOLE}
var
  x, y: real;
begin
  readln(x);
  if (-10 < x) and (x < 10) then
    y := x + 2;
  else
    y := x - 2;
  writeln('y=',y:8:2);
  readln
end.
```

程序编译错误：';'not allowed before 'ELSE'，说明在 else 之前不能出现“;”，改正方法是，将语句“y := x + 2;”中的分号去掉。

(3) case 语句中，字符型常量丢掉单引号

例如，下面是一个因 case 语句中字符型常量丢掉单引号而导致错误的程序。

```
program Err1_16 (input, output);
{$APPTYPE CONSOLE}
var
  ch: char;
  x, y:integer;
begin
  x := 123;
  y := 200;
  writeln('input an operator');
  readln(ch);
  case ch of
    + : writeln('x+y=',x+y);
  '-' : writeln('x-y=',x-y);
  end;
  readln
end.
```

程序的编译错误有两个，第一个是：Expression expected but ':'found，第二个是：Operator not applicable to this operand type。错误均指向代码“ + : writeln('x+y=',x+y);”，第一个错误表示当前需要一个表达式，但是却出现了冒号“:”，第二个错误表示运算符两侧的操作数类型不匹配。这两个错误均是把“+”当作了加法运算符，而不是一个字符常量，所以修改方法是对“+”加上一对单引号，表示它是一个字符型数据。

```
program Err1_17 (input, output);
{$APPTYPE CONSOLE}
var
  ch: char;
begin
  writeln('input an letter');
  readln(ch);
  case ch of
    A : writeln(' It is very good! ');
  'B' : writeln(' It is good! ' );
  end;
  readln
end.
```

程序的编译错误：Undeclared identifier:'A'。错误代码指向“A : writeln(' It is very good! ');”语句。说明当前行的“A”是一个未被声明的标识符，本题的含义是，变量 ch 的取值可以是字符 A，因此作为字符，A 在代码中应该加上单引号，表示字符常量。

5. 实验内容

(1) 从键盘输入 3 个数，求其中的最大值，读流程图 6-30 请编写程序。

(2) 从键盘输入 3 个数，求其中的最大值，读流程图 6-31 请编写程序。

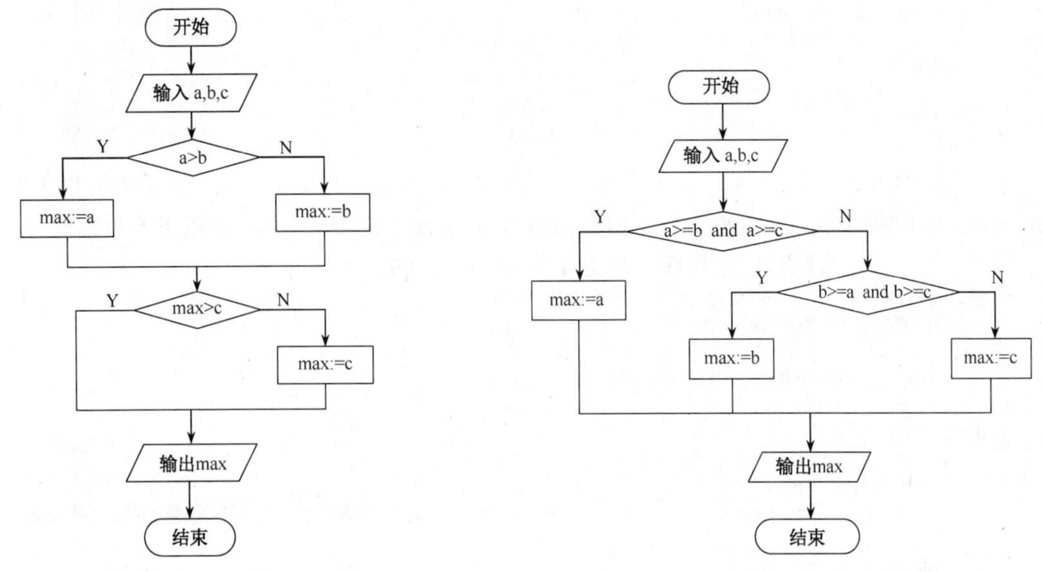

图 6-30　求三个数中的最大值　　　　图 6-31　求三个数中的最大值

① 对比第 1 题和第 2 题的算法，请思考能否设计出其他的算法，求三个数中的最大者？

② 分别使用 Step Over、Trace Into、Run to cursor 命令控制程序执行，利用监视列表观察程序执行过程中变量的变化。

(3) 改错题(基础题)。编写程序，输入学生的成绩，根据成绩，输出对学生的评价。

下面给出了一个有错误的源程序，其文件名 Error1_6.dpr。

```
program Error1_6(input, output);
{$APPTYPE CONSOLE}
var
  score : real;
begin
  write('please input a score:');
  readln(score);
  if score >= 90 then
     writeln('You are very good!');
  else if 90>score>=80 then
     writeln('You are good!');
  else if 80>score>=70 then
     writeln('You are so so!');
  else if 70>score>=60 then
     writeln('You are pass!');
  else
     writeln('You are fail!');
end.
```

(4) 改错题(中等难度)。编写一个程序，从键盘输入字符，根据输入的字符判断字符的类型。

下面给出了一个有错误的源程序，其文件名 Error1_7.dpr。

```
program Error1_7(input, output);
{$APPTYPE CONSOLE}
var
  ch : char;
begin
```

```
    readln(ch);
    if (a<=ch<=z) then
        writeln('it is a lower-case letter!');
    else if (A<=ch<=Z') then
        writeln('it is a capital letter!');
    else if (1<=ch<=9) then
        writeln('it is a digit letter!');
    else
        writeln('it is other letter!');
    readln;
  end.
```

(5)改错题(较难题)：对某产品征收税金，在产值 1 万元以上征收 5%；在 1 万元以下但在 5000 元以上征收税 3%；在 5000 元以下但在 1000 元以上征收税 2%；1000 元以下的免收税。

下面给出了一个有错误的源程序，其文件名 Error1_8.dpr。

```
program Error1_8(input, output);
{$APPTYPE CONSOLE}
var
  rank, int price: integer;
  price, tax: real;
begin
  write('Please input the price:');
  readln(price);
int_price := trunc(price); {trunc转换一个实型值为整型值,返回截断小数后的整数}
  rank := int price / 1000;
  if rank > 9 then
    rank := 10;
  case rank of
              0: tax := 0;
    1,  2,  3, 4 : tax := price * 0.02;
   5, 6, 7, 8, 9: tax := price * 0.03;
             10: tax := price * 0.05
  end;
  writeln('tax = ', tax:8:2);
  readln
end.
```

提示　本题中 trunc 函数的功能，是将一个实型数据转换为整型数据，返回的是截断小数后得到的数据。同时注意本题中 case 语句的使用，多值可共用一种情况语句。

(6)编程题(基础题)。输入三角形的三边，判断其能否组成三角形，若能，则判断三角形的类型。(等边三角形、等腰三角形、不等边三角形)

(7)编程题(中等难度)。根据输入的学习年限，判断并输出学生的教育水平(0：无，1～6：小学，7～9：中学，10～12：高中，13～16：大学，超过 16：研究生)，对于无效的数据输入，要输出错误提示信息，要求此题使用 case 语句，并以菜单的形式显示出来。

(8)编程题(中等难度)。使用天平找小球。有 3 个球 A、B、C，大小相同，但其中有一个球与其他两个球的重量不同。通过天平称球，能用最少的天平称球次数找出这个重量不一样的球。要求从键盘输入 3 个球的重量值，输出不一样的球的名称。

(9)编程题(较难题)。与日历有关的问题。

① 从键盘输入年、月、日，求该月的天数。(中等难度)

② 从键盘输入年、月、日，计算该日是该年的第几天。(较难题)

③ 已知 2000 年元旦是星期六，问 2000 年 9 月 1 日是星期几。(较难题)

④ 某人从 2012 年元旦那天起，开始“三天打鱼两天晒网”，问 2012 年 10 月 1 日他在打鱼还是在晒网？

6．实验报告

在上述编程题目中任选一个，编写分支结构程序设计的实验报告，实验报告要求包含如下内容：

(1) 实验目的。

(2) 实验设备与环境。

(3) 实验题目与要求。

(4) 算法设计。

(5) 主要数据结构和标识符及其说明。

(6) 程序运行与测试实例。

(7) 关键问题与技术难点。

(8) 实习体会。

以后各单元的实验报告内容如上所述，不再详细说明。

6.2　第二单元——循环程序设计

循环结构是 Pascal 程序的基本结构之一，其实质是一种带条件的分支结构。Pascal 语言中循环语句有三种形式：for 循环语句，while 循环语句，repeat 循环语句。使用循环结构可以方便地实现穷举、递推和迭代等基本算法思想。在循环程序的调试过程中，可以使用带条件的高级断点，实现对程序的高效调试。

1．实验目的

- 熟练掌握使用 for、while 和 repeat 语句实现循环程序设计；
- 熟练掌握多重循环(循环嵌套)程序设计；
- 能够利用循环结构增强程序的健壮性；
- 掌握在程序设计中用循环结构实现一些常用的算法思想(如穷举、迭代、递推等)；
- 掌握基本断点、源代码断点等程序调试方法。

2．编程示例

例 1　使用格里高利公式求 π 的近似值，要求精确到10^{-4}。

$$\frac{\pi}{4}=1-\frac{1}{3}+\frac{1}{5}-\frac{1}{7}+\cdots$$

(1) 分析

本题中循环的次数没有显式给出，只是提出了精度的要求。在累加的过程中，一旦要累加的项的绝对值小于10^{-4}，计算就终止。当循环次数不明确时，不能采用 for 语句，这时可以使用 while 语句，给定的精度就是循环终止的条件。即当某一项的绝对值大于等于10^{-4}时，循环累加继续进行，否则终止。

本题中，循环变量的递增是有规律的，即每一次递增 2，并且每一次累加的项也只与循环变量相关。但是每一次累加项的符号是正负相间的，可以通过一个标志变量 flag 来控制每一项的符号，标志变量 flag 的取值是 1 或-1，每循环一次，其值改变一次。

(2) 算法

① i ←1，flag←1，item←1.0，ApproximationPi←0；

② 判断循环条件，若 abs(item)≥0.0001，则执行③，否则转到⑦；

③ 计算累加和 ApproximationPi←ApproximationPi+item；

④ 将 flag 变为其相反数 flag← -flag；

⑤ 将循环变量递增 $i \leftarrow i+2$；

⑥ 计算新的累加项 item←flag×1.0/i，转到②；

⑦ 计算最终 π 的近似值 ApproximationPi←ApproximationPi × 4；

⑧ 输出 ApproximationPi 的值。

(3) 源程序

```
program Example2 1(input, output);
{$APPTYPE CONSOLE}
var
  i, flag: integer;
  ApproximationPi, item: real;
begin
  i:=1;                    {循环变量，是公式中的分母}
  flag:=1;                  {标志变量，其值是1或-1，表示要累加的项的正负号}
  ApproximationPi:=0;       {近似圆周率}
  item:=1.0;                {累加项}
  while abs(item) >= 0.0001 do
    begin
      ApproximationPi:=ApproximationPi+item;
      flag :=-flag;
      i:=i+2;
      item:= flag * 1.0 / i;
    end;
  ApproximationPi:=ApproximationPi*4;
  writeln('ApproximationPi= ',ApproximationPi:8:4);
  readln
end.
```

例 2 根据如下公式求 π 的近似值，要求精确到 10^{-4}。

$$\frac{\pi}{2}=1+\frac{1}{3}+\frac{1}{3}\times\frac{2}{5}+\frac{1}{3}\times\frac{2}{5}\times\frac{3}{7}+\frac{1}{3}\times\frac{2}{5}\times\frac{3}{7}\times\frac{4}{9}+\cdots$$

(1) 分析

与上题对比，与之相同的地方是本题也是通过精度控制循环终止条件的，所以不能采用 for 语句；与上题不同的是：累加项的符号相同，所以不需要标志变量来控制每一项的符号了。还有一点很大的不同，就是每一次要累加的项，不仅与循环变量相关，而且都与前一次的累加项相关，是在前一次累加项的基础上变化得到的。

观察每一次累加项变化的内容是 $\frac{1}{3}$、$\frac{2}{5}$、$\frac{3}{7}$、$\frac{4}{9}\cdots$，分子是自然数的变化规律，若分子用 n 表示，则分母是 $2\times n+1$。则每一次要累加的项，都是在前一次累加项的基础上乘以 $\frac{n}{2\times n+1}$。

(2) 算法

① $n\leftarrow 1$，item←1，ApproximationPi←0；

② 判断循环条件，若 abs(item)>=0.0001，则执行③，否则转到⑥；

③ 计算 ApproximationPi←ApproximationPi+item；

④ 计算下一次的累加项 item←item×n/(2×n+1)；

⑤ 循环变量递增 1，即 $n\leftarrow n+1$，转到②；

⑥ 计算最终 π 的近似值 ApproximationPi←ApproximationPi × 2；

⑦ 输出 ApproximationPi 的值。

(3) 源程序

```
program Example2_2(input, output);
{$APPTYPE CONSOLE}
var
  n, item, ApproximationPi: real;
begin
  n := 1.0;
  item := 1.0;
  ApproximationPi := 0;
  while item >= 0.0001 do
  begin
    ApproximationPi := ApproximationPi + item;
    item := item * n / (2 * n + 1);
    n := n + 1;
  end;
  ApproximationPi := ApproximationPi * 2;
  writeln(' ApproximationPi = ', ApproximationPi:8:4);
  readln
end.
```

附注　按指定公式累加求解函数值的题型说明:

① 按照循环终止条件可分为两类：一类是有明确的循环次数，这类循环可用 for、while 和 repeat 语句实现；一类是没有明确的循环次数，但是指定了函数值的精度，则这类题目可用 while 和 repeat 语句实现。

② 按照累加项的符号分类：一类是累加项的符号相同；一类是累加项的符号正负相间，一般可以使用标志变量 flag 来控制，flag 取值是 1 或-1。

③ 按照当前累加项特点分类：一类是当前的累加项只与循环变量相关；一类是当前累加项不仅与循环变量相关，而且与前一个累加项相关，是在前一累加项基础上变化得到的。

例 3　猜数游戏。先由计算机“想”一个 1～100 之间的数请人猜，如果猜对，则计算机提示“Right!”，并在屏幕上输出猜了多少次才对，以此反映猜数者“猜”的水平，然后结束游戏；否则提示“Wrong!”，并告诉人所猜的数是大了还是小了，最多可以猜 10 次，如果猜了 10 次仍未猜中的话，结束游戏。

(1) 分析

本例中，反复猜数的过程是一个循环的过程，循环结束的条件有两种可能：一是猜对了；二是超过 10 次未猜中。由计算机“想”一个数，是通过 random 函数生成一个随机数，同时使用随机数发生器 randomize，否则每次生成的随机数会相同。

(2) 算法

① 生成随机数 magic←random(100)，初始化计数器 counter←0;

② 输入一个数给变量 guess;

③ 计数器增 1，counter←counter+1;

④ 比较 guess 和 magic，若 guess > magic，则提示“错误，太大！”；若 guess < magic，则提示“错误，太小！”；若 guess = magic，则提示“正确！”；

⑤ 判断循环条件。若 guess = magic 或者 counter = 10，则循环结束，否则转到②继续执行；

⑥ 输出计数器的值，表明猜了多少次。

(3) 源程序

```
program Example2_3(input, output);
{$APPTYPE CONSOLE}
var
  magic, guess, counter: integer;
begin
  randomize;                    {随机数发生器}
```

```
    magic := random(100);      {生成[0,100)之间的整数}
    counter := 0;              {初始化计数器}
    repeat
      write(' Please guess a number:');
      readln(guess);           {输入所猜的数}
      counter := counter + 1;
      if guess > magic then
        writeln('Wrong! Too big!')
      else if guess < magic then
        writeln('Wrong! Too small!')
      else
        writeln('Right!');
    until (guess = magic) or (counter = 10);
    writeln('counter = ', counter);
    readln
  end.
```

3. 调试实例

例 4 编写一个程序，从键盘输入多个整数，以输入 0 表示输入结束。判断其中正数和负数的个数。

下面给出了一个有错误的源程序，其文件名 debug 2_1.dpr。

```
program debug2 1(input, output);
var
  i, positive, negative: integer;
begin
  writeln('Please input some numbers:');
  read(i);
  while i <> 0 do
    if i > 0 then
      positive := positive + 1
    else if i < 0 then
      negative := negative + 1;
  read(i);
  writeln('positive = ', positive, ' ':5, 'negative = ', negative);
  readln
end.
```

(1) 打开文件。在 Delphi 7 集成开发环境下，打开工程文件 debug2_1.dpr。

(2) 编译运行程序。使用【Run】|【Run】命令，或使用快捷键 F9，该命令的功能是首先编译自上次编译后存在改动的源程序，如果编译没有错误，则运行目标程序。运行该程序，输入数据："-5 8 20 0"单击【Enter】键，但是程序没有任何反应，继续按回车键，程序依然没有任何反应，如图 6-32 所示。

(3) 终止程序。使用【Run】|【Program Reset】命令，强行结束程序运行。

(4) 设置基本断点。源代码窗口中，在 while 语句代码行左侧的空白位置单击，添加基本断点，则代码行以红色显示，且左侧出现红色圆点，如图 6-33 所示。

附注 如果添加的断点是无效断点，则左侧出现的是绿色圆点。

(5) 运行程序。按 F9 键，或者使用【Run】|【Run】命令运行程序，在控制台窗口中输入数据："-5 8 20 0"，以回车键结束输入，程序控制返回到代码调试环境中，绿色箭头指向断点所在行，即程序将执行 while 语句，如图 6-34 所示。

(6) 添加监视。在代码窗口，选中变量 *i*，按组合键【Ctrl+F5】，添加了监视表达式，弹出 Watch List 窗口，变量 *i* 当前的值是-5。使用同样的方法，添加变量 positive 和 negative 的监视，如图 6-35 所示的 Watch List 窗口中，看到变量 positive 的值是 2147332096，变量 negative 的值是 1，这是不合理的。源代码中，这两个变量是用来统计正数和负数的个数，产生这个错误的原因是这两个变量没有被初始化，所以编译器给其分配了随机的整数。

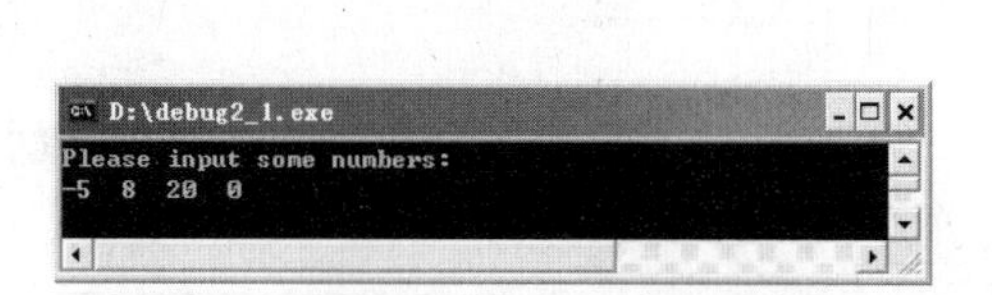

图 6-32　debug2_1 工程运行结果

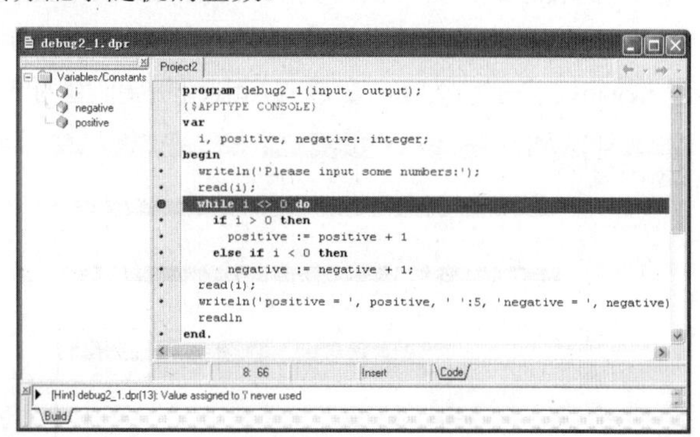

图 6-33　添加基本断点

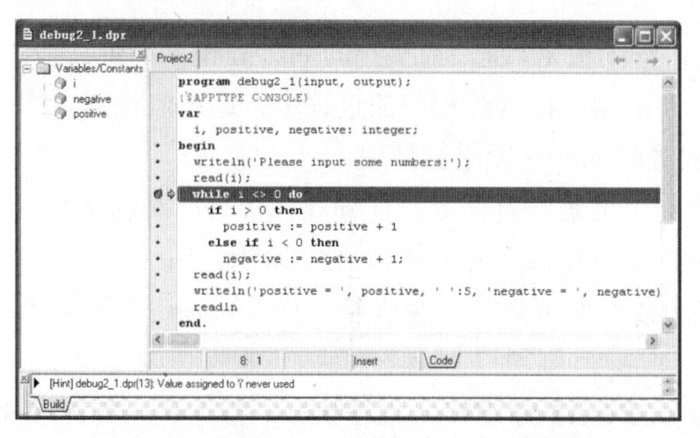

图 6-34　debug2_1 工程文件调试过程

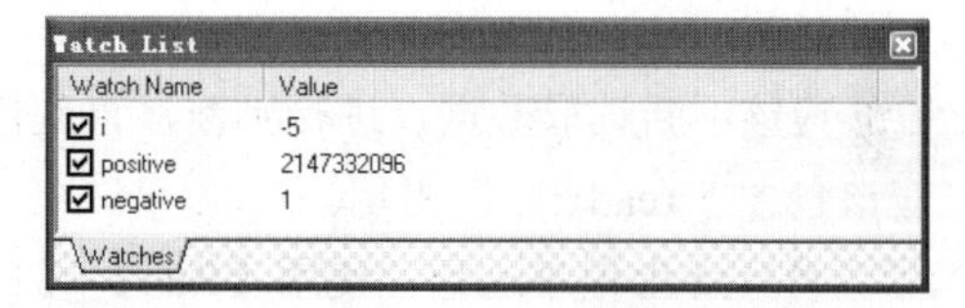

图 6-35　Watch List 窗口

(7) 终止程序并修改代码。使用【Run】|【Program Reset】命令终止程序执行。在主程序中，给变量 positive 和 negative 赋初值 0。

(8) 重新运行程序。按 F9 键运行程序，在控制台窗口中输入数据：“-5　8　20　0”，以回车键结束输入，程序在断点位置暂停，绿色箭头指向 while 语句，程序将要执行 while 语句。使用组合键【Ctrl+Alt+W】，调出 Watch List 窗口，变量 *i* 的值为-5，变量 positive 和 negative 的值均为 0，如图 6-36 所示。

(9) 跟踪程序。按 F7 键，或使用【Run】|【Trace Into】命令，跟踪程序执行，则程序将逐行执行。绿色箭头指向 if 语句，说明 while 语句中，表达式为真，现在即将执行 if 语句表达式的判断，如图 6-37 所示。

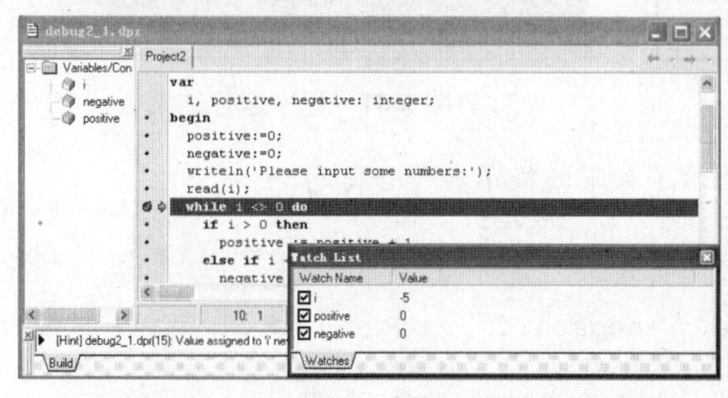

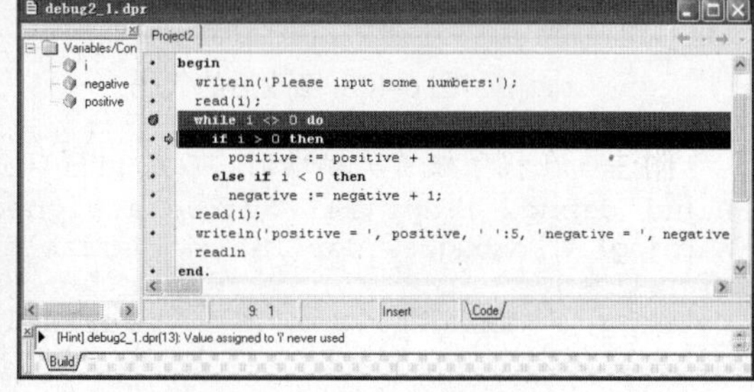

图 6-36　debug2_1 工程文件调试过程　　　　图 6-37　debug2_1 工程文件调试过程

(10) 继续按 F7 键，绿色箭头指向 else if 语句，说明 if 语句中的表达式为假，现在将要判断 else if 语句中的表达式。继续按 F7 键，绿色箭头指向“ negative := negative + 1; ”语句，说明 else if

语句中的表达式为真，当前变量 *i* 的值为负数，变量 negative 的值将要增 1，如图 6-38 所示。

(11) 继续按 F7 键，绿色箭头指向 while 语句，从监视窗口可看到变量 *i* 的当前值还是-5，变量 negative 当前值为 1，变量 positive 的当前值为 0，如图 6-39 所示。

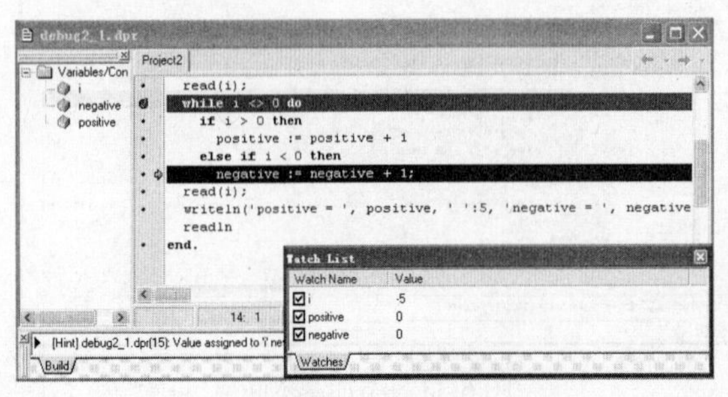

图 6-38　debug2_1 工程文件调试过程

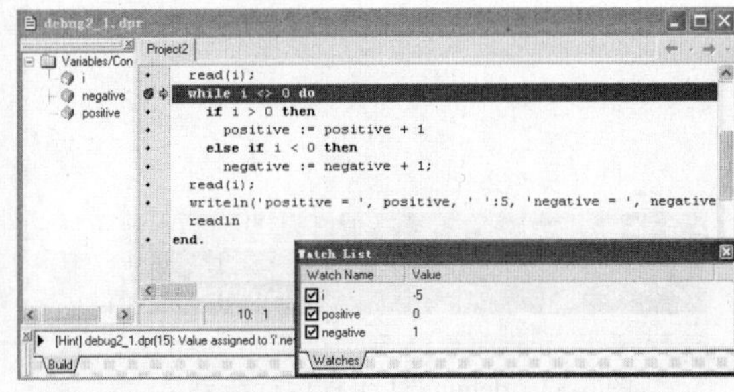

图 6-39　debug2_1 工程文件调试过程

(12) 继续按 F7 键，绿色箭头指向 if 语句，继续按 F7 键，箭头指向 else if 语句，继续按 F7 键，绿色箭头指向“ negative := negative + 1; ”语句，在跟踪程序的过程中，通过监视列表的窗口可以看到变量 *i* 的值始终是-5，这说明程序已经陷入一个无限循环中。

分析程序，可知变量 *i* 的值应该读取 8 才对，但是没有读取。仔细观察代码，发现 while 语句的循环体是一个 if 的双分支语句，循环体中，没有使循环变量 *i* 趋于结束的语句。本例中，变量 *i* 应该不断读取数据，进行判断，直到读取的数据为 0 时，结束循环。由此可知，循环体语句应该包含“ read(i); ”语句。

(13) 终止程序运行。使用【Run】|【Program Reset】命令终止程序执行。修改代码如图 6-40 所示。

(14) 删除断点并运行程序。在断点的红色圆点上单击左键，红色圆点消失，断点被取消。按 F9 键，运行程序，运行结果如图 6-41 所示，可知运行结果正确。

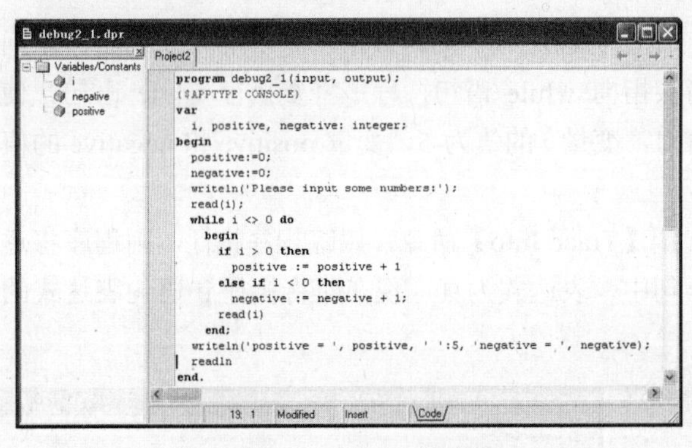

图 6-40　修改后的代码

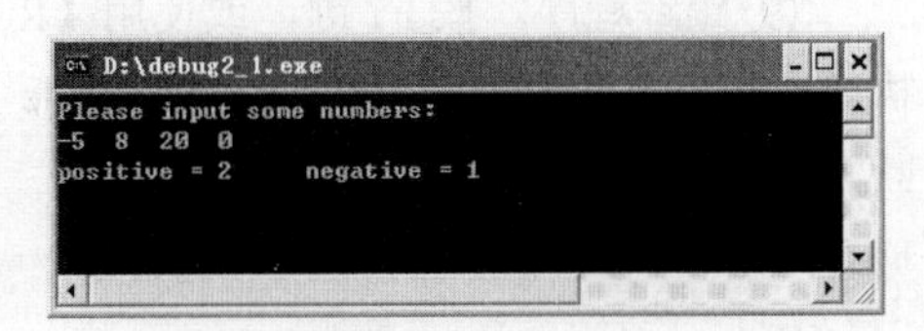

图 6-41　程序运行结果

附注　在程序被首次编译时，在输出窗口显示了如下的提示和警告信息：

```
[Hint] debug2 1.dpr(14): Value assigned to 'i' never used
[Warning] debug2 1.dpr(15): Variable 'positive' might not have been initialized
[Warning] debug2 1.dpr(15): Variable 'negative' might not have been initialized
```

提示信息说明变量 i 的值从来没有被使用过，两个警告信息说明了变量 positive 和 negative 没有被初始化。所以这些提示和警告已经说明了程序的逻辑错误，因此，不要忽略程序的提示和警告，这些提示和警告往往隐藏着程序的逻辑错误。

4．常见错误小结

(1) 在循环语句之前变量没有初始化

例如，下面的程序中因变量未被初始化，引发逻辑错误，使得程序运行结果错误。

```
program Err2_1(intput, output);
{$APPTYPE CONSOLE}
var
  i, sum: integer;
begin
  while i <= 100 do
   begin
    sum := sum + i;
    i := i + 1;
   end;
  writeln('sum=', sum);
  readln
end.
```

程序的功能是计算 1+2+3+…+100 的和，编译程序显示有 2 个警告，分别是：W1036 Variable ‘i’might not have been initialized，和：W1036 Variable ‘sum’might not have been initialized。说明了变量 *i* 和 sum 没有被初始化，局部变量如果不初始化，其值是一个不确定的值，因此本题的运行结果错误。

(2) 在 while 和 for 语句中，循环体是多条语句时，没有使用复合语句

例如，下面的程序中循环语句没有使用复合语句，造成程序的逻辑错误，运行结果错误。

```
program Err2_2(intput, output);
{$APPTYPE CONSOLE}
var
  ch: char;
  i: integer;
begin
  for i := 1 to 5 do
    read(ch);
  writeln(ch);
  readln
end.
```

程序功能要求输入并输出 5 个字符，但是该程序的执行只输出一个字符，是因为只有“read(ch);”语句是循环体语句，“writeln(ch);”语句不是循环体语句，不受 for 语句控制，因此只执行一次。应该将 for 的循环体变为复合语句。修改如下：

```
for i := 1 to 5 do
  begin
    read(ch);
    writeln(ch)
  end;
```

(3) 在 while 语句和 repeat 语句中丢失使循环趋于结束的语句，使程序陷入死循环

例如，下面的程序中丢失了使循环趋于结束的语句，使程序陷入无限循环，运行错误。

```
program Err2_3(intput, output);
{$APPTYPE CONSOLE}
var
  i, sum: integer;
begin
  i := 1;
  sum := 0;
  repeat
    sum := sum + i;
  until (i > 100);
  writeln('sum=', sum);
  readln
end.
```

程序的功能是计算 1+2+3+…+100 的和，此程序执行不能结束，单步追踪执行代码会发现程

序陷入死循环，因为循环体中丢失了使循环趋于结束的语句“i:=i+1;”语句。

(4) 在 while 和 for 语句中，有多余分号，使循环体变为空语句

例如，下面的程序中循环语句后面有多余分号，使得循环语句变为空语句，程序运行结果错误。

```
program Err2_4(intput, output);
{$APPTYPE CONSOLE}
var
  i: integer;
begin
  for i := 1 to 10 do;
    writeln(i*i);
  readln
end.
```

程序的功能是输出 1～10 的平方，但是结果只输出了 121，这是 11 的平方，而 1～10 的平方却没有输出。错误的原因是语句“**for** i := 1 **to** 10 **do**;”结尾多了一个分号，这个多余的分号就是一个空语句，这条空语句是 for 的循环体，而“writeln(i*i);”语句是在 for 循环结束后才执行的，当 for 结束时，变量 *i* 的值是 11，所以输出了 11 的平方：121。

(5) 在双重循环中，忘记对内循环的变量进行重新初始化

例如，下面的程序中，内循环中的变量未重新初始化，造成逻辑错误，导致程序运行结果错误。

```
program Err2_5(intput, output);
{$APPTYPE CONSOLE}
var
  i, r, n, sum: integer;
begin
  sum := 0;
  for r := 1 to 3 do
  begin
    read(n);
    for i := 1 to n do
      sum := sum + i;
    writeln('sum=', sum);
  end;
  readln
end.
```

程序的功能是：重复 3 次输入 *n* 的值，并输出 1+2+…+*n* 的和。但是程序执行结果有错。假定按顺序输入 3 个值：2　3　4

程序的输出结果为：

```
sum=3
sum=9
sum=19
```

输出的结果错误，分别运算的是 1+2、1+2+3、1+2+3+4 的和，正确的运行结果是：

```
sum=3
sum=6
sum=10
```

导致错误的原因就在于在内循环的开始没有对 sum 变量重新初始化。第二次内循环开始后，sum 的计算是在第一次内循环结束后 sum 的值的基础上继续累加。因此，以上程序正确的写法是：

```
program Err2_5(intput, output);
{$APPTYPE CONSOLE}
var
  i, r, n, sum: integer;
begin
  sum := 0;
  for r := 1 to 3 do
    begin
```

```
      read(n);
      sum := 0;
      for i := 1 to n do
        sum := sum + i;
      writeln('sum=', sum);
      end;
    readln
  end.
```

(6) 内层与外层循环语句发生交叉

例如，下面的程序中，内层和外层循环语句发生交叉，产生语法错误。

```
  program Err2 6(intput, output);
  {$APPTYPE CONSOLE}
  var
    i, j:integer;
  begin
   for i := 1 to 9 do
     begin
       j:=1;
       repeat
         if j<9 then
           write(i*j:4)
         else
           writeln(i*j:4);
     end;
          j:=j+1;
       until j>9;
  end.
```

程序的功能是输出九九乘法表，编译程序显示有两个错误，[Error] Err2_6.dpr(14): 'UNTIL' expected but 'END' found，说明代码的第 14 行希望出现 until 但是却发现了 end。另一个错误，[Error] Err2_6.dpr(16): 'END' expected but 'UNTIL' found，说明代码的第 16 行希望出现 end 但是却发现了 until。发生错误的原因是两个循环体的语句发生了交叉。

5. 实习内容

(1) 阅读程序，给出程序运行结果。

① break 语句练习

```
  program read2 1(input,output);
  {$APPTYPE CONSOLE}
  var
    radius:integer;
    area:real;
  begin
    radius:=1;
    while radius<10 do
      begin
        area := pi*radius*radius;
        if area>100 then
          break;
        radius:=radius+1;
      end;
    writeln('radius=',radius,' ':4,'area=',area:6:0);
    readln
  end.
```

② continue 语句练习

```
  program read2 2(input, output);
  {$APPTYPE CONSOLE}
  var
    t:integer;
  begin
    for t := 1 to 100 do
      begin
        if t mod 11 <> 0 then
          continue;
```

```
        write(t:4);
      end;
    readln
  end.
```

说明　break 语句的作用是中断并从循环体内跳出，提前结束循环。如果是多重循环，break 语句仅能跳出包含自己的那一层循环，不能跳出多层。Continue 语句与 break 语句的区别是：continue 语句只结束本次循环，重新进行下一次循环条件的判断，进入下一次循环，因此并没有终止整个循环的执行。使用 break 等语句使得程序结构不止有一个出口，破坏了结构化程序设计的标准控制结构，使程序难以调试（但是往往便于编写），应尽量避免使用，因为它们完全可以用其他语句代替。

(2)改错题。编写一个程序，从键盘输入任意整数，判断它是几位数。

下面给出了一个有错误的源程序，其文件名 Error2_3.dpr。

```
program Error2_3(input, output);
{$APPTYPE CONSOLE}
var
  x, counter: integer;
begin
  writeln('Please input a number:');
  read(x);
  while x <> 0 do
    x := x div 10;
    counter := counter + 1;
  writeln('counter:', counter);
  readln
end.
```

(3)改错题。编写程序，输出 200 以内的所有完全数。一个数若恰好等于它的各因子之和，即称为完全数。例如 6 = 1 + 2 + 3，其中 1、2、3 为 6 的因子。

下面给出了一个有错误的源程序，其文件名为 Error2_4.dpr。

```
program Error2_4(input, output);
{$APPTYPE CONSOLE}
var
  i, j, sum: integer;
begin
  sum := 0;
  for i := 1 to 200 do
  begin
    for j := 2 to i - 1 do
      if i mod j = 0 then
        sum := sum + j;
    if i = sum then
      write(i:4);
  end;
  readln
end.
```

(4)改错题。编写一个程序，从键盘输入 5 个学生的 3 门课成绩，分别统计每个学生的平均成绩。

下面给出了一个有错误的源程序，其文件名 Error2_5.dpr。

```
program Error2_5(input, output);
{$APPTYPE CONSOLE}
var
  i, j: integer;
  score, sum, average: real;
begin
  sum := 0;
  for i := 1 to 5 do { 五个学生 }
  begin
    repeat { 输入三门课成绩 }
```

```
        read(score);
        sum := sum + score;
      until j > 3;
      average := sum / 3;
      writeln(i:3, ' student'' average is:', average:5:2);
    end;
    readln
  end.
```

(5) 编程题(基础题)。输出 1～1000 以内能被 3 整除或被 7 整除，但是不能被 21 整除的数。

(6) 编程题(基础题)。从键盘输入一行字符，以“#”表示输入结束，分别统计其中小写字母、大写字母、数字字符的个数。

(7) 编程题(基础题)。编程实现如下图形的输出。

```
*****          *          *
 ****          **        ***
  ***          ***      *****
   **          ****      ***
    *          *****      *
```

(8) 编程题(基础题)。求方程 $X^2+Y^2=2009$ 的所有正整数解。(**提示** 使用穷举法)

(9) 编程题(中等难度)。蜗牛爬井。一只蜗牛在一口深为 n 英寸的井的底部。已知蜗牛每分钟可以向上爬 u 英寸，但必须休息 1 分钟才能接着往上爬。在休息的过程中，蜗牛又下滑了 d 英寸，就这样上爬和下滑重复进行。问蜗牛需要多长时间爬出井？不足一分钟按一分钟计算。请先画出流程图，然后编程模拟蜗牛爬动，求爬出井的时间。

(10) 编程题(中等难度)。根据公式计算函数值，总结规律。

① $s=\frac{1\times3}{2^2}+\frac{3\times5}{4^2}+\frac{5\times7}{6^2}+\cdots+\frac{(2\times n-1)(2\times n+1)}{(2\times n)^2}$，$n$ 的值由键盘输入。

② $s=\frac{1\times3}{2^2}-\frac{3\times5}{4^2}+\frac{5\times7}{6^2}-\cdots+(-1)^{n+1}\times\frac{(2\times n-1)(2\times n+1)}{(2\times n)^2}$，$n$ 的值由键盘输入。

③ $s=1+\frac{1}{1+2}+\frac{1}{1+2+3}+\cdots+\frac{1}{1+2+3+\cdots+n}$，要求精度 0.001。

④ $s=1-\frac{1}{1+2}+\frac{1}{1+2+3}-\cdots+(-1)^{n+1}\times\frac{1}{1+2+3+\cdots+n}$，要求精度 0.001。

附注 ①和②每次累加的项都只与循环变量相关，最后一项就是通项的公式。①和②循环次数是指定的。③和④每次累加的项不仅与循环变量相关，还与前一项相关。③和④循环次数不确定，循环条件由精度决定。②和④每一项是正负相间，可用标志变量 flag 控制每一项的符号。

(11) 编程题(中等难度)。国王的许诺。相传国际象棋是古印度舍罕王的宰相达依尔发明的。舍罕王十分喜欢象棋，决定让宰相自己选择何种赏赐。这位聪明的宰相指着 8×8 共 64 格的象棋盘说：“陛下，请您赏给我一些麦子吧，就在棋盘的第 1 个格子中放 1 粒米，第 2 格中放 2 粒，第 3 格放 4 粒，以后每一个格子都比前一格增加一倍，依次放完棋盘上的 64 个格子，我就感恩不尽了。”舍罕王让人扛来一袋麦子，他要兑现他的许诺。请问：国王能兑现他的许诺吗？编程计算舍罕王共需要多少麦子赏赐他的宰相，这些麦子相当于多少立方米？(已知 1m^3 麦子约 1.42×10^8 粒)请用两种方法编程实现。

(12) 编程题(较难题)。字符加密。输入一行字符，要求输出其相应的密码。按以下规律对字符进行加密：将字母 A 变成字母 E，a 变成 e，即每个字母变成其后的第四个字母，W 变成 A，X 变成 B，Y 变成 C，Z 变成 D。

(13) 编程题(较难题)。二分法求一元二次方程 $2x^3-4x^2+3x-6=0$ 在(-10，10)之间的根。

(用自顶向下、逐步求精的程序设计方法)

(14)编程题(较难题)。用迭代法求 $x=\sqrt{a}$，求平方根的迭代公式为

$$x_{n+1}=\frac{1}{2}\left(x_n+\frac{a}{x_n}\right)$$

(15)编程题(较难题)。将币值转换为大写形式。从键盘输入一个整数(位数不超过 9 位)代表一个人民币值(单位为元)，请转换为财务要求的大写格式。如 12345 元，转换后变为“壹万贰仟叁百肆拾伍元”。

(16)综合题(较难题)。小学生计算机辅助教学系统。

程序功能：显示菜单，要求用户从菜单中选择具体的练习项目，例如选择“加法练习”，则由计算机随机产生 10 道加法题，两个操作数为 1～10 之间的整数，10 道题做完之后，按每题 10 分统计总得分，得分≥90，输出“Very Good!”，90>得分≥80，输出“Good!”，80>得分≥70，输出“Well!”，70>得分≥60，输出“Pass!”，得分<60，输出“Fail!”。重新显示菜单，继续练习，直到用户选择退出系统，程序结束。

例如，菜单如下：

1．加法练习
2．减法练习
3．乘法练习
4．除法练习
5．退出系统

要求撰写实验报告，采用“自顶向下，逐步求精”的方法，进行模块化程序设计。

6.3　第三单元——构造类型

在使用 Pascal 语言编写程序求解实际问题时，所涉及的数据类型要比基本类型复杂得多，那么如何描述较为复杂的数据类型呢？Pascal 语言正好提供了利用基本数据类型构造复杂数据类型的功能，使得较为复杂的数据得以顺利描述，这就是本节介绍的构造数据类型。Pascal 语言提供的构造数据类型有枚举类型、子界类型、数组类型、集合类型、记录类型。使用 Delphi 7.0 集成开发环境中内嵌的调试工具 Inspect 和 Watch List，功能可以方便地监视构造数据类型内部成员的值。本单元通过两个实验练习这些构造数据类型的使用。

6.3.1　枚举、子界与数组

1．实验目的

· 掌握枚举、子界、数组等构造数据类型；
· 能熟练使用枚举、子界、数组等构造数据类型进行程序设计；
· 能够使用 Debug Inspector 监看构造类型变量的值，并对比 Debug Inspector 和 Watch List 两种监视工具的优缺点；
· 能够熟练使用单步追踪、断点、监视等基本的程序调试方法。

2．编程示例

例 1　输入今天是星期几的序号(星期天的序号是 0)，输出明天是星期几。

(1)分析

在其他的程序设计语言中，一般用一个数值来代表某一状态，这种处理方法不直观，可读性

差。在程序中用自然语言中有相应含义的单词来代表某一状态，则程序很容易阅读和理解。这种方法称为枚举方法，用这种方法定义的类型称为枚举类型。

枚举类型属于顺序类型，第一个枚举元素的序号为 0，且第一个元素无前驱，最后一个元素无后继。枚举类型只能进行赋值运算和关系运算，不能使用 read 和 write 等语句进行读写。

(2) 算法

① 输入序号给变量 *k*。

② 通过 case 语句给枚举变量 today 赋值。

③ 计算 tomorrow 的值。

④ 通过 case 语句输出枚举变量 tomorrow 的值。

(3) 源程序

```
program weekday(input,output);
type
  daytype=(sun,mon,tue,wed,thu,fri,sat);
var
  k: integer;
  today, tomorrow: daytype;
begin
  readln(k);
  case k of
  0: today:=sun;
  1: today:=mon;
  2: today:=tue;
  3: today:=wed;
  4: today:=thu;
  5: today:=fri;
  6: today:=sat;
  end;
  if today=sat then
    tomorrow:=sun
  else
    tomorrow:=succ(today);
  write('tomorrow is ');
  case tomorrow of
  sun: writeln('Sunday');
  mon: writeln('Monday');
  tue: writeln('Tuesday');
  wed: writeln('Wednesday');
  thu: writeln('Thursday');
  fri: writeln('Friday');
  sat: writeln('Satday');
  end;
  readln;
end.
```

例 2　向数组中输入 10 个整数，然后将数组中的第一个数据移动到数组末尾，其余数据依次向前平移一个位置。

(1) 分析

数组中的每一个元素都向前平移一个位置，会把第一个元素的值覆盖。因此，首先要将数组中第一个元素暂存到中间变量中，然后将其后的元素顺序向前平移，最后，将中间变量中的值赋给数组的最后一个元素。

(2) 算法

① 向数组中输入 10 个值。

② 将数组中第一个元素赋值给中间变量，temp←a[1]。

③ 将 a[1]后的每一个元素顺序向前平移，a[i-1] ←a[i]。

④ 将中间变量的值赋给数组的最后一个元素，a[10] ←temp。

⑤ 输出平移后的数组元素。

(3) 源程序

```
program MoveArray(input,output);
const
  n=10;
var
  a:array[1..n] of integer;
  i,temp:integer;
begin
  for i:=1 to n do
    read(a[i] );
  temp:=a[1];
  for i:=2 to n do
    a[i-1]:=a[i];
  a[n]:=temp;
  for i:=1 to n do
    write(a[i]:4);
end.
```

例 3 统计一行文本中单词的个数。各单词之间用空格分隔，空格数可以是多个。

(1) 分析

字符串类型的变量可以存放一行文本，通过字符串函数 length 可以计算文本的长度。组成单词的字符可以是任意字符，空格是单词的分隔符。在空格后输入的非空格字符就代表了一个新单词的开始，直到再输入空格或遇到文本结尾表明该单词的结束。

依次取出字符串变量中的各个元素，若为空格，则变量 word 值为 0，若前一个字符是空格，而当前字符不是空格，则 word 值置为 1，表示新单词的开始。

(2) 算法

① 将变量赋初值，word←0，count←0，*i*←1。其中 word 表示当前字符是否为空格，count 统计单词的个数，*i* 是字符串的下标。

② 读入字符串 character，计算字符串中文本的长度 size。

③ 循环，依次取出字符串中的每一个字符，进行如下判断

```
[   如果当前字符是空格，则置word的值为0；
    否则
     [  如果word的值为0  （表示当前字符不为空格，但前一个字符为空格）
        则单词的个数count增1。
     ]

]
```

④ 输出单词的个数。

(3) 源程序

```
program NumberOfCharacter(input,output);
var
  character:string;
  word,count,size,i:integer;
begin
```

```
    word:=0;
    count:=0;
    readln(character);
    size:= length(character);
    i:=1;
    while i<=size do
      begin
        if character[i]=' ' then
          word:=0
        else if word=0 then
          begin
            word:=1;
            count:=count+1
          end;
        i:=i+1
      end;
      writeln('The number of character is ',count);
    readln;
  end.
```

3．调试实例

例 4　编写一个程序，从键盘输入一个字符串，将字符串中的数字字符取出，将其转换为一个整数输出。例如输入字符串“dog20cat30”，则输出整数 2030。

问题分析：首先依次判断字符串中的每一个字符，是否为数字字符，若是，将其转换为面值相等的整数，然后与前面所得的整数组成一个新的整数，原则是原来的整数扩大 10 倍后，加上刚得到的整数。

下面给出了一个有错误的源程序，其文件名 DigitalCharacterConvert.dpr。

```
program DigitalCharacterConvert(input,output);
var
  character:string;
  ch:char;
  number,n,i,size:integer;
begin
  number:=0;
  n:=0;
  readln(character);                {读入一个字符串}
  size:= length(character);           {计算字符串长度}
  i:=1;                    {字符串数组下标从1开始}
  while i<=size do
    begin
      ch:=character[i];          {调试时在此处加断点}
      if ord(ch)>=ord('0') and ord(ch) <=ord('9') then {若是数字字符}
        begin
          n:=ord(ch)-48;                { 字符0的ASCII码值是48 }
          number:=number*10+n
        end;
    end;
    writeln('The number is ',number);
  readln;
end.
```

程序调试过程如下：

(1) 打开文件。在 Delphi 7 集成开发环境下打开文件 DigitalCharacterConvert.dpr。

(2) 编译工程文件。使用【Ctrl+F9】组合键编译程序，Messages 窗口有一个错误信息如下：

```
[Error] DigitalCharacterConvert.dpr(15): Incompatible types
```

如图 6-42 所示，错误信息说明，if 语句后的表达式计算中，运算数的类型不匹配。

分析表达式“ord(ch)>=ord('0') and ord(ch) <=ord('9') ”中有关系运算和逻辑运算。并且逻辑运算符的优先级别高于关系运算符，因此，先进行逻辑运算后再进行关系运算，而逻辑运算的结果是逻辑值，再进行关系运算时，与关系运算符的运算数类型就不匹配了。修改方法是增加小

括号,修改为“(ord(ch)>=ord('0')) and (ord(ch) <=ord('9'))”。

(3)编译并运行程序。但是程序运行没有结果显示，则程序中存在错误。

(4)添加断点。在“ch:=character[i];”语句处增加一个断点。

(5)运行程序。按 F9 键运行程序，程序运行到断点位置暂停，如图 6-43 所示。

(6)添加监视。使用【Ctrl+Alt+W】组合键，调出 Watch List 窗口。在其窗口中，单击右键，选择【Add Watch…】命令，弹出 Watch Properties 对话框，添加监视表达式 character，用同样的方法添加变量 *i*、*n* 及数组元素 character[i]的监视，如图 6-43 所示。

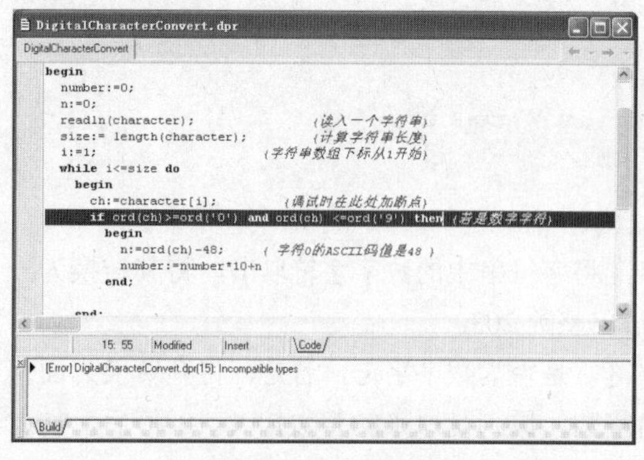

图 6-42　编译程序

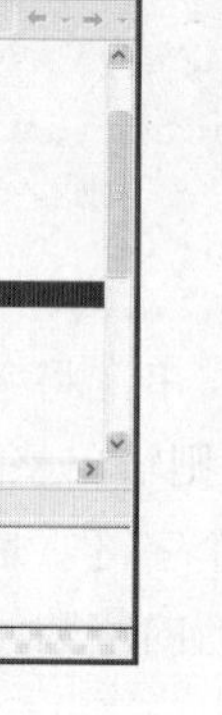

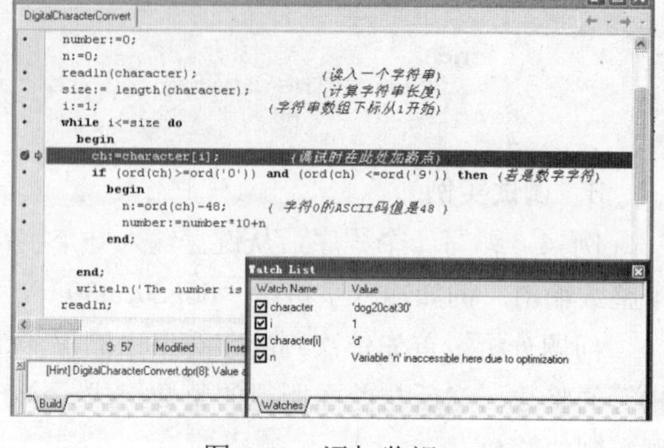

图 6-43　添加监视

(7)运行程序。按 F9 键运行程序，程序执行完循环体后再次运行到断点位置暂停，但是当前监视窗口中循环变量 *i* 的值没有发生改变，则当前循环是因为循环变量没有改变，而陷入了死循环中。因此，应该在 while 循环体的末尾增加语句“i:=i+1”。

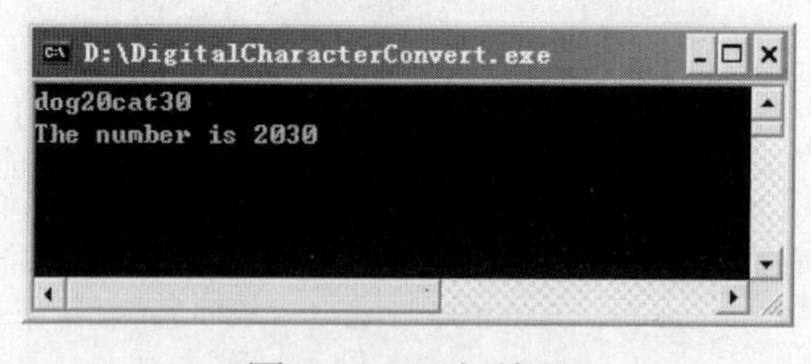

图 6-44　运行结果

(8)中止程序执行后，修改代码。再次运行程序，运行结果如图 6-44 所示，程序运行结果正确。

例 5　A、B、C 三个工人，每人分配一个工种，每个工种只需一人，经测试，三人做每个工种的效率如表 6-1 所示。如何分配三人的工作才能使他们工作效益最大？

表 6-1　工人工作效益表

工种 工人	一	二	三
A	4	3	3
B	2	4	3
C	4	5	2

问题分析如下：

① 定义一个三行三列的二维数组存储每个工人做每个工种的效率：

A为第一行，将其三种工作效率分别存入数组元素x[A,1],x[A,2],x[A,3]中；

B为第二行，将其三种工作效率分别存入数组元素x[B,1],x[B,2],x[B,3]中；

C为第三行，将其三种工作效率分别存入数组元素x[C,1],x[C,2],x[C,3]中。

x数组第一个下标为枚举型，表示工人(A,B,C)；第二个下标为子界型，表示工种(一、二、三)。

② 计算三人工作的总效率：s=x[A,i]+x[B,j]+x[C,k]；

A 的工种 *i*：1～3(用循环 for i:=1 to 3)；

B 的工种 *j*：1～3(用循环 for j:=1 to 3 且 j<>i)；

C 的工种 *k*=6-*i*-*j*(工种代号总和为 6，减去两个代号就得到第三个，并且保证了 *i*,*j*,*k* 三个变量互不相同)。

③ 将每次计算得到的 *s* 与“最大值” *m* 比较(*m* 的初值为 0)，只要有大于 *m* 的 *s* 值即取代 *m* 原来的值，使之最大，同时用数组 MaxEfficiency 记录最大 *s* 值时的工种 *i*, *j*, *k* 的值。

④ 当循环全部结束时，打印记录下来的每个人的工种。

下面给出了一个有错误的源程序，其文件名 Efficiency.dpr。

```
Program Efficiency(input,output);
type
  ma=(A,B,C);     {定义枚举类型,代表工人}
  wk=1..3;          {定义子界类型，代表3个工种}
Const
   x: array[ma,wk] of integer          {给x数组(二维) 赋常量(表中值)}
     =((4,3,3), (2,4,3), (4,5,2) );
Var
  MaxEfficiency: array[wk] of wk;   {用MaxEfficiency数组保存三个工人的工种号}
  i,j,k: wk;
  s: integer;
  m: integer;       {给m赋初值0}
begin
  for i:=1 to 3 do
    for j:=1 to 3 do
        begin
          k:=6-i-j;
          s:=x[A,i]+x[B,j]+x[C,k];
          if s>m then
            begin
              m:=s;          {记下最大工作效益}
              MaxEfficiency[1]:=i;          {记下最佳分配方案}
              MaxEfficiency[2]:=j;
              MaxEfficiency[3]:=k
            end
        end;
    for i:=1 to 3 do           {输出}
      writeln('工人':6,chr(64+i), '工种':6,MaxEfficiency[ i ] );
    writeln('最大效益 :' :12, m:4);
 end.
```

程序调试过程如下。

(1) 打开文件。在 Delphi 7 集成开发环境下打开文件 Efficiency.dpr。

(2) 运行程序。单击 Debug 工具栏上的▶按钮，编译运行程序。运行结果如图 6-45 所示，可知运行结果错误。

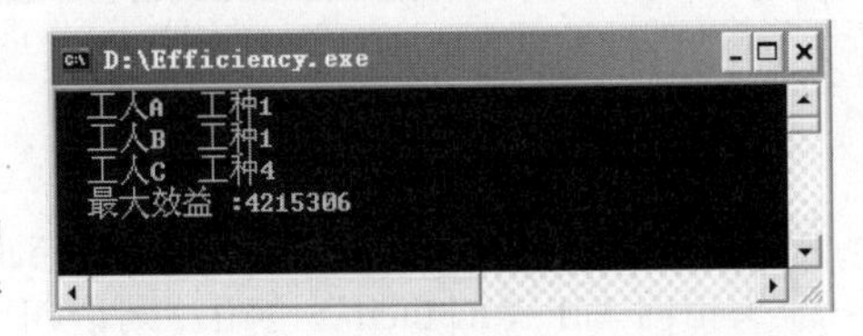

图 6-45　Efficiency.dpr 工程运行结果

(3) 编译工程文件。使用【Ctrl+F9】组合键编译程序，Messages 窗口有一个警告信息如下：

```
      [Warning]  Efficiency.dpr(21):  Variable  'm'  might  not  have  been
initialized
```

警告信息说明，程序中变量 *m* 的值没有赋初值。分析程序，变量 *m* 是存储三个工人的工作效率的，最后变量 *m* 中存储的是最大的工作效率。因此变量 *m* 的初始值应该赋为 0，并且在主程序的开始就应该赋初值。修改程序后，重新编译。代码修改如下所示：

```
     begin
```

```
    m:=0;
    for i:=1 to 3 do
      for j:=1 to 3 do
        …
      …
    …
  end.
```

(4)重新编译程序。使用【Ctrl+F9】组合键编译程序，Messages 窗口没有提示、警告、错误信息。

(5)运行程序。按 F9 键运行程序，运行结果依然如图 6-45 所示，运行结果错误。观察运行结果可知工人 C 的工种值出现 4 是不对的，并且工人 A 和工人 B 的工种也不能相同。

(6)添加监视。使用【View】|【Debug Windows】|【Watches】命令，或者【Ctrl+Alt+W】组合键，调出 Watch List 窗口。在其窗口中，右键单击，选择【Add Watch…】命令，弹出 Watch Properties 对话框，添加监视表达式 *x*，用同样的方法添加变量 *i*、*j*、*k*、*s*、*m* 的监视，并将 Watch List 窗口调整为停靠状态，在源程序中设置简单断点，断点位置如图 6-46 所示。

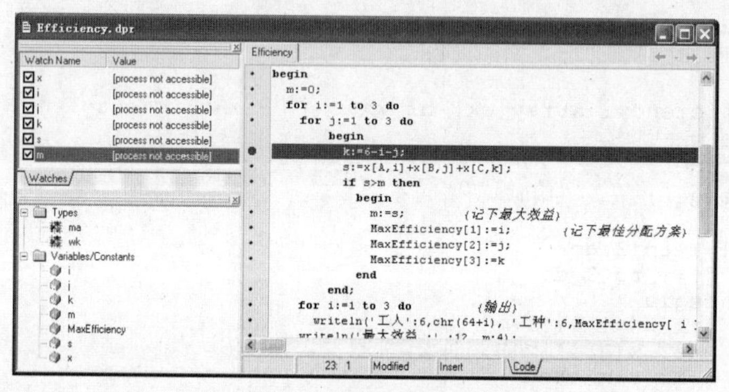

图 6-46　添加监视

(7)运行程序。按 F9 键运行程序，程序运行到断点位置暂停，如图 6-47 所示。

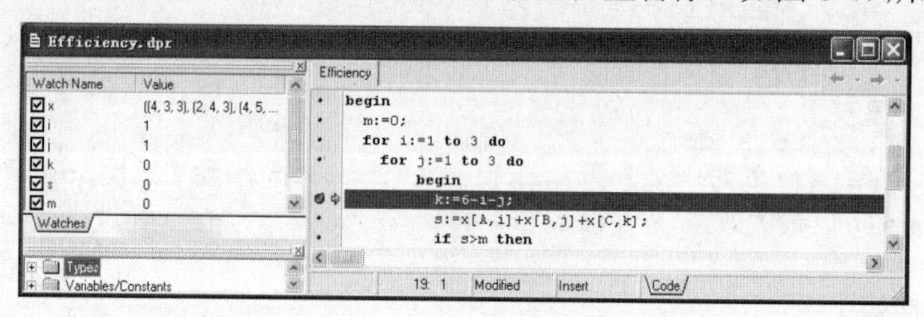

图 6-47　调试程序

此时，绿色箭头指向“k:=6-i-j;”语句，即将要执行该语句。单击 Debug 工具栏上按钮，跟踪程序，绿色箭头指向“s:=x[A,i]+x[B,j]+x[C,k];”语句，继续单击按钮，跟踪程序，绿色箭头指向“if s>m then”语句，则语句“s:=x[A,i]+x[B,j]+x[C,k];”已经执行完毕。如图 6-48 所示，在监视列表窗口(Watch List)中，可以看到，数组常量 x 中的值是工人各个工种的效率值，变量 *i*、*j*、*k* 的值分别是 1、1、4，变量 *s* 的值是 4215306，变量 *m* 的值是 0。由此可知，当前的计算已经出现错误。

由语句“s:=x[A,i]+x[B,j]+x[C,k];”可知，变量 i、j、k 是数组 x 的列下标，当前变量 k 的值是 4，由定义可知，已经过界了，则表达式“x[C,k]”访问数组元素下标过界了。使用【Run】|【Inspect…】命令，打开 Inspect 对话框，输入表达式“x[C,k]”，查看该表达式的值。在 Debug Inspector 对话框中可以看到 x[C,k]的值是 4215300，如图 6-49 所示。

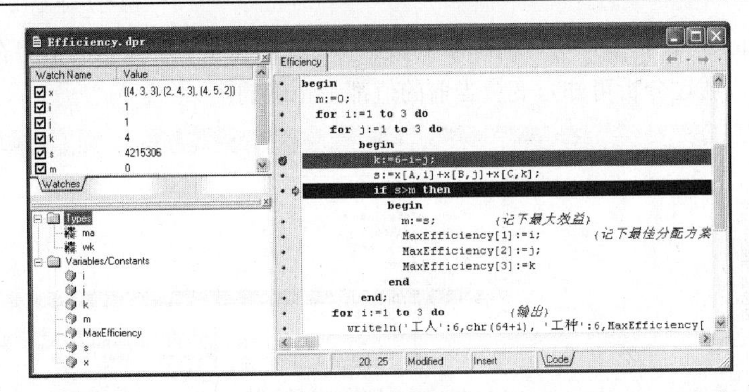

图 6-48　调试程序

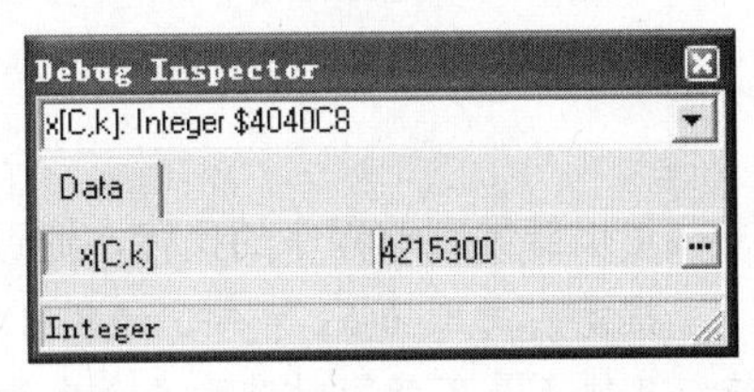

图 6-49　Debug Inspector 对话框

分析当前变量的值，可知变量 *k* 的值过界，变量 *i* 和变量 *j* 的值不应当相等，它们分别代表工人 A 和 B 所做的工种。只有当变量 *i*，*j* 的值不相等时，才需要计算变量 *k* 的值。

(8) 中止程序。使用【Run】|【Program Reset】命令中止程序执行。修改代码如下：

```
begin
  m:=0;
  for i:=1 to 3 do
    for j:=1 to 3 do
      if i<>j then
        begin
          k:=6-i-j;
          s:=x[A,i]+x[B,j]+x[C,k];
          if s>m then
          …
```

(9) 添加监视和断点。在 Watch List 窗口中分别添加表达式“x[A,i]”、“x[B,j]”、“x[C,k]”的监视。删除原断点，添加新断点，断点位置如图 6-50 所示。

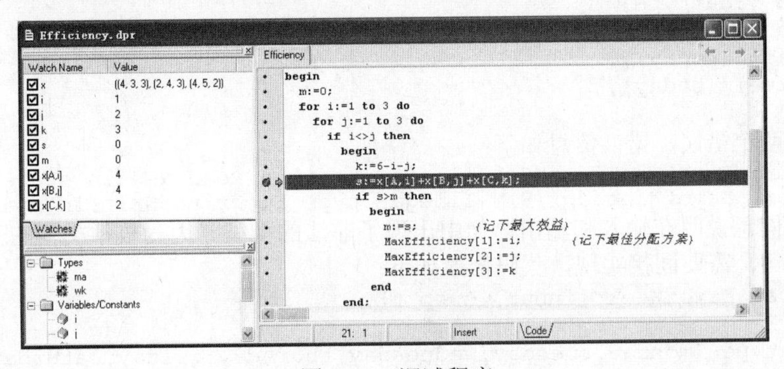

图 6-50　调试程序

(10) 运行程序。按 F9 键，编译运行程序。程序执行到断点的位置暂停，各变量的值如图 6-50 所示。绿色箭头指向“s:=x[A,i]+x[B,j]+x[C,k];”语句，将要执行该语句。此时，变量 *i*，*j*，*k* 的值分别为 1、2 和 3，说明 A、B、C 三个工人分别选择了工种 1、2、3。变量 *m* 的值为初值 0。

(11) 继续按 F9 键，程序第二次运行到断点位置暂停，各变量的值如图 6-51 所示。使用【Run】|【Inspect…】命令，调出 Inspect 对话框，添加监看表达式“MaxEfficiency”，弹出 Debug Inspector 对话框，监看当前数组 MaxEfficiency 各元素的值。

从 Watch List 窗口，可以看到变量 *s* 和 *m* 保存着上一次循环中的工人选择不同工种产生的总效率的值。变量 *i*，*j*，*k*，x[A,*i*]，x[B,*j*]，x[C,*k*]均是本次循环中每个工人工种选择和效率的值。

在 Debug Inspector 对话框中，可以清晰看到数组 MaxEfficiency 各元素的值保存的是上一次工人选择工种的情况。通过分析可知，变量当前的值都是正确的。

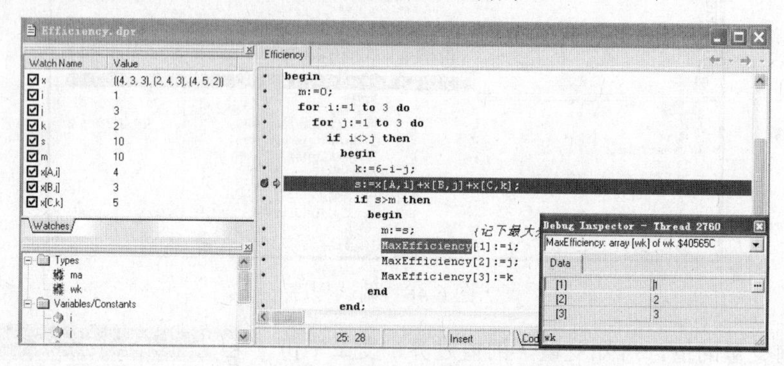

图 6-51　调试程序

可以继续跟踪程序的执行，通过变量的变化可知算法的执行是正确的。

提示　由图 6-51 可知，使用 Debug Inspector 对话框能够更清晰地查看构造数据类型变量的值，其缺点是不能同时监看多个变量的值。

图 6-52　运行结果

(12) 中止程序。使用组合键【Ctrl+F2】中止程序的执行。删除断点，编译并运行程序，运行结果如图 6-52 所示，由题意可知运行结果正确。

4．常见错误小结

(1) 枚举类型变量的输入和输出问题

例如，下面程序因为试图对枚举类型的变量进行输入和输出而出现语法错误。

```
program DayofWeek(input, output);
type
  daytype=(monday,tuesday,wednesday,thursday,friday,saturday,sunday);
var
  today:daytype;
begin
  readln(today);
  writeln(today);
end.
```

编译产生两个错误，错误信息如下：

```
[Error] DayofWeek.dpr(7): Illegal type in Read/Readln statement
[Error] DayofWeek.dpr(8): Illegal type in Write/Writeln statement
```

两个错误信息说明在输入和输出语句中出现了非法的类型。因为枚举类型的变量不能直接使用输入输出语句，需要间接实现，代码修改如下：

```
program DayofWeek (input, output);
type
  daytype=(monday,tuesday,wednesday,thursday,friday,saturday,sunday);
var
  today:daytype;
  k:integer;
begin
  readln(k);
  case k of
    1:today:=monday;
    2:today:=tuesday;
    3:today:=wednesday;
    4:today:=thursday;
    5:today:=friday;
    6:today:=saturday;
    7:today:=sunday;
  end;
```

```
    case today of
      monday: writeln('星期一');
      tuesday: writeln('星期二');
      wednesday: writeln('星期三');
      thursday: writeln('星期四');
      friday: writeln('星期五');
      saturday: writeln('星期六');
      sunday: writeln('星期日');
    end;
    readln
  end.
```

(2) 枚举类型定义错误

① 有如下枚举类型的定义：

```
  type
    color=('red','green','blue');
```

程序编译产生错误，错误信息为：Identifier expected but string constant found。

在定义枚举类型时，枚举元素只能是标识符，不能是字符常量、字符串常量或数值常量。应该改为：

```
  type
    color=(red,green,blue);
```

② 有如下枚举类型的定义：

```
  type
    color1=(red,green,blue);
    color2=(red,yellow,black);
```

程序编译产生错误，错误信息为：Identifier redeclared: 'red'

因为同一个枚举元素 red 不能出现在两个及以上的枚举类型的定义中。

(3) 子界变量赋值过界

例如，下面程序中因对子界变量赋值过界而产生了语法错误。

```
  program Month(input, output);
  var
    mm:1..12;
  begin
    mm:=13;
    writeln(mm);
    readln
  end.
```

程序编译产生错误，错误信息为：

```
  [Error] Month.dpr(5): Constant expression violates subrange bounds
```

错误信息说明了赋值的常量超出了子界变量的范围。

(4) 数组元素的下标访问过界

例如，下面程序中对数组访问过界。虽然程序能够运行，但是这是极其危险的错误。

```
  program ArrayBound(input, output);
  const
    n=5;
  var
    aa:array[1..n] of integer;
    i:integer;
  begin
    for i:=1 to n do
      read(aa[i] );
    for i:=1 to 10 do
      write(aa[i]:5);
    readln
  end.
```

程序编译显示有 0 个提示、0 个警告、0 个错误，但程序运行结果错误。因为数组输出时，下标过界了。数组访问下标过界是非常危险的，而且错误极难发现。

(5)压缩数组的输入和输出

例如，下面程序试图对压缩数组进行数据输入，产生了语法错误。

```
program PackStringIn(input,output);
var
  name: packed array[1..20] of char;
begin
  read(name);
  writeln(name);
  readln
end.
```

程序在编译时提示错误：

```
[Error] PackStringIn.dpr(7): Illegal type in Read/Readln statement
```

该错误说明在输入语句中出现了非法的数据类型。使用压缩数组保存字符串，不可以使用Read/Readln直接输入，但可以使用Write/Writeln语句直接输出。代码可以按照如下修改：

```
program PackStringIn(input,output);
var
  name:packed array[1..20] of char;
  ch:char;
  i:integer;
begin
  i:=1;
  read(ch);
  while ch<>chr(13) do       {换行的ASCII码值是13，chr(13)代表换行的字符}
    begin
      name[i]:=ch;
      i:=i+1;
      read(ch)
    end;
  writeln(name);
  readln
end.
```

5. 实验内容

(1)改错题(基础题)。编写一个程序，求二维数组的最大值，并输出最大值所在的行下标和列下标。

下面给出了一个有错误的源程序，其文件名MaxValue.dpr。

```
program MaxValue(input,output);
var
  a:array[1..3,1..4] of integer;
  i,j,max,maxRow,maxCol:integer;
begin
  for i:=1 to 3 do
    readln(a[i,1],a[i,2],a[i,3],a[i,4] );
  max:=a[1,1];
  for i:=1 to 3 do
    for j:=1 to 4 do
      if a[i,j]>max then
        max:=a[i,j];
        maxRow:=i;
        maxCol:=j;
  writeln('max:',max:5,'row:',maxRow:5,'col:',maxCol:5);
  readln;
  readln
end.
```

(2)改错题(基础题)。编写一个程序，从键盘输入一个字符串，判断字符串中各小写字母出现的次数。

下面给出了一个有错误的源程序，其文件名Characters.dpr。

```
program Characters(input,output);
var
  s:string;
  frequency:array['a'..'z'] of integer;     {frequency表示出现的频率}
  i:integer;
  ch:char;
begin
  readln(s);
  for i:=1 to length(s) do
    if s[i] in ['a'..'z']  then
      frequency[i] :=  frequency[i] +1;
  for ch:='a' to 'z' do
    if frequency[ch]<>0 then
      writeln(ch,':',frequency[ch] );
  readln
end.
```

(3) 改错题(较难题)。编写一个程序，从 source 字符串中，查找 find 字符串，若存在，将其替换为 replace 字符串。

下面给出了一个有错误的源程序，其文件名 StringFindReplace.dpr。

```
program StringFindReplace(input,output);
var
  source,find,replace:string;
  i:integer;
begin
  write('The source string:');
  readln(source);
  write('the find string:');
  readln(find);
  write('The replace string:');
  readln(replace);
  i:=pos(source,find);
  while i<>0 do
    begin
      delete(source,i,length(find) );
      insert(replace,source,i);
      i:=pos(source,find)
    end;
  writeln(source);
  readln
end.
```

说明　字符串的函数和过程：

Pascal 提供了一些标准的字符串函数和过程，一些涉及到字符串的问题，可以使用这些标准函数和过程来灵活解决。Pascal 提供的标准函数和过程包括 copy、delete、insert、length、pos、str、val 等。

本例中，pos（sub, s）函数的功能是返回子串 sub 在字符串 s 中的位置，如果在字符串 s 中未找到子串 sub，函数返回 0；delete（s, m, n）函数，m 和 n 均为整数，delete 函数的功能是从字符串 s 中的第 m 个位置开始删除长度为 n 的子串；insert（t, s, m）函数中，t 和 s 均为字符串，m 为整数，insert 函数的功能是将字符串 t 插入到字符串 s 的第 m 个位置处，并把插入后得到的新字符串赋给字符串 s。其他函数的使用具体参看教材的附录 1。

(4) 编程题(基础题)。求第 N 个 Fibonacci(斐波纳契)数列数。数列 1、1、2、3、5、8、13、21…称为裴波纳契数列，它的特点是：数列的第一项是 1，第二项也是 1，从第三项起，每项等于前两项之和。编程输入一个正整数 N，求出数列的第 N 项是多少？(N 不超过 30)。

(5) 编程题(基础题)。求一个矩阵的转置矩阵。

(6)编程题(基础题)。将一个矩阵左下三角的元素变为原来的2倍。

(7)编程题(基础题)。四个商店一周内销售自行车的情况如下面表6-2所示，自行车价格如表6-3所示，编程求一周内各商店的营业总额，各品牌的营业总额。

表6-2 自行车销售情况

商店	永久牌	飞达牌	五羊牌
第一商店	35	40	55
第二商店	20	50	64
第三商店	10	32	18
第四商店	38	36	28

表6-3 各品牌自行车的单价

品牌	永久牌	飞达牌	五羊牌
单价	395元	398元	384元

(8)编程题(较难题)。输入一个不大于32767的正整数*N*，将它转换成一个二进制数。

例如：输入：100

输出：1100100

思考题：若将该数转换为一个*K*进制数，如何做？

(9)编程题(中等难度)。从键盘输入5个国家的名字，按其字典的顺序输出。

附注 字符串的运算和比较

①+：连接运算符

例如：'Turbo '+'pascal'的结果是'Turbo pascal'。

若连接的结果字符串长度超过255，则被截成255个字符。若连接后的字符串存放在定义的字符串变量中，当其长度超过定义的字符串的长度时，超过部分的字符串被截断。

例如：

```
var
  str1,str2,str3:string[8];
begin
  str1:='Turbo ';
  str2:='Pascal';
  str3:=str1+str2;
end.
```

则str3的值为：'Turbo Pa'。

②=、<>、<、<=、>=关系运算符

两个字符串的比较规则为，从左到右按照ASCII码值逐个比较，遇到ASCII码值不等时，规定ASCII码值大的字符所在的字符串为大。

例如：

```
'AB'<'AC'结果为真;
'12'<'2' 结果为真;
'PASCAL  '='PASCAL' 结果为假。
```

(10)编程题(较难题)。装箱问题，假设有*n*项物品，大小分别为*s*1，*s*2，…，*si*，…，*sn*，其中*si*是整数且满足1≤*si*≤100。要把这些物品装入到容量为100的一批箱子中，箱子的序号为1～*n*。装箱方法是：对每项物品*si*，依次扫描所有这些箱子，把*si*放入足以能够容下它的第一个箱子中(first-fit 策略)。写程序模拟这个装箱过程，并输出每个物品所在箱子的序号，以及所需的箱子数目。两个测试用例如表6-4所示。

表 6-4　测试用例

测 试 用 例	输入的物品个数及容量	装 箱 方 案
测试用例 1	物品的个数为 8 容量分别为：60 70 80 90 30 40 10 20	60　1 70　2 80　3 90　4 30　1 40　5 10　1 20　2 所需箱子的个数为 5 个
测试用例 2	物品的个数为 6 容量分别为：40 40 40 60 60 60	40　1 40　1 40　2 60　2 60　3 60　4 所需箱子的个数为 4 个

提示　由测试用例 2 可知，当前的装箱策略不是最优放入，如何改进装箱策略，能够尽量减少所需箱子的数目？

(11)编程题(较难题)。编程模拟简易连连看的游戏。在一个方阵网格盘面的每个格子中放置一些符号，这些符号是成对出现的，且位置随意。同一个符号可能不止 1 对，请将所有相匹配的符号对找出。

网格游戏盘如图 6-53 所示。网格中的符号为大写字母，由程序事先随机生成。符号对匹配使用两个相同字符所在格子的位置下标组合来确定的，如字符 A 的两个格子分别为第 1 行第 1 列和第 1 行第 4 列，则 1114 就是一个“符号对位置组合数”。因此游戏的目标就是找到所有的“符号对位置组合数”。如果用户输入的符号对位置组合数对应的两个符号不成对，则称为“非法位置”，如果非法位置不超过 3 次，则输出“游戏过关！”，否则输出“游戏失败！”。

1	2	3	4	
A	E	E	A	1
C	D	F	C	2
D	B	B	A	3
A	C	F	C	4

图 6-53　游戏方阵网格

(12)编程题(基础题)。输入数字，若是 1，输出“boy”，否则输出“girl”。(要求使用枚举类型)

6.3.2　集合与记录

1．实验目的

· 能熟练使用集合、记录等构造数据类型进行程序设计；

· 能够使用 Debug Inspector 监看构造类型变量的值，并对比 Debug Inspector 和 Watch List 两种监视工具的优缺点；

· 能够熟练使用单步追踪、断点、监视等基本的程序调试方法。

2．编程示例

例 6　输入 10 位学生的数据记录(包含学号、姓名、性别、年龄、成绩五个域)，计算 10 个同学的平均分，并将高于平均分的学生信息输出，同时输出高于平均分的学生人数。

(1)分析

学生信息使用记录类型的数据表示，10 个学生的信息可以使用数组实现数据聚集。本题是一个查找问题，只要计算出学生平均分，然后利用穷举比较，将每一个学生的成绩与平均分进行比较，若高于平均分，则此学生的信息输出，并且计数器增 1。

(2)算法

① 输入 10 个学生的信息。

② 将平均分的变量初始化为 0，average←0。

③ 利用循环求总分，average←average+stu[i].score。

④ 计算平均分，average←average/*N*。

⑤ 将高于平均分的人数初始化为 0，count←0。

⑥ 利用循环进行穷举比较，如果 stu[i].score>average，则输出该生的信息，并且计数器 count 增 1。

⑦ 输出高于平均分的学生的人数 count。

(3)源程序

```
program StudentInfo(input,output);
const N=3;
type
  student=record
            no:integer;
            name:string[20];
            sex:char;
            age:10..18;
            score:real;
          end;
var
  stu:array[1..N]of student;
  t:student;
  i,j,count:integer;
  average:real;
begin
  writeln('input',N:2,' students.');
  for i:=1 to N do
    with stu[i] do
      begin
        writeln('input',i:2,' :no,name,sex,age,score');
        readln(no);
        readln(name);
        readln(sex);
        readln(age,score);
      end;
  average:=0;
  for i:=1 to N do
    with stu[i] do
      average:=average+score;
  average:=average/N;
  count:=0;
  for i:=1 to N do
    with stu[i] do
      if score>average then
        begin
          writeln(no:5,name:20,sex:5,age:5,score:7:2);
          count:=count+1;
        end;
  writeln('高于平均分的人数是: ',count);
  readln
end.
```

例 7　有理数的大小比较。

(1) 分析

一切有理数都可以化为分数，因此可以使用分数表示有理数。理论上 $\frac{A}{B} > \frac{C}{D}$，则有 $AD > BC$，但是必须保证分母 B 和 D 符号相同，否则就需要改变不等号的方向。

如果直接进行除法运算，得到有理数对应的小数表示后再进行大小比较，此时要使用的是浮点数除法而不是整数除法，但是浮点数表示是有误差的，可能会判断出错。

(2) 算法

① 输入两个有理数 A 和 B。

② 计算差值 diff，diff←a.numerator*b.denominator-b.numerator*a.denominator。

③ 如果 diff 为负数

```
[    如果两个有理数分母异号，则有理数A大，
     否则，有理数B大。
]
```

④ 如果 diff 为正数

```
[    如果两个有理数分母异号，则有理数B大，
     否则，有理数A大。
]
```

⑤ 如果 diff 值为 0，则输出两个有理数相等。

(3) 源程序

```
program CompareRational(input,output);
type
Rational=record
           numerator:integer;
           denominator:integer;
         end;
var
  a,b:Rational;
  diff:integer;
begin
  writeln('Please input two rational numbers:');
  readln(a.numerator,a.denominator);
  readln(b.numerator,b.denominator);
  diff:=a.numerator*b.denominator-b.numerator*a.denominator;
  if diff<0 then
    begin
      if (a.denominator * b.denominator) <0 then
        writeln('a is big!')
      else
        writeln('b is big!')
    end
  else if diff>0 then
    begin
      if (a.denominator * b.denominator) <0 then
        writeln('b is big!')
      else
        writeln('a is big!')
    end
  else
    writeln('a equal to b!');
  readln;
end.
```

例 8　将自然数 1～9 数字不重复地组成三个三位数，且三个数之比为 1∶2∶3。求出能满足条件的全部方案。

(1) 分析

若三个数的比例是 1∶2∶3，且都是三位数，可知三个数中最小的数的范围在 100～333 之

间，每个三位数是由不重复的1～9的数字组成，可以进一步确定三个数中最小数的范围在123～333之间。对于123～333范围内的任一整数 *i*，计算其个位、十位和百位上的数字，若它们互不相同且都不为0，把个位、十位和百位上的数字放到集合numbers中。计算 *i* 的2倍，即double:=2*i，计算double的个位、十位和百位上的数字，若它们互不相同且都不为0，并且都不在集合numbers中，则把double的个位、十位和百位上的数字添加到集合numbers中。计算 *i* 的3倍，即triple:=3*i，计算triple的个位、十位和百位上的数字，若它们互不相同且都不为0，并且都不在集合numbers中，则当前的变量 *i*，double，triple就是要找的数，将其输出。

(2) 算法

① 给循环变量赋初值，*i*←123。

② 集合变量赋初值，numbers←[]。

③ 计算变量 *i* 的个位、十位、百位上的数字，分别赋值给figure，dicimal，hundred。

④ 判断，如果变量 *i* 的个位、十位、百位上的数字互不相同，且都不是0，把这3个数字添加到集合中，numbers←numbers+[figure, decimal, hundred]。若个位、十位、百位上的数字有相同的，或者有数字0，则转到⑨执行。

⑤ 计算变量double，double←2**i*。并计算变量double的个位、十位、百位上的数字，分别赋值给figure，dicimal，hundred。

⑥ 判断，如果变量double个位、十位、百位上的数字互不相同，都不是0，都不是集合numbers中的元素，把这3个数字添加到集合中，numbers←numbers+[figure, decimal, hundred]。如果判断的条件不满足，则转到⑨执行。

⑦ 计算变量triple，triple←3**i*。并计算变量triple的个位、十位、百位上的数字，分别赋值给figure，dicimal，hundred。

⑧ 判断，如果变量triple个位、十位、百位上的数字互不相同，且都不是0，都不是集合numbers中的元素，则变量 *i*，double，triple就是要找的数据，将它们输出。如果判断的条件不满足，则转到⑨执行。

⑨ 循环变量增1，*i*←*i*+1。

⑩ 判断，如果 *i* 小于等于333，则转到②执行，否则程序结束。

(3) 源程序

```
program Number;
var
  numbers:set of 1..9;
  i,figure,dicimal,hundred:integer; { figure、dicimal 和 hundred 分别代表个
                                      位、十位、百位上的数字}
  double,triple:integer;
begin
  for i:=123 to 333 do
    begin
      numbers:=[];
      figure:=i mod 10;
      dicimal:=i div 10 mod 10;
      hundred:=i div 100;
     if(figure<>dicimal) and (dicimal<>hundred) and (figure<>hundred) and
        (not (0 in [dicimal,figure,hundred]) ) then
       begin
         numbers:=numbers+[figure,dicimal,hundred];
         double:=i*2;
         figure:=double mod 10;
         dicimal:=double div 10 mod 10;
         hundred:=double div 100;
```

```
            if (figure<>dicimal) and (dicimal<>hundred) and
               (figure<>hundred) and ([figure,dicimal,hundred]*numbers=[]) and
                  (not (0 in [dicimal,figure,hundred]) ) then
               begin
                 numbers:=numbers+[figure,dicimal,hundred];
                 triple:=i*3;
                 figure:=triple mod 10;
                 dicimal:=triple div 10 mod 10;
                 hundred:=triple div 100;
                 if(figure<>dicimal) and (dicimal<>hundred) and
                   (figure<>hundred) and
                      ([figure,dicimal,hundred]*numbers=[]) and
                        (not (0 in [dicimal,figure,hundred]) ) then
                           writeln(i:5,double:5,triple:5);
               end
          end
      end;
    readln
  end.
```

3．调试实例

例 9　编写一个程序，建立一张学生情况表格，求出每位学生的平均成绩，并输出这张表格。要求学生的基本信息包括：学号、姓名、出生日期、三门课成绩、平均成绩。

问题分析：出生日期包括年、月、日，可以定义为记录类型。学生信息必须用记录类型，包含有 5 个域：number(学号)，name(姓名)，birthday(出生日期)，score(成绩)，average(平均分)。

基本算法：

① 读入学生信息。

② 计算平均分。

③ 输出学生信息。

下面给出了一个有错误的源程序，其文件名 StudentInfo.dpr。

```
Program StudentInfo(input,output);
  Const
    N=2; M=3;                         {人数N=2    课目M=3}
  Type
    Date=Record                       {定义Date(日期)记录类型}
           day: 1..31;                  {域名day表示天,为子界型(1..31)}
           month: 1..12;                {域名month表示月,为子界型(1..12)}
           year: 1970..1999;             {域名year表示年,为子界类型}
         End;
    student=Record                      {定义student(学生情况)记录类型}
              number: string[5];      {域名number表示学号,为字符串类型}
              name: string[8];        {域名name表示姓名,为字符串类型}
              birthday: Date;         {域名birthday表示日期,为记录类型(Date)}
              score: array[1..M] of real;  {域名score表示成绩,为数组类型}
              average: real                {域名average表示平均分,为实数类型}
            End;
  Var
    Stu: array[1..N] of student;            {变量Stu为数组类型，存放多个学生信息}
    i,j,k: integer;
    t: real;
    a: student;              {变量a为记录(student)类型，保存每一次录入的学生记录}
begin
t:=0;
for k:=1 to N do
  begin
    with a,birthday do    {开域语句,打开当前记录a和birthday,进行以下操作}
```

```
        begin
          write(k:2,' number: '); readln(number);      {输入学号}
          write(k:2,' name: '); readln(name);          {输入姓名}
          write(k:2,' day: '); readln(day);            {输入出生日}
          write(k:2,' month: '); readln(month);        {输入出生月}
          write(k:2,' year: '); readln(year);          {输入出生年}
          for i:=1 to M do                         {输入M科的成绩}
            begin
              write('score[',i,']='); read(score[ i ] );
              t:=t+score[ i ]                       {累加各科总分}
            end;
          readln;
          average:=t/M;                          {计算平均分}
          stu[k]:=a                              {将当前记录存入stu[k]中}
        end;
      writeln('------------------------------------'); {打印表格线}
      write(' num', ' ':6, 'name', ' ':7, 'mm/dd/yy':10, ' ':4 ); {打印表头}
      writeln('Chinese',' ':2,'math',' ':2,'English',' ':2,'average' );
      writeln('------------------------------------'); {打印表格线}
      for j:=1 to N do                          {打印所有学生记录数据}
        with stu[ j ], birthday  do
          begin
           write(number:5, name:9, ' ':8,
                 month:2, '/', day:2, '/', year:4, '  ' );
            for i:=1 to M do write(score[ i ]:6:1);
              writeln(average:10:1)
          end;
      readln
    end.
```

调试程序基本步骤：

(1)打开文件。在指定目录下找到文件 StudentInfo.dpr，双击打开，自动启动 Delphi7 集成开发环境并打开文件。

(2)编译。使用组合键【Ctrl+F9】编译工程文件，在 Messages 窗口显示有两个错误，错误信息如下：

```
[Error] StudentInfo.dpr(61): Record, object or class type required
[Error] StudentInfo.dpr(73): 'END' expected but end of file found
```

第一条错误信息说明在源代码的第 61 行，记录、对象或类的类型被需要。第二条错误信息说明在源代码的第 73 行，希望有 END 语句出现，但是却发现文件已结束。

在第一条错误信息上双击，源代码窗口对应的第 61 行以高亮显示，如图 6-54 所示。第 61 行是文件的结尾。那么第二条错误信息指示在源代码的第 73 行，已经超过了源代码行数的范围，并且第二条错误信息说明第 73 行希望出现 END 语句。出现此种错误是因为源代码中丢失了 END 语句。

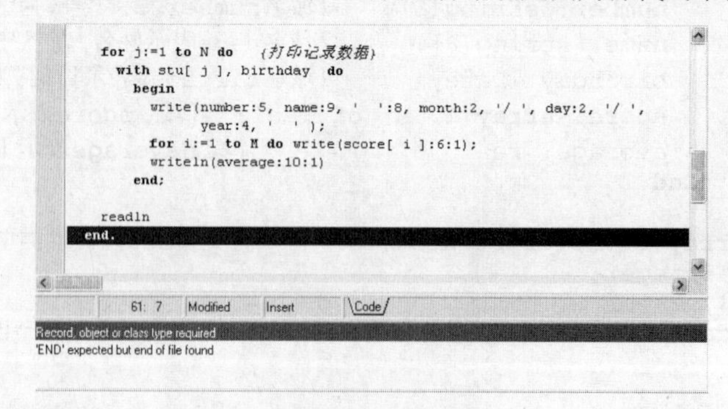

图 6-54　调试程序

END 语句经常和 BEGIN 语句成对使用，检查代码可以发现在录入学生信息的循环语句中 BEGIN 语句和 END 语句不是成对出现的。代码如下：

```
begin
  t:=0;
   for k:=1 to N do
    begin
      with a,birthday do {开域语句,打开当前记录a和birthday,进行以下操作}
       begin
          write(k:2,' number: '); readln(number);     {输入学号}
          write(k:2,' name: '); readln(name);         {输入姓名}
          write(k:2,' day: '); readln(day);            {输入出生日}
          write(k:2,' month: '); readln(month);        {输入出生月}
          write(k:2,' year: '); readln(year);           {输入出生年}
          for i:=1 to M do                         {输入M科的成绩分}
           begin
              write('score[',i,']='); read(score[ i ]);
              t:=t+score[ i ]                      {累加总分}
           end;
           readln;
           average:=t/M;                          {计算平均分}
           stu[k]:=a                              {将当前记录存入stu[k]中}
       end;
   ......                                         此处缺少 end 语句
end.
```

(4) 修改代码后，重新编译。使用【Ctrl+F9】重新编译工程，Compiling 对话框显示有 0 个提示，0 个警告，0 个错误。

(5) 运行程序。按 F9 键运行程序，录入合法数据，程序运行结果如图 6-55 所示。从运行结果可以看到第二个同学平均分计算错误。

(6) 添加监视，添加带条件的源代码断点。分析源代码可以发现，每个学生信息都是先读入变量 *a* 中，最后把变量 *a* 赋值给学生数组 stu，因此三门课成绩是录入了数组 a.score 中，并使用变量 *t* 计算三门课的平均分。使用【Ctrl+F5】组合键调出 Watch Properties 对话框，添加监视表达式 a.score[i]，用相同方法添加变量 *t* 的监视。将 Watch List 窗口拖动到左侧适当位置停靠。

在源代码窗口中，选择“for i:=1 to M do”语句，使用【Run】|【Add Breakpoint】|【Source Breakpoint…】命令，调出 Add Source Breakpoint 对话框，添加带条件的源代码断点。条件是：当第二次通过该语句时，暂停，如图 6-56 所示。

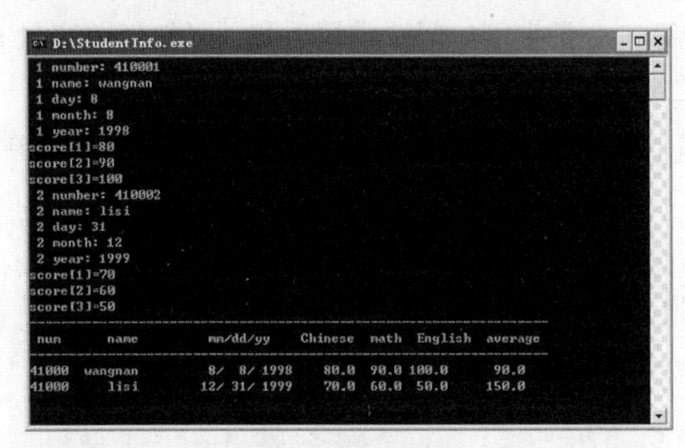

图 6-55　运行结果

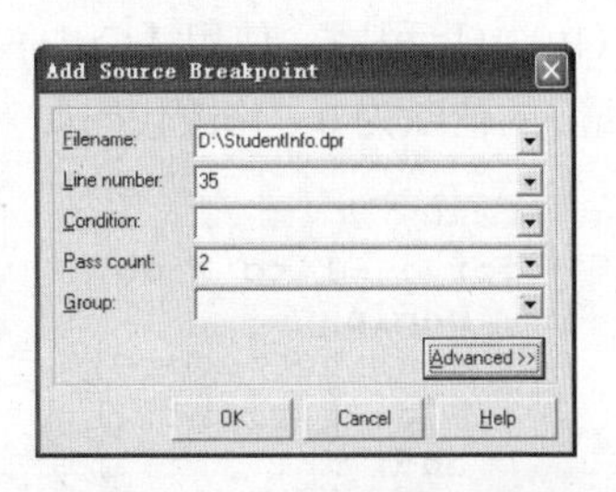

图 6-56　带条件的源代码断点

(7) 运行程序。按 F9 键运行程序，在录入第二个学生的出生日期数据后，遇到断点，程序暂停，如图 6-57 所示。

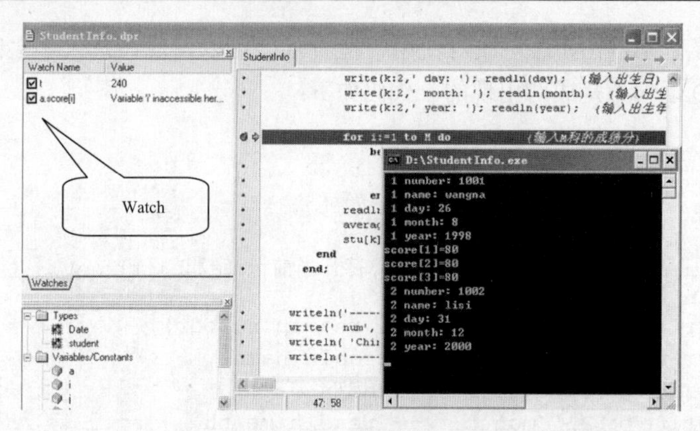

图 6-57　调试程序

如图 6-57 所示，当录入第二个学生的出生日期后，程序运行暂停，绿色箭头指向“for i:=1 to M do”语句，准备执行该语句。从 Watch List 窗口可以看到变量 *t* 当前的值是第一个同学三门课成绩的总和。

(8) 跟踪程序。按 F7 键，跟踪程序，绿色箭头指向“write('score[',i,']='); read(score[i]);”代码行，继续按 F7 键，程序控制转向控制台窗口等待输入第二个学生的第一门课成绩，输入 100，程序控制转到源代码窗口，绿色箭头指向“t:=t+score[i]”语句，从 Watch List 窗口可以看到第一门课成绩 a.score[i]的值是 100，如图 6-58 所示。

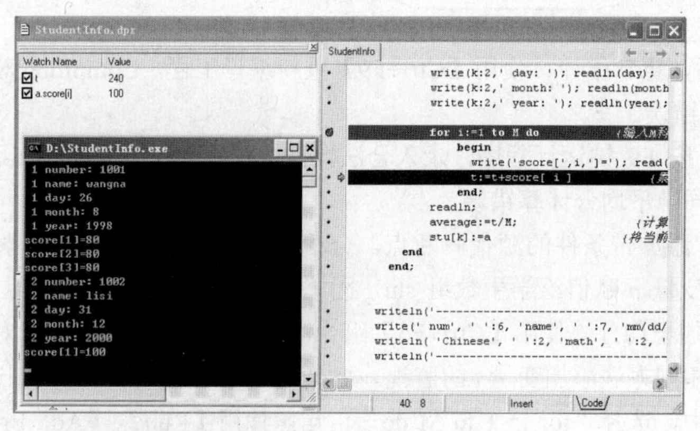

图 6-58　调试程序

(9) 继续跟踪程序。按 F7 键执行程序，绿色箭头指向“end;”语句，在 Watch List 窗口中变量 *t* 的值是 340，是第一个学生三门课成绩和第二个学生第一门课成绩总和。可知当前变量 *t* 的值错误，其值应该只是第二个学生的录入成绩之和。

(10) 中止程序。使用【Ctrl+F2】组合键中止程序，修改代码。要在每次录入学生成绩之前将变量 *t* 的值赋为 0。修改代码如下：

```
......
t:=0;
for i:=1 to M do                {输入M科的成绩分}
  begin
    write('score[',i,']='); read(score[ i ] );
    t:=t+score[ i ]             {累加总分}
  end;
......
```

(11) 删除断点，编译并运行程序，程序运行结果正确。

提示　在程序运行期间，可以使用 Watch List 窗口监视变量的值，也可以使用 Debug

Inspector 监视变量的值。Watch List 窗口的优点是可以同时监看多个变量的值。Debug Inspector 的优点是在查看构造类型的变量时，非常的清晰，它的缺点是不能同时监视多个变量的值。例如在本例中，输入第一个学生信息后，分别通过 Watch List 和 Debug Inspector 监视变量 *a* 的值，如图 6-59 所示，Debug Inspector 窗口能清晰查看记录变量各个域的值。

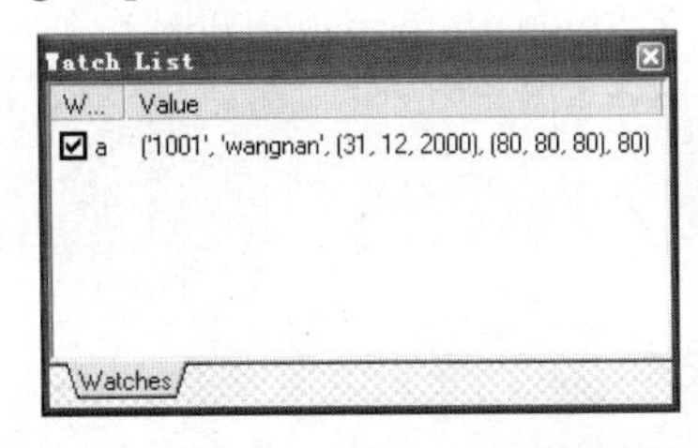

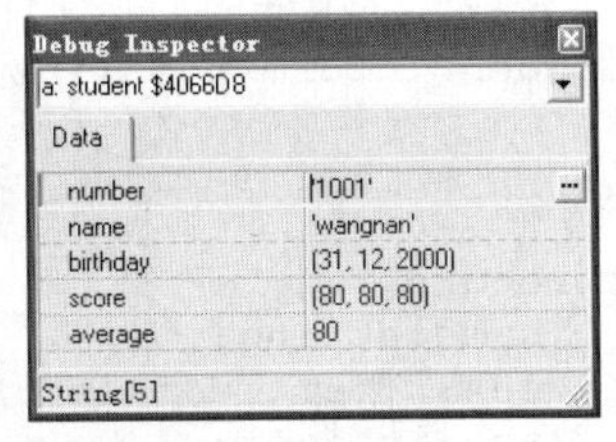

图 6-59 监看构造类型的变量

4. 常见错误小结

(1) 集合类型的变量赋值和运算时，要保证类型相容

例如，下面的程序因为类型赋值不兼容而引发编译错误。

```
program SetOperation(input, output);
var
  x:set of 1..5;
  y:set of '1'..'5';
begin
  x:=[];
  y:=['1','3'];
  if x<=y then
    ...
  readln
end.
```

程序在编译时提示错误：

```
[Error] SetOperation.dpr(9): Incompatible types: 'Integer' and 'Char'
```

该错误说明在 if 语句中运算符两侧的集合的类型不相容。集合的赋值和运算都必须要求两侧类型相容。

(2) 记录类型的数据开域 with 使用错误

例如，下面的程序中，因为记录类型数据的开域 with 使用错误，程序无法编译成功。

```
program RecordIn(input,output);
var
  s:record
      name:string;
      age:integer;
    end;
begin
  with s do
    read(name);
    read(age);
  writeln(s.name:10,s.age:5);
  readln
end.
```

程序在编译时提示错误：

```
[Error] RecordIn.dpr(11): Undeclared identifier: 'age'
```

该错误说明 age 是一个未被声明的标识符。因为 age 不受开域语句(with)的控制，所以产生此错误，正确的 with 语句使用如下所示：

```
with s do
  begin
    read(name);
    read(age)
```

```
end;
```

5．实验内容

(1)改错题(中等难度)。编写一个程序，从键盘输入 *N* 个学生的信息，包括学号、性别和年龄，计算学生的平均年龄，输出所有学生信息和学生的平均年龄。

下面给出了一个有错误的源程序，其文件名 StudentInformation.dpr。

```
program StudentInformation(input,output);
const
  N=3;
type
  student=record
            name:string;
            sex: (female,male);
            age:integer;
           end;
  stu=array[1..10] of student;
var
  s:stu;
  sumage,aveage:real;
  i,j:integer;
begin
  for i:=1 to N do  {录入N个学生信息}
    begin
      with s[i] do
        readln(name);    {录入姓名}
        readln(j);
        if j=1 then          {录入性别}
          sex:=female
        else
          sex:=male;
        readln(age)       {录入年龄}
    end;
    sumage:=0;
    for i:=1 to N do
      sumage:=s[i].age+sumage;
    aveage:=sumage/N;
    writeln('----------------------------------------');
    for i:=1 to N do
      begin
        write(s[i].name:10);
        if s[i].sex=female then
          write(' female ')
        else
          write(' male ');
        write(s[i].age:10);
        writeln
      end;
    writeln(aveage:5:2);
  readln
end.
```

(2)编程题(中等难度)。校女子 100 米短跑决赛成绩如下，请编程打印前六名运动员的名次、运动员号和成绩。(从第一名至第六名按名次排列)

运动员号	017	168	088	105	058	123	142	055	113	136
成绩(秒)	12.3	12.6	13.0	11.8	12.1	13.1	12.0	11.9	11.6	12.4

(3)编程题(中等难度)。从键盘输入一个字符串，进行下面的变换(要求使用集合)：

① 数字 0,1,2,3,…,9 分别和字母 a,b,c, …,j 互换；

② 字母 k,m,p,t,y 分别与其后继互换；

③ 其他字母和空格保持不变，输入字符串以句号结束。

(4) 编程题(较难题)。将自然数 1～9 这九个数分成三组，将每组的三个数字拼成为三位数，每个数字不能重复，且每个三位数都是完全平方数。请找出这样的三个三位数。(要求使用集合)

(5) 编程题(中等难度)。现有五件物品，质量分别为 4、8、10、9、6.5 千克，它们的价值分别为 12、21、24、17、10.5 元。有一个背包，装入物品总质量不得超过 19 千克，应该选哪几件物品放入背包内使总价值最大。

(6) 编程题(较难题)。某医院内有 A，B，C，D，E，F，G 七位大夫，他们在一个星期内每人要值一天班，排班的要求为：

① A 大夫值班日比 C 大夫晚一天。

② D 大夫的值班日比 E 大夫晚两天。

③ B 大夫的值班日比 G 大夫早三天。

④ F 大夫的值班日在 B，C 大夫值班日之间，且在星期四(THU)。请编程求出每个大夫的值班日(用 mon,tue,wed,thu,fri,sat,sun 表示周一到周日)。(提示：使用枚举类型解决本题)

6．综合应用

学生成绩管理系统(V1.0 版本)

学生的数据信息包括：学号、姓名、性别、出生日期、数学、语文、英语三门课成绩、平均分。某班人数最多不超过 30 人，具体人数由键盘输入。要求使用数组作为数据结构进行如下功能的程序设计。

(1) 录入每个学生的基本信息；

(2) 计算每个学生的平均分；

(3) 按平均分从高到低输出学生信息；

(4) 按学生姓名的字典顺序输出学生基本信息；

(5) 按姓名查找学生信息，若没有找到，给出提示信息；

(6) 将数学成绩不及格的学生信息输出，并统计数学成绩不及格的学生的人数。

6.4　第四单元——分程序

在程序设计过程中，使用子程序可以缩短程序文本长度，使程序结构更加清晰，逻辑关系明确，为程序的设计、调试、维护和移植带来了很大的方便。Pascal 语言提供了过程和函数两种实现子程序的手段。使用 Delphi 7.0 集成开发环境中 Local variables 窗口可以查看子程序中的局部变量，使用 Call Stack 窗口可以清晰查看程序的调用关系。

1．实验目的

- 熟练掌握子程序的定义和调用；
- 掌握形参、实参和返回值的概念及使用；
- 掌握单步调试进入子程序和跳出子程序的调试方法；
- 熟练使用 Debug Inspector、Local variables、Call Stack 窗口对子程序进行调试；
- 掌握全局变量和局部变量的作用域与生存期。

2．编程示例

例 1　编写子程序，判断一个整数是否为素数。在主程序中调用此子程序，求 2 到 *n* 之间的素数。

(1) 分析

素数是只能被 1 和它本身整除的自然数。换句话说，只有两个正因数(1 和自己)的自然数即为素数，使用穷举试商法，可以判断一个整数是否为素数。

若编写函数判断一个整数是否为素数，则函数只需一个数值参数，函数的返回值是布尔型结果。若编写过程判断一个整数是否为素数，则过程需要两个参数，一个为数值参数，另一个为变量参数，需要让变量参数带回给主程序一个布尔型结果。

(2)算法

判断整数 n 是否为素数的算法如下：

① 变量 count 统计 n 的正因数的个数，变量 i 作为除数，count←0，i←2。

② 判断，当 $i \leqslant n$-1 时，如果 n 除以 i 余数为 0，则 count←count+1 。当 i>n-1 时，转到④执行。

③ i←i+1，转到②执行。

④ 判断，若 count=0，则变量 n 是素数，否则变量 n 不是素数。

(3)源程序

方法 1：编写函数判断一个整数是否为素数。

```
program PrimeProblem(input,output);
var
  i,m:integer;
  flag:boolean;
Function prime(n:integer):boolean; {函数prime判断变量n是否为素数}
var
  i,count:integer;
begin
  count:=0;     {count要统计变量n正因子的个数}
  for i:=2 to n-1 do
    if n mod i = 0 then
      count:=count+1;
  if count = 0 then
    prime:=true {若在2~n-1之间变量n的正因子个数为0，则n为素数，否则，n不是素数 }
  else
    prime:=false;
end;
begin  {主程序}
  write('input m:');
  readln(m);
  for i:=2 to m do
    begin
      flag:=prime(i);  {函数调用}
      if flag=true then
        write(i:5);
    end;
  readln
end.
```

方法 2：编写过程判断一个整数是否为素数。

```
program PrimeProblem(input,output);
var
  i,m:integer;
  flag:boolean;
procedure prime(n:integer;var flag:boolean); {过程prime判断变量n是否为素数}
var
  i,count:integer;
begin
  count:=0;     {count要统计变量n正因子的个数}
  for i:=2 to n-1 do
    if n mod i = 0 then
      count:=count+1;
  if count = 0 then
```

```
      flag:=true     {若在2~n-1之间变量n的正因子个数为0，则n为素数，否则不是素数 }
    else
      flag:=false;
  end;
  begin  {主程序}
    write('input m:');
    readln(m);
    for i:=2 to m do
      begin
        prime(i,flag); {过程调用}
        if flag=true then
          write(i:5);
      end;
    readln
  end.
```

附注　函数可以通过函数名向主程序返回一个值，但是过程只能通过变量参数向主程序返回值。

例 2　编写过程 insert，将一个整数插入到一个按从小到大顺序排序的有序数组中，要求插入后数组仍然有序。

(1) 分析

过程 insert 需要定义两个形式参数，一个为变量参数的数组，另一个为数值参数。数值参数接收主程序传递的要插入的整数，过程 insert 将此整数插入到变量参数的数组中。

数组插入的方法是：将要插入的整数 *y*，逐一与数组中的元素 b[*i*]进行比较，一旦发现 *y*<b[*i*]后中止比较，即找到插入点。将 b[*i*]及其之后的所有元素向后平移一位，把整数 *y* 赋值给 b[*i*]，完成插入。

(2) 数组插入的算法

① 利用循环将 *y* 逐一与数组元素 b[*i*]进行比较，直到 *y*<b[*i*]停止。

② 利用循环将 b[*i*]及其之后的元素顺序向后平移一位。

③ b[*i*] ←*y*，将整数插入到数组中。

(3) 源程序

```
  program InsertArray(input,output);
  const
    n=9;
  type
    arr=array[1..n+1] of integer;
  var
    a:arr;
    x,i:integer;
  procedure insert(var b:arr; y:integer); {过程insert将整数y插入到数组b中 }
  var
    i,j:integer;
  begin
    i:=1;
    repeat  {寻找插入点。}
      if y>b[i] then
        i:=i+1;
    until y<b[i];
    for j:=n downto i do     {将b[i]及之后的元素顺序向后平移一位}
      b[j+1]:=b[j];
    b[i]:=y; {将y插入到b[i]位置}
  end;
  begin     {主程序}
    writeln('请输入',n,'个有序整数:');
    for i:=1 to n do
      read(a[i] );
    write('请输入要插入的整数:');
    read(x);
```

```
    insert(a,x);{过程调用}
    for i:=1 to n+1 do {输出插入完成后的有序数组}
      write(a[i]:5);
    readln
  end.
```

例 3 打印某月的日历。已知 2012 年 1 月 1 日是星期日，设计程序按照下述格式打印 2012 年以后的某月的日历，拒绝打印之前的月份的日历。

```
  Calendar      2012    1
    Sun    Mon  Tue  Wed  Thu  Fri  Sat
     1      2    3    4    5    6    7
     8      9    10   11   12   13   14
     15     16   17   18   19   20   21
     22     23   24   25   26   27   28
     29     30   31
```

(1) 分析

要打印某年某月的日历，核心是需要知道该年该月第一天是星期几。程序预设的前提条件是已知 2012 年 1 月 1 日是星期日，因此，需要计算用户输入的月份的第一天距离 2012 年 1 月 1 日相差多少天，由相隔的天数对 7 取余数，即可计算是星期几。

(2) 算法

下面将采用“自顶向下、逐步求精”的方法设计算法。

Step 1 设计总体的算法

① 输出软件介绍的信息。

② 输入要打印日历的年份和月份。

③ 打印该年该月的日历。

Step 2 对步骤 Step 1 中的②求精

将步骤 Step 1 中的②分解为两个具体的功能，其一是输入年份，用函数 GetYear 实现，具体算法如下：

```
  输入年份year;
  while 当year小于预设年份时 ，循环
  [
     提示年份输入错误;
     重新输入年份year;
  ]
  返回年份year。
```

将步骤 Step 1 中的②分解为两个具体的功能，其二是月份的输入，用函数 GetMonth 实现，具体算法如下：

```
    输入月份month;
    while month<1 或 month>12 时，循环
    [
       提示月份输入错误;
       重新输入月份month;
    ]
       返回月份month 。
```

Step 3 对步骤 Step 1 中的③求精

步骤 Step 1 中的③用子过程 PrintCalendar 实现，具体求精步骤如下：

i .计算要打印的月份的第一天是星期几。

ii .计算要打印的月份的天数。

iii.按格式打印日历。

Step 4 对步骤 Step 3 中的 i 求精

要计算打印月份的第一天是星期几，关键是要计算第一天距离 2012 年 1 月 1 日间隔了多少天，然后对 7 求余，即可计算第一天是星期几。分解为如下几个步骤：

a. 计算 2012 年至 year 这一年间隔多少天，即 days_before。

b. 计算 year 这一年的 1 月至 month 这个月之间间隔多少天。

```
如果month>1，则
[
    for i:=1 to month-1 循环
     [
        days_before←days_before  + 第i月的天数。
     ]
]
```

c. 通过公式(days_before + Start_weekday) mod 7 即可计算出该月的第一天是星期几。其中 days_before 是要打印的这月的第一天距 2012 年 1 月 1 日的间隔天数，其中 Start_weekday 是 2012 年 1 月 1 日的星期数。

Step 5　对步骤 Step 4 中的 a 求精

步骤 Step 4 中的 a 使用函数 CalculateDaysBefore 实现，具体算法如下：

```
days_before←0;
如果year等于本题的前提条件2012年，则days_before←0;
    否则
      [
          for i:=Start_year to year-1 循环
          [
             如果i这年是闰年，则days_before←days_before+366;
             否则，days_before←days_before+365;
          ]
      ]
返回days_before 。
```

Step 6　对判断闰年求精

判断一年是否为闰年，使用函数 IsLeapYear 实现，具体算法如下：

如果(year mod 4 = 0) **and**(year mod 100 <> 0)为真，或者 year mod 400 = 0 为真，则是闰年，返回真；否则，返回假。

Step 7　对步骤 Step 4 中的 b 中求“第 *i* 月的天数”求精

求第 *i* 月的天数，用 CalculateDaysOfMonth 函数实现，具体算法如下：

```
如果是1、3、5、7、8、10、12月，天数为31天;
如果是4、6、9、11月，天数为30天;
如果是2月，则
   [
      如果该年是闰年，天数为29天;
      否则，天数为28天。
   ]
```

步骤 Step 3 中的第 ii 步，可以调用函数 CalculateDaysOfMonth 实现。

步骤 Step 3 中的第iii步，按照格式打印日历，注意空格的打印和换行的打印，这里不再详细介绍。

(3)源程序

```
program Print Calendar(input,output);
const
  Start year=2012;
  Start weekday=7;
var
  year,month:integer;
procedure Welcome();         {欢迎界面}
begin
```

```
    write('This program receives a year and a month,');
    writeln('and then prints the calender.')
  end;
  function Getyear():integer;    {输入年份}
  begin
    write('Please input the year:');
    readln(year);
    while year<Start_year do
      begin
        writeln('The year cannot be earlier than ',Start year);
        writeln('Please input the year:');
        readln(year)
      end;
    Getyear:=year
  end;
  function Getmonth():integer;    {输入月份}
  begin
    write('Please input the month:');
    readln(month);
    while (month<1) or (month>12) do
      begin
        writeln('The month should be between 1~12');
        writeln('Please input the month');
        readln(month)
      end;
    Getmonth:=month
  end;
  function IsLeapYear(year:integer):boolean;    {判断是否为闰年}
  begin
    IsLeapYear:= ((year mod 4 = 0) and (year mod 100 <> 0)) or
                 (year mod 400 = 0);
  end;
  function CalculateDaysBefore(year:integer):integer;  {计算前year-1年的天数}
  var
    i:integer;
    days before:integer;
  begin
    if year=Start year then
      days before:=0
    else
      begin
        for i:=Start_year to year-1 do
          begin
            if IsLeapYear(year)=true then
              days before:=days before+366
            else
              days before:=days before+365
          end
      end;
    CalculateDaysBefore:= days before
  end;
  function   CalculateDaysOfMonth(year:integer;   month:integer):integer;
  {计算每月天数}
  begin
    case month of
    1,3,5,7,8,10,12: CalculateDaysOfMonth:=31;
    4,6,9,11: CalculateDaysOfMonth:=30;
    2:begin
        if IsLeapYear(year)=true then
          CalculateDaysOfMonth:=29
        else
          CalculateDaysOfMonth:=28
      end
```

```
    end;
  end;
  function CalculateFirstWeekday(year:integer; month:integer):integer;
  var
    i,days before:integer;
  begin
    days before:= CalculateDaysBefore(year);
    if month>=2 then
      for i:=1 to month-1 do
        days before:= days before+ CalculateDaysOfMonth(year,i);
    CalculateFirstWeekday:= (days before + Start weekday) mod 7
  end;
  procedure PrintCalendar(year:integer;month:integer);  {打印日历}
  var
    weekday,days of month,i:integer;
  begin
    weekday:= CalculateFirstWeekday(year,month);
    days of month:=CalculateDaysOfMonth(year,month);
    writeln;
    writeln;
    writeln('   Calendar  ',year:6,month:6);
    writeln('-------------------------------------');
    writeln(' Sun  Mon  Tue  Wed  Thu  Fri  Sat');
    writeln('-------------------------------------');
    for i:=0 to weekday-1 do
      write('     ');
    for i:=1 to days of month do
      begin
        write(i:5);
        if ((i+weekday) mod 7 = 0) and (i<>days of month) then
          writeln;
      end;
    writeln;
    writeln('-------------------------------------');
  end;
  begin             {主程序}
    Welcome();
    year:=Getyear();
    month:=Getmonth();
    PrintCalendar(year,month);
    readln
  end.
```

3. 调试实例

例 4　编写一个程序，交换两个变量的值，要求通过子程序 swap 交换两个变量的值。

下面给出了一个有错误的源程序，其文件名 SwapVariable.dpr。

```
  program SwapVariable(input,output);
  var
    m,n:integer;
  procedure swap(x,y:integer);  {过程swap功能是交换变量x和y的值}
  var
    z:integer;
  begin
    z:=x;
    x:=y;
    y:=z;
  end;
  begin                            { 主程序 }
    write('input m,n: ');
    readln(m,n);
    swap(m,n);                     {过程调用，调试时设置断点}
    write('After swap:');
```

```
    writeln(m:5,n:5);
    readln
end.
```

(1)打开文件。在 Delphi 7 集成开发环境下，打开工程文件 SwapVariable.dpr，编译并运行程序，运行结果如图 6-60 所示。由图 6-60 可知，变量 m 和 n 的值没有被交换。

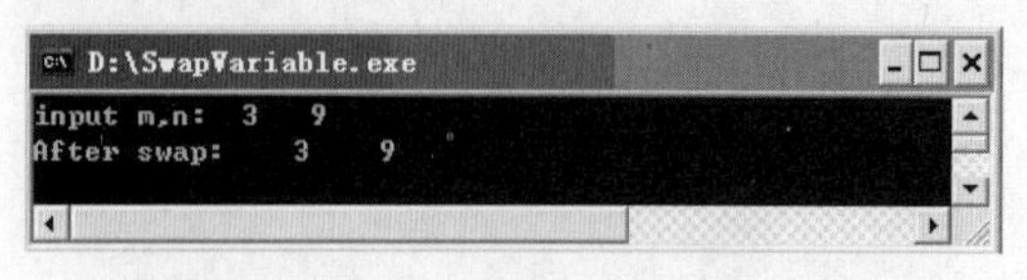

图 6-60 SwapVariable.dpr 工程文件运行结果

(2)调试开始，设置一个基本断点，具体位置见源程序的注释。

(3)单击调试工具条的 (Run)按钮，输入 m 和 n 的值(3 和 9)后，程序运行到第一个断点处暂停，如图 6-61 所示。绿色箭头指向“swap(m,n)”语句，即将进行过程调用。此时若使用调试工具条上的 (Step over)按钮，则不进入过程 swap 的内部，仅作为一条语句执行结束。若使用调试工具条的 (Trace into)按钮，则进入过程 swap 的内部去调试。

(4)单击调试工具条的 (Trace into)按钮，进入过程 swap 中调试，绿色箭头指向过程 swap 的程序“begin”语句，如图 6-62 所示。

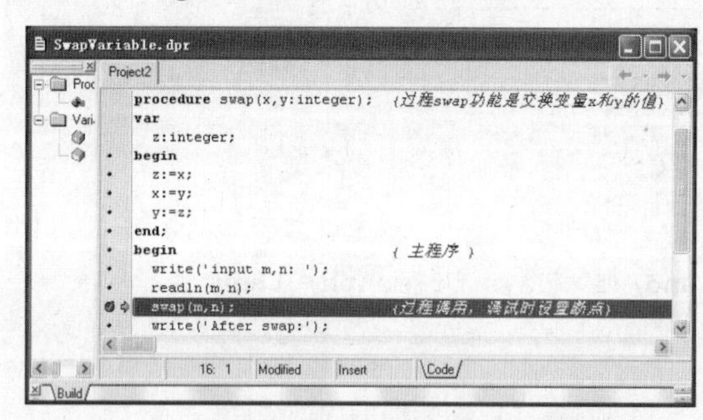

图 6-61 程序运行到断点位置

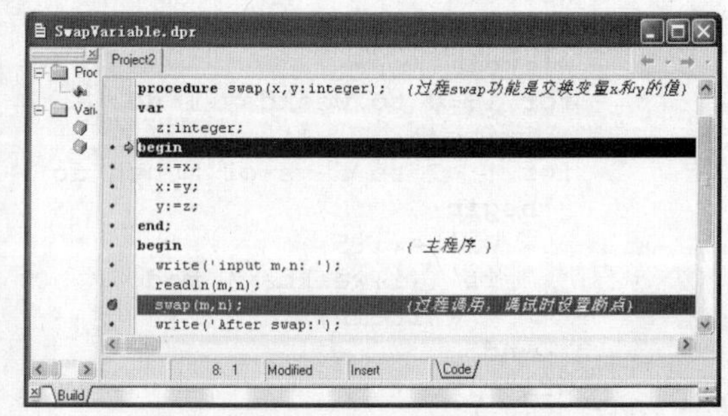

图 6-62 进入过程 swap 调试

(5)继续单击调试工具条的 (Trace into)按钮，进入过程 swap 程序的内部调试，箭头指向“z:=x”语句。使用【Run】|【Inspect】命令，分别添加查看表达式 m、n、x 和 y，如图 6-63 所示。

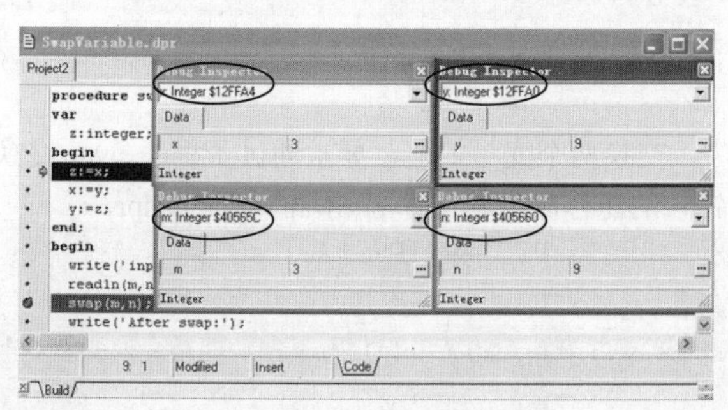

图 6-63 添加 Inspect 监看

在图 6-63 中，可以看到变量 x 和 y 内存地址分别是“$12FFA4”和“$12FFA0”，变量 m 和 n 的内存地址分别是“$40565C”和“$405660”，即变量 x、y 与 m、n 分别占用不同的内存空间。在过程调用，发生参数传递时，变量 x、y 分别得到了变量 m、n 的复制值。

(6)继续单击调试工具条的 (Trace into)按钮，直至执行到过程 swap 的结束，通过 Debug Inspector 对话框可以看到，变量 x 和 y 的值发生了交换，但是变量 m 和 n 的值并没有发生交换。因为它们占用不同内存空间，变量 x、y 的值的变化，无法影响到变量 m、n 的值，如图 6-64 所示。

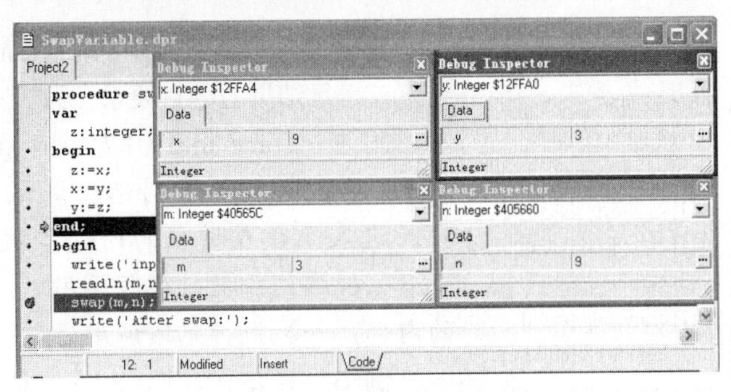

图 6-64　过程 swap 的调试

(7) 利用【Run】|【Program Reset】命令中止程序的调试。本例要通过过程 swap 的调用，修改主程序中变量的值，过程 swap 应把数值参数改为变量参数。因为数值参数信息传送的方式是传值，是先计算实际参数的值，将其复制值放入形参对应的存储空间，形参和实参存储空间各自独立，形参的值发生改变不会影响到实参的值。变量参数信息传递的方式是传地址，是将实际参数的存储空间的首地址传递给形参，因此形参和实参对应相同的存储空间，对形参的值的改变本质就是在改变实参的值。将过程说明的首部改为“procedure swap(var x,y:integer);”。

(8) 代码修改后，重新编译程序，并按以上步骤重新调试程序，在过程 swap 的程序内部调试时，通过 Debug Inspector 对话框，可以查看到变量 *x*、*y* 的内存地址分别和主程序中变量 *m*、*n* 的内存地址相同，如图 6-65 所示。

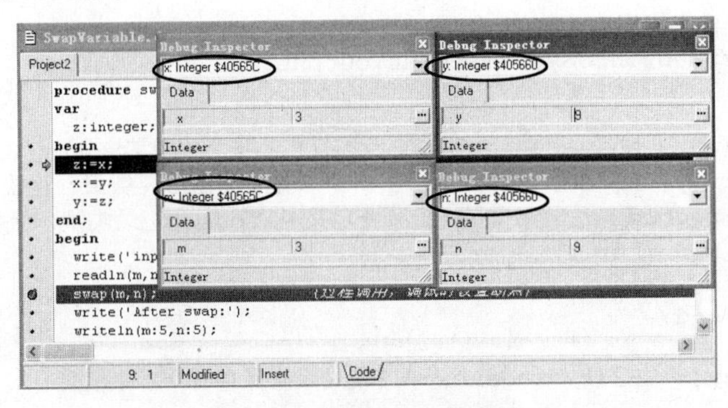

图 6-65　过程 swap 的调试

(9) 继续单击调试工具条的 (Trace into) 按钮，直至执行到过程 swap 的结束，通过 Debug Inspector 对话框可以看到，变量 *x* 和 *y* 的值发生了交换，变量 *m* 和 *n* 的值也发生了交换。因为它们占用相同的内存空间，对变量 *x* 和 *y* 的值的改变，本质就是在改变变量 *m* 和 *n* 的值，如图 6-66 所示。

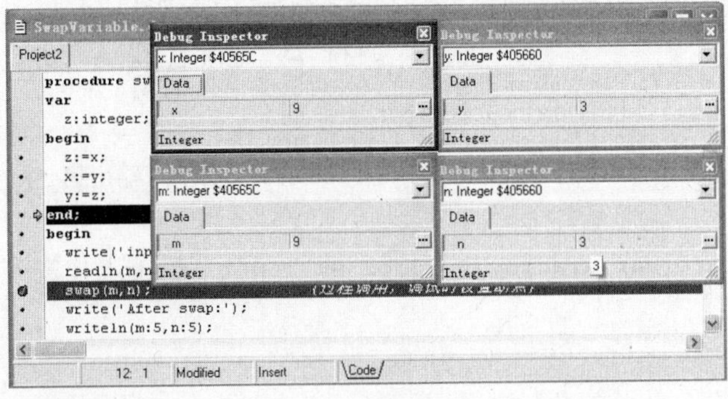

图 6-66　过程 swap 的调试，交换变量的值

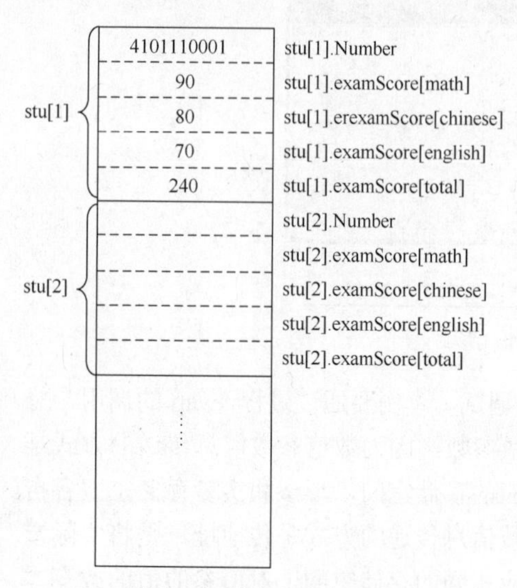

图 6-67　学生信息的存储

（10）单击调试工具条的 (Run) 按钮，运行程序至结束，运行结果与题目要求一致。

附注　Trace into（F7）和 Step over（F8）的区别：Trace into 当遇到包含调试信息的函数或过程时，进入函数或过程的内部，执行其内部的语句；Step over 遇到函数或过程调用时，不进入函数或过程的内部，一次执行完该调用语句。

例 5　有五个学生，基本信息包括：学号、数学、语文、英语、总分，要求编写过程 TotalScore，计算每个学生的总分；编写过程 sort，对五个学生按总分从低到高排序并输出；五个学生基本信息的录入在主程序完成。

问题分析：定义一维的记录类型的数组 stu，存放五位学生的基本信息。每一位学生的信息存储如图 6-67 所示。

学生的三门课成绩及总分使用数组 examScore 保存，数组的下标是枚举类型。过程 TotalScore 要计算每个学生的总分，只需将每个学生的三门课成绩相加，赋值给 examScore[total]即可。

过程 sort 要根据计算的总分 examScore[total]，对记录按总分从低到高进行排序。

源代码如下：（部分代码有误）

```
  Program StudentInfoSystem(input,output);
  {$APPTYPE CONSOLE}
  type
    course=(math,chinese,english,total);{ 4个枚举常量分别代表三门课成绩及总分}
    score=array[course] of real;        {定义了score数组，存放三门课成绩和总分}
    student=record                    {定义了student记录类型，保存学生的信息}
              number:integer;         {学号}
              examScore:score;        {三门课成绩及总分}
            end;
  var
    stu:array[1..5]of student;     {定义数组保存五个学生信息}
    i:integer;
  procedure TotalScore(var s:array[1..5]of student);{功能是计算每个学生的总分}
  var
    i:integer;
  begin
    writeln('学号':7,'数学':7,'语文':7,'英语':7,'总分':10);
  for i:=1 to 5 do
      begin
       s[i].examScore[total] :=s[i].examScore[math]+
                                s[i].examScore[chinese]+
                                 s[i].examScore[english];
      writeln(s[i].number:7,s[i].examScore[math]:7:0,
                s[i].examScore[chinese]:7:0,
                 s[i].examScore[english]:7:0,
                  s[i].examScore[total]:10:2);{输出第i个同学的信息}
      end;
  end;
  procedure sort(var s:array[1..5]of student); {功能是按总分从低到高对学生排序}
  var
    i,j:integer;
    temp:real;
  begin
    for i:=1 to 4 do       {冒泡法排序}
```

```
      for j:=1 to 5-i do
        if s[j].examScore[total]<s[j+1].examScore[total] then
        {调试时设置断点}
          begin
            temp:=s[j].examScore[total];
            s[j].examScore[total]:=s[j+1].examScore[total];
            s[j+1].examScore[total]:=temp;
          end;
    writeln('学号':7,'数学':7,'语文':7,'英语':7,'总分':10);
    for i:=1 to 5 do
       writeln(s[i].number:7,s[i].examScore[math]:7:0,
              s[i].examScore[chinese]:7:0,s[i].examScore[english]:7:0,
               s[i].examScore[total]:10:2);{输出第i个同学的信息}
  end;
  begin {主程序}
    writeln('请录入五位学生的学号和三门课成绩');
    for i:=1 to 5 do
       readln(stu[i].number,stu[i].examScore[math],
              stu[i].examScore[chinese],stu[i].examScore[english]);
    writeln;
    writeln('输出学生的成绩信息：');
    TotalScore(stu);       {过程调用}
    writeln;
    writeln('按总分从低到高的顺序输出学生信息');
    sort(stu);             {过程调用,调试时设置断点}
  end.
```

(1)打开文件。在 Delphi 7 集成开发环境下，打开工程文件 StudentInfoSystem.dpr，编译程序，Messages 窗口显示有两个错误，错误信息如下：

```
[Error] StudentInfoSystem.dpr(14): 'OF' expected but '[' found
[Error] StudentInfoSystem.dpr(25): 'OF' expected but '[' found
```

查看出现错误的代码行，两个错误分别指向过程 TotalScore 和过程 sort 首部的变量参数处，如图 6-68 所示。

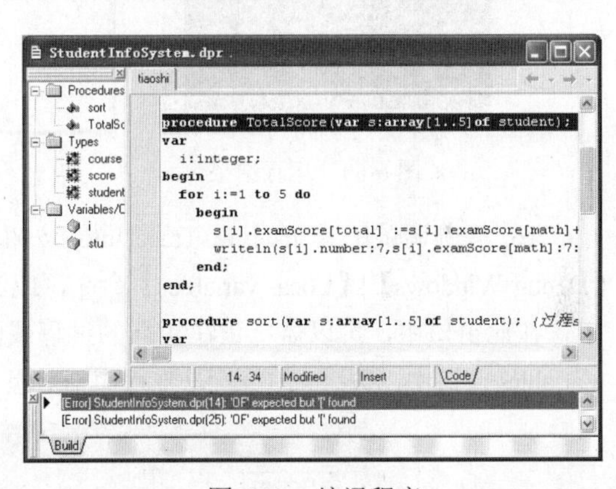

图 6-68 编译程序

产生此类错误的原因是：在过程说明的形参表中使用了类型的定义。在过程说明和函数说明时，Pascal 要求形式参数表中参数的类型必须用类型标识符，而不能用类型定义，这是为了保证实际参数与形式参数的一致性。当形式参数的类型不是标准数据类型时，必须在主程序或该过程的外层过程中定义这种类型，然后才能把类型标识符用到形式参数表中。调用时，实际参数也必须用同一类型。

(2)修改代码，增加记录数组的类型定义，如下：

```
type
  stu_info=array[1..5] of student;  {定义记录数组的类型}
```

修改学生数组的定义如下：

```
var
  stu:stu_info;   {定义stu数组保存五个学生信息}
```

修改过程 TotalScore 首部的形参的定义如下：

```
procedure TotalScore(var s:stu_info);
```

修改过程 sort 首部的形参的定义如下：

```
procedure sort(var s:stu_info);
```

(3)重新编译并运行程序，运行结果如图 6-69 所示。由运行结果可知，每个同学的总分计算没有错误，即过程 TotalScore 的执行是正确的。但是在对学生信息按总分排序后，输出的每个学生的总分结果是错误的，并且排序方式是按总分从高到低也是错误的，即过程 sort 的执行结果错误。

(4) 添加断点。在主程序中，对 sort 过程调用的代码行设置断点，具体位置见源程序的注释。在 sort 过程中，对“if s[j].examScore[total] < s[j+1].examScore[total] then”代码行添加带条件的源代码断点。

使用【Run】|【Add Breakpoint】|【Source Breakpoint…】命令，打开添加源代码断点的对话框。在对话框的 Condition 的组合框中，填写激活断点的条件：(s[j].examScore[total] < s[j+1].examScore[total]) = true。即当 if 语句的表达式为真时，激活断点。

提示 在添加这个源代码断点之前，先对工程选项进行设置，使用【Project】|【Options】命令打开工程选项对话框，在 Compiler 标签页面中，去掉“Optimization”的复选框，去掉代码优化选项。在代码优化情况下，某些可执行的代码行上无法设置断点，某些局部变量无法进行监视。

(5) 调试程序。单击调试工具条的 (Run) 按钮，在输入五位学生信息后，程序运行到第一个断点处暂停，如图 6-70 所示。

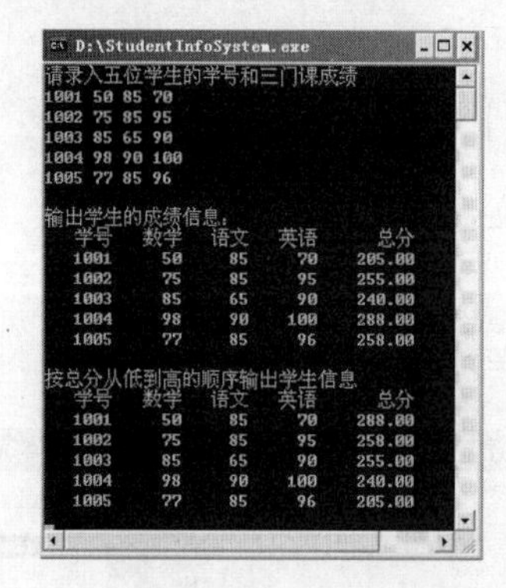

图 6-69 运行结果

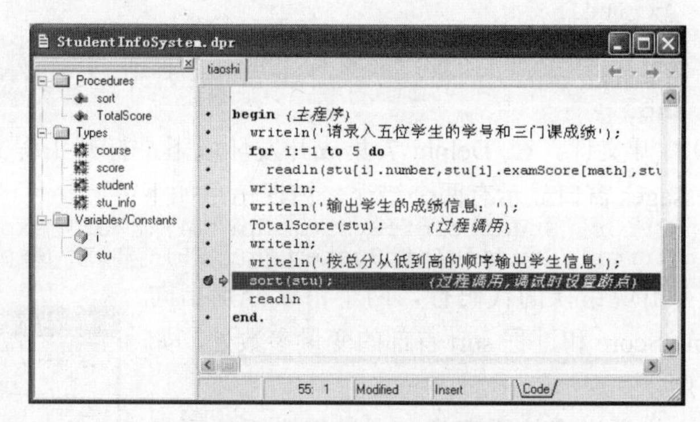

图 6-70 程序运行到断点位置暂停

(6) 单击调试工具条的 (Trace into) 按钮，进入过程 sort 的内部进行调试。使用【View】|【Debug Windows】|【Local variables】命令，或者使用【Ctrl+Alt+L】组合键，打开 Local variables 窗口，在此窗口中，可以监看正在执行的过程或函数的局部变量的变化，如图 6-71 所示，在 Local Variables 窗口中，数组 s 的值就是主程序中数组 stu 的值，并且每个学生的总分已经正确计算。

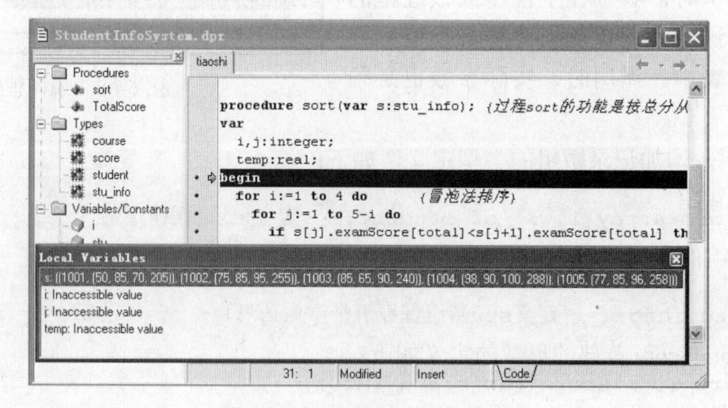

图 6-71 Local Variables 窗口

(7) 单击调试工具条的 (Run) 按钮，当 if 语句的表达式为真时，第二个断点被激活，程序暂停，如图 6-72 所示。

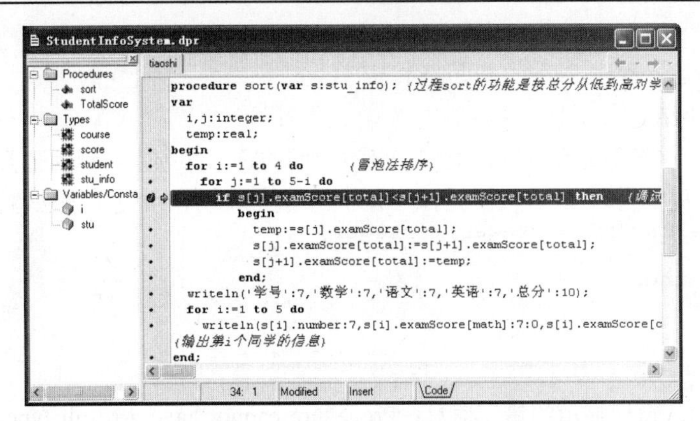

图 6-72　程序在条件断点处中断

(8) 反复单击调试工具条的 (Trace into) 按钮，跟踪程序的执行，发现若 s[j]的总分小于 s[j+1]的总分时，仅交换了这两个学生的总分信息，其他信息没有完成交换。造成学生的部分信息交换，产生了错误。如图 6-73 所示，在 Local variables 窗口中可以看到，程序仅把第一个学生和第二个学生的总分进行了交换，其他信息未变。在 Local variables 窗口中右键单击，弹出快捷菜单，选择“Inspect”，弹出 Debug Inspector 对话框，在此对话框中能够清晰的查看记录数组中每位学生的信息，如图 6-73 所示。

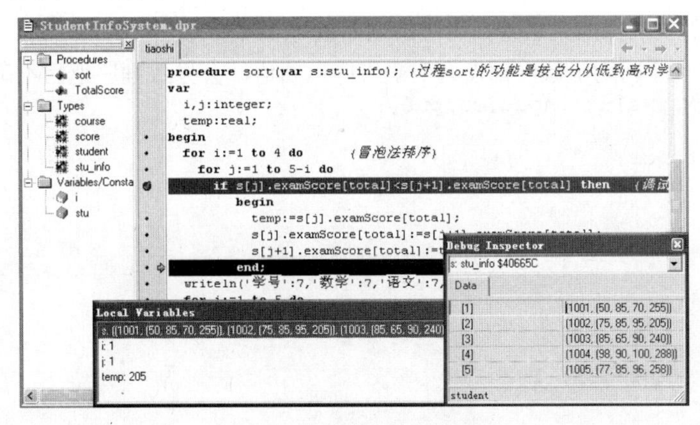

图 6-73　过程 sort 的调试

代码修改，一是总分排序要按从低到高的顺序排序；二是交换数据要把整个学生信息进行交换。

(9) 使用【Ctrl+F2】组合键，中止程序的调试。修改 sort 过程的源代码如下：

```
procedure sort(var s:stu_info); {过程sort的功能是按总分从低到高对学生排序}
var
  i,j:integer;
  temp:student;
begin
  for i:=1 to 4 do        {冒泡法排序}
    for j:=1 to 5-i do
      if s[j].examScore[total]>s[j+1].examScore[total] then
        begin
          temp:=s[j];
          s[j]:=s[j+1];
          s[j+1]:=temp;
        end;
  writeln('学号':7,'数学':7,'语文':7,'英语':7,'总分':10);
  for i:=1 to 5 do
    ……    {输出第i个同学的信息}
```

```
    end;
```

(10)重新编译运行程序，运行结果正确。

4. 常见错误小结

(1)过程说明的首部不能有返回值类型，函数说明的首部必须带有返回值类型

例如，下面的程序因为在过程说明的尾部多加了类型说明，引发了语法错误。

```
    procedure max(x,y:integer):integer;
    begin
      if x>y then
        max:=x
      else
        max:=y;
    end;
```

编译后 Messages 窗口显示的错误信息：Procedure cannot have a result type，即过程不能带有返回值，而函数必须带回返回值。

```
    function max(x,y:integer);
    begin
      if x>y then
        max:=x
      else
        max:=y;
    end;
```

编译后 Messages 窗口显示的错误信息：Function needs result type，即说明函数必须需要返回值类型的说明。

(2)函数体内部要确保函数名带回明确的返回值

例如，下面的程序因为函数内部没有明确带回返回值，会导致程序返回不确定值。

```
    program MaxValue(input,output);
    var
      m,n:integer;
    function max(x,y:integer):integer;
    begin
      if x>y then
        max:=x
    end;
    begin  {主程序}
      read(m,n);
      writeln(max(m,n) );
      readln;
    end.
```

程序编译后，Messages 窗口显示一个警告信息：Return value of function 'max' might be undefined，说明函数的返回值不明确。该程序能够运行，例如：当输入 m 和 n 的值分别为 9 和 3 时，程序输出结果为 9；当输入 m 和 n 的值分别为 3 和 9 时，程序输出一个不确定值。

分析程序，只有当 $x>y$ 为真时，函数才带回返回值 x；当 $x \leq y$ 为真时，没有给函数名赋值，则函数会返回一个不确定值。因此，在函数体内的分支结构中，必须保证每一条分支路径都使函数带回明确的返回值。

(3)在子程序的形参表中参数类型必须为类型标识符，不能用类型定义

例如，下面过程的定义是非法的：

```
    Procedure sort(x :array[1..10] of integer);
```

必须在调用过程 sort 的主程序或过程(函数)中先定义类型：

```
    type
      student=array[1..10] of integer;
```

过程 sort 的定义改为：

```
    Procedure sort(x :student);
```

(4)子程序的形式参数表由一个或多个“形式参数段”组成，段间以分号分隔

子程序的每个“形式参数段”中定义一个或多个同一类型的形式参数。例如，某个过程的形式参数表为：

```
procedure fab(x,y:real; var m,n:integer);
```

此过程有两个形式参数段。第一段中定义了两个值参数 *x* 和 *y*，为 real 类型；第二段以 VAR 开头，定义了两个变量参数 *m* 和 *n*，为 integer 类型，共四个形参。

例如，下面的过程定义是非法的：

```
procedure fab(x:real,var y:real);
```

程序编译后，Messages 窗口显示一个错误信息：';', ')' or '=' expected but ',' found，错误信息提示在第一个形式参数段后，需要一个分号，而不是逗号。

(5) 子程序的形式参数不能在子程序内部重新定义

例如，下面的程序因为形式参数被重复定义，引发编译错误。

```
function sum(x,y:integer):integer;
var
  x,y:integer;
begin
  sum:=x+y
end;
```

程序编译后，Messages 窗口显示一个错误信息：Identifier redeclared: 'x'，错误信息提示标识符 x 被重新声明。

(6) 实际参数和形式参数类型不相容

例如，下面的程序因为实际参数和形式参数类型不相容，导致编译错误。

```
program calculate(input,output);
var
  m,n:real;
function difference(x,y:integer):integer;
begin
  if x>y then
    difference:=x-y
  else
    difference:=y-x;
end;
begin  {主程序}
  read(m,n);
  writeln(difference(m,n) );
  readln;
end.
```

程序编译后，Messages 窗口显示一个错误信息：Incompatible types: 'Integer' and 'Real'，错误信息提示实际参数和形式参数类型不相容。

(7) 函数的返回值的类型与函数首部说明的类型不相容

例如，下面的程序因为函数返回值类型与函数首部说明的类型不相容，导致程序编译错误。

```
function difference(x,y:real):integer;
begin
if x>y then
    difference:=x-y
  else
    difference:=y-x;
end;
```

程序编译后，Messages 窗口显示两个错误信息，均为：Incompatible types: 'Integer' and 'Extended'，错误信息说明了函数返回值类型与函数说明的类型不相容。本例中，函数首部声明的函数返回值类型是整型，但在函数体内给函数名赋值的表达式的类型为实型。

(8) 被调用的子程序在调用语句之后定义，但在调用之前没有添加“超前引用”说明

例如，下面的程序中，被调用的子程序在调用语句之后定义，而且没有添加“超前引用”说

明，引发程序编译错误。

```
program calculate(input,output);
var
  m,n:integer;
function fcd(a,b:integer):integer;  {求x和y的最小公倍数}
begin
  fcd:=a * b div gcd(a,b);
end;
function gcd(a,b:integer):integer;  {求x和y的最大公约数}
var
  r:integer;
begin
  while b<>0 do
    begin
      r:=a mod b;
      a:=b;
      b:=r;
    end;
  gcd:=a
end;
begin  {主程序}
  read(m,n);
  writeln('最小公倍数: ',fcd(m,n) );
  readln
end.
```

程序编译后，Messages 窗口显示一个错误信息：Undeclared identifier: 'gcd'，出现错误的代码行是在 fcd 函数内部的函数调用语句上，因为在 fcd 函数内部调用了 gcd 函数，但是 gcd 函数的定义部分是在函数调用语句之后的，所以需要在 fcd 函数之前加“超前引用”说明，即在 fcd 函数之前添加如下语句：

```
function gcd(a,b:integer):integer;
forward;
```

5. 实验内容

(1) 阅读程序，给出程序运行结果。

```
①program printImage(input,output);
  var
    i:integer;
  procedure printStar;
  begin
    for i:=1 to 5 do
      write('*');
    writeln
  end;
  begin  {主程序}
    i:=1;
    repeat
      printStar;{过程调用}
    until i>5;
    readln
  end.
② program SameNameVariables(input,output);
  var
    x,y:integer;
  procedure chan(x:integer;var y:integer);
  begin
    x:=x+5;
    y:=y+5;
    writeln('x=',x,' y=',y);
  end;
```

```
  begin {主程序}
    x:=10;
    y:=10;
    writeln('x=',x,' y=',y);
    chan(x,y); {过程调用}
    writeln('x=',x,' y=',y);
    readln
  end.
③ program SameName(input,output);
  var
    a,b,c,d:integer;
  procedure chan(a,b:integer);
  var
   c,d:integer;
  begin
   a:=a+1;
   b:=b+1;
   c:= a mod b;
   d:= b div a;
   writeln('a=',a,' b=',b,' c=',c,' d=',d);
  end;
  begin {主程序}
   a:=3;
   b:=9;
   c:=a mod b;
   d:=b div a;
   writeln('a=',a,' b=',b,' c=',c,' d=',d);
   chan(a,b); {过程调用}
   writeln('a=',a,' b=',b,' c=',c,' d=',d);
   readln
  end.
```

(2) 以下程序中，函数 fun 的功能是计算 x^2-2x+6，主程序中将调用 fun 函数计算 $(x+8)^2-2(x+8)+6$ 和 $x-2\cdot\sqrt{x}+6$，请填空。

```
program cal(input,output);
var
  x,y1,y2:real;
function fun(x:real):real;
begin
  fun:=x*x-2*x+6;
end;
begin  {主程序}
  write('input x:');
  readln(x);
  y1:=fun(________);
  y2:=fun(________);
  writeln('y1=',y1:6:2,'y2=',y2:6:2);
  readln
end.
```

(3) 改错题。编写程序，计算三个整数的最小公倍数。

下面给出了一个有错误的源程序，其文件名 lcm.dpr。

```
program lcm(input,output);
var
  x1,x2,x3:integer;
  x0,i,m:integer;
function max(x,y,z:integer);
begin
  if (x>y)and (x>z) then
    max:=x
  else if (y>x) and (y>z) then
    max:=y
  else
```

```
    max:=z
  end;
  begin  {主程序}
    write('input 3 numbers:');
    readln(x1,x2,x3);
    x0:=max(x1,x2,x3);
    i:=0;
    repeat
      i:=i+1;
      m:=x0*i;
    until m mod x1=0 and m mod x2=0 and m mod x3=0;
    writeln(m);
    readln
  end.
```

(4)改错题。编写过程，求一个矩阵的转置矩阵。

下面给出了一个有错误的源程序，其文件名 matrix.dpr。

```
  program matrix(input,output);
  type
    aMatrix=array[1..3,1..4] of integer;
    bMatrix=array[1..4,1..3] of integer;
  var
    a:aMatrix;
    b:bMatrix;
    i,j:integer;
  procedure  transpose(x:array[1..3,1..4] of integer, y:array[1..4,1..3]
                        of integer);
  var
    i,j:integer;
  begin
    for i:=1 to 3 do
      for j:=1 to 4 do
        b[j,i]:=a[i,j];
  end;
  begin{主程序}
    for i:=1 to 3 do
      for j:=1 to 4 do
        read(a[i,j] );
    transpose(a,b);
    for i:=1 to 4 do
      begin
        for j:=1 to 3 do
          write(b[i,j]:4);
        writeln
      end;
    readln
  end.
```

(5)改错题。编写程序，求三个数中最大值与最小值的差值。

下面给出了一个有错误的源程序，其文件名 ExtremaDifferent.dpr。

```
  program ExtremaDifferent(input,output);
  var
    x,y,z:integer;
  function different(x,y,z:integer):integer; {计算最大值与最小值的差}
  begin
    different:=maxvalue(x,y,z)-minvalue(x,y,z);
  end;
  function maxvalue(x,y,z:integer):integer; {计算最大值}
  begin
    if (x>y) and (x>z) then
      maxvalue:=x
    else if (y>x) and (y>z) then
      maxvalue:=y
    else
      maxvalue:=z
```

```
end;
function minvalue(x,y,z:integer):integer; {计算最小值}
begin
  if (x<y) and (x<z) then
    minvalue:=x
  else if (y<z) and (y<x) then
    minvalue:=y
  else
    minvalue:=z
end;
begin{主程序}
  writeln('input 3 numbers:');
  read(x,y,z);
  writeln('最大值与最小值的差值是:', different(x,y,z) );{函数调用 }
  readln
end.
```

(6)编程题(基础题)。编写过程，判断一个字符串是否为回文字符串。

(7)编程题(基础题)。编写函数求一个整数的真因子之和，在主程序中调用此函数，输出三位数的亲和数对。若整数 a 的真因子之和为 b，而 b 的真因子之和为 a，则称 a，b 为亲和数。

(8)编程题(基础题)。编写函数，比较两个日期类型记录变量的迟早。

(9)编程题(基础题)。编写过程，找出五个字符串中长度最小的字符串输出。

(10)编程题(中等难度)。编写函数，查找数组中是否存在数值 x，若存在将其删除，且其右边的元素都向左平移一位；若不存在，则给出提示信息。

(11)编程题(中等难度)。编写过程，将一个十进制整数，转换为 K 进制数，返回到主程序后输出。

(12)编程题(较难题)。编写函数，对 6 到 100 的偶数验证哥德巴赫猜想：任一个大于等于 6 的偶数总可以分解为两个素数之和，输出这个偶数是哪两个素数之和。

(13)编程题(较难题)。已知 2012 年 1 月 1 日是星期日，请设计程序逐月打印 2012 年每个月的日历。要求每一行打印 3 个月的日历，共打印 4 行。

(14)编程题(较难题)。随机生成整副扑克牌。编程模拟扑克牌发牌的过程，将去除大小王的 52 张扑克牌平均分配给 4 个玩家，每家 13 张牌。即程序需要连续生成 52 张牌，按东、南、西、北的顺序一次一张发给 4 个玩家，共发 13 轮，在屏幕上输出这 4 个牌手的扑克牌。提示：生成随机数 1～13 时，对应梅花的 13 张牌，14～26 时对应方块的 13 张牌，27～39 时对应红桃的牌，40～52 时对应黑桃的 13 张牌。ASCII 码值为 3 时代表红桃符号，为 4 时代表方块符号，为 5 时代表梅花符号，为 6 时代表黑桃符号。

6．综合应用题

学生成绩管理系统的设计与实现(V2.0 版本)。学生的数据信息包括：学号、姓名、性别、出生日期、数学、语文、英语三门课成绩、平均分。某班人数最多不超过 30 人，具体人数由键盘输入，编程实现如下菜单驱动的学生成绩管理系统，要求每一个功能使用一个子程序实现。

(1)录入学生的基本信息，并计算每个学生的平均分；

(2)按平均分或按某门课程的成绩从高到低输出学生信息；

(3)按学生姓名的字典顺序或按学号从小到大顺序输出学生基本信息；

(4)按年龄和性别查找学生的基本信息；

(5)按姓名查找学生平均分的排名及各科成绩；

(6)查找某门课成绩最高的学生的基本信息，某门课成绩最高的可能不只一名学生；

(7)查找某门课成绩在某个分数段内的学生人数和学生基本信息；

(8)按优秀(90～100)、良好(80～89)、中等(70～79)、及格(60～69)、不及格(0～59)五个

类别，统计某门课程各个类别的人数及百分比；

(9) 按学号查找学生基本信息，对学生信息进行修改后保存；

(10) 按学号删除学生信息；(此功能选做)

(11) 插入一名新的学生信息。(此功能选做)

要求程序运行后，先显示菜单，并提示用户输入选项，然后根据用户输入的选项执行相应的操作，要求采用“自顶向下，逐步求精”的方法，进行模块化程序设计。采用增量测试方法进行程序的调试与测试。

6.5 第五单元——递归技术

任何过程或函数，直接或间接地调用自己，被称为递归调用。递归是计算机科学与技术的核心概念与典型方法。使用 Delphi 7.0 集成开发环境中的 Local variables、Call Stack 窗口可以分别查看递归调用过程中变量的变化，及递归调用的层次。下面介绍递归技术的实验内容。

1. 实验目的

- 熟练掌握递归程序设计技术；
- 深入理解递归程序的执行过程；
- 理解递归与递推的关系，能够实现递推和递归程序的转化；
- 熟练使用 Local variables、Call Stack 窗口对递归程序进行调试。

2. 编程示例

例 1 用递归的方法求解猴子吃桃的问题。猴子吃桃：有一天猴子摘下若干个桃子，当即吃掉一半，还不过瘾，又多吃了一个。第二天接着吃了剩下桃子的一半，仍不过瘾，又多吃了一个。以后每天都吃掉尚存桃子的一半零一个。到第十天早上，猴子再去吃桃时，见只剩下一个桃子了。问猴子第一天共摘了多少个桃子？

(1) 分析

由题意可知，第 n 天桃子的个数=(第 n+1 天桃子的个数+1)×2。因此，要求第一天桃子的个数，需要先求解第二天桃子的个数，而要求解第二天桃子的个数，需要先求解第三天桃子的个数……，要求第九天桃子的个数，需要知道第十天桃子的个数，由题意可知，第十天桃子的个数为 1。当 n=10 时，是程序结束的边界条件，整个程序的求解过程是向程序结束的边界条件收敛的，因此这是一个典型的递归问题。本题可以定义为：

$$\mathrm{peach}(\mathrm{day})=\begin{cases}1 & \mathrm{day}=10\\ 2\times(\mathrm{peach}(\mathrm{day}+1)+1) & 1\leqslant \mathrm{day}\leqslant 9\end{cases}$$

(2) 算法

算法思想：在主程序中直接调用递归函数，并将返回的结果输出。

(3) 源代码

```
program MonkeyEatPeach(input,output);
var
  n:integer;
function peach(day:integer):integer;
var
  num:integer;
begin
  if day=10 then
    num:=1
```

```
    else
      num:= ( peach(day+1)+1 ) * 2;
    peach:=num
  end;
  begin  {主程序}
    writeln(' The first day: ',peach(1) );
  end.
```

说明　递归方法即通过函数或过程调用自身，将问题转化为本质相同但规模较小的子问题，其思想简单来说就是“大事化小，小事化了”。

例 2　输入 5 个字符串后，逆序输出。

(1)分析

栈是一种应用范围广泛的数据结构，适用于各种具有“后进先出”特性的问题。栈，可以想象为子弹夹，先压进去的子弹最后打出来。在系统的内存中预留有一块称为“栈”的区域，当我们做递归调用时，实际上是利用了系统中的“栈”帮我们完成了这项工作。递归函数每一次调用，都会在“栈”中分配相应的空间，将参数、局部变量、返回地址等相应的信息保存起来，用以接收函数调用或返回所需的各种数据。

分析本题，当输入第一个字符串时，不能将其输出，所以要把此字符串压入到“栈”中，同理，第二个、第三个、第四个字符串也要依次压入“栈”中，当输入第五个字符串时，满足了递归结束的条件，将第五个字符串输出后，然后依次输出第四个字符串，第四个字符串出“栈”……输出第一个字符串，第一个字符串出“栈”，至此完成五个字符串的逆序输出。

(2)算法

逆序输出 5 个字符串的递归过程的算法思想是，每次先读入一个字符串，判断是否是第五个字符串，若是，直接输出；若不是，递归调用过程后，再输出该字符串。

(3)源代码

```
program reverseString(input,output);
procedure reverse(n:integer);
var
  s:string;
begin
   readln(s);
   if n=1 then
     writeln(s)
   else
     begin
       reverse(n-1);
       writeln(s)
     end
end;
begin  {主程序}
  reverse(5);
  readln
end.
```

3. 调试实例

例 3　编写一个程序，用递归的方法将一个正整数 n 转换成字符串输出，n 的位数不固定，可以是任意位数的整数。

下面给出了一个有错误的源程序，其文件名 convertString.dpr。

```
program convertString(input,output);
var
  m:integer;
procedure convert(n:integer);
begin
```

```
    if n>0 then
      begin
        write( chr(n mod 10 ) );
        convert( n div 10);       {调试时设置断点}
      end;
  end;
  begin  {主程序}
    readln(m);
    convert(m);         {过程调用语句，调试时设置断点}
    readln
  end.
```

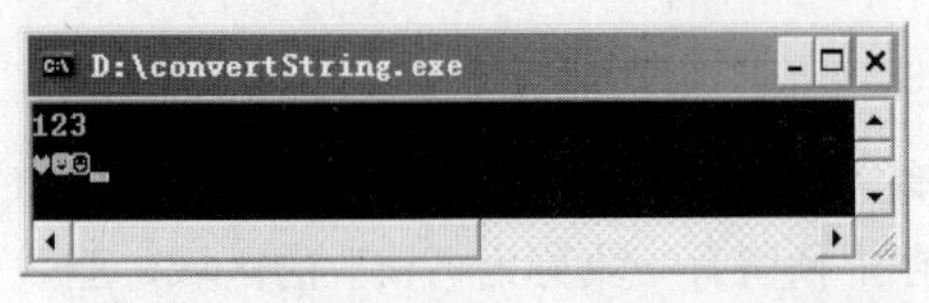

图 6-74　convertString.dpr 工程文件运行结果

(1) 打开文件。在 Delphi 7 集成开发环境下，打开工程文件 convertString.dpr，编译并运行程序，运行结果如图 6-74 所示。由图 6-74 可知，运行结果错误。

(2) 调试开始，在主程序的过程调用语句上设置一个断点，具体位置见源程序的注释。

(3) 单击调试工具条的 (Run) 按钮，输入 *m* 的值 123 后，程序运行到第一个断点处暂停，如图 6-75 所示。绿色箭头指向“convert(m);”语句，即将进行过程调用。

此时若使用调试工具条上的 (Step over) 按钮，则不进入过程 convert 的内部，仅作为一条语句执行结束。若使用调试工具条的 (Trace into) 按钮，则进入过程 convert 的内部去调试。

(4) 单击调试工具条的 (Trace into) 按钮，进入过程 convert 中调试，绿色箭头指向过程 convert 的程序“begin”语句。

(5) 添加调试窗口，在菜单【View】|【Debug Windows】中，分别调出【Call Stack】调试窗口和【Local Variables】调试窗口。【Call Stack】调试窗口，能显示例程的调用顺序以及传递给例程的参数值。其中，显示在最上面的是最近调用的例程。【Local Variables】调试窗口，可以查看当前正在执行的子程序的局部变量的值。如图 6-76 所示，当前箭头指向过程 convert 的 begin 语句，在【Call Stack】窗口中可以看到当前执行的是子程序 convert，参数的值是 123，并且是由主程序 convertString 调用的。在【Local Variables】窗口中观察当前子程序中局部变量(形参也属于局部变量) *n* 的值是 123。

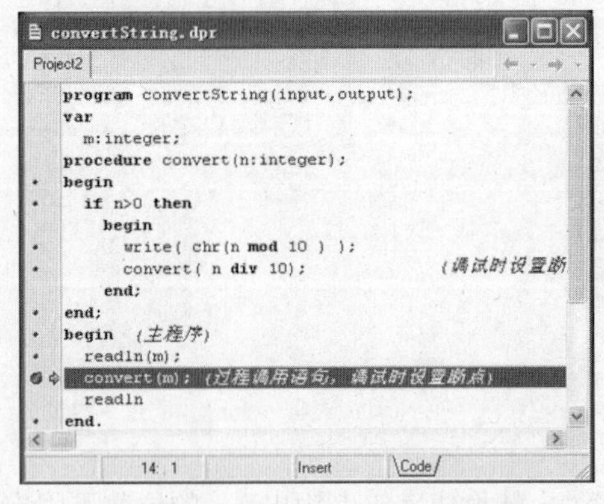

图 6-75　程序运行到断点位置

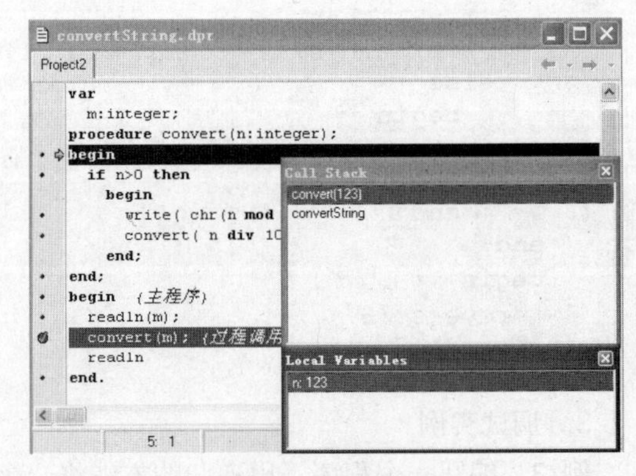

图 6-76　添加调试窗口

可以将两个调试窗口设置为停靠状态，如图 6-77 所示。

(6) 继续单击调试工具条的 (Trace into) 按钮，直至箭头指向“write(chr(n mod 10));”语句，此时用鼠标选择表达式“n mod 10”后，将鼠标放在所选表达式上，弹出黄色提示框，提示表达式的值是 3，如图 6-78 所示。该语句作用是把形参 *n* 个位上的数字 3 转换为字符 3 输出。

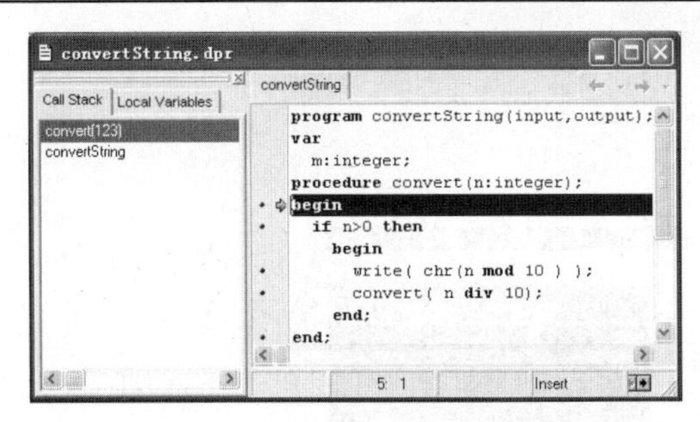

图 6-77　将调试窗口设置为停靠状态

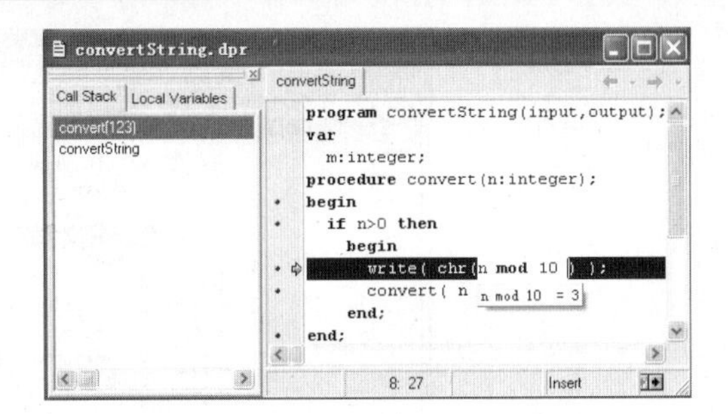

图 6-78　查看表达式的值

(7) 单击调试工具条的 (Trace into) 按钮，箭头指向“convert(n div 10);”语句，则“write(chr(n mod 10));”语句执行完毕，查看控制台窗口，输出结果如图 6-79 所示，该结果是错误的。由此可判断，语句“write(chr(n mod 10));”不能把形参 *n* 个位上的数字转换为面值相等的字符输出。

由 ASCII 码表可知，字符‘0’在 ASCII 码表中序号是 48，字符‘1’的序号是 49，其他数字字符的序号依次递增。因此要想输出面值相等的整数字符，应该先把整数对应到其在 ASCII 码表中的序号，然后利用函数 chr 将其输出。使用快捷键【Ctrl+F2】中止程序调试，修改代码，将语句“write(chr(n mod 10));”修改为“write(chr(n mod 10 + 48));”。

(8) 取消主程序中的断点，单击调试工具条的 (Run) 按钮，重新编译并运行程序，输入整型变量 *m* 的值 123，输出结果是字符串 321，结果错误，字符顺序相反，如图 6-80 所示。

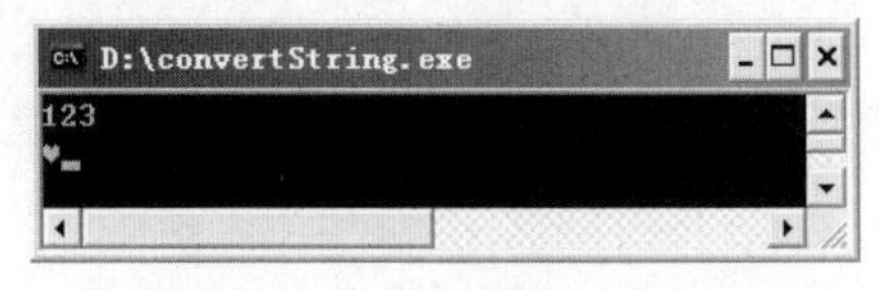

图 6-79　调试过程中输出结果

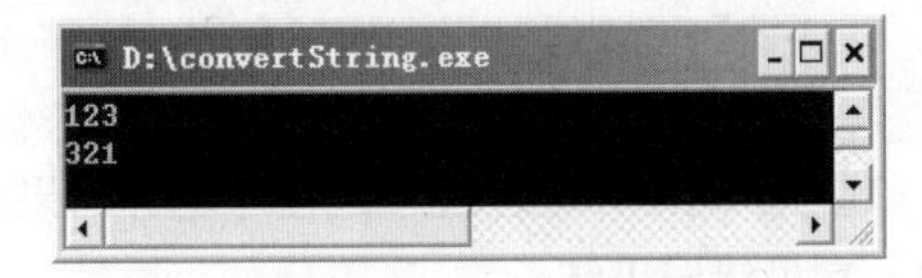

图 6-80　运行结果

(9) 在过程 convert 内部设置断点，具体位置见源代码注释。

(10) 单击调试工具条的 (Run) 按钮，输入 m 的值 123 后，程序运行到子程序中断点处暂停，如图 6-81 所示，绿色箭头指向“convert(n div 10);”语句，将要执行递归程序调用。此时，从控制台窗口可以看到，参数 *n* 的个位上的数字已经被以字符型格式输出。

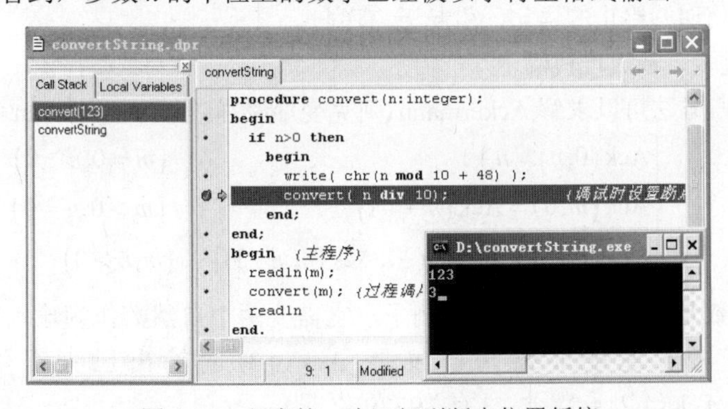

图 6-81　程序第一次运行到断点位置暂停

(11) 再次单击调试工具条的 (Run) 按钮，程序在递归调用过程中，第二次在断点处暂停，从【Call Stack】调试窗口可以看到，此时过程 convert 被第二次调用，其参数 *n* 的值是 12，在控制台窗口此时已经将当前形参 *n* 个位上的数字以字符型格式输出，如图 6-82 所示。

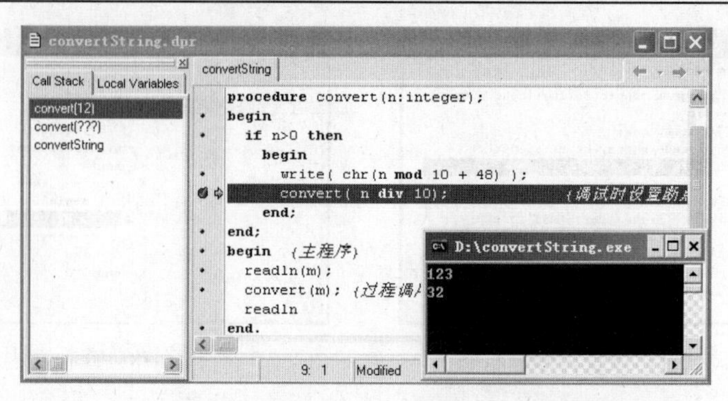

图 6-82 程序第二次运行到断点位置暂停

从图 6-82 可以看到程序输出的字符顺序与题意要求相反，题意要求先输出整数 *n* 的最高位数字的对应字符，然后输出次高位数字的字符……直到输出整数 *n* 的最低位(个位)上的数字字符。因此程序的算法设计，应该先把参数 *n* 压入栈内，进行递归调用，直到找到最高位，达到递归出口，将最高位输出，然后再依次将栈内形参 *n* 取出，输出每一个形参 *n* 的个位上的数字。因此在过程 convert 中，输出语句和递归调用语句的顺序颠倒了。

(12)按【Ctrl+F2】组合键，中止程序调试，取消断点，修改过程 convert 代码如下：

```
procedure convert(n:integer);
begin
  if n>0 then
    begin
      convert( n div 10);
      write( chr(n mod 10 ) );
    end;
end;
```

(13)重新编译并运行程序，程序运行结果正确。

4. 常见错误小结

(1)递归子程序中没有递归终止条件的分支语句，引起无穷递归

例如，下面的子程序因为没有递归出口语句，使程序运行陷入无穷递归。

```
function sum(n:integer):integer;
begin
  sum:=n+sum(n-1);
end;
```

子程序中没有使递归终止的语句，引起无穷递归。

(2)递归次数过多，造成堆栈溢出

例如，使用递归方法可以求解 Ackermann(阿克曼)函数问题。Ackermann 函数定义如下：

$$\begin{cases} \mathrm{Ack}(0,n)=n+1 & (m=0,n\geq 0) \\ \mathrm{Ack}(m,0)=\mathrm{Ack}(m-1,1) & (m>0,n=0) \\ \mathrm{Ack}(m,n)=\mathrm{Ack}(m-1,\mathrm{Ack}(m,n-1)) & (m,n>0) \end{cases}$$

Ackermann 函数是非原始递归函数的例子，它需要两个自然数作为输入值，输出一个自然数。它的输出值增长速度非常高，仅是 Ack(4,3) 的输出已大得不能准确计算。Ack(4,1)=65533，$\mathrm{Ack}(4,2)=2^{65536}-3$ 有 19729 位。

5. 实验内容

(1)阅读程序，给出下列递归程序的运行结果。

```
①program  recurrence(input,output);
function  fib(g:integer):integer;
var
  f:integer;
```

```
begin
  if g=0 then
    f:=0
  else if (g=1) or (g=2) then
    f:=2
  else
    f:=fib(g-1)+fib(g-2);
  fib:=f;
end;
begin {主程序}
  writeln(fib(4) );
  readln
end.
②program Project1(input,output);
function fan(n:integer):integer;
var
  k:integer;
begin
  if (n=0) or (n=1) then
    k:=3
  else
    k:=n-fan(n-2);
  fan:=k;
end;
begin  {主程序}
  writeln( fan(7) );
  readln
end.
③program Conversion(input,output);
procedure bin(x:integer);
begin
  if x div 2 > 0 then
    bin(x div 2);
  write(x mod 2)
end;
begin  {主程序}
  bin(12);
  readln
end.
```

(2) 程序填空。

① 函数 sum 是用递归的方法计算 1+2+3+…+n 的值，请补充程序中缺少的内容。

```
function sum( n:integer):integer;
begin
  if n<0 then
    writeln('data error!')
  else if n=1 then
    ____________
  else
    ____________;
end;
```

② y 是实现 n 层嵌套平方根的计算函数，其公式如下，请将程序补充完整。

$$y(x)=\sqrt{x+\cdots+\sqrt{x+\sqrt{x}}}$$

```
function y( x:real;n:integer):real;
begin
  if n=0 then
     y:=0
  else
     y:=sqrt(x + ____________);
end;
```

③ 用递归的方法实现选择法排序。

算法分析：以5个数排序为例，5个数排序，要进行4轮比较和查找。

第一轮：从a[1]到a[5]，找到其中的最小元素a[4]，让a[4]与a[1]交换。

第二轮：从a[2]到a[5]，找到其中的最小元素a[5]，让a[5]与a[2]交换。

第三轮：从a[3]到a[5]，找到其中的最小元素a[4]，让a[4]与a[3]交换。

第四轮：从a[4]到a[5]，找到其中的最小元素a[5]，让a[5]与a[4]交换。

至此完成了选择法排序。表6-5中椭圆部分表示每一轮比较中找到的最小元素。

表6-5 选择法排序

	a[1]	a[2]	a[3]	a[4]	A[5]
第一轮	5	7	16	1	4
第二轮	1	7	16	5	4
第三轮	1	4	16	5	7
第四轮	1	4	5	16	7
排序后	1	4	5	7	16

按照以上算法的描述，选择法排序要使用两重循环来实现，若使用递归的思想考虑这个问题，从上述算法中可以看出，对于5个数排序的问题，分解成了4个本质相同的子问题，并且子问题的规模在逐渐减少。而递归方法就是要通过函数或过程调用自身将问题转化为本质相同但规模较小的子问题。

以下代码是使用递归的方法实现了选择法排序，请将程序补充完整。

```
program  selection(input,output);
var
  a:array[1..10] of integer;
  i:integer;
procedure sort(k:integer); {过程sort，是要在a[k]到a[10]之间找到最小值，与
                            a[k]交换位置}
var
  i,small,temp:integer;
begin
  if k<10 then
    begin
     ________;
     for i:=k+1 to 10 do
       if a[i]<a[small] then
         ________;
     if small<>k then
       begin
         temp:=a[k];
         a[k]:=a[small];
         a[small]:=temp;
       end;
     sort(k+1);     {递归调用}
    end
end;
begin {主程序}
  writeln('input 10 numbers:');
  for i:=1 to 10 do
    read(a[i] );
  sort(0);            {过程调用}
  for i:=1 to 10 do
    write(a[i]:5);
  readln
end.
```

(3) 改错题。编写一个程序，用递归的方法求解 x 的 y 次方。

下面给出了一个有错误的源程序，其文件名 calculate.dpr。

```
program calculate(input,output);
var
  m,n:integer;
function powerRaise( x,y:integer):real;
begin
  if x=0 then
    powerRaise:=0
  else if y=0 then
    powerRaise:=1
  else if y<0 then
    powerRaise:= 1/powerRaise(x,y-1)
  else
    powerRaise:=x*powerRaise(x,y-1);
end;
begin  {主程序}
  readln(m,n);
  writeln(powerRaise(m,n) );
  readln
end.
```

(4) 编程题(基础题)。有 5 个人围坐在一起，问第五个人多大年纪，他说比第四个人大 2 岁；问第四个人，他说比第三个人大 2 岁；问第三个人，他说比第二个人大 2 岁；问第二个人，他说比第一个人大 2 岁。第一个人说自己 10 岁，请利用递归法编程计算并输出第 5 个人的年龄。

(5) 编程题(基础题)。用递归的方法，求一个含有 n 个元素的数组的累加和。

(6) 编程题(中等难度)。用递归的方法，编程计算并输出 1！+2！+…+n!的值。

(7) 编程题(中等难度)。用递归的方法实现对一个字符串中的字符逆序输出。

(8) 编程题(中等难度)。用递归的方法对下列计算式子编写一个函数。

$$f(x,n)=x-x^2+x^3-x^4+\cdots+(-1)^{n-1}x^n \qquad (n>0)$$

(9) 编程题(中等难度)。编写子程序求解最大公约数。

① 使用穷举法求解最大公约数；

② 使用欧几里德算法(辗转相除法)求最大公约数；

③ 使用递归方法求解最大公约数。

(10) 编程题(中等难度)。有一位糊涂人，他写了 n 封信和 n 个信封，到了邮寄的时候，把所有的信都装错了信封，设 D_n 为 n 封信装错信封的可能的种类数，可以用下面的递归公式计算 D_n：

$$\begin{cases} D_n=(n-1)(D_{n-1}+D_{n-2}) \\ D_2=1 \\ D_1=0 \end{cases}$$

(11) 编程题(中等难度)。用递归的方法求解二项式系数。

(12) 编程题(较难题)。分别用递推和递归的方法实现二分法查找。

6.6　第六单元——指针与动态数据类型

指针是高级语言程序设计中的一个非常重要的概念，是“数据结构”课程中链式存储结构的基础。利用指针生成动态变量，可以使程序动态的管理和使用内存空间，使得内存的使用更加高效，但同时，若不能及时回收动态变量的空间，使用动态变量也是危险的。使用 Delphi 7.0 集成开发环境中的 Watch List 窗口、Debug Inspector 对话框可以查看指针变量和动态变量的值。

1．实验目的

- 掌握指针变量的定义和使用；
- 掌握指针数组的定义和使用；
- 能够利用指针构造复杂的数据类型；
- 掌握静态数据类型和动态数据类型概念；
- 能够熟练使用 Watch List 窗口、Debug Inspector 对话框查看指针变量和动态变量的值。

2．编程示例

例 1　利用单向链表实现运动员成绩的管理。每个运动员的信息包括运动员号及成绩。假设运动员号为整数，不一定连续，但无重复，成绩为实数。要求程序运行后先显示如下菜单，并提示用户输入选项，根据用户的输入选项执行相应的操作。

菜单：①录入 ②输出 ③查询 ④排序 ⑤增添 ⑥删除 ⑦全部清除。

程序的功能要求如下：

① 录入：从键盘依次输入各运动员的运动员号及成绩，当输入运动员号为 0 时，表示录入结束。

② 输出：将链表中的运动员信息依次输出。

③ 查询：从键盘输入运动员号，从链表中查询相关信息并输出。若无此运动员，给出提示信息。

④ 排序：将单向链表按照运动员的成绩升序排序。

⑤ 增添：增加运动员的信息。要求每增加一个运动员的信息时，要检查运动员号是否和链中已有结点重复，如重复，给出提示要求重新输入。

⑥ 删除：从键盘输入运动员号，从链表中删除该运动员的相关信息。若无此运动员，给出提示信息。

⑦ 全部清除：将链表中的运动员信息全部删除，成为空表。

(1) 创建单向链表，录入运动员信息

要求　从键盘依次输入各运动员的运动员号及成绩，当输入运动员号为 0 时，表示录入结束。创建链表的方法有两种，一种是尾插法，即循环生成链表的每一个结点，然后将其插入到已生成的链表的尾部；另一种是头插法，即循环生成链表的每一个结点，然后将其插入到已生成的链表的头部。本例采用尾插法创建链表，录入运动员信息。算法描述如图 6-83 所示。其中 head 为链表的头指针，tail 为链表的尾指针，p 为生成新结点的指针。

由图 6-83 可知，指针 p 指向每次新增加的结点，当建立第一个结点时，此时链表为空 (head=nil)，这时 p 的值直接赋值给 head，且 p 的值也要赋值给 tail，这样头指针 head 和尾指针 tail 均指向第一个结点，即

```
    head:=p;
    tail:=p;
```

当链表不为空时，即 head<>nil，则把原来链表的尾结点 tail 的 next 域指向该新增加的结点，这样就把新增加的结点加入到了链表中：

```
    tail^.next:=p;
```

把新结点加入到链表中后，这个新结点应该成为当前链表的尾结点，因此，尾指针 tail 要指向这个新结点，p 的值要赋值给 tail，即

```
    tail:=p;
```

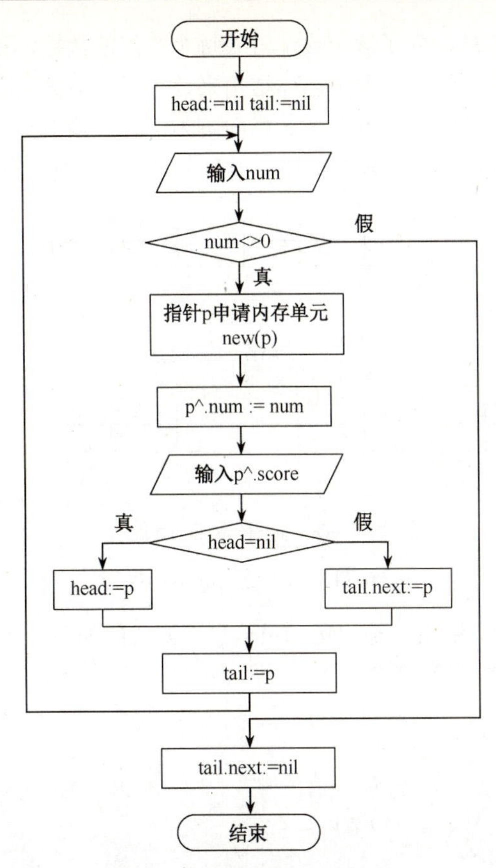

图 6-83　尾插法创建单向链表

子程序 creatLink，创建不带头结点的单向链表，录入运动员信息，源代码如下：

```
procedure creatLink(var head:pointer);
var
  tail,p:pointer;
  num:integer;
begin
  head:=nil;
  tail:=nil;
  write('运动员号：');
  readln(num);
  while num<>0 do
    begin
      new(p);
      p^.num := num;
      write('成绩：');
      readln(p^.score);
      if head=nil then
        head:=p
      else
        tail^.next:=p;
      tail:=p;
      write('运动员号：');
      readln(num);
    end;
  tail^.next :=nil;
  writeln('录入结束');
end;
```

(2) 遍历链表，输出运动员信息

遍历链表并显示结点信息，为了逐个显示链表每个结点的数据，程序要不断从链表中取结点内容，显然这是一个重复的工作，需要用循环结构来解决。单向链表的遍历必须从首结点开始，因此循环之前，要将指针 p 指向首结点，当 p 指向不为空时，输出结点内容，然后将指针 p 指向下一个结点的起始地址，循环继续，直到指针 p 指向空时停止，如图 6-84 所示。

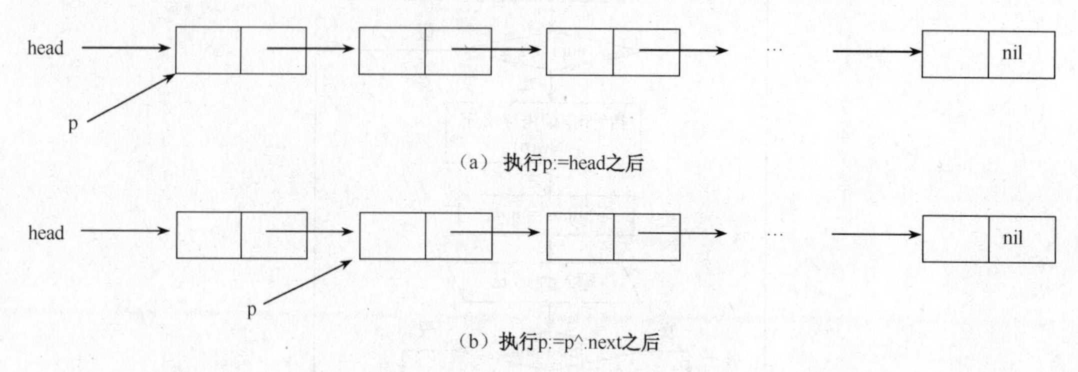

图 6-84　遍历链表的基本操作

子程序 output，遍历单向链表，输出运动员信息，源代码如下：

```
procedure output(var head:pointer);
var
  p:pointer;
begin
  p:=head;
  writeln;
  writeln('运动员号':8,'成绩':8);
  while p<>nil do
    begin
      writeln(p^.num:8,p^.score:8:2);
      p:=p^.next ;
    end;
end;
```

(3)查找运动员信息

查找也是对链表的遍历过程，使用指针p依次指向链表中每一个结点，与要查找的运动员号进行比较，若相等，则找到，输出该运动员的信息，若找不到，则给出提示信息。

子程序 seek 按运动员号查找运动员信息，形参 num 是要查找的运动员号，形参 head 是链表的头指针。子程序 seek 的源代码如下：

```
procedure seek(num:integer;var head:pointer);
var
  p:pointer;
  find:boolean;
begin
  find:=false;
  p:=head;
  while p<>nil do
    begin
      if p^.num = num then
        begin
          find:=true;
          writeln(p^.num:8,p^.score:8:2);
        end;
      p:=p^.next ;
    end;
  if find=false then
    writeln('该运动员信息不存在！' );
end;
```

(4)按运动员成绩从低到高对链表排序

对链表排序的方法有很多，本例采用冒泡法的思想对链表进行排序。

假设链表中有 n 个结点，要对链表中的数据域按升序排序，则冒泡法排序的基本思想是：从第一个结点开始，对链表中两两相邻的结点的数据域进行比较，若后面的结点的数据域中的数据比前面结点中数据小，则交换两个结点的数据，第一轮比较完毕后，最后一个结点中的数据为最大。第二轮只需对前 n-1 个结点进行两两比较，第三轮对前 n-2 个结点进行两两比较，对于 n 个结点的链表，要比较 n-1 轮。

假设有如图6-85所示的链表：

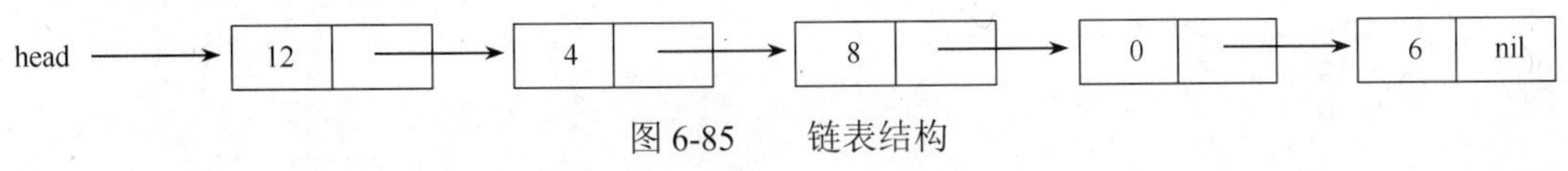

图 6-85　链表结构

对其采用冒泡法排序，第一轮比较过程如图 6-86 所示：

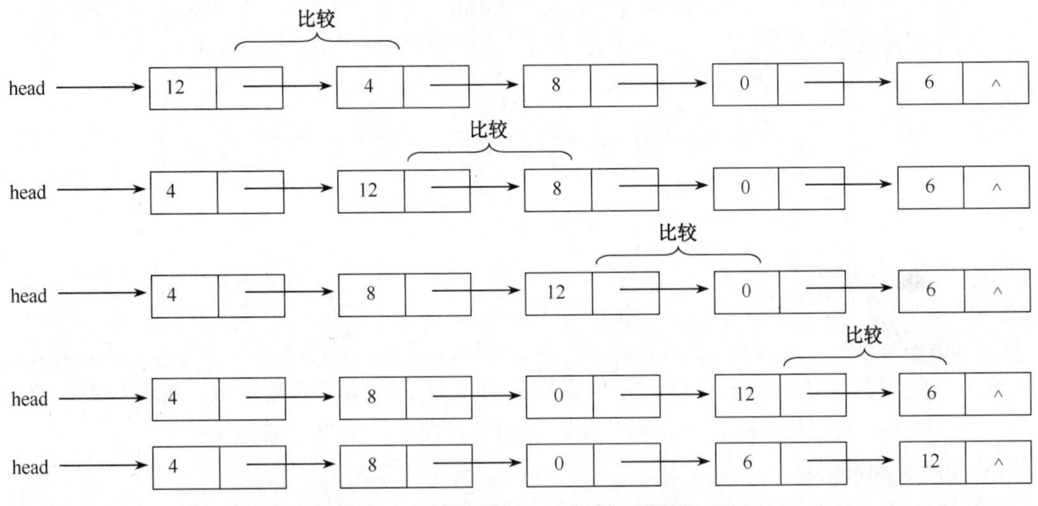

图 6-86　冒泡法排序的第一轮比较过程

第一轮：对这五个结点，按顺序从第一个结点开始，每相邻的两个结点进行比较，若后面的结点的数据域中的数据比前面结点中数据小，则交换两个结点的数据。

第一轮比较完毕之后，最后一个结点中数据最大。第二轮的比较只需对前 4 个结点进行两两比较即可。最后一轮只是对链表中的前两个结点的数据域进行比较。

分析以上排序过程可知，每一轮参与比较的结点个数，都比上一轮结点的个数少一个。因此在链表排序中，可以设置一个指针来记录每一轮比较时，需要进行比较的最后一个结点的位置。

如何交换两个结点的数据呢？

假设指针 p 指向前面的结点，指针 q 指向后面的结点，如图 6-87 所示，q 结点中的数据比 p 所指结点中的数据小，则需要交换两个结点中的数据。

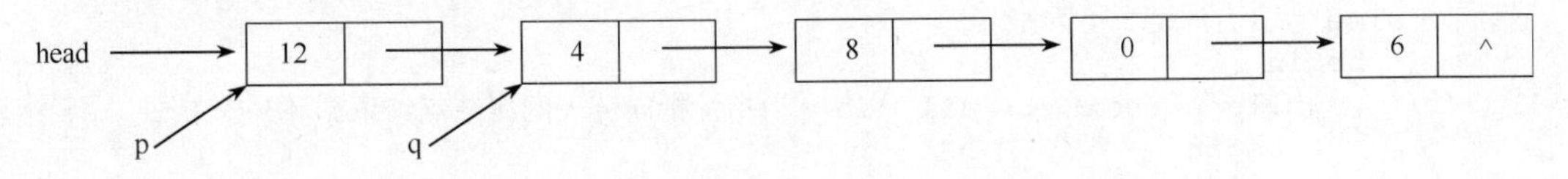

图 6-87　p 指向前面结点，q 指向后面的结点

交换结点中数据，代码如下：

```
temp:=p^;  {temp是一个记录变量}
p^:=q^;
q^:=temp;
```

```
q^.next:=p^.next ;  {保证指针p和q指向的结点中的next内容不变。即只是交换两个结点
中的数据域，对于指针域内容要和原来一样。}
p^.next :=q;
```

对链表进行冒泡法排序的源代码如下：

```
procedure sort(var head:pointer);
var
  p,q,endNode:pointer; {指针endNode记录每一轮比较的最后一个结点的位置}
  temp:sportsman;  {temp用于交换指针p,q所指向的结点的值}
begin
  endNode:=nil;
  while endNode<>head do
    begin
      p:=head;
      q:=p^.next ;
      while q<>endNode do
        begin
          if p^.score > q^.score then
            begin
              temp:=p^;
              p^:=q^;
              q^:=temp;
              q^.next:=p^.next ;
              p^.next :=q;
            end;
          p:=p^.next ;
          q:=q^.next ;
        end;
      endNode:=p;
    end;
end;
```

附注 使用冒泡法对链表排序，本例采用的方法是交换结点的数据域，这样做有什么缺点呢？当数据域中的数据很多时，应该如何实现冒泡法排序呢？请自己编程实验。

(5)增添运动员信息

向链表中添加运动员信息，有三种情况：一是原链表为空链表，则将 head 指针指向添加的运动员结点；二是，如果原链表不为空，则对链表进行遍历查找，若该运动员在链表中已经存在，给出提示信息；三是，非空链表中不存在要增加的运动员，则将新结点插入到链表的尾部。

子程序 increase 向链表增添运动员信息，源代码如下：

```
procedure increase(var s,head:pointer);
var
  p:pointer;
begin
  p:=head;
  if head=nil then {若原链表为空，则新插入的结点为链表的第一个结点}
    begin
      head:=s;
      head^.next :=nil;
    end
  else   {若原链表不为空}
    begin
      while p^.next <> nil  do {当指针指向链表的尾结点结束循环}
        begin
          if p^.num =s^.num then
            break; {跳出while循环}
          p:=p^.next ;
        end;
      if (p^.next =nil) and (p^.num <> s^.num ) then{将新结点插入到链表尾部}
        begin
          p^.next :=s;
```

```
            s^.next :=nil;
            writeln('添加成功！');
          end
        else
          writeln('此运动员信息已经存在！请重新输入要添加的运动员信息！');
      end;
    end;
```

(6) 删除一个结点

按运动员号从链表中删除该运动员信息。

从链表的第一个结点开始逐一检查，若结点数据域中的 num 值和要删除的运动员号相等，则把该结点删除。为了在删除结点后还能使链表保持完整性，引用两个指针 p 和 q，并且两者的关系总是：

```
    q:=p^.next;
```

链表结点删除的原则是：先接后删。即先将 p 指向的结点与 q 指向的结点(当前准备删除的结点)的下一个结点(q^.next)先连上，然后将要删除的结点的存储空间释放。即

```
    p^.next:=q^.next;
    dispose(q);
```

删除链表中所有符合要求的结点，用循环来解决，但需要考虑要删除的结点是否是第一个结点，若要删除的是第一个结点，则表头指针要后移(head:=head^.next)。

从链表中删除一个结点的过程如图 6-88 所示。

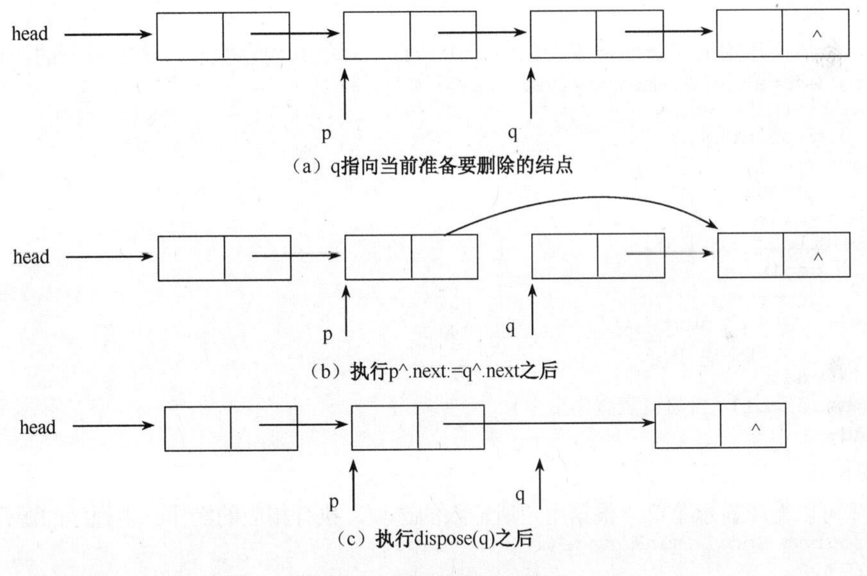

图 6-88　删除链表中的结点

删除运动员信息的源代码如下：

```
    procedure deleteSportsman(num:integer;var head:pointer);
    var
      p,q:pointer;
      find:boolean;
    begin
      find:=false;
      if head=nil then      {若链表为空}
        writeln('链表为空！')
      else if head^.num=num then {若删除的是第一个结点}
        begin
          q:=head;
          head:=head^.next;
```

```
        dispose(q);
        find:=true;
      end
    else    {若删除的不是第一个结点}
      begin
        p:=head;
        q:=head^.next;
        while q<>nil do
          begin
            if q^.num = num then
              begin
                p^.next := q^.next ;
                dispose(q);
                find:=true;
              end
            else
              begin
                p:=q;
                q:=q^.next
              end
          end
      end;
      if find=false then
        writeln('查无此人! ');
  end;
```

(7)清空链表

从第一个结点开始依次访问链表中的每一个结点，释放其内存空间，清空链表的源代码如下：

```
procedure deleteMemory(var head:pointer);
var
  p,q:pointer;
begin
  q:=head;
  p:=nil;
  while q<>nil do
    begin
      p:=q;
      q:=q^.next ;
      dispose(p);
    end;
  head:=nil; {将链表置为空串}
end;
```

(8)主程序

主程序可以循环显示菜单，根据用户所输入的选项，执行相应的操作。主程序的源代码如下：

```
program SportsmanManage(input,output);
type
  pointer=^sportsman;
  sportsman=record
              num:integer;
              score:real;
              next:pointer;
            end;
var
  head,app:pointer;
  number,choice:integer;
begin
  repeat
    writeln;
    write('1.录入  ');
    write('2.输出  ');
    write('3.查询  ');
    write('4.排序  ');
```

```
      write('5.插入  ');
      write('6.删除  ');
      write('7.清空  ');
      writeln('8.退出  ');
      writeln('-----------------------------------------------------');
      readln(choice);
      case choice of
        1:creatLink(head);
        2:output(head);
        3:begin
            writeln('请输入要查找的运动员号：');
            readln(number);
            seek(number,head);
          end;
        4:begin
            sort(head);
            output(head);
          end;
        5:begin
           writeln('请输入要插入的运动员的信息：');
           new(app);
           write('运动员号:');readln(app^.num);
           write('成绩：');readln(app^.score);
           increase(app,head);
           output(head);
          end;
        6:begin
            write('请输入要删除的运动员号：');
            readln(number);
            deleteSportsman(number,head);
            output(head);
          end;
        7:deleteMemory(head);
      end;
      if (choice<1) or (choice>8) then
        writeln('输入选项错误，请重新输入！');
    until choice=8;
    readln
  end.
```

例 2　已有一个不带头结点的有序的整数链表，将一任意整数插进链表，使链表仍然有序，请编写子程序实现该功能。

将新结点插入到已有的链表中，保持链表依然有序，需要解决两个问题：首先找到正确插入位置，然后插入新的结点。

寻找正确插入位置是一个循环过程：从链表的第一个结点开始，把要插入的结点 s 的数据域中的值与链表中结点的数据域中的值逐一进行比较，直到出现要插入的结点的值比第 i 个结点的值大，但比第 i+1 个结点的值小。显然，结点 s 要插入在第 i 个结点和第 i+1 个结点之间。根据上述分析，链表的插入操作需要 4 个指针 head、s、p、q，其中 head 指向已有链表的第一个结点，s 指向要插入的结点，p 指向第 i 个结点，q 指向第 i+1 个结点，p 和 q 两者的关系总是：

```
q:=p^.next;
```

插入点的位置有三种，可以是链表的首部、中间或尾部。若插入点在链表首部，操作如图 6-89 所示。

若插入点在链表的中间。插入原则是：先连后断。先将 s 结点与第 i+1 个结点相连接(即 s^.next:=q)，再将第 i 个结点与第 i+1 个结点断开，并使其与 s 结点相连接(即 p^.next:=s)，则完成了结点的插入操作，插入操作如图 6-90 所示。

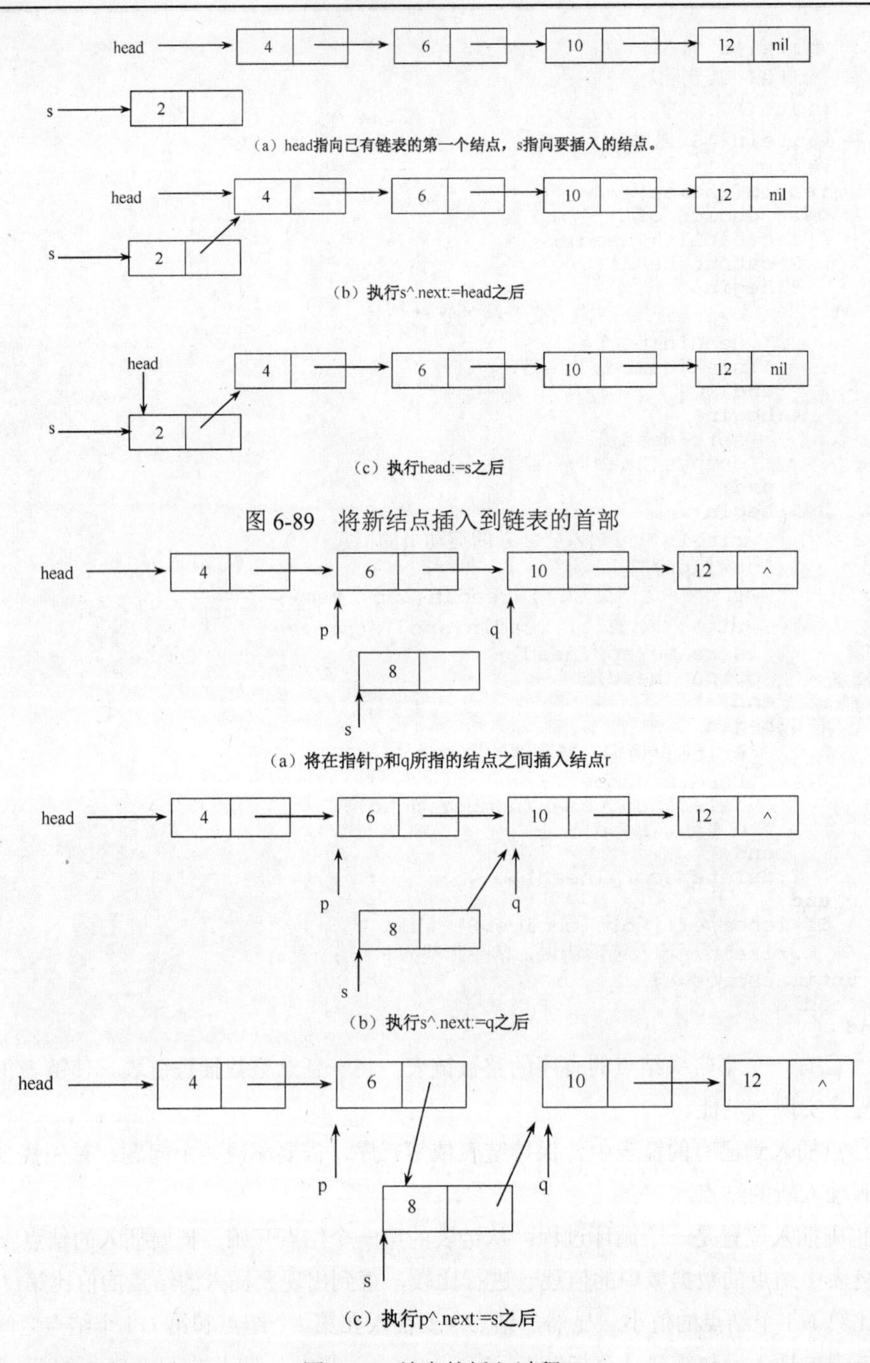

图 6-89　将新结点插入到链表的首部

图 6-90　结点的插入过程

插入结点的源代码如下：

```
procedure insert(var s,head:pointer);
var
  p,q:pointer;
begin
  q:=head;
  if head=nil then      {若原链表为空，则新插入的结点为链表的第一个结点}
    begin
      head:=s;
      head^.next :=nil;
    end
  else  {若原链表不为空}
```

```
      begin
        while (q<>nil) and (s^.score>q^.score) do
          begin
            p:=q;
            q:=q^.next;
          end;
        if head=q then    {新结点插入到链表的首部}
          begin
            s^.next :=head;
            head:=s;
          end
        else  {新结点插入到链表的中间或尾部}
          begin
           s^.next :=q;
           p^.next :=s;
          end;
      end
  end;
```

3．调试实例

例 3　编写一个程序，从键盘输入 5 个字符串，输出其中最长的字符串。

下面给出了一个有错误的源程序，其文件名 MaxLengthString.dpr。

```
  program MaxLengthString(input,output);
  type
    pointer=^string[30];
  var
    a:array[1..5] of pointer;
    i,m:integer;
  begin
    for i:=1 to 5 do
      begin
        new(a[i] );
        readln(a[i] );
      end;
    m:=1;
    for i:=2 to 5 do
      if length(a[m]^ )<length(a[i]^ ) then
        m:=i;
    writeln(a[i]^ );        {调试时设置断点}
    for i:=1 to 5 do
      dispose(a[i] );
    readln;
  end.
```

(1)打开文件。在 Delphi 7 集成开发环境下，打开工程文件 MaxLengthString.dpr，编译程序，在 Messages 窗口显示有两个错误，错误信息如下：

```
  [Error] MaxLengthString.dpr(3): ';' expected but '[' found
  [Error] MaxLengthString.dpr(11): Illegal type in Read/Readln statement
```

分析第一条错误信息，提示在代码的第 3 行，希望出现分号，但是却发现了‘[’符号。查看出现第一个错误的代码行，是指针类型的说明语句，如图 6-91 所示。

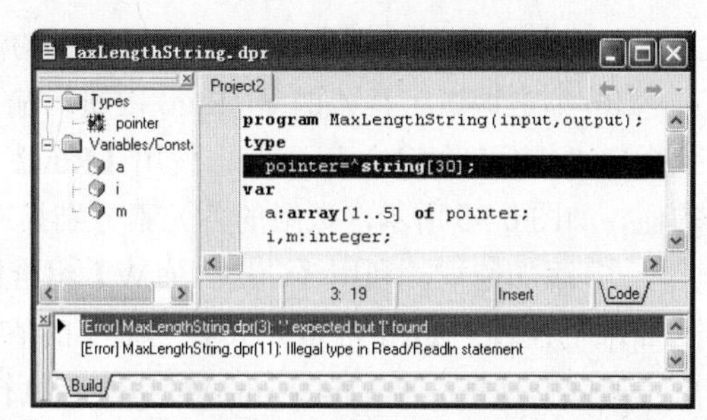

图 6-91　指针类型说明错误

在指针类型的说明部分，基类型不是标准的数据类型时，应该首先定义这种类型，然后才能使用类型标识符进行指针基类型的说明。在本例错误的代码行中，“string[30]”不是标准的数据类型，代码的修改方法有两种，一种是先定义“string[30]”的类型标识符，然后在指针说明部分使用该类型标识符，代码修改如下：

```
type
  s=string[30];
  pointer=^s;
```

另一种是直接使用标准数据类型string，代码修改如下：

```
type
  Pointer=^string;
```

(2) 修改代码后，使用【Ctrl+F9】组合键重新编译程序。在 Messages 窗口显示还有一个错误，错误信息如下：

```
    [Error] MaxLengthString.dpr(12): Illegal type in Read/Readln statement
```

错误信息显示：在输入语句中出现非法类型。查看出现错误的代码行，如图6-92所示。

分析本例中变量定义部分，可知数组 a 的元素为指针，因此这是一个指针数组，如图 6-93 所示。

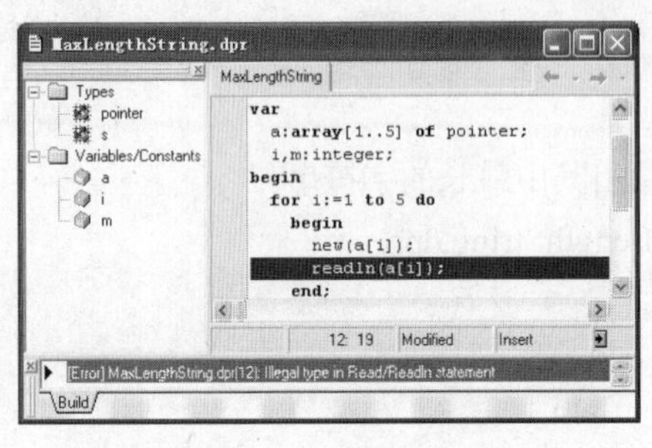

图6-92　输入语句错误

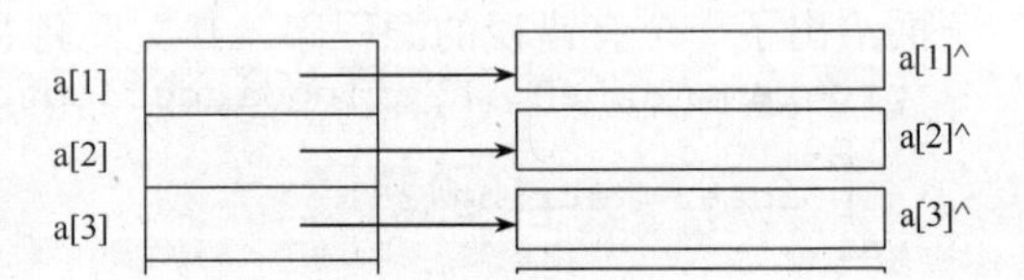

图6-93　指针数组

数组中的每一个元素 a[*i*]，均是指针变量。指针变量中存储的是某一存储空间的首地址，指针变量不允许进行直接的输入和输出操作，但是可以对指针变量所指向的内存空间进行输入输出操作，指针变量 a[*i*]所指向的内存空间的表示为 a[*i*]^，由题意可知，本例要向指针变量 a[*i*]所指向的动态变量的空间中输入字符串。因此输入语句，要改为“readln(a[i]^);”。

(3) 修改代码后，重新编译程序，在Messages窗口显示有一个警告，警告信息如下：

```
    [Warning] MaxLengthString.dpr(18): FOR-Loop variable 'i' may be
undefined after loop
```

警告信息说明了：循环变量 *i* 在循环结束后其值可能是不明确的。程序编译产生警告信息，但程序能够运行。

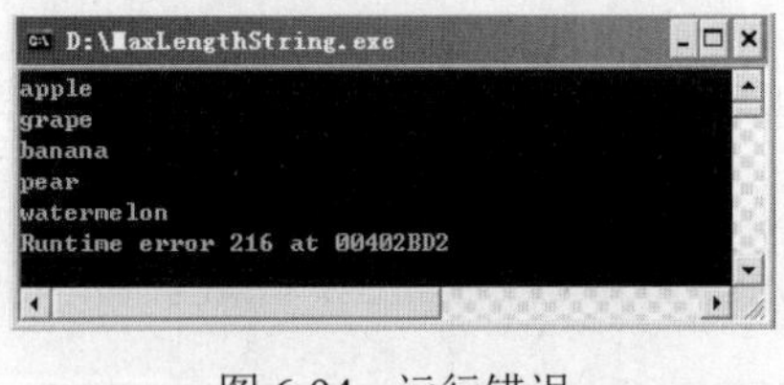

图6-94　运行错误

(4) 单击调试工具条的 (Run)按钮，运行程序，输入5个字符串后，程序显示有运行错误，如图6-94所示。

运行错误 216，由附录 2 中可知，代表程序中出现了“存取非法”的错误。

(5) 调试开始，在输出语句上设置断点，具体位置见源程序的注释。

(6) 单击调试工具条的 (Run)按钮，输入 5 个字符串后，程序运行到断点处暂停，绿色箭头指向“writeln(a[i]^);”语句。使用【Run】菜单下的【Inspect...】对话框查看数组 a 中各元素的值，如图6-95所示，数组的各元素分别指向5的字符串的首地址。

(7) 添加监视，利用【Ctrl+Alt+W】组合键调出监视窗口，分别添加变量 *i*，数组元素 a[*i*]，及 a[*i*]^的监视。如图 6-96 所示，当前 *i* 的值为 6，a[*i*]的值为 nil，a[*i*]^是不可存取的值。此时，单击调试工具条的 (Trace into)按钮跟踪执行程序，则产生运行期错误，程序调试自动被中止。

分析错误的原因，a[6]是对数组元素的过界访问，且a[6]的值为nil，因此a[6]^是不可存取的值。由题意可知，数组元素 a[*m*]指向最长的字符串，因此应当输出 a[*m*]^的值。

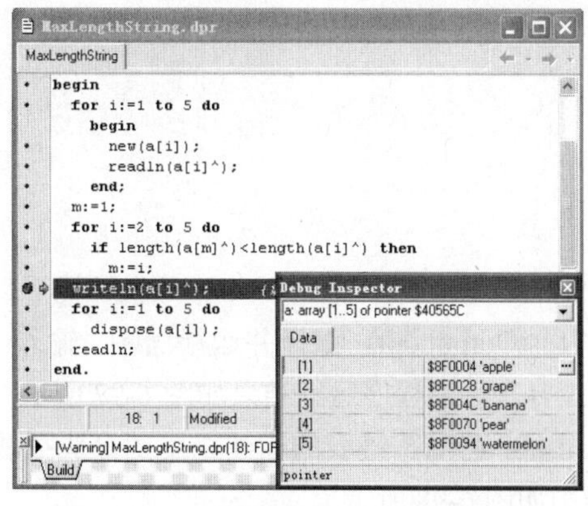

图 6-95　查看指针数组各元素的值

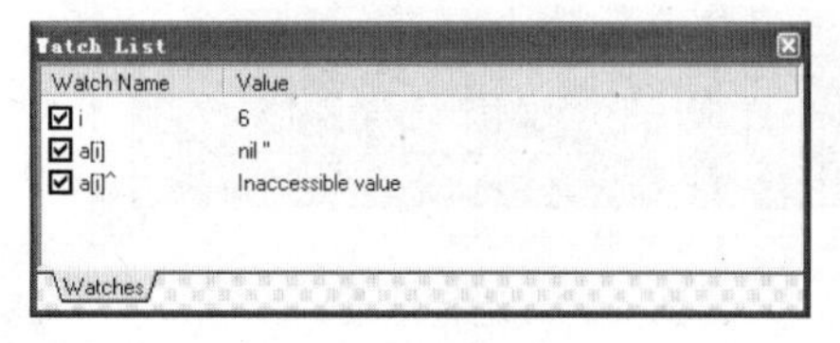

图 6-96　监视变量的值

(8) 修改代码，将输出语句修改为："writeln(a[m]^)"；

(9) 取消断点，重新编译并运行程序，程序运行结果正确。

例 4　输入若干个正整数，输入-1 为结束标志，建立一个不带头结点单向链表，将其中的偶数值的结点输出。

源程序如下：

```
program ListOutput(input,output);
type
  pointer=^node;
  node=record
         x:integer;
         next:pointer;
       end;
var
  head:pointer;
procedure creatLink(var head:pointer);  {头插法建立链表}
var
  p:pointer;
  m:integer;
begin
  new(head);
  read(head^.x);
  head^.next :=nil;
  read(m);
  while m<>-1 do
    begin
      new(p);
      p^.x :=m;
      p^.next :=head;
      head:=p;
      read(m);
    end;
end;
```

{下面给出了一个有错误的子程序，其文件名 evenOutput.dpr }

```
procedure evenOutput(var head:pointer); {输出链表中的偶数}
var
  p:pointer;
begin
  p:=head;
  while p<>nil do      {调试时设置断点}
    begin
      if p^.x mod 2=0 then
        write(p^.x:5)
      else
```

```
            p:=p^.next ;
        end;
    end;
    begin     {主程序}
      creatLink(head);
      evenOutput(head);
      readln
    end.
```

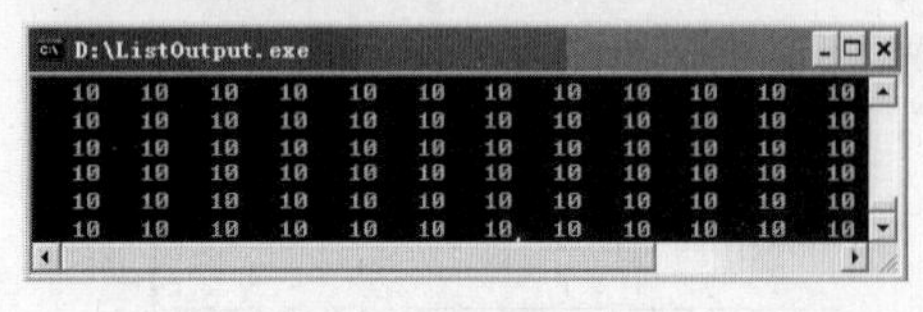

图 6-97 运行结果

(1) 打开文件。在 Delphi 7 集成开发环境下，打开工程文件 ListOutput.dpr，编译并运行程序，输入“7 8 9 10 11 -1”后，程序运行结果如图 6-97 所示。由子程序 creatLink 可知，链表的构建采用的是头插法，则链表的结构如图 6-98 所示。

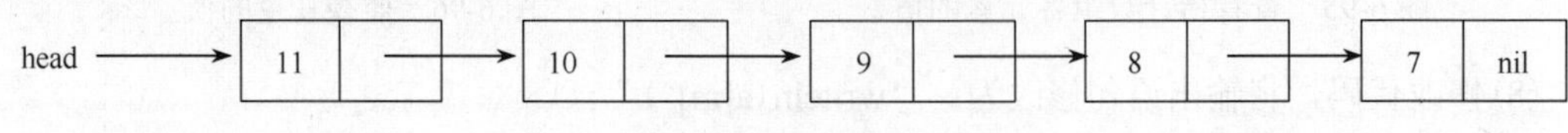

图 6-98 链表的结构

将链表中的偶数输出，输出结果应该是：“10 8”，由图 6-97 可知，程序在输出时陷入无限循环中。

(2) 设置断点，在子程序 evenOutput 中设置断点，具体位置见源程序的注释。

(3) 添加监视，使用【Ctrl+F5】组合键，调出 Watch Properties 对话框，添加监视表达式：p^。

(4) 单击调试工具条的 (Run) 按钮，运行程序，输入“7 8 9 10 11 -1”后，程序运行到断点位置暂停，如图 6-99 所示。

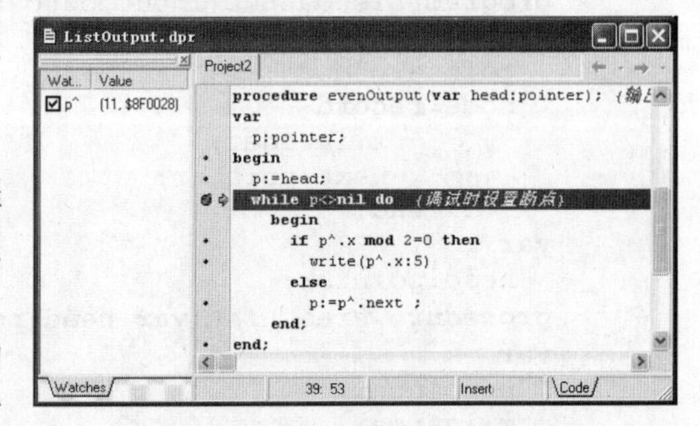

图 6-99 程序运行到断点位置暂停

从 Watch List 窗口可以看到指针 p 所指向的动态变量的数据域的值为 11，由图 6-98 可知，指针 p 指向的是链表中的第一个结点。

(5) 连续单击调试工具条的 (Trace into) 按钮两次，因 11 不是偶数，程序控制转向了 else 的分支语句，指针 p 即将指向链表中的下一个结点，如图 6-100 所示。

(6) 连续单击调试工具条的 (Trace into) 按钮三次，如图 6-101 所示。

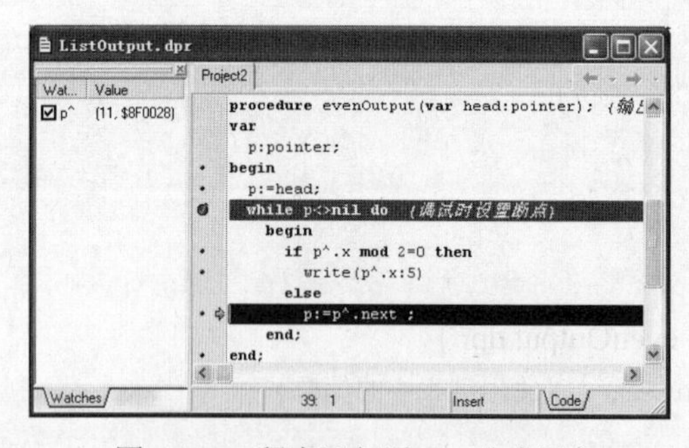

图 6-100 程序运行至 else 分支语句

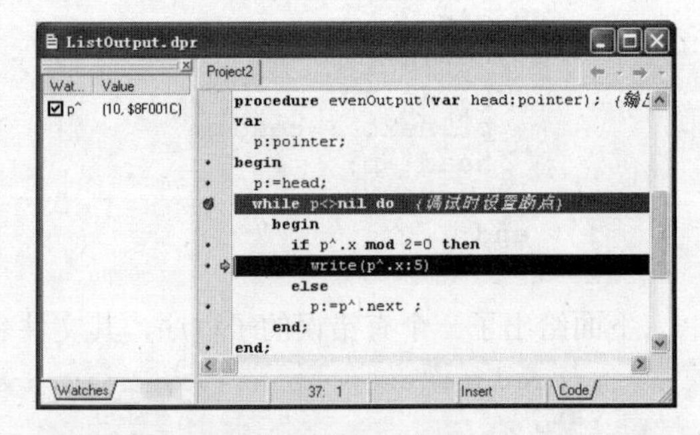

图 6-101 程序运行至 if 分支中的输出语句

从 Watch List 窗口可以看到，当前指针 p 所指动态变量的数据域的值是 10，为偶数，程序控制转向 if 分支中的输出语句，将要输出整数 10。

(7) 单击调试工具条的 (Run) 按钮，继续运行程序，输出结果出现了如图 6-97 所示的运行结果，循环输出链表中的第一个偶数 10，程序陷入无限循环中。

分析错误的原因，是当输出偶数后，指针没有指向下一个结点，结果造成了无限循环。无论当前指针所指动态变量中是不是偶数，判断完毕后，指针都要指向下一个结点继续进行判断，直到链表结尾。

修改子程序 evenOutput 的代码如下：

```
begin
  p:=head;
  while p<>nil do   {调试时设置断点}
  begin
      if p^.x mod 2=0 then
            write(p^.x:5);
      p:=p^.next ;
    end;
end;
```

(8) 取消断点，重新编译并运行程序，结果正确。

4．常见错误小结

(1) 出现野指针

以下代码段因为使用野指针，会产生运行错误。

```
type
  pointer=^node;
  node=record
         x:integer;
         next:pointer;
       end;
var
  h:pointer;
begin
  read(h^.x);
  ......
  ......
End.
```

程序编译会产生一个警告信息：Variable 'h' might not have been initialized，说明指针 h 当前所指空间是一个不确定值。这样的指针 h 称为野指针，对于程序来说，这是极其危险的。在使用指针变量时，必须先动态申请空间，然后再使用。因此本例中，应当先执行 new(h)，为指针申请动态内存空间后，再执行其他操作。

(2) 混淆了指针变量和指针所指动态变量的概念

如下代码段中混淆了指针变量和指针所指动态变量的概念，产生编译错误。

```
type
  pointer=^node;
  node=record
         x:integer;
         next:pointer;
       end;
var
  h:pointer;
begin
  ......
  writeln(h);
  ......
End.
```

程序编译会产生一个错误信息：Illegal type in Write/Writeln statement，说明 writeln(h) 语句非法。产生这个错误的原因，是混淆了指针变量和指针变量所指动态变量的概念。只能对指针变量所指动态变量进行输入和输出，而不能对指针变量进行输入和输出。

5．实验内容

(1) 阅读程序，给出程序运行结果。

```
①program swap(input,output);
type
```

```
  pointer=^integer;
var
  p,q,m:pointer;
begin
  new(p);
  new(q);
  new(m);
  read(p^,q^);
  writeln('p=',p^,'  q=',q^);
  m:=p;
  p:=q;
  q:=m;
  writeln('p=',p^,'  q=',q^);
  readln;
  readln
end.
```

②
```
program SievePrime(input,output);
type
  link=^code;
  code=record
         key:integer;
         next:link;
       end;
var
  head:link;
procedure buildlink;
var
  p,q:link;
  i:integer;
begin
  new(head);
  head^.key:=2;
  p:=head;
  for i:=3 to 100 do
    begin
      new(q);
      q^.key:=i;
      q^.next:=nil;
      p^.next:=q;
      p:=q;
    end;
end;
procedure printlist(h:link);
var
  p:link;
begin
  p:=h;
  while p<>nil do
    begin
      write(p^.key,'-->');
      p:=p^.next;
    end;
end;
procedure prime;
var
  h,p,q:link;
begin
  h:=head;
  while h<>nil do
    begin
      p:=h;
      q:=p^.next;
      while q<>nil do
```

```
          if (q^.key mod h^.key=0) then
            begin
              p^.next:=q^.next;
              dispose(q);
              q:=p^.next;
            end
          else
            begin
              p:=q;
              q:=q^.next;
            end;
        h:=h^.next;
      end;
  end;
  begin {主程序}
    buildlink;
    printlist(head);
    writeln;
    prime;
    printlist(head);
    readln
  end.
```

(2) 改错题。编写一个程序，从键盘输入 1～7 的整数，输出对应的星期信息。

下面给出了一个有错误的源程序，其文件名 weekday.dpr。

```
  program weekday(input,output);
  type
    pointer=^string;
  var
    week:array[1..7] of pointer;
    i:integer;
  begin
    for i:=1 to 7 do
      new(week[i] );
    week[1]^:='Monday';
    week[2]^:='Tuesday';
    week[3]^:='Wednesday';
    week[4]^:='Thursday';
    week[5]^:='Friday';
    week[6]^:='Saturday';
    week[7]^:='Sunday';
    read(i);
    if 0<i<8 then
      writeln(week[i] );
    readln;
  end.
```

(3) 编程题（中等难度）。连续输入多个整数，组成链表，当输入的数为-1 时，停止输入，然后把输入的整数按相反的顺序输出。

(4) 编程题（中等难度）。从键盘输入若干个整数，然后输出一个方阵。方阵是如下例所示的那样将输入序列循环移位构成的。如输入“7 4 3 9 0 5 8”，则输出应为

```
7 4 3 9 0 5 8
4 3 9 0 5 8 7
3 9 0 5 8 7 4
9 0 5 8 7 4 3
0 5 8 7 4 3 9
5 8 7 4 3 9 0
8 7 4 3 9 0 5
```

试用链表实现此程序。

(5) 编程题（中等难度）。请随机输入 n 个字符串，按其长度从小到大的顺序输出，要求使用指针数组实现。

(6)编程题(中等难度)。请编写函数，判断给定链表是否为升序排列的，若是，返回 1，否则，返回 0。

(7)编程题(中等难度)。创建一个有序链表。即对任意的输入顺序，链表中的每个结点的内容都按照非递减有序排列。

(8)编程题(中等难度)。请编写过程，复制出与已知链表的链接关系颠倒的链表。

(9)编程题(较难题)。围绕着山顶有 10 个洞，一只兔子和一只狐狸各住一个洞，狐狸总想吃掉兔子。一天兔子对狐狸说：“你想吃我有一个条件，你先把洞编号 1 到 10。你从第 10 号洞出发，先到第 1 号洞找我，第二次隔一个洞找我，第三次隔两个洞找我，以后依次类推，次数不限。若能找到我，你就可以饱餐一顿，在没找到我之前不能停止。”狐狸一想只有 10 个洞，寻找的次数又不限，哪有找不到的道理，就答应了条件。结果就是没找着。利用循环单链表编程，假定狐狸找了 1000 次，兔子躲在哪个洞里才安全。

(10)编程题(较难题)。现已有 a 和 b 两个链表，结点信息包括学号和成绩，且两个链表都是以学号升序排列的，要求编写一个子程序，将两个链表按学号升序合并成一个新链表。

(11)编程题(较难题)。先已有 first 和 second 两个链表，分别存储了两个多项式的信息，请编写程序实现两个多项式的相加。

6
5
next

图 6-102 多项式的项的结点结构

分析：一个结点表示多项式的一项，例如 ax^m，当 a=6，m=5 时，结点表示为图 6-102 所示。

如果有多项式 $6x^5-4x^3+2x+7$，就可以构成一个链表，用以表示这个多项式，如图 6-103 所示。

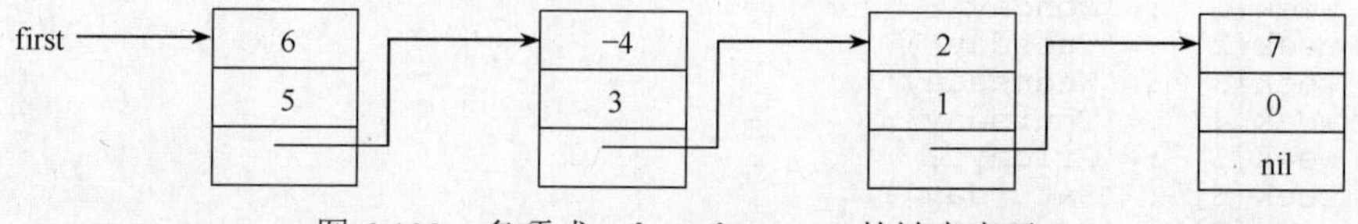

图 6-103 多项式 $6x^5-4x^3+2x+7$ 的链表表示

如果还有另外一个多项式，比如 $7x^4-11x^2+3x$，又可以构成另一个链表，如图 6-104 所示。

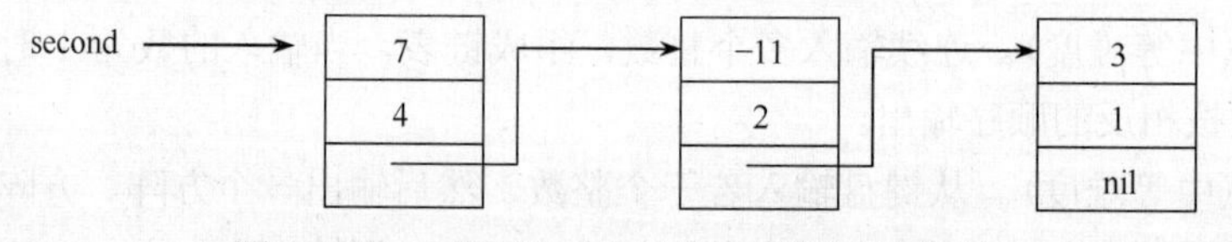

图 6-104 多项式 $7x^4-11x^2+3x$ 的链表表示

要求编写一个程序将两个链表合并为一个，合并后的链表表示两个多项式相加的结果，且头指针为 first，即把 second 链表的内容“加”到 first 链表中去。

(12)编程题(较难题)。有两个链表 a 和 b，链表中的结点信息包括：学号和姓名。请编写子程序，从 a 链表中删除与 b 链表中有相同学号的那些结点。

(13)编程题(中等难度)。输入若干个正整数，以输入-1 为结束标志，建立一个单向链表，将其中的偶数值的结点删除后输出。

(14)编程题(中等难度)。有一个单向链表，头指针为 head，结点的数据域是一个整数，将链表中奇数值的结点重新组成一个新链表，并输出此新链表。

6．综合应用题

学生成绩管理系统的设计与实现(V3.0 版本)。学生的数据信息包括：学号、姓名、性别、出生日期、数学、语文、英语三门课成绩、平均分。某班人数最多不超过 30 人，具体人数由键盘输入，编程实现如下菜单驱动的学生成绩管理系统，要求使用链表作为基本数据结构，每一个功能使用一个子程序实现。

(1) 录入每个学生的基本信息，并计算每个学生的平均分；

(2) 按平均分或按某门课程的成绩从高到低输出学生信息；

(3) 按学生姓名的字典顺序或按学号从小到大顺序输出学生基本信息；

(4) 按年龄和性别查找学生的基本信息；

(5) 查找某门课成绩最高的学生的基本信息，某门课成绩最高的可能不只一名学生；

(6) 查找某门课成绩在某个分数段内的学生人数和学生基本信息；

(7) 按学号查找学生基本信息，对学生信息进行修改后保存；

(8) 按学号删除学生信息；

(9) 插入一名新的学生信息。

程序运行后，先显示菜单，并提示用户输入选项，然后根据用户输入的选项执行相应的操作，要求采用“自顶向下，逐步求精”的方法，进行模块化程序设计。采用增量测试方法进行程序的调试与测试。

6.7　第七单元——文件

文件是一种非常重要的数据结构，是程序与外部设备进行交互的一种重要的媒介。本单元介绍与文件有关的程序设计实验。

1．实验目的

- 掌握类型文件和文本文件的概念；
- 掌握文本文件打开、关闭和顺序读写的操作；
- 掌握类型文件打开、关闭和随机读写的操作。

2．编程示例

例 1　从键盘输入一段正文，将它复制到指定的文本文件中，然后再从文本文件中读出，在显示器上输出。

(1) 分析

① 从键盘输入正文，需逐个输入字符，且按行存储，每行用回车键结束；

② 当文件写结束时，加一个文件结束标志(Ctrl+Z)，再用 close 函数关闭文件；

③ 打开此文件，逐个读取字符，并输出到显示器上。

(2) 算法

文本文件是顺序文件，对一个顺序文件的读写操作不能交叉进行。即不能在读取文件的同时往文件里写，也不能在写入文件的同时从文件里读。因此本例要先以写的方式打开文件，向文件中写数据，写结束后，关闭文件；然后再以读的方式打开文件，从文件读数据，读结束后，再次关闭文件。具体步骤如下：

① 声明文件变量；

② 将文件变量与外部文件建立关联；

③ 以写状态打开文件；

④ 向文件写入正文字符；

⑤ 写结束后，关闭文件；

⑥ 重新以读的方式打开文件；

⑦ 从文件读数据，输出到屏幕上；

⑧ 读文件结束，关闭文件。

(3)源代码

```
program textfile(input,output);
var
  ch:char;
  str1:string[15] ;
  file1:text;
begin
  write('please input a file name:');
  readln(str1);                    { 输入文件名、建立新文件 例如可输入c:\a.txt}
  assign(file1,str1);              { 将内部变量名与外部文件建立关联 }
  rewrite(file1);                  { 以写状态打开该文件，准备写入 }
  while not eof do                  { 文件未结束(即未从键盘输入ctrl+z)就写一行 }
    begin
      while not eoln do { 一行未结束(即未从键盘输入一个回车换行符)就继续写 }
        begin
          read(ch);                          { 从键盘读入一个字符给ch }
          write(file1,ch);     { 将ch写入文件中 }
        end;
      readln;                    { 读键盘上的换行符，即键盘上换一行 }
      writeln(file1);              { 写一个行结束符到文件中 }
    end;
  close(file1);                  { 写文件结束，关闭文件 }
  writeln;                    { 屏幕换行 }
  reset(file1);                  { 以读状态再次打开该文件 }
  while not eof (file1) do       { 从文件读取数据，直到遇到文件结束符为止 }
    begin
      while not eoln (file1) do   { 读取一行数据，直到遇到行结束符为止}
        begin
          read(file1,ch);          { 从文件中读一个字符给ch }
          write(ch:3);            { 将ch输出到屏幕上 }
        end;
      readln(file1);                 { 读取文件中的行结束符(换行符),将文件指针移向
                                     下一行的开始 }
      writeln;                  { 向屏幕输出换行 }
    end;
  close(file1);                  { 读文件结束，关闭文件 }
  readln
end.
```

说明

(1)文本文件属于顺序文件，顺序文件的读写有如下几个特征：

① 当程序开始把数据输出（写）到文件中去时，总是从文件的起始位置开始，按顺序一个接一个地存放在文件中，也就是说不可能从文件的中间位置开始存放数据。

② 当程序从文件中输入（读取）数据到内存时，也总是从文件的起始位置开始，按存入文件时的顺序一个接一个的读入到内存中，也就是说不可能从文件的中间位置开始读取数据。

③ 对同一个顺序文件的读写操作不能交叉进行。即不能在读取文件的同时往文件里写，也不能在写入文件的同时从文件里读。

（2）rewrite 和 reset 的区别

对于文本文件，rewrite 是以只写的方式打开文件，若文件不存在，则首先创建该磁盘文件；若文件已经存在，则初始化文件为空，同时将指针指向文件开始的位置。

对于文本文件，reset 是以只读的方式打开一个已存在的磁盘文件，并将文件指针指向开始位置，表示可以开始读取文件了，但不能向文件写数据。若该磁盘文件不存在，则产生运行错误。

例 2　产生 n 个随机整数(100 以内)，存放在文本文件 file1 中，再从此文件中读取所有数据进行排序，把排好序的整数存放在文本文件 file2 中，最后把文件 file2 中的数据在显示器上输出。

(1) 分析

程序的流程很清楚，可以使用模块化的方法来解决，使程序更清晰可读。对数据的排序是无法在文件中进行的，需要将文件中的数据读出到数组或链表中，将其排序，排好序的数据重新保存到文件中。

(2) 算法

① 子程序 getfile 是向 file1 文件中写入 n 个随机数；

② 子程序 readfile 是将 file1 文件中的数据读入数组中；

③ 子程序 sort 是对数组进行排序；

④ 子程序 writefile 将排好序的数组写入新文件 file2 中；

⑤ 子程序 writescreen 是将文件 file2 中的有序数据输出到显示器上；

⑥ 在主程序中依次调用以上的子程序，执行相应的功能。

(3) 源代码

```
program textsort(input,output);
const
  n=20;
type
  arr=array[1..20] of integer;
var
  s:arr;
  x:integer;
  file1,file2:text;
procedure getfile(var f:text) ; { 产生随机数到f文件中 }
var
  i,a:integer;
begin
  assign(f, 'c:\f1.dat') ; { 将内部变量名与外部文件建立关联，产生的文本文件实
                              际存放在c:\f1.dat }
  rewrite(f);                { 以写状态打开该文件，准备写入 }
  randomize;                 {初始化随机数种子}
  for i:=1 to n do           {循环生成n个整数，写入文件中。}
    begin
      a:=random(100);        {随机生成小于100的整数}
      write(f,a:5);          { 写入f文件中 }
      if i mod 10 = 0 then {向文件中每写入10个数后，换行}
        writeln(f);
    end;
  close(f);                  {关闭文件}
end;
procedure readfile(var a:arr;var f:text) ; { 将f中的原始数据转存到数组a中 }
var
  i:integer;
begin
  i:=0;
  assign(f, 'c:\f1.dat') ; { 将内部变量名与外部文件建立关联 }
```

```
    reset(f);                    { 以读状态再次打开该文件，此文件必须已经存在 }
    while not eof(f) do          { 从文件读取数据，直到遇到文件结束符为止 }
      begin
        i:=i+1;
        read(f,a[i] ) ;           {每读出一个数据，放入数组a中 }
        if eoln(f) then          {若当前文件指针在行结束符，即换行符处}
          readln(f); { 读取文件中的行结束符(换行符),将文件指针移向下一行的开始 }
      end;
    close(f) ; {关闭文件}
  end;
  procedure sort(var a:arr) ; { 对数组a中的数据利用选择法进行排序 }
  var
  i,j,p,t:integer;
  begin
    for i:=1 to n-1 do
      begin
        p:=i;
        for j:=i+1 to n do
          if a[j]<a[p] then
            p:=j;
        t:=a[i] ;
        a[i]:=a[p] ;
        a[p]:=t;
      end;
  end;
  procedure writefile(a:arr;var f:text) ; { 将排好序的数存放到文件f中 }
  var
    i:integer;
  begin
    assign(f, 'c:\f2.dat'); { 排好序的的文本文件实际存放在c:\f2.dat }
    rewrite(f);
    for i:=1 to n do
      begin
        write(f,a[i]:5);
        if i mod 10 =0 then
          writeln(f);
      end;
    close(f);
  end;
  procedure writescreen(var f:text); { 将排好序的文件输出到屏幕上，也可直接输
                                       出数组a }
  var
    a:integer;
  begin
    assign(f, 'c:\f2.dat');   { 将内部变量名与外部文件建立关联 }
    reset(f);                 { 以读状态再次打开该文件 }
    while not eof(f) do       { 从文件读取数据，直到遇到文件结束符为止 }
      begin
        while not eoln(f) do  { 读取一行数据，直到遇到行结束符为止}
          begin
            read(f,a);        { 从文件中读一个数据给a }
            write(a:5);       { 将a输出到屏幕上 }
          end;
        readln(f);{ 读取文件中的行结束符(换行符),将文件指针移向下一行的开始 }
        writeln;     { 向屏幕输出换行符}
      end;
    close(f);
  end;
  begin {主程序}
    getfile(file1);
    readfile(s,file1);
    sort(s);
    writefile(s,file2);
    writescreen(file2);
```

```
    readln
  end.
```

随机产生的数据样例：

33 77 26 57 77 69 17 87 83 85

92 60 46 62 79 36 24 28 66 86

排好序的文件输出的数据样例：

17 24 26 28 33 36 46 57 60 62

66 69 77 77 79 83 85 86 87 92

例 3 用类型文件实现学生成绩的管理，学生的基本信息包括：学号、姓名和成绩。要求实现如下功能：

① 将 n 个学生信息保存到类型文件中；

② 从文件中读出学生信息，输出到显示器上；

③ 从文件中查找最高分的学生信息，将其输出，假设取得最高分的同学只有一个；

④ 从文件中查找所有低于平均分的学生信息，输出到显示器上；

⑤ 向文件中追加学生信息；

⑥ 按学号修改指定的学生信息。

采用模块化的思想进行程序设计，每一模块的分析与实现如下：

(1)将 n 个学生信息保存到类型文件中

文件变量作为子程序的参数，可以向文件中录入 n 个学生信息。其基本步骤如下：

① 将文件变量与外部文件建立关联；

② 以写状态打开文件；

③ 向文件写入 n 个学生信息；

④ 写结束后，关闭文件；

子程序 savetofile 将 n 个学生信息保存到了文件中，源代码如下：

```
procedure savetofile(var stuFile:sfile);{将学生信息保存到文件中}
var
  i:integer;
  s:student;
begin
  assign(stuFile,'c:\student.dat');          {将文件变量与外部文件建立关联}
  rewrite(stuFile);                          {以写状态打开文件}
  writeln('请输入',n,'个同学的信息');
  for i:=1 to n do                           {向文件写入n个学生信息}
    begin
      write('学号: ');readln(s.num);
      write('姓名: ');readln(s.name);
      write('成绩: ');readln(s.score);
      write(stuFile,s);
    end;
  close(stuFile);                            {关闭文件}
end;
```

(2)从文件中读出学生信息，输出到显示器上

文件变量作为子程序的参数，其基本步骤如下：

① 将文件变量与外部文件建立关联；

② 以读状态打开文件；

③ 从文件中读出学生信息；

④ 读结束后，关闭文件；

子程序 outfromfile 从文件中读出学生信息，源代码如下：

```
procedure outfromfile(var stuFile:sfile); {从文件中读出学生信息}
var
  s:student;
begin
  assign(stuFile,'c:\student.dat');      {将文件变量与外部文件建立关联}
  reset(stuFile);                        {以读状态打开文件}
  writeln('学号':6,'姓名':15,'成绩':10);
  writeln('------------------------------------');
  while not eof(stuFile) do             {如果未到文件尾，则从文件读出学生信息}
    begin
      read(stuFile,s);
      writeln(s.num:6,s.name:15,s.score:10:2);
    end;
  close(stuFile);               {关闭文件}
end;
```

(3) 从文件中查找最高分的学生信息，将其输出

查找最高分采用的是擂台赛的基本思想：变量 *max* 是保存最高分，变量 *k* 保存取得最高分的学生在文件中的位置，它们的初始值均为 0，即 max:=0，k:=0。然后将文件中的所有学生信息依次读出，每读出一个学生的信息，将其成绩与 *max* 进行比较，若比 *max* 大，则 *max* 保存其成绩，*k* 保存文件指针的位置，当前文件指针的位置可以使用函数 filepos 来得到。需要注意的是，使用函数 filepos 得到的位置是当前读出的学生信息的下一个学生信息的位置，因此当前学生信息的位置是 k:= filepos(p)-1，参数 p 是文件指针变量。当到文件尾时，则 *k* 的值就是文件中取得最高分的学生在文件中的位置，然后利用 seek 过程将文件指针移动到文件中第 *k* 个信息的位置，读出其信息，即可。

子程序 maxscore 实现了查找最高分的功能，源代码如下：

```
procedure maxscore(var stuFile:sfile); {从文件中查找最高分的学生信息}
var
  k:integer;  {k记录最高分的学生信息在文件中的位置}
  s:student;
  max:real;  {max记录最高分}
begin
  k:=0;
  max:=0;
  assign(stuFile,'c:\student.dat');
  reset(stuFile);
  while not eof(stuFile) do  {若未到文件尾}
    begin
      read(stuFile,s);        {读取文件中数据}
      if s.score >max then    {和最高分比较}
        begin
          max:=s.score ;      {记录最高分 }
          k:=filepos(stuFile)-1;  {记录最高分的学生在文件中的位置}
        end;
    end;
  seek(stuFile,k);            {将文件指针移动到最高分的学生位置处}
  read(stuFile,s);            {读出最高分的学生信息}
  writeln('最高分的学生信息是：');
  writeln(s.num:6,s.name:15,s.score:10:2);
  close(stuFile);
end;
```

(4) 从文件中查找所有低于平均分的学生信息，输出到显示器上

首先将文件中的每一个学生信息读出，计算其总分，然后利用函数 filesize 得到文件中元素

的个数，计算出平均分；利用 reset 过程将文件指针重新指向文件开始，再次读出每一个学生的信息，若低于平均分，将其输出。

源代码如下：

```
procedure averagelower(var stuFile:sfile); {从文件中输出低于平均分的学生信息}
var
  s:student;
  ave:real;
begin
  assign(stuFile,'c:\student.dat');
  reset(stuFile);
  ave:=0;     {平均分初始化为0}
  while not eof(stuFile) do  {如果未到文件尾}
    begin
      read(stuFile,s);        {读一个学生的信息}
      ave:=ave+s.score ;  { 计算所有学生的总分 }
    end;
   ave:=ave/filesize(stuFile); {计算平均分，filesize函数得到文件中元素个数，
                                即学生人数}
  writeln('个学生的平均分是：',ave:10:2);
  writeln('低于平均分的学生信息如下');
  reset(stuFile);    {将文件指针重新置于文件开头}
  while not eof(stuFile) do  {如果未到文件尾，则从文件读出学生信息}
    begin
      read(stuFile,s);
      if s.score <ave then     {如果低于平均分，则输出该学生的信息}
        writeln(s.num:6,s.name:15,s.score:10:2);
    end;
  close(stuFile);  {关闭文件}
end;
```

(5) 向文件中追加学生信息

打开文件后，将文件指针移动到文件尾，录入追加的学生信息，可循环录入多个学生信息，直到用户输入 *n*(*n* 代表 No) 为止。

使用函数 filesize 返回当前文件的长度(文件的长度，也是文件中元素的个数)，使用过程 seek 将文件指针移动到文件尾，例如：

```
size:=filesize(文件变量);
seek(文件变量,size);
```

源代码如下：

```
procedure appendstudent(var stuFile:sfile);{向文件中追加学生信息}
var
  s:student;
  size:integer;
  ch:char;
begin
  assign(stuFile,'c:\student.dat');
  reset(stuFile);
  size:=filesize(stuFile); {函数filesize返回文件的当前长度，即文件中元素的个数}
  seek(stuFile,size); {将文件指针移动到文件尾}
  repeat
    writeln('请输入要追加的学生信息');
    write('学号：');readln(s.num);
    write('姓名：');readln(s.name);
    write('成绩：');readln(s.score);
    write(stuFile,s);
    writeln('是否继续追加？y/n');
    readln(ch);
  until  ch<>'y';
```

```
    close(stuFile);
  end;
```

(6)按学号修改指定的学生信息

首先查找指定学号的学生，找到后，记录其位置，利用文件指针移动到其位置，录入新数据，将原来的数据覆盖，完成修改。

源代码如下：

```
  procedure modify(var stuFile:sfile; num:integer); {按照学号num修改指定的
                                                      学生信息}
  var
    s:student;
    position:integer;           {保存要查找的学生在文件中的位置}
  begin
    assign(stuFile,'c:\student.dat');
    reset(stuFile);
    while not eof(stuFile) do   {若未到文件尾}
      begin
        read(stuFile,s);        {读取文件中数据}
        if s.num=num then       {和要查找的学号num进行比较}
          begin
            position:=filepos(stuFile)-1; {记录找到的学生在文件中的位置}
            break;
          end;
      end;
    seek(stuFile,position);{将文件指针移至要修改的学生信息的位置}
    writeln('请输入修改的信息');
    write('学号: ');readln(s.num);
    write('姓名: ');readln(s.name);
    write('成绩: ');readln(s.score);
    write(stuFile,s);{将修改的信息写入文件，覆盖原来的数据}
    close(stuFile);
  end;
```

(7)主程序

主程序中依次调用上述过程。主程序的源代码如下：

```
  program recordFile(input,output,stuFile);
  const
    n=5;         {管理n个学生}
  type
    student=record              {学生信息用记录类型表示}
              num:integer;
              name:string[30];
              score:real;
            end;
    sfile=file of student; {声明文件类型}
  var
    stuFile:sfile;      {声明文件变量}
    num:integer;        {学号}

  ......{各个子过程的定义部分}

  begin
    savetofile(stuFile);      {将学生信息保存到文件中}
    outfromfile(stuFile);     {从文件中读出学生信息}
    averagelower(stuFile);    {从文件中输出低于平均分的学生信息}
    maxscore(stuFile);        {从文件中查找最高分的学生信息}
    appendstudent(stuFile);   {向文件中追加学生信息}
    outfromfile(stuFile);     {从文件中读出学生信息}
    writeln('请输入要修改的学生的学号');
```

```
    readln(num);
    modify(stuFile,num);    {按照学号num修改指定的学生信息}
    outfromfile(stuFile);
    readln;
  end.
```

说明

（1）类型文件是随机文件，可以随机访问文件中的某个元素

可以通过过程 seek 来移动文件指针，将文件指针先定位到指定的位置，然后再进行读写操作。seek 过程的格式如下：

seek（文件名，位置值/算术表达式）；

如：seek（f1，5）；表示把读写指针定位到 f1 文件的第五个位置。

（2）rewrite 和 reset 的区别

对于类型文件，rewrite 打开文件，若文件不存在，则首先创建该磁盘文件；若文件已经存在，则初始化文件为空，同时将指针指向文件开始的位置。

对于类型文件，reset 打开一个已存在的磁盘文件，并将文件指针指向开始位置，若该磁盘文件不存在，则产生运行错误。

对于类型文件，无论使用 rewrite 还是使用 reset 打开文件，既能向该文件中写数据，同时又能从该文件中读取数据。

（3）程序首部的参数中加上要访问的文件变量名

为了从已建立的某文件中读取数据，必须在程序首部的参数表中加上要读取数据的文件变量名，它与原来已建立的文件变量名相同。在程序的说明部分说明该文件变量的类型，它必须与原来建立文件时变量的类型说明相一致。

例 4 编写一个求三个数中最大值的函数，将其封装到库单元中去，在程序中引用该单元，使用该函数。

(1) 创建单元。打开 Delphi7.0 的开发环境，使用菜单【File】|【New】|【Unit】，打开创建单元的窗口，如图 6-105 所示。

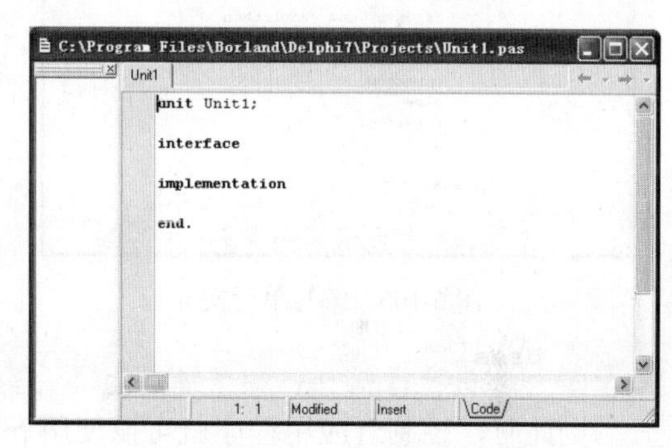

图 6-105 创建单元

(2) 认识 Delphi 单元文件，一个标准的 Delphi 单元文件格式如下：

```
unit Unit1; {单元首部}

interface  {接口部分}

implementation  {实现部分 }

initialization {初始化部分}

finalization  {结束部分}

end
```

一个单元至少要由以下三部分组成：.

① 一个 unit 语句，每一个单元都必须在开头有这样一条语句，以标识单元的名称，单元的名称必须和文件名相匹配。例如，如果有一个文件名为 A1，则 unit 语句可能是：

```
unit A1
```

② interface 部分，在 unit 语句后的源代码必须是 interface 语句。在这条语句和 implementation 语句之间是能被程序和其他单元所共享的信息。一个单元的 interface 部分是声明类型、常量、变量、过程和函数的地方，这些都能被主程序和其他单元调用。这里只能有声明，而不能有过程体和函数体的定义。interface 语句应当只有一个单词且在一行：

```
    Interface
```

Interface 部分又分为多个可选部分，包括单元引用部分(uses)、类型声明部分(type)、常量声明部分(const)、变量声明部分(var)以及过程和函数声明部分(function 和 procedure)。

③ Implementation 部分，是具体的功能实现部分。

Initialization(初始化部分)和 Finalization(结束部分)是可选的。

(3)编写单元文件

如图 6-106 所示，编写单元代码，并保存，保存的文件名和单元的名字要一致。

(4)新建控制台应用程序，向程序中添加单元的引用。在控制台应用程序编辑窗口，使用菜单【Project】|【Add to Project…】命令，打开【Add to Project】对话框，选择单元文件加入到当前应用程序中，如图 6-107 所示，在控制台应用程序中，自动添加了如下语句：

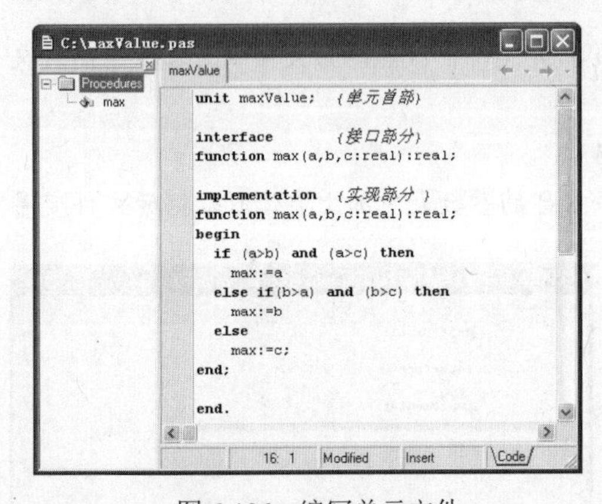

图 6-106　编写单元文件

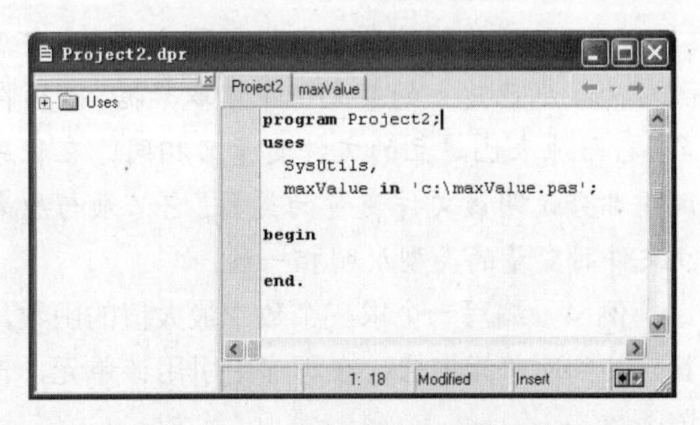

图 6-107　向应用程序中添加单元

```
    Uses
        maxValue in 'c:\maxValue.pas';
```

则此时，控制台应用程序就可以使用 maxValue 单元中的函数了。

(5)编写控制台应用程序，调用单元中的 max 函数，如图 6-108 所示，运行结果如图 6-109 所示。

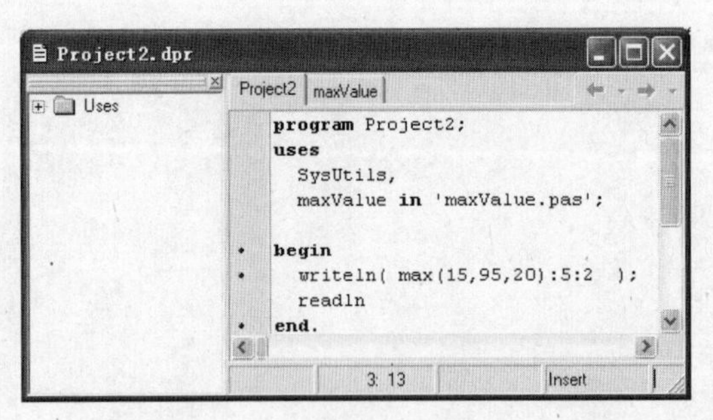

图 6-108　应用程序调用单元中的函数

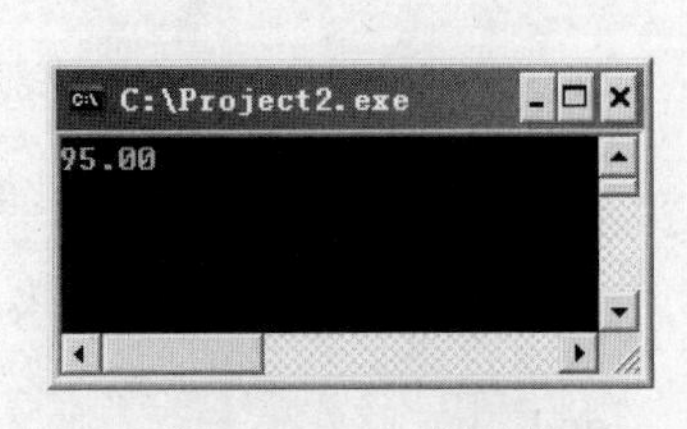

图 6-109　运行结果

3. 常见错误小结

(1)在类型文件中，不能使用 readln 和 writeln 过程

因为在类型文件中没有行的概念，整个文件就是一行。所以，同样也不能使用 eoln 函数，而

只能用 eof 函数。

(2) 在同一文本文件中，不能同时进行读写操作

对同一个文本文件进行读写操作，必须分别进行。例如先以只写方式 rewrite 打开文件，执行写操作，关闭文件。然后再以只读方式 reset 打开文件，执行读操作，关闭文件。

(3) 文件操作中，丢失 assign 语句

在声明了文件变量后，首先要利用过程 assign 将文件变量与外部文件建立关联，才能对文件进行操作。若代码中丢失了 assign 语句，程序能够编译成功，但运行时，会产生运行时错误。

(4) 丢失 close 语句

在对文件进行读写操作时，读写完毕，应使用 close 将文件关闭。若丢失了 close 语句，则可能造成数据丢失。

例如在对文件进行写操作时，写入的数据是被首先保存到缓冲区中，使用 close 语句，是先把缓冲区中数据保存到文件中，然后关闭文件，结束文件操作。若丢失 close 语句，则缓冲区中的数据没有被保存到文件中，随着程序结束，缓冲区中数据丢失。

(5) 对文本文件读取换行符时，过程 readln 遗漏参数

对文本文件读取换行符，同时将文件指针移向下一行的开始，使用语句 readln(文件变量)，若遗漏文件变量的参数，则是要从屏幕上读取一个换行符。

4．实验内容

(1) 阅读程序，给出程序运行结果。

①在文本文件 c:\a.txt 中，有如下字符：

```
My name is John.
Nice to meet you!
My name is rose.
Nice to meet you too!
```

试分析下面程序的执行结果。

```
program Project1;
var
  f:text;
  ch:char;
begin
  assign(f,'c:\a.txt');
  reset(f);
  while not eof(f) do
    begin
      while not eoln(f) do
        begin
          read(f,ch);
          write(ch);
        end;
      readln(f);
      readln(f);
      writeln;
    end;
  close(f);
  readln
end.
```

② 在文本文件 c:\input.txt 中，有如下数据（□表示空格）：

```
1□2□3
4□5□6□7
8□9
10□11□12
13□14
15□16□17□18
```

试分析下面程序的执行结果。

```
program calculate(input,output);
var
  g:text;
  sum1,sum2,i,j,k:integer;
begin
  assign(g ,'c:\input.txt');
  reset(g);
  sum1:=0;
  for i:= 1 to 3 do
    begin
      while not eoln(g) do
        begin
          read(g,j);
          sum1:=sum1+j
        end;
      readln(g)
    end;
  reset(g);
  sum2:=0;
  for i:= 1 to 3 do
    begin
      for k:=1 to 3 do
        begin
          read(g,j);
          sum2:=sum2+j
        end;
      readln(g)
    end;
  writeln(sum1:6,sum2:6);
  close(g);
  readln;
  readln
end.
```

③ 在文本文件 c:\b.txt 中，有如下字符：

```
it is a monkey.
the monkey is small.
```

试分析下面程序的执行结果。

```
program Project1;
var
  f:text;{类型文件}
  s:string;
  i,p:integer;
begin
  assign(f,'c:\b.txt');
  reset(f);
  while not eof(f) do
    begin
      readln(f,s);
      p:=pos('monkey',s);
      if p>0 then
        begin
          s[p]:='d';
          s[p+1]:='o';
          s[p+2]:='g';
          delete(s,p+3,3);
        end;
     writeln(s);
    end;
   close(f);
   readln
end.
```

(2) 改错题。下面给出了一个有错误的源程序，请改正程序中的错误。

```
program Project1;
var
  f:text;
  ch:char;
begin
  assign(f,'c:\a.txt');
  reset(f);
  while not eof(f) do
    begin
      while not eoln(f) do
        begin
          read(f,ch);
          write(ch);
        end;
      readln;
      writeln;
    end;
    readln
end.
```

(3) 编程题(基础题)。统计文本文件 f 中的行数和字符数。

(4) 编程题(基础题)。只输出文本文件中的奇数行的字符。(即输出第一行、第三行...的字符)

(5) 编程题(基础题)。建立一个名为 letter 的字符类型的文件, 并向文件中写入 26 个大写英文字母。从键盘输入 1～26 的整数 n，试从该文件中读出第 n 个数据输出。

(6) 编程题(中等难度)。设有一个整数文件 f，现要求将其中的偶数乘以 2，奇数减 1，形成一个偶数文件。(要求使用 seek 移动文件指针，在当前文件上进行修改，不产生新文件)

(7) 编程题(较难题)。把文本文件中所有 dog 在输出时改为 cat。

(8) 编程题(较难题)。删除标准 pascal 语言源程序文件中的注释。

(9) 编程题(中等难度)。简单模拟浏览 HTML 文件。给定一个简单的 HTML 格式的文件，文件名为“sample.htm”。假定文件中不包含<HTML><HEAD>...</HEAD></HTML>头标记部分，只含<BODY>...</BODY>部分，文件内容不超过 200 个英文字符，
代表一个回车符，<hr>表示一条水平线。对打开的文件，逐个读入字符进行分析，对特殊字符进行转换处理，即将
转换为回车符，将<hr>转换为一条水平线，普通字符原样输出，最后将结果输出到屏幕。

(10) 编程题(较难题)。使用类型文件实现通信录的管理。功能要求如下：

通信录的每个条目内容至少含有: 姓名、地址、电话等栏目。

① 增加新的条目；

② 由姓名查找地址和电话；

③ 修改某人的电话号码；

④ 删除某人的有关条目；

⑤ 浏览通信录。

(11) 编程题(中等难度)：编写求一维数组最大值的函数，将其封装到库单元中去，在程序中引用该单元，使用该函数，求解数组元素最大值，并输出。

5. 综合应用题

学生成绩管理系统的设计与实现(V4.0 版本)。学生的数据信息包括：学号、姓名、性别、出生日期、数学、语文、英语三门课成绩、平均分。某班人数最多不超过 30 人，具体人数由键盘输入，编程实现如下菜单驱动的学生成绩管理系统，要求使用链表作为基本数据结构，每一个功能使用一个子程序实现。

(1) 录入每个学生的基本信息，并计算每个学生的平均分；

(2) 按平均分或按某门课程的成绩从高到低输出学生信息；

(3)按学生姓名的字典顺序或按学号从小到大顺序输出学生基本信息；

(4)按年龄和性别查找学生的基本信息；

(5)查找某门课成绩最高的学生的基本信息，某门课成绩最高的可能不只一名学生；

(6)查找某门课成绩在某个分数段内的学生人数和学生基本信息；

(7)按学号查找学生基本信息，对学生信息进行修改后保存；

(8)按学号删除学生信息；

(9)插入一名新的学生信息；

(10)将学生信息写入文件；

(11)按照姓名从文件读取学生信息；

(12)将学生信息从文件读出，显示到屏幕上。

程序运行后，先显示菜单，并提示用户输入选项，然后根据用户输入的选项执行相应的操作，要求采用“自顶向下，逐步求精”的方法，进行模块化程序设计。采用增量测试方法进行程序的调试与测试。

第7章　综合课程设计

多年来的实践表明，对于计算机科学与技术(学科)专业的技术类课程的学习，要想熟练掌握之，必须做一个有一定规模的综合性的大题目，这就是我们所说的课程设计。否则，其中的技术难以真正熟练掌握。“高级语言程序设计”课程的学习也是这样。

为了把本课程设计做好，本章在给出课程设计的题目和要求之前，首先介绍模块化软件开发方法，随后介绍软件测试的步骤及技术和测试用例设计技术。

7.1　模块化软件开发方法

人们在求解复杂问题时，通常采用分解的思想方法，将复杂问题合理分解成若干简单的易求解的小问题，然后再分别求解。同样地，人们在设计复杂的大程序时，也可以采用这种思想方法，这正是本节介绍的软件开发的模块化设计方法。

结构化程序设计语言均支持模块化软件开发方法，本节的介绍是以C语言为工具的。

7.1.1　模块化设计方法

模块化设计方法与结构化设计方法是两个分别独立发展起来的不同设计方法。程序设计的结构化与模块化，降低了程序的复杂度，使程序设计、调试和维护等操作简单化。

1．函数和模块

在程序设计过程中，把一切逻辑功能完全独立或相对独立的程序部分都设计成函数，并让每一个函数只完成一个功能，这样既符合只应有一个入口和出口的结构化程序设计原则，也是避免出现错误的最好方法。这样，一个函数就是一个程序模块，程序的各个部分除了必要的信息交流之外，互不影响。相互隔离的程序设计方法就是模块化程序设计的方法。这种软件设计方法，特别适合于大程序的开发，它解决了过去组成大系统时所产生的多文件的组织和管理问题。

2．函数的分解

模块化程序设计的思想实际上是一种分解的思想，即把一个大任务(功能)合理地分解为若干个子任务(子功能)，子任务继续划分，直到每一个具体的子任务可以使用一个函数模块表达。但是，对于如何合理地进行函数分解，并没有万能的准则。一个大任务可能有多种可行的分解方式，很难说哪种是最佳分解。一般可以注意如下两个问题：

(1) 可以从程序中重复出现的相同或者相似的计算片段中，抽取出共同的东西组成函数模块。这样既可以缩短程序的代码，又可以提高程序的可读性和易修改性；

(2) 将程序中具有逻辑独立性的片段定位为函数。哪怕只有一个地方使用，也应该定义为函数。这样既可以分解程序的复杂性，又可以提高程序的易理解性和可读性。一条经验准则是：如果一段计算可以定义为函数，就应该定义为函数。

3．设计函数

其实，函数就是封装起来的一段有名字的程序代码，这种封装把函数的里面和外面分开，形成函数的内部和外部。

从外部看，用户只需关心函数实现了什么功能，而不需要关心函数内部是如何实现的。程序员只需知道函数的名字和特征，遵守调用规则，提供数目和类型适当的实参并正确接收返回值，即可得到预期的计算结果。

从内部看，不需要关心程序的哪里将调用这个函数以及如何提供具体的实参值，而应该关心函数调用时，外部将提供哪些数据及其类型(也就是参数表)，如何利用参数进行计算(算法)，函数如何结束以及函数如何产生返回值等问题。

函数的头部说明是指函数定义的第一部分，一般形式如下：

```
函数类型说明　函数名(形式参数列表)
```

函数的头部说明规定了函数内部和外部之间的交流方式和通道，定义了函数内部和外部都需要遵守的共同规范，是函数定义和使用之间沟通的界面。只要描述好函数的头部，函数的定义和使用完全可以由不同的人遵守共同的规范去做。

在函数的内部不允许嵌套定义函数，所以函数定义是一种外部定义，而函数原型是一种外部声明。外部定义或声明总是从它的出现位置开始起作用，其作用范围一直延续到文件结束。

7.1.2　程序的分块开发

在程序规模比较大时，一般是根据模块化程序设计方法将程序划分成多个源文件。在编译该程序时，可以以源文件为单位分别进行编译并产生与之对应的目标文件，然后再用链接程序把所生成的多个目标文件链接成一个可执行文件。Pascal 语言和 C 语言的这种编译过程称为分块编译，这种开发方法称为分块开发。

分块开发和编译的处理方法使一个程序可以同时由多个人进行开发，为大型软件的集成开发提供了有力的支持。分块编译的优点还在于修改一个源文件中的程序后，并不需要再重新编译整个程序的所有文件，这就大大节省了时间。

分块开发中最重要的工作是程序结构的“物理”组织。虽然对于同一个程序，完全可能采用不同的物理组织结构，但都必须遵循这样一个原则：使同一个程序对象的定义点和所有使用点都能参照同一个描述，例如，让它们参照同一个头文件。

按照惯例，常把 C 程序分为后缀为.c 和.h 的两类文件。前者是包含实际程序代码的基本程序文件，后者是为基本程序文件提供必要信息的辅助性文件。

1. 头文件

编译程序库中的许多函数都要与它们自己的专门类型的数据和变量一起工作，用户的程序也必须访问这些数据和变量。这些变量和类型由编译程序提供的“头文件”所定义。在任何一个使用这些特定函数的文件中，必须嵌入涉及这些特定函数的头文件(用#include 语句包含)。此外，对于 C 库中的所有函数，均在相应的头文件中有它们原型的定义，以便提供一个更强的类型检查手段。把程序中使用的标准函数链接进对应的头文件中，就可以查出潜在的类型不匹配错误。例如，库函数中嵌入字符串函数的头文件 string.h，使下面的程序在编译时产生错误信息。

```
#include <string.h>
void main()
{
   char s1[ ]="hello!";
   char s2[ ]="Hi!";
   int p;
   p=strcpy(s1,s2);
}
```

产生的错误提示信息是：error c2440:'=':cannot convert from ‘char *’ to int 。

因为在头文件中把 strcpy()说明为返回一个字符型指针的函数，而程序定义的变量 p 是整型变量，所以编译程序给出了出错的标记，指出错误地把字符指针赋给了整型变量 p。C 编译器使用的头文件有些是重复的。例如，有些函数在 alloc.h 中说明，又在 stdlib.h 中重复说明，保留冗余的头文件是为了让早先为 ANSI 标准编写的源文件可以在编译时不必改动。

明确的数据类型对检查和防止程序出错具有积极的作用，所以最好开放所有的编译程序警告信息，利用所有必要的嵌入文件来说明所用函数的参数，而不要管该函数是 C 的标准库的还是一些 C 工具库的函数。用户在自己的嵌入文件中说明自定义的函数的参数，把嵌入文件用作程序模块之间对类型定义的唯一访问点。若编译程序指出类型冲突错误，而这些错误又确实存在，就需要仔细检查代码，修改程序，直到警告信息不再出现为止。

若使用头文件来进行类型的定义，由于这些定义是模块间共享的，所以能防止程序出现大的编译错误，且能及早查出某些不易被察觉的错误。

强类型方式甚至能及早查出某些潜在的错误，尽管这些错误可能在目前情况下还没有产生不良的后果，但在将来却一定会产生不良的后果。

C 语言的预处理器是 C 编译程序的一部分，在编制 C 程序时，应注意使用它们来提高程序质量。

头文件的内容安排可以遵循如下的原则：

① 头文件里只写不实际生成的代码、不导致实际分配存储的描述。例如，可写函数原型声明，不写函数定义；可用 extern 声明外部变量，但不定义变量；可以包含标准库头文件和其他文件的预处理命令；可以包含枚举的声明；

② 可以包含各种公用宏定义，但尽量少用宏定义。可以包括各种公用的类型定义(如结构和枚举等)，但建议把与多个程序文件有关的结构定义为类型；

③ 只用文件包含命令(#include)包含头文件，不用它包含程序文件；

④ 通过头文件解决在一个程序文件里定义而在另一个程序文件里使用的信息传递问题。通过这种方式保证使用和定义之间的联系，保证编译程序能进行一致性的类型检查。

2．程序的物理组织

正如函数分解一样，文件的分解也没有万能的准则。一般来说，首先划分“.c”文件。可以从以下两个方面来考虑：

① 首先初步估计程序的大小，将源文件划分为几块。随着程序开发过程的进行，再根据实际情况合理调整；

② 根据程序实现的功能，将其划分为几块。一般将具有一定整体性的功能放在一起，建立一个程序文件。例如，与输入和输出有关的功能可以考虑放在一起，如果输入和输出都比较复杂，也可以各自放在一个文件中。主函数通常单独建立一个文件，其中也可以包含少数与它关系密切的其他函数的定义，如简单的菜单选择函数。

然后根据源程序的文件数量和功能，设计头文件。如果源文件比较复杂，完全可能需要为每一个源文件设计一个头文件。一般地，需要根据具体情况而定，一般可以参考如下原则决定头文件的数量和编写内容：

① 把所有公用的类型定义、公用的结构、联合或枚举声明，公用的宏定义放在适当的头文件里，提供给各个文件参考。

② 如果在许多地方都使用同一标准头文件，或者某个头文件本身需要，可以把它们写在一个自己定义的头文件里面供这些文件使用。有些头文件里还可能需要包含其他头文件，注意不要漏掉。

③ 如果只有一个文件需要某个标准头文件，则不要将它放在公共的头文件中，应让这个源程序文件直接包含它，以提高编译效率。

④ 对于所有在一个源文件里定义而在其他文件中使用的东西，都需要在某个头文件里声明(函数原型或者变量的外部声明)。

应正确设计源文件，以便与头文件配合。一般要注意如下问题：

① 每个源文件的前面使用#include包含必要的头文件，不用的东西尽量不包含。

② 如果既有标准头文件，又有自定义的头文件，应将标准头文件写在前面，防止本程序的局部定义影响库文件中的定义。

③ 在一个源程序文件中，所有局部的东西都写在各自的函数中；所有只在这个局部范围使用的外部变量和辅助函数，都使用 static 关键字定义为外部静态的。

④ 对于多个函数都需要访问的变量，应该根据谁使用谁管理的归属原则，分别定义为不同源文件里的外部变量，许多地方都使用的全局变量，一般在主程序文件里定义。

3．避免对头文件的重复编译

因为一个程序文件可能包含多个头文件，所以可能引起同一个头文件的重复包含问题。对头文件使用预处理命令可以避免这一问题。

7.1.3 工程文件

在大型程序设计中，若人人都将一些通用、标准的程序模块源代码嵌入各自的程序中，则费时、费力而且还不安全。假如将这些通用、标准的模块代码按一定的功能分类，存放在一个或多个程序库(文件)中，供其他程序调用，将会大大提高程序的开发效率。当然，引用其他程序时，还会产生程序的链接问题。为此，编译器提供了两种程序组织和管理的方法：一种是建立工程文件的方法；另一种是建立程序库的方法。工程文件可以方便的管理具有多个文件的程序，它不仅可以包含.c 和.obj 文件，还可以包含(.lib)文件。

7.2 软件测试的步骤

正确性是程序最重要的属性。即使是很小的程序，要想向对它采用严格的数学证明方法来证明其正确性，也是非常困难的，因此只好求助于程序测试来实施这项工作。程序测试是指在目标计算机上利用输入数据(也称为测试数据)运行该程序，将其运行结果与所期望的结果进行比较。如果两种结果不同，就可判定程序中存在问题。然而不幸的是，即使两种结果相同，也不能够断定程序就是正确的，因为对于其他的测试数据，可能会得到不同的结果。如果使用了多组测试数据都能得到相同的结果，则可增加对程序正确性的信息。而要想通过使用所有可能的测试数据来验证程序是否正确，对于大多数实际的程序来说太不现实了——可能的测试数据的数量不知有多大。显然不可能进行穷尽测试，因此实际用来测试的输入数据只能是整个输入数据空间的子集，称为测试集。

例 1 分段函数如下，输入变量 x 的值，输出 y 的值。

$$\begin{cases} y = x^2 + 1 & -5 \leqslant x < -2 \\ y = x & -2 \leqslant x < 2 \\ y = |x| - 1 & 2 \leqslant x < 5 \end{cases}$$

错误的源代码如下：

```
#include <stdio.h>
#include <math.h>
void main()
{
  float x,y;
  scanf( "%f",&x);
  if( x >= -5 &&  x<-2)
    y=x*x+1;
  else if(x >= -2 && x<2)
    y=x;
  else
    y=fabs(x)-1;
  printf( "%f",y);
}
```

要通过程序测试来验证源程序的正确性。对于本题变量 x 的取值范围是[-5,5]内的全体实数。即使是这样一个小范围内的实数，数量也是极大地，因此，想要测试此范围内的所有实数是不可能的。所以，实际使用的测试集仅是测试数据空间的一个子集。

使用子集所完成的测试不能完全保证程序的正确性，所以测试的目的不是去建立正确性认识，而是要暴露程序中的错误！必须选择能暴露程序中存在错误的测试数据，不同的测试数据可以暴露程序中不同的错误。

可以断定，不可能对一个软件进行彻底的测试，因此，要选择合适的测试技术，通过有限个测试用例，尽可能多地发现软件错误。归纳起来，软件测试的目标如下：

① 测试是一个以找出错误为目的执行软件的处理过程。

② 好的测试用例必须有很高的发现错误的概率。

③ 成功的测试是一种能暴露出尚未发现的错误的测试。

因此，决不能把一个成功的测试当作不发现错误的测试。恰恰相反，它应当是一种可以系统地暴露出各种不同类型错误的测试。只有如此，才能对软件质量作出明确的保证。为实现这个目标，应对软件实施一系列的测试步骤。结构化软件测试过程分成下述几个基本步骤：单元测试、集成测试、确认测试、系统测试和验收测试，每个步骤是前一个步骤的继续。每个测试步骤通过采用一系列系统的测试技术，有效地选择测试用例来完成。除了人工测试技术外，目前出现了越来越多的自动测试工具，以辅助进行软件开发过程中最为困难、代价高昂的测试工作。

7.2.1　单元测试

单元测试又称为模块测试，是对软件设计的最小单位——程序模块进行正确性检验。单元测试是实现阶段最为重要的一个软件工程步骤，是软件质量保证的关键环节。是程序在组装成一个整体之前，分别测试各个模块的操作。其优点是：

① 可以全面的测试各个函数。

② 测试容易控制。若某个函数测试失败，可立刻把问题定位在该函数之内。

④ 测试数据容易构造。

单元测试主要评价模块的 5 个特性：

① 模块接口。

② 模块内部数据结构。

③ 重要的执行路径。

④ 错误处理路径。

⑤ 影响上述几点的边界条件。

其中的边界测试是单元测试的最后一个步骤，也是极为重要的一个测试，因为软件经常在边界下出错。

7.2.2 集成测试

集成测试又称为组装测试，其主要任务是按照选定的策略，采用系统化的方法，将经过单元测试的模块按照预先制定的计划逐步进行组装和测试，这种测试的目的在于发现与模块接口有关的问题，并将各个模块构成一个设计所要求的软件系统。集成测试按照以下步骤进行：

① 执行测试计划中说明的所有系统组装测试。

② 改正测试中暴露出来的问题。

③ 分析测试结果。

④ 书写测试分析报告。

⑤ 组织人员严格评审，直至通过。

同时完成可运行的系统源程序清单和集成测试分析报告。

常采用的集成测试策略有：自顶向下集成测试、自底向上集成测试、混合式集成测试、核心系统先行集成测试、高频集成测试。

7.2.3 确认测试

确认测试又称为有效性测试。它是在模拟的环境下，运用黑盒测试的方法，验证被测试软件是否满足需求说明书、功能说明书、性能说明书的需求，确认软件的功能和性能及其他特性是否与用户的要求一致。

确认测试的内容主要包括功能和性能测试两个部分。

功能测试考察软件对功能需求的完成情况，其测试过程如下：

(1) 按照系统给出的功能列表，逐一设计测试用例。

(2) 对于需要资料合法性和资料边界值检查的功能，增加相应的测试用例。

(3) 运行测试用例。

(4) 检查测试结果是否符合业务逻辑。

(5) 评审功能测试结果。

性能测试是检验软件是否达到需求规格说明书中规定的各类性能指标，并满足一些与性能相关的约束和限制条件，其内容包括：

(1) 测试软件在获得定量结果时程序计算的正确性。

(2) 测试在有速度要求时完成功能的时间。

(3) 测试软件完成功能时所处理的数据量。

(4) 测试软件各部分工作的协调性，如高速操作、低速操作的协调性。

(5) 测试软件或硬件因素是否限定了产品的性能。

(6) 测试产品的负载潜力及程序运行时占用的空间。

7.2.4 系统测试

系统测试的目的是在真实的系统工作环境下，通过与系统的需求定义作比较，检验完整的软件配置项能否和系统正确连接，发现软件与系统/子系统设计文档和软件开发合同规定不符合或与之矛盾的地方；验证系统是否满足了需求规格的定义，找出与需求规格不相符或与之矛盾的地方，从而提出更加完善的方案，确保最终软件系统满足产品需求并且遵循系统设计的标准和规定。

系统测试的主要内容包括：功能性测试、性能测试、负载测试、强度测试、容量测试、安全性测试、配置测试、故障恢复测试、安装测试、文档测试、用户界面测试等。其中，功能测试、性能测试、配置测试、安装测试等一般情况下是必须的，而其他的测试类型则需要根据软件项目的具体要求进行裁剪。

7.2.5 验收测试

验收测试是部署软件之前的最后一个测试操作，目的是为了验证此系统是否能够满足用户的需求，产品通过验收测试工作才能最终结束。

验收测试是以用户为主的测试，软件开发人员和质量保证人员也应该参加。由用户参加设计测试用例，使用用户界面输入测试数据，并分析测试的输出结果。一般使用用户工作生产中的实际数据进行测试。在测试过程中，除了考虑软件的功能和性能外，还应对软件的可移植性、兼容性、可维护性、错误的恢复功能等进行确认。将程序的实际操作与原始合同进行对照。

实施验收测试的常用策略有 3 种，它们分别是：正式验收、α 验收测试、β 验收测试。选择的策略通常建立在合同需求、组织和公司标准以及应用领域的基础上。

7.3 软件测试技术

在设计测试数据时，应当牢记测试的目标是暴露错误。一般从两个方面来选择测试数据：这个数据能够发现错误的程度，并且能够验证采用这个数据时程序的正确性。

设计测试数据的技术有 3 种：白盒测试法、黑盒测试法和灰盒测试法。第 3 种方法是前两种方法的混合。不同的测试方法在选择测试用例方面有很大差别。在黑盒法中，选择测试用例考虑的是被测程序的功能，而不是实际的代码。在白盒法中，选择测试用例时是通过检查被测试程序代码来设计测试数据，以便使测试数据的执行结果能很好的覆盖被测试程序的语句以及执行路径。

1．黑盒法

在这种方法中，输入数据或输出数据的空间被分成若干类，不同类中的数据会使程序所表现出的行为有质的不同，而相同类中的数据则使程序表现出本质上类似的行为。对于本章的例 1 题目中，变量 x 的取值，可将数轴分为了 5 个部分，如图 7-1 所示。

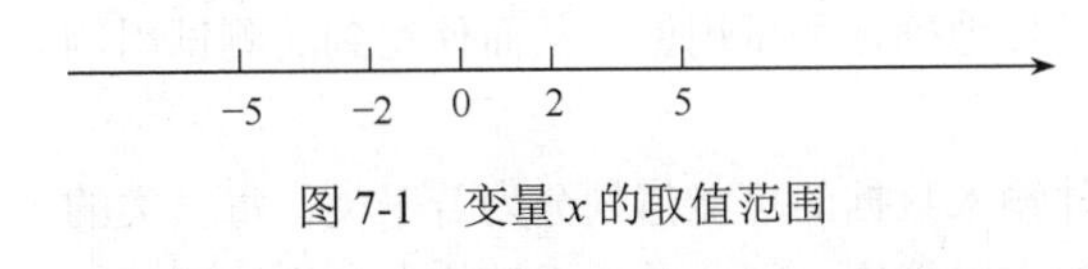

图 7-1　变量 x 的取值范围

一个测试集应该至少从每一类中抽取一个输入数据，进行测试。

2．白盒法

白盒法基于对代码的考察来设计测试数据。对于一个测试集最起码的要求就是使被测试程序中的每一条语句都至少执行一次。这种要求称为语句覆盖。对于例 1，应该使测试数据覆盖所有的 3 条分支语句。

测试数据至少提供语句覆盖，此外，必须测试那些程序可能会出错的特定情形。例如对于例 1，还要测试所有的分界点：x=-5，x=-2，x=2，x=5 的情况。

3．灰盒法

灰盒测试方法是前两种方法的混合。可以根据情况让两种方法相互配合，以便充分发挥黑盒法和白盒法各自的优点。

7.4 测试用例设计技术

既然无法对软件进行彻底的测试，那么测试用例的设计是测试能否取得成功的根本保证。为此，测试人员必须采用那些能够以尽量少的测试数据来发现尽量多的错误的测试技术。

不同的测试在选择测试用例方面有很大的差别。白盒测试法，是根据详细设计中的逻辑流程来设计测试用例，以暴露编码中的逻辑错误，如是否存在不可执行的路径或无限循环等，属于这类测试法的有逻辑覆盖法。黑盒测试是用“软件需求说明书”来设计测试用例，即把软件看成黑盒子，对输入进行转换，检查输出的正确性。属于这类测试法的有等价类划分法、边值分析法、错误猜测法等。这些测试用例设计技术各有优缺点，没有哪一种是最好的，更没有哪一种技术能够代替其他的所有技术。同一种技术对不同的应用问题，其效果也可能相差很大。因此，对于软件测试，通常需要联合使用多种测试用例设计方法，才能发现软件中的各种各样的错误。

7.4.1 逻辑覆盖法

逻辑覆盖法是针对软件内部的逻辑结构设计测试用例的。由于无法完全测试软件的所有路径，所以逻辑覆盖法采用逐级覆盖的办法，在每一级上有选择的执行某些路径，如此一级一级的进行覆盖，逐步使路径测试达到尽可能完善的程度。

覆盖级别由低到高可以划分为：

① 语句覆盖：每个语句至少执行一次；

② 判定覆盖：对于每个判定语句，执行真假两种结果；

③ 条件覆盖：使判定表达式中每个简单条件都取到各种可能的结果；

④ 判定/条件覆盖：使判定表达式中的每个简单条件都取到各种可能的值，并且使每个判定也都取得各种可能的结果；

⑤ 条件组合覆盖：使判定表达式中的简单条件都能得到各种可能的组合情况。

需要注意的是：随着测试级别的提高，测试用例的数据量会急剧增加。

7.4.2 等价划分法

等价划分是一种黑盒测试技术。其目的在于系统性地确定测试用例，从而使得到的测试用例对发现某类错误有极高的概率。

这种方法建立在以下假定基础之上。如果将软件输入数据的可能值划分为若干类，每一类的一个典型值在测试中的作用与这一类中所有其他值的作用等价。因此，采用等价划分方法测试软件，只需从每个等价类中选择一组数据作为测试用例，从而实现了用较少的测试用例尽可能发现多的错误的目的。

使用等价划分设计测试用例，首先必须按照软件的功能说明分析输入条件，确定输入数据的各种有效等价类和无效等价类。合理等价类是指软件合理的一类输入数据，不合理等价类是指非法的一类输入数据。

例如本章的例 1，可以划分为 3 个合理等价类，两个不合理的等价类。其中 $x<-5$ 和 $x\geq5$ 是两个不合理的等价类。

划分出输入数据的等价类后，便可根据等价类设计测试用例。设计测试用例时，应按以下四个步骤来进行：

① 设计一个新的测试用例，使它尽可能多地涉及那些尚未被涉及的合理等价类；

② 重复第一步，直至新选择的测试用例已涉及了所有的合理等价类；

③ 设计一个新的测试用例，使它涉及一个尚未被涉及的不合理等价类；

④ 重复第三步，直至所选择的测试用例已涉及所有的不合理等价类。

需要注意的是：在选择不合理的等价类的测试用例时，应使每个例子仅涉及一个不合理等价类。这是因为，软件中的一个错误条件往往会抑制对其他错误条件的检测。一个例子涉及两个以上的不合理等价类，就会使一部分软件功能不能被测试到。

7.4.3　边值分析法

经验表明，软件在处理边界情况时容易发生错误。例如，在下标、数据结构、标量和循环变量取最大值、最小值及其临界值时往往出现错误。因此，使用针对这个区域的测试用例，能提高软件测试发现错误的概率，这种测试用例的设计方法称为边值分析法。

以下几条原则可用做选择测试用例的依据：

① 若输入条件中规定了输入数据的取值范围，则可在合理等价类中选择一些恰好处于范围之内的边界的例子。另外，再从不合理的等价类中选择一些恰好越过边界的例子；

② 若输入条件中规定了输入数据的个数，则可选择最小的个数、最大的个数、比最大个数多 1、比最大个数少 1、比最小个数多 1、比最小个数少 1 等几种情况设计测试用例；

③ 若输入数据为有序集合结构，如顺序文件、线性表等，则应特别注意对集合的第一个、最后一个元素以及空集设计测试用例。

边值分析法，不仅注意到输入条件，还要根据输出条件，即输出的等价类设计测试用例。

7.4.4　错误猜测法

使用等价划分法和边值分析法可以设计出具有代表性的测试用例。但是，不同类型和不同特点的软件通常又有一些特殊的容易出错的地方。对于这些情况往往无法采用特定的技术来设计测试用例，只能靠软件人员的经验和直觉来推测软件中可能存在的各种错误，从而针对这些错误设计测试用例，这就是错误猜测法。

7.5　课程设计

本课程设计要求学生在熟练掌握 Pascal 语言程序设计的基础上，采用“做中学”的方式与方法，即边做课程设计，边自学 C 语言，最终完成一个学生成绩管理系统的设计与实现。

7.5.1　课程设计实施要求

由于课程设计对于学生来说是一个规模相对庞大复杂的系统，因此课程设计尽量模仿软件项目的开发过程进行。一般来说可以分为以下几个环节：开题、系统设计、编码实现、系统测试、系统评价与验收。

1．开题

首先学生要明确开发“学生成绩管理系统”的目的和意义。确定开发的主要功能是什么，并制定开发的进度表，包括系统设计、系统实现、测试等的时间段。经指导教师审核批准后实施。

2．系统设计

系统设计的任务是对课程设计从问题需求、数据结构、程序结构、难点及关键技术等方面进行分析，形成初步的系统设计方案。该方案可作为综合实验的中期报告，其主要内容主要如图 7-2 所示。

一、开发学生成绩管理系统的目的和意义
二、问题分析
三、系统设计
　1. 程序总体结构
　2. 界面设计
　3. 重要数据的数据结构设计
　4. 函数设计
四、难点及关键技术分析
五、初步测试计划
六、初步进度计划

图 7-2　课程设计的中期报告内容

通过中期报告，可以督促学生掌握程序开发的方法，熟悉相关的高级编程技术，教师了解学生分析和初步设计的情况，并及时发现存在的一些问题，进行纠正。在系统设计时期，学生可以查阅大量的编程技术资料，这是对学生文献查阅与分析能力的一次很好的锻炼。

3．编码实现

对系统进行编程实现。在编程实现的过程中，注意编程规范与约定、接口约定、问题及系统设计、程序版本管理办法、模块测试、增量测试、模块集成等。

4．系统测试

在各程序模块编码完成并集成后，就可以开始对整个系统进行测试。测试是软件开发中的一个很重要的阶段，初学程序设计的学生往往不够重视这个阶段的工作。要求学生选择一些测试方法对所完成的系统进行严格的测试。对于测试中发现的问题，要善于分析问题发生的根源，学会和掌握程序调试方法是至关重要的。

5．系统评价与验收

在系统验收阶段，学生要求提交以下材料：

① 程序设计综合实验总结报告。它可以使学生对整个开发进行全面的总结，教师可以了解学生对整个开发流程(特别是详细设计)和高级编程技术的掌握情况；

② 源程序清单。对于源程序文档，要求代码必须有良好的风格，要求注释细致，代码书写采用锯齿形的缩进格式；

③ 可执行程序，包括运行该程序所依赖的其他内容，如数据等。

为了对学生的工作做出更为全面而且客观的评价，教师要现场验收每一个同学的程序，要求学生现场演示，并回答教师的提问，这样可以体现出报告中不能反应的问题，从而对学生做出客观公正的评价。

7.5.2 课程设计的功能设计要求

本节是使用两种数据结构(数组和链表)来设计开发一个实用的学生成绩管理系统，它具有基本的数据输入、输出、增、删、改、查询、统计等功能，能够对数据文件进行读写操作。

学生成绩管理系统：假设某班人数最多不超过 30 人，具体人数由键盘输入，学生的基本信息包括：学号、姓名、性别、出生日期(年、月、日)、政治面貌、数学分析、高级语言程序设计、电路与电子学三门课的成绩、平均成绩。要求设计并实现一个菜单驱动的学生成绩管理系统，系统具体要求如下：

1．数据描述方面

每个学生的基本信息要求使用结构类型描述。其中，“出生日期”域也要使用结构类型描述，而“政治面貌”域要使用联合(共用体)类型描述：“政治面貌”为党员和群众两种情形，若是党员，则还要记录其入党年份。

整个系统采用两种数据结构：数组和链表。

2．功能设计要求

(1)读入每个学生的基本信息，并计算每个学生的平均分。

① 此函数要求以结构体数组作为函数参数；

② 既可以从键盘读入学生的基本信息，也可以从文件读入学生的基本信息。若程序是第一次运行，学生信息必须从键盘读入；若程序不是第一次运行，学生信息可以从文件读入。

(2)计算某门课的平均分，将低于平均分的人数作为函数值返回主函数，将低于平均分的学生基本信息存储到形参数组中返回给主函数。

① 函数有返回值，返回值为低于平均分的人数；

② 低于平均分的学生基本信息，通过形参数组返回主函数；

③ 在主函数中输出低于平均分的学生的基本信息。

(3) 按照某门课成绩或平均分排序。

① 函数具有通用性，既可以按某门课成绩排序，也可以按平均分排序；

② 函数具有通用性，既可以升序也可以降序排序，使用函数指针作为参数；

③ 函数参数有多个，必须包括指向结构体数组的指针；

④ 函数内部的排序，要求使用指针实现。

(4) 按照学生姓名的字典顺序排序。

① 函数参数为指向结构体数组的指针；

② 函数内部的排序，要求使用指针实现。

(5) 按姓名查找学生的基本信息。

① 同时可以查找多个人。例如可以查找系统中有无张三、李四、王五这三个人。多个人的名字在主函数中存储在二维字符数组中；

② 函数返回值为查找到的人数；

③ 查找到的学生信息通过形参数组返回主函数；

④ 函数参数中包括行指针，接收要查找的学生姓名信息。

(6) 按优秀(90～100)、良好(80～89)、中等(70～79)、及格(60～69)、不及格(0～59) 5 个类别，对某门课分别统计每个类别的人数及所占百分比。

要求：使用结构体数组作为函数参数。

(7) 将所有学生信息保存到文件中。

要求：函数参数为指向结构体数组的指针。

(8) 创建链表保存学生基本信息。

① 学生信息既可以从数组中读取也可以从文件中读取；

② 链表可以是双向链表也可以是单向链表；

③ 函数返回链表的头指针。

(9) 按学号从小到大对链表进行排序。

(10) 查找某门课成绩最高的学生的基本信息，某门课成绩最高的可能不只一名学生。

① 成绩最高的人数通过函数返回；

② 成绩最高的学生基本信息通过指针数组返回。

(11) 查找某个年龄段的学生人数和学生基本信息。

① 查找的人数通过函数返回；

② 学生基本信息通过指针数组返回。

(12) 按姓名查找学生基本信息，对学生信息进行修改后保存。

① 函数参数均为指针；

② 若找到并修改成功，通过指针返回修改后的学生姓名；

③ 若要找的学生不存在，返回空串。

(13) 按学号或姓名删除学生信息。

① 函数返回链表的头指针；

② 学号或姓名通过参数传入。

(14) 对已按学号排好序的链表，插入一名新的学生信息，要求插入后依然有序。

要求：函数返回链表的头指针。

(15) 将链表中的学生信息保存到文件中。

要求：将学生信息存入文件中后，清空链表。

(16) 主程序中使用菜单驱动完成子程序的调用。

要求：可以选用函数指针数组调用某些子程序。例如可以同时查找多门课程最高分的同学信息。

以上为学生成绩管理系统的基本开发要求，学生可以扩充新的功能。学生在开发过程中要采用增量调试的策略，在开发完成后，要进行程序的测试工作。

(17) 测试程序。

① 列出测试大纲对程序进行测试；

② 在测试中若发现错误，给出错误分析并修正错误。

3．系统性能方面

① 要求系统界面美观，菜单简洁，交互性良好；

② 要求函数模块通用性良好，尽量做到高内聚，低耦合；

③ 要求系统具有较好的健壮性。例如，若有错误输入，则系统不会崩溃；能够避免发生缓冲区溢出、内存泄漏、非法内存访问等错误。

7.5.3 课程设计的总体设计要求

本课程设计对模块设计的要求如下：

① 使用多文件方式实现设计；

② 在各个文件内实现结构化设计；

③ 每个模块作为一个单独的 C 文件。

可以按照功能将系统划分为多个文件。例如将输入和输出的函数放在一个文件中，将文件的读写操作的函数放在一个文件中，将菜单的选择和处理函数放在一个文件中，等等。

④ 宏和数据结构等放在头文件中，并使用条件编译。

7.5.4 课程设计报告文档要求

本课程的课程设计遵循软件开发的基本流程，课程设计报告的内容也要遵循软件开发的相关规范。其基本内容包括如下的几个方面。

1．需求分析

需求分析是软件开发过程的关键环节。需求分析就是明确课程设计要做什么，明确数据需求、功能需求、性能需求等等。首先需要明确软件系统的功能；其次需要明确实现系统功能所需要的数据有哪些，类型是什么，并且还需要明确系统软硬件环境、安全性、交互性、可用性和可靠性等基本要求。

2．概要设计

概要设计阶段需要按照软件功能进行模块划分、建立模块的层次结构及调用关系、确定模块间的接口及人机交互界面等。概要设计要给出软件功能模块图、各模块的调用关系图和模块的接口设计。

3．详细设计

详细设计的主要任务是设计每个模块的实现算法、所需的数据结构。算法的描述可以使用流程图、伪代码和自然语言等方式，要求算法描述简明易懂，逻辑正确。

4．编码实现

使用高级语言实现软件开发的编码工作，在此过程中需要进行不断的代码测试和调试工作，以保证程序的可靠性。在课程设计报告中，此部分需要给出详细的测试用例和软件运行效果图。

5．总结与体会

对软件开发过程中遇到的技术难点，测试和调试过程中遇到的问题进行分析、归纳和总结，对所开发软件的质量进行理性评价，给出需要进一步改善的建议以及软件开发的心得体会。

6．参考文献

给出软件开发过程中所参考的文献目录。参考文献格式应遵循《中华人民共和国国家标准:GB/T 7714-2005 文后参考文献著录规则》。

7．源代码清单

提交电子版的软件源代码、运行软件所需数据文件等相关资料。

附录 1　Delphi 7.0 集成开发环境配置

在调试程序之前，首先需要对调试环境进行配置，如果忽略这一环节，会导致一些不必要的调试障碍。为了使读者对 Delphi 7.0 集成开发环境进行合理的配置，本附录给出了环境配置的一些选项信息。

1　调试器选项设置

使用主菜单的【Tools】|【Debugger options】命令，打开调试器选项对话框，可以对调试器选项进行配置。

(1) General 标签页面

Map TD32 keystrokes on run：允许使用 IDE 中的 TD32（32 位的 Turbo Debugger）。选择该项将自动选中“Mark buffers read-only on run”项。

Mark buffers read-only on run：在程序运行时使得所有的编辑文件，包括工程和工程组文件只读。选中该选项时，如果运行程序前文件属性非只读，则在运行后恢复其属性。

Inspectors stay on top：使得所有的调试窗口始终可见，处于最上层。

Allow function calls in new watches：引入函数调用时变量的观察不受影响。

Rearrange editor local menu on run：运行程序时把代码编辑区上下文菜单的调试区移至最上层，以便于调试。在代码编辑窗口任何位置右键单击鼠标都将弹出上下文菜单。

Debug spawned processes：自动调试由调试过程衍生的过程。不选该项时，衍生过程可以运行但是不受调试器控制。

Enable COM cross-process support：调试时可进入远程 COM 对象内部。

Show inherited：在 Debug Inspector 窗口切换数据、方法和属性视图的两种模式。

Show fully qualified names：显示成员的全名，格式为：单元名.类名.成员名。

Debug Symbols Search Path：指定搜索调试符号如 tds，rsm，dcp 文件的路径。

Debug DCU Path：要使用该选项，必须在【Project】|【Options…】的工程选项对话框中的 Compiler 页面选择 Use Debug DCUs，当选择该项且指定路径后，将在该路径中搜索 Delphi 编译文件 DCU。

Integrated debugging：激活内置的调试器。

(2)Event Log 标签页面

Clear log on run：在每次调用前清除事件日志。

Unlimited length：消除事件日志长度的限制，否则设置日志的最大长度。

Length：显示日志的最大长度。如果选中“Unlimited length”，该项无效。

Display process info with event：选中该选项，显示每一个产生事件的进程的进程名和进程 ID。

Breakpoint messages：遇到断点时，能够向事件日志中写入断点的信息如 Pass、Count、Condition、源文件名、所在行等。

Process messages：进程开始或结束时都可以向事件日志写入信息，不管进程中是否装载或卸载模块。

Thread messages：在调试中每个线程开始或结束都将向事件日志写入信息。

Output messages：每次程序或模块调用 OutputDebugString 时都向日志写入信息。

Window messages：应用程序每次发送或接收 Windows 消息时都向事件日志写入信息，包括消息的名字、参数中的相关数据。

(3)Language Exceptions 标签页面

Exception Types to Ignore：选择运行时忽略的异常类型。不选择将在产生异常时暂停程序运行。

Stop on Delphi Exceptions：在 Delphi 抛出异常时停止程序运行。

(4)OS Exceptions 标签页面

Handled by：在复选框中选择一个或多个异常，确定这些异常是由系统处理还是由您的程序处理。

On resume：确定程序将继续处理异常还是不做处理。

2 工程选项设置

使用主菜单的【Project】|【Options…】命令，打开工程选项对话框，可以对工程选项进行配置。在工程选项对话框中各个标签页面的功能如下：

Forms 页面是对当前工程的窗体进行设置。

Application 页面可以指定工程名字、帮助文件名和应用程序图标等。

Compiler 页面对工程的调试、运行等参数进行设置。

Compiler Messages 页面是设置编译过程中要显示的信息。

Linker 页面对程序链接信息进行设置。

Directories/Conditionals 页面可以对工程在编译、链接过程中的目录和条件进行设置。

Version Info 页面可以控制工程的版本信息。

Packages 页面中可以对程序包中新增、删除和编辑组件库的信息设置。

附录 2　Delphi 编译错误信息一览表

为了便于读者调试程序，本附录给出了 Delphi 7 编译错误信息，如表 FL2-1 所示。

表 FL2-1　Delphi 编译错误信息一览表

错误代码	含　义
';' not allowed before 'ELSE'	ElSE 前不允许有“;”
'<clause>' clause not allowed in OLE automation section	在 OLE 自动区段不允许“<clause>”子句
'<name>' is not a type identifier	<name>不是类型标识符
'<name>' not previously declared as a PROPERTY	<name>前面没有说明 PROPERTY
'GOTO <label>' leads into or out of TRY statement GOTO	<label>进入或超出 TRY 语句的范围
<clause1> clause expected, but <clause2> found	要求子句<clause1>，但出现<clause2>
16-Bit fixup encountered in object file '<text>'	在对象文件<text>遇到 16 位修复
486/487 instructions not enabled	不能用 486/487 指令
Abstract methods must be virtual or dynamic	抽象方法必须为虚拟的或动态的
Array type required	需要数组类型
Assignment to FOR-Loop variable '<Name>'	给 FOR 循环变量<Name>赋值
Bad argument type in variable type array constructor	在变量类型数组结构中不正确的参数类型
Bad file format '<name>'	错误的文件格式<name>
Bad file format: <Filename>	错误的文件格式<Filename>
Bad global symbol definition: '<Name>' in object file '<Filename>'	对象文件'<Filename>'中错误的全局符号定义'<Name>'
Bad unit format: <Filename>	错误的单元格式<Filename>
BREAK or CONTINUE outside of loop	BREAK 或 CONTINUE 超出循环
Cannot add or subtract relocatable symbols	不能增加或减少可重置的符号
Cannot assign to a read-only property	不能指定只读属性
Cannot BREAK, CONTINUE or EXIT out of a FINALLY clause	超出 FINALLY 子句的范围，不能使用 BREAK, CONTINUE 或 EXIT 语句
Cannot initialize local variables	不能初始化局部变量
Cannot initialize multiple variables	不能初始化多个变量
Cannot initialize thread local variables	不能初始化线程局部变量
Cannot override a static method	不能覆盖静态方法
Cannot read a write-only property	不能读取只写属性
Case label outside of range of case expression	CASE 标号超出了 CASE 表达式的范围
Circular unit reference to <Unitname>	对单元<Unitname>循环引用
Class already has a default property	类已具有默认的属性
Class does not have a default property	类没有默认的属性
Class or object types only allowed in type section	在类型区段只允许有类或对象类型
Class type required	需要类类型
Close error on <Filename>	文件<Filename>关闭错误

续表

错误代码	含 义
Compile terminated by user	用户中止编译
Constant expected	要求常量
Constant expression expected	要求常量表达式
Constant expression violates subrange bounds	常量表达式超出子界范围
Constant object cannot be passed as var parameter	常量对象不能作为变量参数传递
Constant or type identifier expected	要求常量或类型标识符
Constants cannot be used as open array arguments	常量不能用作打开数组参数
Constructing instance of '<name>' containing abstract methods	构造的<name>实体包含抽象的方法
Could not compile used unit '<Unitname>'	不能用单元<Unitname>编译
Could not create output file <Filename>	不能建立输出文件<Filename>
Could not load RLINK32.DLL	不能加载 RLINK32.DLL
Data type too large: exceeds 2 GB	数据类型太大：超过 2GB
Declaration of <Name> differs from previous declaration	<Name>的说明与先前的说明不同
Default property must be an array property	默认的属性必须为数组属性
Default values must be of ordinal, pointer or small set type	默认的值必须为序数、指针或小集类型
Destination cannot be assigned to	目标不能指定
Destination is inaccessible	目标不能存取
Dispid '<number>' already used by '<name>'	DISPID 标识号已被<name>使用
Dispid clause only allowed in OLE automation section	DISPID 子句只能在 OLE 自动区段中使用
Division by zero	除数为零
Duplicate case label	CASE 标号重复
Duplicate tag value	重复的标志值
Dynamic method or message handler not allowed here	这里不允许有动态方法或信息处理程序
Dynamic methods and message handlers not allowed in OLE automation section	在 OLE 自动区段不允许有动态方法或消息处理程序
Element 0 inaccessible - use 'Length' or 'SetLength'	元素 0 不能存取-使用 LENGTH 或 SETLENGTH
Error in numeric constant	数值常量错误
EXCEPT or FINALLY expected	要求 EXCEPT 或 FINALLY
EXPORTS allowed only at global scope EXPORTS	只允许在全局范围使用
Expression has no value	表达式没有值
Expression too complicated	表达式太复杂
Field definition not allowed in OLE automation section	在 OLE 自动区段中不允许域定义
Field definition not allowed after methods or properties	在方法或属性后不允许域定义
Field or method identifier expected	要求域或方法标识符
File not found: <Filename>	文件<Filename>没有找到
File type not allowed here	这儿不允许文件类型
For loop control variable must be simple local variable	FOR 循环控制变量必须为简单局部变量
For loop control variable must have ordinal type	FOR 循环控制变量必须为序数类型
FOR or WHILE loop executes zero times - deleted	FOR 或 WHILE 循环执行零次-删除
FOR-Loop variable '<name>' cannot be passed as var parameter	FOR 循环变量<name>不能作为参数传递
FOR-Loop variable '<Name>' may be undefined after loop	在循环后的 FOR 循环变量<NAME>是不确定的

续表

错 误 代 码	含　义
Function needs result type	函数需要结果类型
Identifier redeclared: '<name>' 标识符<name>	重复说明
Illegal character in input file: '<char>' ($<hex>)	在输入文件中的非法字符'<char>'
Illegal message method index	非法的消息方法指针
Illegal reference to symbol '<Name>' in object file '<Filename>'	在对象文件<filename>中对符号<name>的非法引用
Illegal type in OLE automation section: '<typename>'	在 OLE 自动区段中的非法类型<typename>
Illegal type in Read/Readln statement	在 Read/Readln 语句中的非法类型
Illegal type in Write/Writeln statement	在 Write/Writeln 语句中的非法类型
Inaccessible value	不可存取的值
Incompatible types: '<name>' and '<name>'	不兼容的类型<name>和<name>
Incompatible types: <text>	不兼容的类型<text>
Inline assembler stack overflow	内联汇编溢出
Inline assembler syntax error	内联汇编语法错误
Instance variable '<name>' inaccessible here	实体变量<name>在这里不能存取
Integer constant or variable name expected	要求整形常量或变量名
Integer constant too large	整型常量太大
Internal error: <ErrorCode>	内部错误<errorcode>
Invalid combination of opcode and operands	操作码与操作对象的无效组合
Invalid compiler directive: '<Directive>'	无效的编译指令<DIRECTIVE>
Invalid function result type	无效的函数值类型
Invalid message parameter list	无效的消息参数列表
Invalid register combination	无效的寄存器组合
Invalid typecast	无效的 TYPECASE
Label '<Name>' is not declared in current procedure	在当前的过程中没有说明标号<NAME>
Label already defined: '<Labelname>'	标号<LABELNAME>已经定义
Label declaration not allowed in interface part	在界面部分不允许标号说明
Label declared and referenced, but not set: '<label>'	标号被<label>说明及引用,但不能设置
Label expected	要求标号
Left side cannot be assigned to	左边不能赋值
Line too long (more than 255 characters)	行太长(超出 255 个字符)
Local class or object types not allowed	不允许局部的类或对象类型
Local procedure/function '<Name>' assigned to procedure variable	局部过程/函数<NAME>赋给过程变量
LOOP/JCXZ distance out of range LOOP/JCXZ	距离超出范围
Low bound exceeds high bound	下界超过上界
Memory reference expected	要求内存引用
Method '<name>' hides virtual method of base type '<name>'	方法<NAME>隐藏了基类型为<NAME>的虚拟方法
Method '<name>' not found in base class	在基类中没有找到方法<NAME>
Method identifier expected	要求方法标识符
Missing ENDIF directive	缺少 ENDIF 指令
Missing operator or semicolon	缺少操作符或分号
Missing or invalid conditional symbol in '$<symbol>' directive	在$<symbol>指令中缺少或无效的条件符号

续表

错误代码	含　义
Missing parameter type	缺少参数类型
Necessary library helper function was eliminated by linker	必要的库帮助函数被连接程序删除
No definition for abstract method '<name>' allowed	抽象方法<NAME>没有定义
Not enough actual parameters	没有足够的实际参数
Number of elements differs from declaration	元素数与说明不同
Numeric overflow	数值溢出
Object or class type required	需要对象或类类型
Object type required	需要对象类型
Only register calling convention allowed in OLE automation section	在 OLE 自动区段中只允许寄存器调用约定
Operand size mismatch	运算对象大小匹配
Operator not applicable to this operand type	运算符不使用于这一运算对象类型
Order of fields in record constant differs from declaration	在记录常量中的域次序与说明不同
Ordinal type required	需要序数类型
Out of memory	内存溢出
Overflow in conversion or arithmetic operation	转换或算术操作溢出
Overriding automated virtual method '<name>' cannot specify a dispid	覆盖的自动虚拟方法<NAME>不能指定 DISPID
PACKED not allowed here	这里不允许 PACKED
Pointer type required	需要指针类型
Procedure cannot have a result type	过程不能有结果类型
Procedure DISPOSE needs destructor	过程 DISPOSE 需要 destructor
Procedure FAIL only allowed in constructor	过程 FAIL 只允许在 constructor 方法中
Procedure NEW needs constructor	过程 NEW 需要 constructor 方法
PROCEDURE or FUNCTION expected	要求 PROCEDURE 或 FUNCTION
Procedure or function name expected	要求过程或函数名
Program or unit '<name>' recursively uses itself	程序或单元递归
Property '<name>' does not exist in base class	在基类中<NAME>属性不存在
Published property '<name>' cannot be of type <type>	Published 属性<NAME>不能具有类型<type>
Published Real48 property '<name>' must be Single, Double or Extended Published REAL	属性<NAME>必须为 Single,Double 或 Extended
Re-raising an exception only allowed in exception handler	在意外处理中只允许重新引起意外处理
Read error on <Filename>	文件<FILENAME>读出错
Record, object or class type required	需要记录,对象或类类型
Redeclaration of '<name>' hides a member in the base class	<NAME>的重新说明隐藏了基类中一个元素
Redeclaration of property not allowed in OLE automation section	在 OLE 自动区段中不允许属性重复说明
Return value of function '<Functionname>' might be undefined	函数<Functionname>的返回值可能没有定义
Seek error on <Filename>	在<FILENAME>中搜索错误
Segment/Offset pairs not supported in Borland 32-bit Pascal	在 Borland32 位的 PASCAL 中不支持 Segment/Offset 对
Sets may have at most 256 elements	集至少有 256 个元素
Size of published set '<name>' is >32 bits published	集<NAME>的大小大于 32 字节

续表

错误代码	含义
Slice standard function only allowed as open array argument Slice	标准函数只允许作为打开数组参数
Statement expected, but expression of type '<type>' found	要求语句,但出现类型<TYPE>的表达式
Statements not allowed in interface part	在界面中不允许的语句
String constant too long	字符串常量太长
String constant truncated to fit STRING[<number>]	字符串常量截取到适合 STRING[<number>]
Strings may have at most 255 elements	字符串至少 255 个元素
Structure field identifier expected	要求结构域标识符
Syntax error in real number	实数语法错误
System unit out of date or corrupted: missing '<name>'	系统单元超出日期或损坏:缺少<NAME>
Text after final 'END.	编译器忽略 END.后的文本
This form of method call only allowed for class methods	该方法的窗体只允许类方法
This form of method call only allowed in methods of derived types	该方法的窗体只允许在导出类型的方法中
This type cannot be initialized	这一类型不能初始化
Thread local variables cannot be ABSOLUTE	线程局部变量不能是 ABSOLUTE
Thread local variables cannot be local to a function or procedure	线程局部变量对函数不能是局部的
Too many actual parameters	太多的实际参数
Too many conditional symbols	太多的条件符号
Type '<name>' has no type info	类型<NAME>没有类型信息
Type '<Name>' is not yet completely defined	类型<NAME>至今没有定义
Type '<name>' must be a class to have a PUBLISHED section	类型<NAME>必须是在 PUBLISHED 区段中的类
Type '<name>' must be a class to have OLE automation	类型<NAME>必须是具有 OLE 自动的类
Type '<name>' needs finalization - not allowed in file type	类型<NAME>需要初始化-不允许在文件类型中
Type '<name>' needs finalization - not allowed in variant record	类型<NAME>需要初始化-不允许在变体记录
Type expected	要求 TYPE
Type not allowed in OLE Automation call	在 OLE 自动调用中不允许的类型
Type of expression must be BOOLEAN	表达式的类型必须为 BOOLEAN 型
Type of expression must be INTEGER	表达式的类型必须为 INTEGER 型
TYPEINFO standard function expects a type identifier	TYPEINFO 标准函数要求类型标识符
TYPEOF can only be applied to object types with a VMT	TYPEOF 只能用于具有 VMT 的对象类型
Types of actual and formal var parameters must be identical	形参与实参必须一致
Undeclared identifier: '<name>'	未说明的标识符<NAME>
Unexpected end of file in comment started on line <Number>	以行<Number>开始的注释中出现不应有的文件结束
Unit <Unit1> was compiled with a different version of <Unit2>	单元<UNIT1>与不同版本的<UNIT2>编译
Unit name mismatch: '<Unitname>'	单元名不匹配<UNITNAME>
Unnamed arguments must precede named arguments in OLE Automation call	在 OLE 自动调用中未命名的参数必须在命名的参数前
Unsatisfied forward or external declaration: '<Procedurename>'	不满足的向前或外部说明<Procedurename>

续表

错误代码	含 义
Unterminated string	未结束的字符串
Value assigned to '<Name>' never used	赋给<NAME>的值从未使用过
Variable '<name>' inaccessible here due to optimization	由于优化,变量名<NAME>在这里不能存取
Variable '<name>' is declared but never used in '<name>'	变量名<NAME>已说明,但不曾使用
Variable '<Name>' might not have been initialized	变量名<NAME>可能没有初始化
Variable required	需要变量
Virtual constructors are not allowed	不允许虚拟的 constructors 方法
Write error on <Filename>	文件<Filename>写错误
Wrong or corrupted version of RLINK32.DLL	RLINK32.DLL 版本错误或不能用

附录 3　Pascal/Delphi 程序编码规范

对于初学者来说，遵循编程规范，养成良好的编程习惯，对于今后的专业学习和工作十分重要。以下给出了 Delphi 7 的编程规范，希望初学者编程时严格遵守。

1　界面设计规范

1.1　界面元素

各界面元素的属性除下面特别说明以外，均必须采用缺省设置。

界面上的所有文本在本地化时都要转换成相应语言的文字，因此设计包含文字的界面元素时应考虑到将来转换后长度会有变化而需留下足够的空间。

若界面中用到了位图等元素，尽量不要在其中包含文本，若必须包含文本，可在位图上放置具有透明背景的文本标签来解决。

1.1.1　字体(Font)

中文采用 9 点阵的宋体，英文采用 8 点阵的 MS Sans Serif，颜色采用缺省颜色。

1.1.2　窗口(Form)

• 尺寸(Width，Height)：长宽比例在 4∶3 和 5∶3 之间。

• 标题(Caption)：一定要有，其描述应为功能性描述，其中不包含“某某交换机”字样。

• 边框样式(BorderStyle)：除了主窗口以外，其他窗口一般采用对话框样式(bsDialog)，若要采用可变尺寸(bsSizeable)边框，必须保证窗口大小改变时，窗口中各界面元素能自动按比例进行缩放。

• 图标(Icon)：对于边框类型为 bsSingle 和 bsSizeable 的窗口都有图标，一般情况下将缺省采用应用程序图标(统一网管的图标将请专人设计)，若需特别设置，要求图标能反映窗口的功能，且不能使用 Delphi 缺省的图标。图标的大小一般为 32×32，16 色。

• 右上角功能按钮(BorderIcons)：一般应有关闭按钮。若有最大化按钮，也应该保证窗口最大化时，窗口中各界面元素能自动按比例进行缩放。

• 颜色(Color)：窗口及窗口中控件的颜色一般都采用缺省颜色，特殊情况下若要使用其他颜色，则要考虑到将来本地化时是否符合别的国家或地区的文化特征。

• 位置(Position)：窗口第一次显示时一般应置于屏幕的中央(psScreenCenter)，主窗口最大化时的情况例外。

• 按钮：对于对话框，必须有【确定】按钮，对于具有设置功能的对话框，应提供【取消】按钮。对于复杂的窗口，若界面元素难于理解，还应提供【帮助】按钮。

• 创建：除主窗口属于自动创建(即在应用程序运行之前创建)，其他窗口一般应在使用时创建，并在使用完后关闭并释放内存。

1.1.3　消息框

• 函数：统一使用 Application.MessageBox 函数。

• 标题：应在“警告”、“错误”、“提示”、“询问”之中选择，其他均不可用。

• 图标：应与相应的标题相对应，使用 Windows 提供的缺省图标 MB_ICONWARNING，MB_ICONERROR，MB_ICONINFORMATION，MB_ICONQUESTION。

• 按钮：可根据标题及消息内容进行选择组合，并注意三者之间的一致性。

• 使用：增加，修改，退出动作一般不需要提示(在此动作对所操作的系统有较大的影响时，一般应增加提示)。删除动作一般要有提示。

1.1.4 按钮

• 控件使用：均采用 TButton 控件，不赞成使用 TBitBtn 控件。

• 高度：使用缺省高度(25)。

• 宽度：一般使用缺省宽度(75)，若标题(Caption)较长，则可适当变宽，一般在标题与按钮边框之间至少应留出 5 个以上的像素空间。出于方便阅读的考虑，一组按钮的宽度应保持一致，但如果为了保持这种一致性而导致一系列按钮要求占据大量的空间，则可以只让其中的一个按钮显得比其他按钮大。

• 加速键：除【确定】和【取消】按钮外，所有按钮应有英文大写的加速键，加速键在文字的右方，用小括号括起；【确定】按钮的加速键为回车键(属性 Default=True)，【取消】按钮的加速键为 ESCAPE 键(属性 Cancel=True)。

• 位置：一个界面上的按钮应尽量在此界面的右下方(按钮横向排列)或右上方(按钮纵向排列)。当此界面包含数个逻辑功能块时，各逻辑功能块之间的按钮位置应尽量保持一致。

1.1.5 状态条

除了主窗口外，其他窗口一般不应有状态条。如有必要，应满足如下标准：

• 尺寸：高度应使用 Delphi 提供的缺省高度。宽度应随窗口大小调整。

• 状态条应在不同的“功能区段”显示不同的信息。

• 状态条上的状态信息应随状态的变化而变化(不需显示状态时，应及时把上面的消息清空)。

1.1.6 菜单

除了主窗口外，其他窗口不应有主菜单，各菜单项必须有加速键，加速键在文字的右方，用小括号括起，对于界面上显示的各管理实体，如节点等，可使用右键弹出式菜单以方便操作。但弹出式菜单中的各项都必须在主菜单中有对应的菜单项。

1.1.7 关于 Tab 键

界面上的操作要素都应该有 Tab 停驻点，停驻点的顺序应满足：在一个逻辑操作单位内由上到下，由左到右。

1.2 界面布局

在通常情况下，应该按照信息正常阅读时所采用的规范来进行应用程序的界面布局，即从左到右，从上到下，而且把最重要的信息放置在窗口的左上角处。

1.2.1 分组和间隔

对于相关的界面元素，应采用分组来处理，这可以通过分组框控件(TGroupBox)或间隔技术来实现这个要求。对于单选按钮，要求使用 TRadioGroup 控件，不赞成使用 TRadioButton 进行组合。

在窗口边界和界面元素之间，应留出一致的边缘，即 10 个像素点。

在每一个控件之间的间隔一般留出 5 个像素单位。

1.2.2 排列

按用户操作此界面的顺序把控件由上到下，由左到右排列。

不同的控件组之间应尽量对齐。

整个界面应尽量匀称，不应出现左右或上下严重不均匀现象。

如果信息是垂直布置的，那么就按照它们的左边界(左对齐方式)对区域进行排列。正文标签通常按照左边进行排列，并且通常放置于它们应用的区域的上方或左方。如果把正文标签放置于正文框控件的左边，那么就需要显示于正文框中的正文一起对正文的高度进行排列。

1.2.3 位置

对于一个二级窗口中的主要命令按钮来说，应该把它们放置于右上角中，或者沿着底部的一行进行放置。如果定义了一个缺省的按钮，那么通常就是集合中的第一个按钮。【确定】和【取消】按钮应该并排放置在一起。最后一个按钮应该是【帮助】按钮(如果支持的话)。如果没有【确定】按钮，但是有其他的命令按钮，则应该把【取消】按钮放置于一系列活动按钮的末端，但在【帮助】按钮之前。如果一个特定的按钮只能应用于一个特定的区域，那么就把这个按钮置于那个区域之内。

2 代码编程规范

2.1 通用代码风格

一般来说，任何编程风格的目标都是清晰易懂，编码清晰化中最关键的一条就是保持一致性，无论使用什么风格，都要保证在整个项目中始终如一。

- 缩排

代码的每级缩进为 2 个空格，由于制表符在不同的编辑器中的间隔不同，因此禁止在源代码中保存 Tab 制表符。

- 空格

各词法单位之间使用一个空格以增强程序的可读性，如 a:=b 应写成 a := b。

- 页边界

一般源代码每行的字符数不得超过 80，除非只剩下一个单词。如一行源代码超过了 80 个字符，可在逗号和操作符后面开始换行，并相对第一行缩进 2 个空格。

- **begin 和 end**

一般来讲，begin 应独占一行，如下所示：

```
  for i := 0 to 10 do
      begin
          …;
      end;
```

下面这种情况例外，即 **begin** 出现在 **else** 语句之后：

```
  if some statement then
      begin
          …;
      end
  else
      begin
          …;
      end;
```

程序中 **end** 语句总是独占一行。

2.2　面向对象的 PASCAL 代码规范

2.2.1　括号

- 在开始括号“(”与下一个字符之间不允许插入空格，同样，在结束括号“)”与前一个字符之间也不允许插入空格，如下所示：

```
CloseProc( AParameter );    // 错误
CloseProc(AParameter);     // 正确
```

- 在语句中不要插入多余的括号，括号只允许出现在必需的地方，如下所示：

```
if (I = 42) then                  // 错误，多余的括号
if (I = 42) or (j = 42) then    // 正确，括号必需
```

2.2.2　保留字

Delphi 的保留字(在 Delphi 编辑器中将以特殊颜色显示)总是全部小写。

2.2.3　函数或过程

- **通用规范**

※函数体内不能有不可到达的代码(Inaccessible Code)；

※不提倡函数的递归调用；

※函数的嵌套深度限制在 5 级以内，以增加程序的可读性，并减少出错的危险；

※调用具有返回值的函数时，必须判断返回的结果，并根据返回值作相应处理；

※申明过的函数必须被使用，以防止引起错误；

※不建议使用数组函数或函数数组；

※源文件中必须有被调用函数的显示的函数原型说明。

- **命名**

总是以大写字母开头，并采用大小写结合的方式，每个单词的开头采用大写，其余采用小写。函数或过程名必需与它的内容相关。对于将产生一个动作的函数或过程一般以动词开头，例如：

```
procedure FormatHardDrive;
```

对于用来设置参数值的过程一般以 Set 开头，例如：

```
procedure SetUserName;
```

对于用来取值的函数一般以 Get 开头，例如：

```
function GetUserName: string;
```

- **参数**

※函数的所有参数都应该在函数体内被使用，以减少错误；

※全局变量不能作为函数的参数。

参数格式

对于相同类型的参数一般要求放在一起，例如：

```
procedure Foo(AParam1, AParam2, AParam3: Integer; AParam4: string);
```

参数命名

参数名一般应与它的用途相对应，且以前缀 A 开头，如：

```
procedure SomeProc(AUserName: string; AUserAge: Integer);
```

参数个数

函数的参数个数一般应少于 5 个，以提高程序的可读性。函数的参数表中所有参数的总长度不能大于 40 个字节，一些自定义的结构参数可以采用传递指针的方式进行参数传递，这样可以减少函数调用对系统堆栈的需求，同时防止因堆栈溢出引起的软件故障。

参数顺序

※使用频率高的参数放在使用频率低的参数左边；

※输入参数放在输出参数的左边；

※较通用的参数放在较不通用的参数左边；

※特殊情况：通常事件处理过程中的 TObject 类型的参数 Sender，通常放在第一个参数的位置。

常量参数

record，array，shortstring 或者是 interface 类型的参数在函数或过程中不改变其值，应将其标识为 const 类型，这将提高程序的效率。其他类型的参数也提倡这样做，虽无助于提高程序的效率，但有助于调用者对参数的理解。

参数名冲突

若使用的函数或过程在两个代码单元中都存在，则实际调用的函数或过程将是在 uses 语句中显示在后面的单元中的函数或过程，为避免这种混淆，一般在该函数或过程前面加上代码单元的名字，例如：

```
SysUtils.FindClose(SR);
或
Windows.FindClose(Handle);
```

2.2.4 变量

变量的命名要遵循代码规范，保证程序的可读性和规范性。

● 变量名应能反映它的用途；

● 申明过的变量必须被使用，没有被使用的变量应从程序中删除，以提高代码的可读性和可靠性；

● 每行只能定义一个变量；

● 变量申明与初始化尽量在一起；

● 常量名一般以小写前缀 **cnst** 开头，各单词之间以大写字母分隔，如 cnstCompanyName。源文件里不能出现无意义的数字，所有数字都用常量代替。这样，一方面可以提高程序的可读性，另一方面有利于程序的维护。特殊情况例外；

● 变量名一般以代表该变量类型的小写前缀开头，各单词之间以大写字母分隔。

常用类型前缀列表如下：

```
i      : Integer
f      : Single, Double
c      : Char
p      : Pointer
b      : Boolean
uc     : Byte
w      : Word
dw     : LongWord
a      : 数组，Array of TYPE
s      : String
```

以上前缀可以进一步组合成新的类型，自定义的数据类型可以自己规定类型前缀，如果该类型使用较为广泛，可以升级为公司内部的通用前缀。

● 循环变量一般用 ***i***，***j***，***k***，…来表示，也可以用更有意义的单词来表示，如 UserIndex。对于嵌套的循环，一般最外层循环用 ***i***，第二层用 ***j***，依此类推。

● 全局变量

※一般不赞成使用全局变量，除非必要。对于只在一个单元中使用的全局变量(又称模块内

静态变量)必需放在 implementation 部分中定义；

※全局变量必须加上表示变量活动范围的前缀，并以下划线分隔，模块内静态变量加 m_，如 m_pReleaseIn，供几个单元共用的全局变量前加 mm_，如 mm_sName；

※尤其注意的是：全局变量在 var 部分中申明时就已经自动初始化为 0 值(0，nil，Unassigned)。除非要初始化的值与之不同，否则不要再显式的进行初始化，因为显式的初始化将增加磁盘上 exe 文件的大小。

2.2.5　类型

● **大小写约定**

若类型名为 Delphi 保留字，则必须全部小写。其他类型则以大写开头。WIN32 API 的类型通常采用全部大写，Delphi 程序也将遵循这一习惯，若用到 WIN32 API 中的类型，则采用全部大写。

举例如下：

```
var
  sName: string;          // 保留字
  hwndMain: HWND;    // WIN32 API类型
  i: Integer;                // 在System模块中定义的类型
```

● **浮点类型**

※不赞成采用 real 表示浮点类型，real 是为了与老版本的 PASCAL 兼容才保留下来的；

※一般采用 double 表示浮点类型，且 double 为 IEEE 规定的标准数据类型，CPU 和总线一般也是针对 double 类型进行优化；

※除非浮点数超过了 double 能表达的范围才使用 extended，因为 extended 是 Intel 定义的类型，在 Java 中不支持。

● **枚举类型**

※枚举类型名一般以大写字母 T 打头；

※枚举类型的枚举值名必须用表示枚举类型名缩写的 2 到 3 个小写字母作为前缀，如：

TSongType = (stRock, stClassical, stCountry, stAlternative, stHeavyMetal, stRB)；

● **可变类型**

可变类型一般不鼓励使用，除非变量类型只能在运行时确定，如 COM 程序等。

● **结构类型**

结构类型(包括数组类型和纪录类型)一般以大写字母 T 打头，若声明了指针类型，必须以前缀 P 打头，且在类型定义之前声明，如：

```
type
 PCycleArray = ^TCycleArray;
 TCycleArray = array[1..100] of Integer;

 PEmployee = ^TEmployee;
 TEmployee = record
               EmployeeName: string;
               EmployeeRate: Double;
             end;
```

2.2.6　语句

● **通用规则**

※每行只允许一条语句；

※逻辑语句块(if,else,for,do,while,case)的嵌套深度一般不超过 3 级，以增加程序的可读性；

※在单个 if、while 等判断语句中，不能有多于三个条件测试部分，且各测试部分必须使用

括号括起来，如 if(iParaA = iParaB) and (iParaB = iParaC) and (iParaC = iParaD) then。

● **goto 语句**

不允许使用 goto 语句，尤其是局部 goto 语句，以免破坏程序的模块化结构，降低程序的可读性，甚至会带来一些逻辑错误。

● **if 语句**

※在多重条件判断时，尽量把简短的判断放在前面，复杂的判断放在后面，提高代码的执行效率；

※最有可能发生的执行情况应该放在 if/then/else 语句的 then 子句中，较少可能发生的执行情况应该放在 else 子句中；

※尽可能地用 case 语句代替链条似的 if 语句(即 if/else if/else if/…/else)；

※if 语句内不能有赋值语句，例如(if x := y)，这类语句不够明确，容易引起混淆。

● **case 语句**

※case 语句的分支按数字顺序或字母顺序排列；

※case 语句内的 else 分支不能被省略，以用于合法的缺省值或检测错误；

※case 语句的每个分支里的语句数一般应少于 30 行，且应使用 begin 和 end 将自己与其他分支隔开，以提高程序的可读性。

● **循环语句(for，while，repeat)**

※对于循环次数已经确定的必须使用 for 语句；

※所有为循环语句所写的初始化代码必须直接放在循环语句的前面，不允许中间有不相关的代码；

※for 循环语句内的计数器不能在循环体内被修改，同时，它必须是局部变量，这样将减少出错的危险，并提高程序的可读性。

● **with 语句**

对于 **with** 语句的使用应该谨慎，不允许在 **with** 语句中出现多个对象或结构，即不允许以下这种情况出现：

```
    with Record1, Record2 do
```

这种情况很容易让程序员感到混乱，且容易造成难以检测的错误。

2.2.7 注释

- 注释行不得少于程序行的 20%；
- 程序中关键的地方需增加注释，以提高程序的可读性；
- 所有的源代码文件都必须增加文件头注释，文件头注释格式如下：

```
{***************************************************************}
{   ModuleName   : Main                                          }
{   FileName     : Main.pas                                      }
{   Author       : yuyong                                        }
{   Version      : 1.0                                           }
{   Date         : 1999.9.1                                      }
{   See to       :                                               }
{   Modified Record                                              }
{     Date        Version      Modified by    Comment            }
{     1999.9.1    1.0          yuyong         Created            }
{***************************************************************}
```

- 每个函数/过程必须增加函数头注释，函数头注释格式如下：

```
{*****************************************************************}
{   Name           : GetUserData(var AUserName: String; var AUserID: Integer)}
{    Function       : Get the user name and user id                        }
{    Paras                                                                  }
{                    AUserName  --  User Name                              }
{                    AUserId     --  User Id                               }
{    Global Vars                                                            }
{    Return         : Modal Result                                         }
{    Author/Date    : yuyong/1999.9.1                                      }
{    Modified Record                                                        }
{*****************************************************************}
```

- 在程序逻辑块的 begin 号后要有至少一行注释，以提高程序的可读性，有利于软件的维护；
- 在超过三层以上的嵌套语句中，每一个 end 后都应该加上注释，以表明对应哪一层的逻辑语句块。

2.2.8　异常处理

异常处理必须在程序中极大限度的使用以检测错误和保护资源，在所有有资源分配的地方，就必须用到 try…finally 以确保资源被释放。只有一种情况例外，就是在单元的 initialization 部分分配资源而在 finalization 中释放资源，或者在对象的构造函数(constructor)中分配资源而在析构函数(destructor)中释放资源。

- **try…finally 的使用**

每一个资源的分配都应该对应一个 try…finally 结构，例如下面的语句将有可能导致错误：

```
SomeClass1 := TSomeClass.Create;
SomeClass2 := TSomeClass.Create;
try
  {do some code}
finally
  SomeClass1.Free;
  SomeClass2.Free;
end;
```

更安全的方法将是：

```
SomeClass1 := TSomeClass.Create;
try
  SomeClass2 := TSomeClass.Create;
  try
    {do some code}
  finally
    SomeClass2.Free;
  end;
finally
  SomeClass1.Free;
end;
```

- **try…except 的使用**

try…except 只有在要对某一特定的异常进行处理时才使用。如果仅仅是在屏幕上显示错误消息，则不需要使用，因为应用程序对象将会自动显示错误消息，若在处理完异常后还需缺省异常陷阱进行处理，可用 raise 重新产生陷阱。

- **try…except…else 的使用**

不鼓励使用 else 子句，因为这将屏蔽掉所有的异常。

2.2.9　断言

断言是在调试版本中使用的一种条件判断，它表示程序执行到某一点时必须满足的条件，若条件不满足则引起程序中断。而在正式版本中断言以空语句代替。广泛采用断言，以增强程序的调试功能。

在程序设计中，对异常情况的处理方法有两种：若该异常情况会在正式版本中出现，则应保留对该情况的处理分支；若该异常情况只会在调试阶段出现，则应对该异常做断言检查。

前束断言：在函数的入口处应设置前束断言，对本函数输入参数在正常运行时不可能出现的情况做断言检查；该断言主要用于在调试版本中尽早暴露函数调用者的错误。

后束断言：在函数的出口处设置后束断言，对本函数返回值在正常运行时不可能出现的情况做断言检查；该断言主要用于在调试版本中尽早暴露函数处理过程中的错误。

循环不变式：在各种可变条件循环中，对在循环过程中应满足的条件作断言检查；该断言主要用于在调试版本中检查循环的合法性和数据结构的完整性。

2.2.10 面向对象类

- **命名**

类名必须以大写字母 T 开头。

- **字段(Fields)**

※犹如结构类中的字段一样，类中的字段代表的是每一个类对象中的数据项；

※类中的字段名必须以 F 打头，其他则与变量的命名规则相同；

※类中的所有字段都是私有的，外部代码要访问类中的字段必须通过类的属性来访问。

- **方法(Methods)**

※方法的命名规则与函数或过程的命名规则相同；

※静态方法(Static)：当不准备被继承类重载时，使用静态方法；

※虚拟/动态方法(Virtual/Dynamic)：当准备被继承类重载时，使用虚拟方法；只有类具有多个继承类且该方法只是偶尔被重载时，才使用动态方法，这样将节省继承类的内存空间；

※抽象方法(Abstract)：只有当类的实例永远不会被创建时才使用抽象方法，否则不要使用抽象方法；

※属性存取方法：所有的属性存取方法必须是私有的或保护的；命名规则与函数或过程的命名规则相似，读方法必须使用 Get 前缀，写方法必须使用 Set 前缀，且写方法的参数名必须是 Value，类型则为属性代表的字段的类型。例如：

```
TSomeClass = class(TObject)
private
  FSomeField: Integer;
protected
  function GetSomeField: Integer;
  procedure SetSomeField(Value: Integer);
public
  property SomeField: Integer read GetSomeField write SetSomeField;
end;
```

- **属性(Property)**

※属性用于对类的数据字段的访问，相当于访问数据字段的接口；

※属性的名字应该与对应的字段名相同，除了不带 F 前缀以外；

※属性名必须是名词而非动词。因为属性代表的是数据，方法代表的是动作；

※数组的属性名必须是复数，一般属性名则应是单数；

※尽管不是必须，还是鼓励在更改代表字段的属性值时尽量使用写方法。

2.3 文件

2.3.1 目录名

工程文件所在的目录应只存放工程文件、资源文件、应用程序运行时所需要的动态连接库和初始化文件等，其他文件则应根据归类放在工程文件所在目录的不同的子目录中。对于同一个项目(如 SDH)中用到的文件应尽量放到同一个子目录(如 Sdh 子目录)中，若不属于任何项目的文件，也可根据其功能的不同进行分组放到不同的子目录。一般应有一个 Main 子目录，用于存放主窗口文件及相关文件。

2.3.2 文件名

- 对于属于同一个项目或属于同一功能的文件名，应以相同的缩写开头(例如属于 SDH 项目的文件均以 Sdh 开头，这样做的一个好处是用工程管理器查看工程中所属的文件时，相同项目的文件将排列在一起)，再加上描述该文件功能的缩写。
- 一般窗口文件以.dfm 作为扩展名，代码文件以.pas 作为扩展名，窗口文件都对应有同名的代码文件。由于扩展名已经表示了文件的类型，在文件名中就不要再加入表示文件类型的缩写。
- 若是数据模块(Data Module)文件，应在文件名上加上后缀 Dm。
- 对于公用的常量，应该统一放在 ZteConst.pas 文件中。
- 代码文件中出现的字符串常量，必须用资源字符串常量(ResourceString)统一放在 ZteString.pas 文件中。

2.3.3 代码单元文件

- **Uses 的使用**

在 interface 部分中的 uses 子句，只能包含在 interface 部分中用到的代码单元，Delphi 自动插入的不需要的代码单元名字必须删除。

同样，在 implementation 部分中的 uses 子句，也只能包含在 implementation 部分中用到的代码单元，不需要的代码单元名字必须删除。

- **Interface 部分**

Interface 部分用于声明外部代码单元能够访问的类型、变量、过程/函数等等。否则，必须将声明移到 implementation 部分。

- **Implementation 部分**

Implementation 部分用于声明属于代码单元私有的类型、变量、过程/函数等等。

- **Initialization 部分**

不要将过于费时的操作代码放在 initialization 部分，否则将使程序启动时看起来很慢。

- **Finalization 部分**

必须确保在 initialization 部分中申请的资源在这里都得到了释放。

2.3.4 窗口文件

- 窗口类的名字以大写的 T 和小写的 frm 作为前缀，例如：

```
TfrmAbout, TfrmMain
```

- 窗口类实例的名字则是窗口类名去掉 T 后的名字，例如：

```
frmAbout, frmMain
```

- 自动创建

除了主窗口外，所有其他窗口都应该从工程的选项对话框中的自动创建列表中删除，除非有很好的理由。

- 除了自动创建的窗口外，所有模式的(对话框式的)窗口代码文件中，一般都应该删除 Delphi 自动插入的实例声明，并创建一个实例化函数用于声明、创建、显示和释放窗口实例，该函数的返回值将返回窗口的模式结果(Modal Result)。这将有利于代码的可重用性和可维护性。如下所示：

```
    Unit UserData;
    Interface
    Uses
      Windows, Messages, SysUtils, Classes, Graphics, Controls, Forms, Dialogs,
      StdCtrls;

    Type
      TfrmUserData = class(TForm)
      edtUserName: TEdit;
      edtUserID: TEdit;
    Private
        { Private declarations }
    Public
        { Public declarations }
    End;

    Function GetUserData(var AUserName: String; var AUserID: Integer): Word;

    Implementation
    {$R *.DFM}

    Function GetUserData(var AUserName: string; var AUserID: Integer): Word;
    Var
      frmUserData: TfrmUserData;
    Begin
      frmUserData := TfrmUserData.Create(Application);
      Try
        Result := frmUserData.ShowModal;
        If Result = mrOK Then
        Begin
          AUserName := frmUserData.edtUserName.Text;
          AUserID := StrToInt(frmUserData.edtUserID.Text);
        End;
      Finally
        frmUserData.Free;
      End;
    End;
End.
```

2.4 控件(Components)

2.4.1 用户自定义控件

控件类的命名规范与面向对象类的命名规范相似，只不过在 T 后面还需加上 3 个小写字母的标识前缀，用以标识生产控件的公司、个人或其他实体。例如，中兴公司的控件类型前缀为 zte，如下所示：

```
    TzteClock = class(TComponent)
```

- 一个控件代码单元只能包括一个主控件，主控件即是在 IDE 环境中显示在控件页上的控件，辅助控件或对象也可放在同一个代码单元中。
- 控件的注册过程必须从控件代码单元中移出放到专门的注册代码单元中。注册代码单元主要用来注册控件、属性编辑器和控件编辑器。注册代码单元的名字必须为 ZteReg.pas。

2.4.2 控件实例命名规范

控件实例的名字必须加上能指明其类型的小写前缀，这样做的优点是在对象浏览器(Object Inspector)和代码浏览器(Code Explorer)中同一种控件的实例将排列在一处。

2.4.3 标准控件前缀

标准控件命名应遵循命名规范，本附录给出了 Delphi 7 标准控件前缀一览表，如表 FL3-1 所示。

表 FL3-1　标准控件前缀一览表

Standard Tab		spl	TSplitter	**Data Access Tab**		dcq	TDecisionQuery
mm	TMainMenu	stx	TStaticText	ds	TDataSource	dcs	TDecisionSource
pm	TPopupMenu	cht	TChart	tbl	TTable	dcp	TDecisionPivot
mmi	TMainMenuItem	**System Tab**		qry	TQuery	dcg	TDecisionGrid
pmi	TPopupMenuItem	tm	TTimer	sp	TStoredProc	dcgr	TDecisionGraph
lbl	TLabel	pb	TPaintBox	db	TDataBase	**Midas Tab**	
edt	TEdit	mp	TMediaPlayer	ssn	TSession	prv	TProvider
mem	TMemo	olec	TOleContainer	bm	TBatchMove	cds	TClientDataSet
btn	TButton	ddcc	TDDEClientConv	usql	TUpdateSQL	qcds	TQueryClientDataSet
cb	TCheckBox	ddci	TDDEClientItem	**Data Controls Tab**		dcom	TDCOMConnection
rb	TRadioButton	ddsc	TDDEServerConv	dbg	TDBGrid	OleeT	OleEnterpriseConnection
lb	TListBox	ddsi	TDDEServerItem	dbn	TDBNavigator	sck	TSocketConnection
cmb	TComboBox	**ActiveX Tab**		dbt	TDBText	rms	TRemoteServer
scb	TScrollBar	cfx	TChartFX	dbe	TDBEdit	mid	TmidasConnection
gb	TGroupBox	vsp	TVSSpell	dbm	TDBMemo	**Dialogs Tab**	
rg	TRadioGroup	f1b	TF1Book	dbi	TDBImage	DlgOpen	TOpenDialog
pnl	TPanel	vtc	TVTChart	dblb	TDBListBox	dlgSave	TSaveDialog
cl	TCommandList	grp	TGraph	dbcb	TDBComboBox	dlgOpenPicture	TOpenPictureDialog
Win32Tab		**Internet Tab**		dbch	TDBCheckBox	dlgSavePicture	TSavePictureDialog
tbc	TTabControl	csk	TClientSocket	dbrg	TDBRadioGroup	dlgFont	TFontDialog
pgc	TPageControl	ssk	TServerSocket	dbll	TDBLookupListBox	dlgColor	TColorDialog
il	TImageList	wbd	TWebDispatcher	Dblc	TDBLookupComboBox	dlgPrint	TPrintDialog
re	TRichEdit	pp	TPageProducer	dbre	TDBRichEdit	dlgPrintSetup	TPrinterSetupDialog
tbr	TTrackBar	tp	TQueryTableProducer	dbcg	TDBCtrlGrid	dlgFind	TFindDialog
prb	TProgressBar	dstp	TDataSetTableProducer	dbch	TDBChart	dlgReplace	TReplaceDialog
ud	TUpDown	nmdt	TNMDayTime	**QReport Tab**		**Samples Tab**	
hk	THotKey	nec	TNMEcho	qr	TquickReport	gg	TGauge
ani	TAnimate	nf	TNMFinger	qrsd	TQRSubDetail	cg	TColorGrid
dtp	TDateTimePicker	nftp	TNMFtp	qrb	TQRBand	spb	TSpinButton
tv	TTreeView	nhttp	TNMHttp	qrcb	TQRChildBand	spe	TSpinEdit
lv	TListView	nMsg	TNMMsg	qrg	TQRGroup	dol	TDirectoryOutline
hdr	THeaderControl	nmsg	TNMMSGServ	qrl	TQRLabel	cal	TCalendar
stb	TStatusBar	nntp	TNMNNTP	qrt	TQRText	ibea	TIBEventAlerter
tlb	TToolBar	npop	TNMPop3	qre	TQRExpr	**Win31 Tab**	
clb	TCoolBar	nuup	TNMUUProcessor	qrs	TQRSysData	dbll	TDBLookupList
Additional Tab		smtp	TNMSMTP	qrm	TQRMemo	dblc	TDBLookupCombo
bbtn	TBitBtn	nst	TNMStrm	qrrt	TQRRichText	ts	TTabSet
sb	TSpeedButton	nsts	TNMStrmServ	qrdr	TQRDBRichText	ol	TOutline
me	TMaskEdit	ntm	TNMTime	qrsh	TQRShape	tnb	TTabbedNoteBook
sg	TStringGrid	nudp	TNMUdp	qri	TQRImage	nb	TNoteBook
dg	TDrawGrid	psk	TPowerSock	qrdi	TQRDBMImage	hdr	THeader
img	TImage	ngs	TNMGeneralServer	qrcr	TQRCompositeReport	flb	TFileListBox
shp	TShape	html	THtml	qrp	TQRPreview	dlb	TDirectoryListBox
bvl	TBevel	url	TNMUrl	qrch	TQRChart	dcb	TDriveComboBox
sbx	TScrollBox	sml	TSimpleMail	**Decision Cube Tab**		fcb	TFilterComboBox
clb	TCheckListbox			dcb	TDecisionCube		

附录4 Visual C++编译、链接错误信息

为了便于读者调试程序，本附录给出了 Visual C++6.0 的常见的编译、链接错误信息。

1. Visual C++中一些常见的错误信息

(1)fatal error C1010: unexpected end of file while looking for precompiled header directive

寻找预编译头文件路径时遇到了不该遇到的文件尾。(一般是没有#include "stdafx.h")

(2)fatal error C1083: Cannot open include file: 'R…….h': No such file or directory

不能打开包含文件“R……h”：没有这样的文件或目录。

(3)error C2001: newline in constant

在常量中出现了换行。

错误原因:

字符串常量、字符常量中是否有换行。

在这个语句中，某个字符串常量的尾部是否漏掉了双引号。

在这个语句中，某个字符串常量中是否出现了双引号字符“"”，但是没有使用转义符“\"”。

在这个语句中，某个字符常量的尾部是否漏掉了单引号。

是否在某句语句的尾部，或语句的中间误输入了一个单引号或双引号。

(4)error C2015: too many characters in constant

字符常量中的字符太多了。

错误原因：单引号表示字符型常量。一般的，单引号中必须有，也只能有一个字符(使用转义符时，转义符所表示的字符当作一个字符看待)，如果单引号中的字符数多于 4 个，就会引发这个错误。另外，如果语句中某个字符常量缺少右边的单引号，也会引发这个错误。

(5)error C2011: 'C……': 'class' type redefinition

类“C……”重定义。

(6)error C2018: unknown character '0xa3'

不认识的字符'0xa3'。(一般是汉字或中文标点符号)

(7)error C2057: expected constant expression

希望是常量表达式。(一般出现在 switch 语句的 case 分支中)

(8)error C2065: 'xxxx': undeclared identifier

“xxxx”：未声明过的标识符。

(9)error C2082: redefinition of formal parameter 'b……'

函数参数“b……”在函数体中重定义。

(10)error C2086: 'xxxx' : redefinition

“xxxx”重复申明。

(11)error C2106: '=' : left operand must be l-value

赋值运算符“=”左边必须是一个变量。

(12)error C2137: empty character constant

空的字符定义。

(13)error C2143: missing ';' before (identifier) 'xxxx'

在(标识符)“xxxx”前缺少分号。

```
(14)error C2146: syntax error : missing ';' before identifier 'dc'
```

在“dc”前丢了“;”。

```
(15)error C2196: case value '69' already used
```

值 69 已经用过。(一般出现在 switch 语句的 case 分支中)

```
(16)error C2509: 'OnTimer' : member function not declared in 'CHelloView'
```

成员函数“OnTimer”没有在“CHelloView”中声明。

```
(17)error C2511: 'reset': overloaded member function 'void (int)' not found in 'B'
```

重载的函数“void reset(int)”在类“B”中找不到。

```
(18)error C2555: 'B::f1': overriding virtual function differs from 'A::f1' only by return type or calling convention
```

类 B 对类 A 中同名函数 f1 的重载仅根据返回值或调用约定上的区别。

```
(19)error C2660: 'SetTimer' : function does not take 2 parameters
```

“SetTimer”函数不传递 2 个参数。

```
(20)warning C4035: 'f……': no return value
```

“f……”的 return 语句没有返回值。

```
(21)warning C4553: '= =' : operator has no effect; did you intend '='?
```

没有效果的运算符“= =”;是否改为“=”?。

```
(22)warning C4700: local variable 'bReset' used without having been initialized
```

局部变量“bReset”没有初始化就使用。

```
(23)error C4716: 'CMyApp::InitInstance' : must return a value
```

“CMyApp::InitInstance”函数必须返回一个值。

```
(24)LINK : fatal error LNK1168: cannot open Debug/P1.exe for writing
```

链接错误：不能打开 P1.exe 文件，以改写内容。(一般是 P1.Exe 还在运行，未关闭)

```
(25)error C2352: 'BinaryTree<T>::CreateBinTree' : illegal call of non-static member function
```

友元函数访问私有成员时没有指定对象名，此时友元函数只是个普通函数。

```
(26)error C2597: illegal reference to non-static member 'SparseMatrix<T>::maxTerms'
```

对私有成员的访问缺少对象，错误经常发生在友元函数不能访问私有成员上。

```
(27)error C2374: 'xxxx' : redefinition; multiple initialization
```

“xxxx”重复申明，多次初始化。

```
(28)error C2805: binary 'operator >>' has too few parameters
```

解决的办法就是将友元函数的函数体放到类的类体中。

```
(29)error C2953: 'Queue' : template class has already been defined
```

缺少#ifndef _QUEUE_H

#define _QUEUE_H

....

#endif

```
(30)warning C4259: 'bool __thiscall Queue<int>::IsFull(void) const' : pure virtual function was not defined
```

基类的纯虚函数必须在派生类中全部实现，即使部分成员函数在派生类中用不到，也要函数重载实现，但可以用空的函数体来实现一个没用的函数。

```
(31)Compiling... ,Error spawning cl.exe
```

这个问题很多情况下是由于路径设置的问题引起的，“CL.exe”是 VC 使用真正的编译器(编译程序)，其路径在“VC 根目录\VC98\Bin”下面，可以到相应的路径下找到这个应用程序。解

决方法:【Tools】|【Option】中的 Directories 选项卡中，重新设置“Excutable Fils、Include Files、Library Files、Source Files”的路径。

```
(32)fatal error C1189: #error : Please use the /MD switch for _AFXDLL
builds
```

解决方法：C/C++选项卡中 Code Generation 项中选择 Multithread DLL (即实现/MD 选项)。

```
(33)error LNK2005: "void * __cdecl operator new(unsigned int)" (??2@YAPAXI@Z)
already defined in LIBCMT.lib
```

解决办法：在 LINK 页对象/库模块中添加相应库到最前面。

```
(34)项目中同时有c和cpp，需要设置预编译头
```

【Project】|【Settings】的 C/C++选项卡中，在 Category 下拉列表框中选择 Precompiled Headers，然后选择自动使用预补偿头(Automatic use of precompiled headers)。

也可以对单独的 C 文件设置不使用预补偿头。

```
(35)error LNK2005: _main already defined in xxxx.obj
```

_main 已经存在于 xxxx.obj 中了，直接的原因是该程序中有多个(不止一个)main 函数。

2．Visual C++中的 Error LNK2001 错误分析

在使用 Visual C++的过程中，经常会遇到链接错误 LNK2001，产生该错误的原因非常多，而且此时，编译已经通过，是在链接操作时发生了错误，因此想要改正这个链接错误非常困难。对于初学者，一般情况产生此错误的原因有两个：一是所引用的函数或变量不存在、有拼写错误或使用错误；二是可能使用了不同版本的链接库。以下是产生此错误的一些情况：

```
(1)error LNK2001: unresolved external symbol _main
```

未解决的外部符号：_main。缺少 main 函数。看看 main 的拼写或大小写是否正确。

```
(2)error LNK2001: unresolved external symbol _main
```

Windows 项目要使用 Windows 子系统，而不是 Console。解决方法：【Project】|【Settings】选择 Link 选项卡，在 Project Options 中将/subsystem:console 改成/subsystem:windows 。

```
(3)error LNK2001: unresolved external symbol _WinMain@16
```

控制台项目要使用 Console 子系统，而不是 Windows。解决方法：【Project】|【Settings】选择 Link 选项卡，在 Project Options 中将/subsystem:windows 改成/subsystem:console 。

```
(4)error LNK2001: unresolved external symbol _WinMain@16
```

通常，MFC 项目的程序入口函数是 WinMain，如果编译项目的 Unicode 版本，程序入口必须改为 wWinMainCRTStartup，所以需要重新设置程序入口。解决方法：【Project】|【Settings】选择 C/C++选项卡，在 Category 中选择 Output，再在 Entry-point symbol 中填入 wWinMainCRTStartup，即可。

```
(5)error LNK2001: unresolved external symbol __beginthreadex
error LNK2001: unresolved external symbol __endthreadex
```

这是因为 MFC 要使用多线程时库。解决方法：【Project】|【Settings】选择 C/C++选项卡，在 Category 中选择 Code Generation，再在 Use run-time library 中选择 Debug Multithreaded 或者 multithreaded。

其中，Single-Threaded 单线程静态链接库(release 版本)；

Multithreaded 多线程静态链接库(release 版本)；

multithreaded DLL 多线程动态链接库(release 版本)；

Debug Single-Threaded 单线程静态链接库(debug 版本)；

Debug Multithreaded 多线程静态链接库(debug 版本)；

Debug Multithreaded DLL 多线程动态链接库(debug 版本)；

单线程：不需要多线程调用时, 多用在 DOS 环境下；

多线程：可以并发运行；

静态库：直接将库与程序 Link, 可以脱离 MFC 库运行；

动态库：需要相应的 DLL 动态库, 程序才能运行；

Release 版本：正式发布时使用；

Debug 版本：调试阶段使用。

(6)error LNK2001: unresolved external symbol ___argv

解决方法：在 Preprocessor 中定义_AFXDLL；或选择 Use MFC。

3. Visual C++ 6.0 中的部分编译错误参考

编写的程序出现语法错误时，会导致程序编译失败。本附录给出了 Visual C++ 6.0 部分编译错误信息参考表，如表 FL4-1 所示。

表 FL4-1　Visual C++ 6.0 中的部分编译错误参考

错误信息	含　义
Ambiguous operators need parentheses	不明确的运算需要用括号括起
Ambiguous symbol ``xxx``	不明确的符号
Argument list syntax error	参数表语法错误
Array bounds missing	丢失数组界限符
Array size toolarge	数组尺寸太大
Bad character in paramenters	参数中有不适当的字符
Bad file name format in include directive	包含命令中文件名格式不正确
Bad ifdef directive synatax	编译预处理 ifdef 有语法错
Bad undef directive syntax	编译预处理 undef 有语法错
Bit field too large	位字段太长
Call of non-function	调用未定义的函数
Call to function with no prototype	调用函数时没有函数的说明
Cannot modify a const object	不允许修改常量对象
Case outside of switch	漏掉了 case 语句
Case syntax error	Case 语法错误
Code has no effect	代码不可述不可能执行到
Compound statement missing{	分程序漏掉"{"
Conflicting type modifiers	不明确的类型说明符
Constant expression required	要求常量表达式
Constant out of range in comparison	在比较中常量超出范围
Conversion may lose significant digits	转换时会丢失意义的数字
Conversion of near pointer not allowed	不允许转换近指针
Could not find file ``xxx``	找不到 XXX 文件
Declaration missing ;	说明缺少"；"
Declaration syntax error	说明中出现语法错误
Default outside of switch	Default 出现在 switch 语句之外
Define directive needs an identifier	定义编译预处理需要标识符
Division by zero	用零作除数
Do statement must have while	Do-while 语句中缺少 while 部分
Enum syntax error	枚举类型语法错误

续表

错 误 信 息	含 义
Enumeration constant syntax error	枚举常数语法错误
Error directive :xxx	错误的编译预处理命令
Error writing output file	写输出文件错误
Expression syntax error	表达式语法错误
Extra parameter in call	调用时出现多余错误
File name too long	文件名太长
Function call missing ``）``	函数调用缺少右括号
Fuction definition out of place	函数定义位置错误
Fuction should return a value	函数必需返回一个值
Goto statement missing label	Goto 语句没有标号
Hexadecimal or octal constant too large	16 进制或 8 进制常数太大
Illegal character ``x``	非法字符 x
Illegal initialization	非法的初始化
Illegal octal digit	非法的 8 进制数字
Illegal pointer subtraction	非法的指针相减
Illegal structure operation	非法的结构体操作
Illegal use of floating point	非法的浮点运算
Illegal use of pointer	指针使用非法
Improper use of a typedefsymbol	类型定义符号使用不恰当
In-line assembly not allowed	不允许使用行间汇编
Incompatible storage class	存储类别不相容
Incompatible type conversion	不相容的类型转换
Incorrect number format	错误的数据格式
Incorrect use of default	Default 使用不当
Invalid indirection	无效的间接运算
Invalid pointer addition	指针相加无效
Irreducible expression tree	无法执行的表达式运算
Lvalue required	需要逻辑值 0 或非 0 值
Macro argument syntax error	宏参数语法错误
Macro expansion too long	宏的扩展以后太长
Mismatched number of parameters in definition	定义中参数个数不匹配
Misplaced break	此处不应出现 break 语句
Misplaced continue	此处不应出现 continue 语句
Misplaced decimal point	此处不应出现小数点
Misplaced elif directive	不应编译预处理 elif
Misplaced else	此处不应出现 else
Misplaced else directive	此处不应出现编译预处理 else
Misplaced endif directive	此处不应出现编译预处理 endif
Must be addressable	必须是可以编址的
Must take address of memory location	必须存储定位的地址
No declaration for function ``xxx``	没有函数 xxx 的说明

续表

错误信息	含　义
No stack	缺少堆栈
No type information	没有类型信息
Non-portable pointer assignment	不可移动的指针(地址常数)赋值
Non-portable pointer comparison	不可移动的指针(地址常数)比较
Non-portable pointer conversion	不可移动的指针(地址常数)转换
Not a valid expression format type	不合法的表达式格式
Not an allowed type	不允许使用的类型
Numeric constant too large	数值常量太大
Out of memory	内存不够用
Parameter ``xxx`` is never used	参数 xxx 没有用到
Pointer required on left side of ->	符号->的左边必须是指针
Possible use of ``xxx`` before definition	在定义之前就使用了 xxx(警告)
Possibly incorrect assignment	赋值可能不正确
Redeclaration of ``xxx``	重复定义了 xxx
Redefinition of ``xxx`` is not identical	xxx 的两次定义不一致
Register allocation failure	寄存器定址失败
Repeat count needs an lvalue	重复计数需要逻辑值
Size of structure or array not known	结构体或数给大小不确定
Statement missing ;	语句后缺少";"
Structure or union syntax error	结构体或联合体语法错误
Structure size too large	结构体尺寸太大
Sub scripting missing]	下标缺少右方括号
Superfluous & with function or array	函数或数组中有多余的"&"
Suspicious pointer conversion	可疑的指针转换
Symbol limit exceeded	符号超限
Too few parameters in call	函数调用时的实参少于函数的参数
Too many default cases	Default 太多(switch 语句中一个)
Too many error or warning messages	错误或警告信息太多
Too many type in declaration	说明中类型太多
Too much auto memory in function	函数用到的局部存储太多
Too much global data defined in file	文件中全局数据太多
Two consecutive dots	两个连续的句点
Type mismatch in parameter xxx	参数 xxx 类型不匹配
Type mismatch in redeclaration of ``xxx``	xxx 重定义的类型不匹配
Unable to create output file ``xxx``	无法建立输出文件 xxx
Unable to open include file ``xxx``	无法打开被包含的文件 xxx
Unable to open input file ``xxx``	无法打开输入文件 xxx
Undefined label ``xxx``	没有定义的标号 xxx
Undefined structure ``xxx``	没有定义的结构 xxx
Undefined symbol ``xxx``	没有定义的符号 xxx
Unexpected end of file in comment started on line xxx	从 xxx 行开始的注解尚未结束文件不能结束

续表

错误信息	含　义
Unexpected end of file in conditional started on line xxx	从 xxx 开始的条件语句尚未结束文件不能结束
Unknown assemble instruction	未知的汇编结构
Unknown option	未知的操作
Unknown preprocessor directive: ``xxx``	不认识的预处理命令 xxx
Unreachable code	无路可达的代码
Unterminated string or character constant	字符串缺少引号
User break	用户强行中断了程序
Void functions may not return a value	Void 类型的函数不应有返回值
Wrong number of arguments	调用函数的参数数目错
``xxx`` not an argument	xxx 不是参数
``xxx`` not part of structure	xxx 不是结构体的一部分
xxx statement missing（	xxx 语句缺少左括号
xxx statement missing ）	xxx 语句缺少右括号
xxx statement missing ;	xxx 缺少分号
xxx declared but never used	说明了 xxx 但没有使用
xxx is assigned a value which is never used	给 xxx 赋了值但未用过
Zero length structure	结构体的长度为零

说明　此部分内容大部分来自网络资源，如有侵权，请联系作者。

附录 5　C/C++程序编码规范

为了使读者养成良好的程序设计风格，编写高质量的程序代码，以下给出了 C/C++程序编码规范，供读者编写程序时参考。

1　编码规范的意义(The Significance of Code Conventions)

编码规范对于程序员而言尤为重要，有以下几个原因：

- 一个软件的生命周期中，80%的花费用于软件维护；
- 几乎没有任何一个软件，在其整个生命周期中，均由最初的开发人员来维护；
- 编码规范可以改善软件的可读性，可以让程序员尽快而彻底地理解新代码；
- 作为产品发布，就需要确认它是否被很好的打包并且清晰无误。

因此，为了更好地构建高质量的软件产品，每个软件开发人员必须一致遵守编码规范。

2　文件名(File Names)

表 FL5-1 列出了常用文件类别及其后缀。

表 FL5-1　C++/C 常用文件类别与后缀

文件类别	文件后缀
C 源文件	.c
C++源文件	.cpp
C/C++头文件	.h

3　文件组织(File Organization)

一个 C/C++程序由.h 和.cpp(或.c)文件组成。

- 对于 C 程序，通常将函数原型说明、外部变量说明、宏定义放到一个.h 文件中。
- 对于 C++程序，每个类对应一个类声明文件(.h 文件)和一个相应类方法实现文件(.cpp)，而且它们的文件名前缀应相同，如：MyClass.h 和 MyClass.cpp。
- 每个函数(或方法)的长度原则上不应超过 200 行，过长将导致函数变得复杂而容易出错。可采用函数模块化分解的方法将过长函数简化。

3.1　头文件（Header Files）

3.1.1　每个 C++/C 头文件的开始及结束应包括如下预处理语句，以避免头文件被重复编译

```
#ifndef _HEADER_FILENAME_H
#define _HEADER_FILENAME_H
```

```
... Rest of Header File ...
#endif
```

3.1.2 头文件中的include应分组并排序，底层头文件放在最前面，中间用空行隔开

例如：

```
#include <fstream>
#include <iomanip>

#include <Xm/Xm.h>
#include <Xm/ToggleB.h>

#include "ui/PropertiesDialog.h"
#include "ui/MainWindow.h"
```

3.2 类定义头文件

每个C++类声明通常遵循以下形式，即首先声明方法(接口)，然后声明数据成员：

```
class Class_name: public BaseClass
{
  public:
    constructor declarations
    destructor declaration
    public member function declarations
  protected:
    protected member function declarations;
  private:
    private member function declarations;
  protected:
    protected data fields
  private:
    private data fields
}
```

4 缩进排版(Indentation)

4个空格常被作为缩进排版的一个单位。缩进的确切解释并未详细指定(空格或制表符)。一个制表符等于8个空格，而非4个。

4.1 行长度(Line Length)

尽量避免一行的长度超过80个字符，因为很多终端和工具不能很好处理之。

注意：用于文档中的例子应该使用更短的行长，长度一般不超过70个字符。

4.2 换行(Wrapping Lines)

当一个表达式无法容纳在一行内时，可以依据如下一般规则断开。

- 在一个逗号后面断开；
- 在一个操作符前面断开；
- 宁可选择较高级别(higher-level)的断开，而非较低级别(lower-level)的断开；
- 新的一行应该与上一行同一级别表达式的开头处对齐。

如果以上规则导致代码混乱或者使代码都堆挤在右边，那就代之以缩进8个空格。

以下是断开方法调用的一些例子：

```
someMethod(longExpression1, longExpression2, longExpression3,
           longExpression4, longExpression5);

var = someMethod1(longExpression1,
```

```
                        someMethod2(longExpression2,
                                    longExpression3));
```

以下是两个断开算术表达式的例子。前者更好，因为断开处位于括号表达式的外边，这是个较高级别的断开。

```
    longName1 = longName2 * (longName3 + longName4 - longName5)
                          + 4 * longname6; //PREFFER
    longName1 = longName2 * (longName3 + longName4
                                - longName5) + 4 * longname6; //AVOID
```

以下是两个缩进方法声明的例子。前者是常规情形。后者若使用常规的缩进方式将会使第二行和第三行移得很靠右，所以代之以缩进 8 个空格。

```
    //CONVENTIONAL INDENTATION
    someMethod(int anArg, Object anotherArg, String yetAnotherArg,
                  Object andStillAnother) {
    ...
    }

    //INDENT 8 SPACES TO AVOID VERY DEEP INDENTS
    ReturnType MyClass:: horkingLongMethodName(int anArg,
            Object anotherArg, String yetAnotherArg,
            Object andStillAnother) {
    ...
    }
```

if 语句的换行通常使用 8 个空格的规则，因为常规缩进(4 个空格)会使语句体看起来比较费劲。比如：

```
    //DON'T USE THIS INDENTATION
    if ((condition1 && condition2)
        || (condition3 && condition4)
        ||!(condition5 && condition6)) { //BAD WRAPS
        doSomethingAboutIt(); //MAKE THIS LINE EASY TO MISS
    }

    //USE THIS INDENTATION INSTEAD
    if ((condition1 && condition2)
            || (condition3 && condition4)
            ||!(condition5 && condition6)) {
        doSomethingAboutIt();
    }

    //OR USE THIS
    if ((condition1 && condition2) || (condition3 && condition4)
            ||!(condition5 && condition6)) {
        doSomethingAboutIt();
    }
```

这里有三种可行的方法用于处理三元运算表达式：

```
    alpha = (aLongBooleanExpression) ? beta : gamma;

    alpha = (aLongBooleanExpression) ? beta
                                     : gamma;
    alpha = (aLongBooleanExpression)
            ? beta
            : gamma;
```

5　注释(Comments)

注释是帮助程序读者的一种手段。如果在注释中只说明代码本身已经讲明的事情，或者与代码矛盾，或是以精心编排的形式干扰读者，则它们反而帮了倒忙。好的注释应简洁地说明程序的突出特征，或是提供一种概观，帮助别人理解程序。

C++使用/*...*/和//来界定注释。

注释用以注释代码或者实现细节。

注释应被用来给出代码的总括，并提供代码自身没有提供的附加信息。注释应该仅包含与阅读和理解程序有关的信息。

在注释里，对设计决策中重要的或者不是显而易见的地方进行说明是可以的，但应避免提供代码中已清晰表达出来的重复信息。多余的注释很容易过时。通常应避免那些代码更新就可能过时的注释。

注意：频繁的注释有时反映出代码的低质量。当你觉得被迫要加注释的时候，考虑一下重写代码使其更清晰。

C++程序可以有 4 种注释的风格：块(block)、单行(single-line)、尾端(trailing)和行末(end-of-line)。

5.1 块注释(Block Comments)

块注释通常用于提供对文件、类、方法、数据结构和算法的描述。块注释被置于每个文件的开始处以及每个类声明和每个方法之前。它们也可以被用于其他地方，比如方法内部。在功能和方法内部的块注释应该和它们所描述的代码具有一样的缩进格式。

块注释之首应该有一个空行，用于把块注释和代码分割开来，比如：

```
/*
* Here is a block comment.
*/
```

5.2 单行注释(Single-Line Comments)

短注释可以显示在一行内，并与其后的代码具有一样的缩进层级。如果一个注释不能在一行内写完，就该采用块注释(参见“块注释”)。单行注释之前应该有一个空行。以下是一个 C++代码中单行注释的例子：

```
if (condition) {
/* Handle the condition. */
…
}
```

5.3 尾端注释(Trailing Comments)

极短的注释可以与它们所要描述的代码位于同一行，但是应该有足够多的空格来分隔代码和注释。若有多个短注释出现于大段代码中，其应该具有相同的缩进。

以下是一个 C++代码中尾端注释的例子：

```
if (a == 2) {
     return TRUE;         /* special case */
} else {
     return isPrime(a);     /* works only for odd a */
}
```

5.4 行末注释(End-Of-Line Comments)

使用注释界定符“//”，可以给整行或者一行中的一部分加注释。它一般不用于连续多行的注释文本；然而，它可以用来注释掉连续多行的代码段。以下是所有三种风格的例子：

```
if (foo > 1) {
     // Do a double-flip.
     ...
}
else {
    return false;          // Explain why here.
}
```

```
//if (bar > 1) {
//
//  // Do a triple-flip.
//  ...
//}
//else {
//   return false;
//}
```

5.5　函数/方法注释

对每个 C++的类方法及函数建议包含如下格式说明信息的注释，即说明其功能、参数及返回值。对于类方法注释可放在类定义中方法说明的后面，而对于普通函数注释可放在函数实现之前。该形式注释已被 Java 编程规范所采用，并有相应工具自动将方法/函数说明信息抽取成 HTML 文档。

```
/*
Computes the maximum of two integers.
@param x an integer
@param y an integer
@return the larger of the two inputs
*/
int max(int x, int y)
{
    if ( x > y)
         return x ;
    else
         return y;
}
```

文件头注释

具有良好的程序设计风格的程序，在其源文件的头部应该有一个注释块，用来说明该文件的用途、开发者等信息，以利于文件的维护。下面给出了一个源文件头部注释的范例，供学习时参考。

```
/*
** FILE: filename.cpp
**
** ABSTRACT:
**   A general description of the module's role in the
**   overall software architecture, What services it
**   provides and how it interacts with other components.
**
** DOCUMENTS:
**   A reference to the applicable design documents.
**
** AUTHOR:
**   Your name here
**
** CREATION DATE:
**   14/03/1998
**
** NOTES:
**   Other relevant information
*/
```

6　声明(Declarations)

6.1　每行声明变量的数量(Number Per Line)

推荐一行一个声明，因为这样有利于写注释。例如，

```
int level;   // indentation level
int size;    // size of table
```

要优于如下的写法，

```
int level, size;
```

不要将不同种类型变量的声明放在同一行，例如：

```
int foo, fooarray[];   //WRONG!
```

注意：在上面的例子中，在类型和标识符之间放了一个空格，另一种被允许的替代方式是使用制表符：

```
Int          level;           // indentation level
Int          size;            // size of table
Object   currentEntry;        // currently selected table entry
```

定义指针及引用变量时，指针及引用符号应放在相应变量名之前，如：

```
float  *x;   // NOT: float*  x;
int  &y;    // NOT: int&  y;
```

6.2　初始化(Initialization)

尽量在声明局部变量的同时初始化，以保证变量有一个合法值。唯一不这么做的理由是变量的初始值依赖于某些先前发生的计算。

6.3　布局(Placement)

只在代码块的开始处声明变量。一个块是指任何被包含在大括号“{”和“}”中间的代码。不要在首次用到该变量时才声明之，这样做会妨碍代码在该作用域内的可移植性。

```
void myMethod( ) {
    int int1 = 0;                 // beginning of method block
    if (condition) {
        int int2 = 0;                 // beginning of "if" block
        ...
    }
}
```

该规则的一个例外是for循环的索引变量：

```
for (int i = 0; i < maxLoops; i++) { ... }
```

避免声明的局部变量覆盖上一级声明的变量。例如，不要在内部代码块中声明相同的变量名：

```
int count;
...
myMethod() {
    if (condition) {
        int count = 0; // AVOID!
        ...
    }
    ...
}
```

6.4　类和接口的声明(Class and Interface Declarations)

当编写类和接口时，应该遵守以下格式规则：

- 在方法名与其参数列表之前的左括号“(”间不要有空格；
- 左大括号“{”位于声明语句同行的末尾；
- 右大括号“}”另起一行，与相应的声明语句对齐，除非是一个空语句，“}”应紧跟在“{”之后；

```
class Sample extends Object {
    int ivar1;
    int ivar2;
    .
    Sample(int i, int j) {
        ivar1 = i;
        ivar2 = j;
    }
```

```
        int emptyMethod() {}
        ...
    }
```

● 方法与方法之间以空行分隔。

7　语句(Statements)

7.1　简单语句(Simple Statements)

每行至多包含一条语句，例如：

```
argv++;             // Correct
argc--;             // Correct
argv++; argc--;     // AVOID!
```

7.2 复合语句(Compound Statements)

复合语句是包含在大括号中的语句序列，形如“{ 语句 }”。例如下面各段。

● 被括其中的语句应该较之复合语句缩进一个层次；

● 左大括号“{”应位于复合语句起始行的行尾；右大括号“}”应另起一行并与复合语句首行对齐；

● 大括号可以被用于所有语句，包括单个语句，只要这些语句是诸如 if-else 或 for 控制结构的一部分。这样便于添加语句而无需担心由于忘了加括号而引入 bug。

7.3　返回语句(return Statements)

一个带返回值的 return 语句不使用小括号“()”，除非它们以某种方式使返回值更为显见。例如：

```
return;
return myDisk.size( );
return (size ? size : defaultSize);
```

7.4　if，if-else，if else-if else 语句

if-else 语句应该具有如下格式：

```
if (condition) {
      statements;
}

if (condition) {
     statements;
} else {
     statements;
}

if (condition) {
     statements;
} else if (condition) {
     statements;
} else{
     statements;
}
```

注意：

● if 语句总是用“{”和“}”括起来，避免使用如下容易引起错误的格式：

```
if (condition)        //AVOID! THIS OMITS THE BRACES {}!
    statement;
```

● 应将正常情况放到 if 为真的部分，异常情况放到 else 部分，如：

```
isError = readFile(fileName);
if (!isError) {
    ...

}
else {
    ...
}
```

- 应避免在条件中出现执行表达式，如：

```
// Bad!
if (!(fileHandle = open (fileName, "w"))) {
...
}

// Better!
fileHandle = open (fileName, "w");
if (!fileHandle) {
...
}
```

7.5 for 语句(for Statements)

一个 for 语句应该具有如下格式：

```
for (initialization; condition; update) {
        statements;
}
```

一个空的 for 语句(所有工作都在初始化，条件判断，更新子句中完成)应该具有如下格式：

```
for (initialization; condition; update);
```

当在 for 语句的初始化或更新子句中使用逗号时，避免因使用三个以上变量，而导致复杂度提高。若需要，可以在 for 循环之前(为初始化子句)或 for 循环末尾(为更新子句)使用单独的语句。

应只有循环变量才放到 for 循环语句的头部，以提高程序的可读性和可维护性，如：

```
sum = 0;
for (i = 0; i < 100; i++)
        sum += value[i];
```

而不要：

```
for (i = 0, sum = 0; i < 100; i++)
        sum += value[i];
```

7.6 while 语句(while Statements)

一个 while 语句应该具有如下格式：

```
while (condition) {
        statements;
}
```

一个空的 while 语句应该具有如下格式：

```
while (condition);
```

对于 while 循环，循环变量应在循环开始前初始化，如：

```
isDone = false;
while (!isDone) {
        ...
}
```

而不要：

```
bool isDone = false;
        ...
while (!isDone) {
        ...
}
```

7.7 do-while 语句(do-while Statements)

一个 do-while 语句应该具有如下格式：

```
do {
    statements;
} while (condition);
```

注意：应在程序中尽量减少对 do-while 语句的使用，因为它的可读性不如 for 和 while 语句。

7.8　switch 语句(switch Statements)

一个 switch 语句应该具有如下格式：

```
switch (condition) {
case ABC:
     statements;
/* falls through */
case DEF:
     statements;
     break;

case XYZ:
     statements;
     break;

default:
     statements;
     break;
}
```

每当一个 case 顺着往下执行时(因为没有 break 语句)，通常应在 break 语句的位置添加注释。上面的示例代码中就包含注释/* falls through */。

7.9　try-catch 语句(try-catch Statements)

一个 try-catch 语句应该具有如下格式：

```
try {
      statements;
} catch (ExceptionClass e) {
      statements;
}
```

8　空白(White Space)

8.1　空行(Blank Lines)

在程序中，适当增加空行，可以将逻辑相关的代码段分隔开，以提高程序的可读性。下面给出了应该使用两个空行的情况。

- 一个源文件的两个片段(Section)之间；

下面情况应该使用一个空行。

- 两个方法之间；
- 方法内的局部变量和方法的第一条语句之间；
- 块注释(参见本附录 5.1 节)或单行注释(参见本附录 5.2 节)之前；
- 一个方法内的两个逻辑段之间，用以提高可读性。

8.2　空格(Blank Spaces)

下列情况应该使用空格。

- 一个紧跟着括号的关键字应该被空格分开，例如：

```
while (true) {
      ...
}
```

附注：空格不应该置于方法名与其左括号之间。这将有助于区分关键字和方法调用。

- 空白应该位于参数列表中逗号的后面；
- 所有的二元运算符，除了“.”，应该使用空格将之与操作数分开。一元操作符和操作数之间不因该加空格，比如：负号（“-”）、自增（“++”）和自减（“—”）。例如：

```
a += c + d;
a = (a + b) / (c * d);

while (d++ = s++) {
      n++;
}
printSize("size is " + foo + "\n");
```

- for 语句中的表达式应该被空格分开，例如：

```
for (expr1; expr2; expr3)
```

- 强制转换后应该跟一个空格，例如：

```
myMethod((int) aNum, (Object) x);
myMethod((int) (cp + 5), ((int) (i + 3)) + 1);
```

9 命名规范(Naming Conventions)

命名规范可以使程序更易读，从而更易于理解。同时，它们也可以提供一些有关标识符功能的信息，以助于理解代码。表 FL5-2 给出了标识符的命名规范。

表 FL5-2 标识符命名规范

标识符类型	命 名 规 则	例 子
类(Classes)	命名规则：类名是个一名词，采用大小写混合的方式，每个单词的首字母大写。尽量使类名简洁而富于描述。使用完整单词，避免缩写词(除非该缩写词被更广泛使用，像 URL，HTML)	class Raster; class ImageSprite;
模板(Template)	模板名应为单个大写字母。	template<class T>... template<class C, class D>...

方法/函数(Methods or Functions)	方法名或函数名是一个动词，采用大小写混合的方式，第一个单词的首字母小写，其后单词的首字母大写。	run();
		runFast();
		getBackground();

变量(Variables)	变量名均采用大小写混合的方式，第一个单词的首字母小写，其后单词的首字母大写。变量名不应有下划线，尽管这在语法上是允许的。变量名应简短且富于描述。变量名的选用应该易于记忆，即，能够指出其用途。尽量避免单个字符的变量名，除非是一次性的临时变量，如循环变量。临时变量通常被取名为 *i*，*j*，*k*，*m* 和 *n*。	char c; int i; float myWidth;
常量(Constants)	常量应该全部大写，单词间用下划线隔开。	const int MIN_WIDTH=4;

参考文献

[1] 赵致琢，刘坤起，张继红．高级语言程序设计．北京：国防工业出版社，2010

[2] 张继红，赵致琢，刘坤起．计算机科学实验教程(第一分册)．北京：科学出版社，2005

[3] 赵致琢．计算科学导论(第3版)．北京：科学出版社，2005

[4] 刘坤起，赵致琢．计算科学导论教学辅导．北京：科学出版社，2005

[5] 林锐，韩永泉．高质量程序设计指南——C++/C 语言(第 3 版)．北京：电子工业出版社，2007

[6] 张银奎．软件调试．北京：电子工业出版社，2008

[7] 张银奎．格蠹汇编——软件调试案例集锦．北京：电子工业出版社，2013

[8] 罗克露．嵌入式软件调试技术．北京：电子工业出版社，2009

[9] 石磊玉．日臻完善——软件调试与优化典型应用．北京：中国铁道出版社，2010

[10] 弗拉基米尔 著，徐波 译．C++编程调试秘笈．北京：人民邮电出版社，2013

[11] 帕颇斯 著，段来盛 译．C++程序调试实用手册．北京：电子工业出版社，2000

[12] 马特洛夫，萨尔兹曼 著，张云 译．软件调试的艺术．北京：人民邮电出版社，2009

[13] Matt Telles 著，张云 译．程序调试思想与实践．北京：中国水利水电出版社，2002

[14] 布彻 著，曹玉琳 译．程序调试修炼之道．北京：人民邮电出版社，2011

[15] 苏小红．C 语言大学实用教程学习指导(第 3 版)．北京：电子工业出版社，2012

[16] 苏小红．C 语言程序设计．北京：高等教育出版社，2011

[17] 何钦铭．C 语言程序设计经典试验案例集．北京：高等教育出版社，2012

[18] 颜晖．C 语言程序设计实验指导．北京：高等教育出版社，2008

[19] 颜晖，何钦铭．C 语言程序设计．北京：高等教育出版社，2008

[20] 颜晖，王云武．C 语言程序设计：精选范例解析与习题．浙江：浙江大学出版社，2010

[21] 刘振安，刘燕君．C 程序设计课程设计．北京：机械工业出版社，2012

[22] 姜灵芝，余键．C 语言课程设计案例精编．北京：清华出版社，2008

[23] 徐英慧．C 语言习题、实验指导及课程设计．北京：清华大学出版社，2010

[24] 王岳斌．C 程序设计案例教程．北京：清华大学出版社，2006

[25] 杨路明．C 语言程序设计上机指导与习题选解．北京：邮电大学出版社，2003

[26] Andrew Koenig 著．C 陷阱与缺陷．北京：人民邮电出版社，2002

[27] Timothy B．D'Orazio．C++课堂教学与编程演练：科学与工程问题应用．北京：清华大学出版社，2004

[28] 赛奎春．Visual C++工程应用与项目实践．北京：机械工业出版社，2005

[29] David Simon，周瑜萍．Visual C++ 6 编程宝典．北京：电子工业出版社，2005

[30] 求是科技．Visual C++ 6．0 程序设计与开发技术大全．北京：人民邮电出版社，2004

[31] Charles Wright 著．Visual C++程序员使用大全．北京：中国水利水电出版社，2005

[32] Barbara Johnston．现代 C++程序设计．北京：清华大学出版社，2005

[33] 宋一兵．Delphi 7 基础教程．北京：机械工业出版社，2005
[34] 童爱红，张琦主．Delphi 7 程序设计上机指导．北京：清华大学出版社，2004
[35] 张宏林．Delphi 7 程序设计与开发技术大全．北京：人民邮电出版社，2004
[36] 田原．Delphi 7 程序设计．北京：清华大学出版社，2005
[37] 牛汉民．Delphi 7 应用开发教程：Delphi 程序员认证．北京：科学出版社，2005
[38] 吴文虎．Delphi 7 程序设计教程．北京：中国铁道出版社，2004
[39] 曾昭华．Delphi 上机实践指导教程．北京：机械工业出版社，2004
[40] 童爱红，Delphi 7 应用教程．北京：清华大学出版社，2004
[41] 王卓．Delphi 7 程序设计应用教程．北京：中国铁道出版社，2003
[42] MarcoCantu．Delphi 7 从入门到精通．北京：电子工业出版社，2003
[43] 陈英，赵小林．Pascal 语言程序设计习题集．北京：人民邮电出版社，2000
[44] 冯玉琳．程序设计方法学(第 2 版)．北京：北京科技出版社，1992
[45] 汤庸．结构化与面向对象软件方法．北京：科学出版社，1998
[46] 赵占芳，刘坤起．“高级语言程序设计”课程的教学问题的探讨[J]．工业与信息化教育，2013，NO 12
[47] 赵致琢．关于计算机科学与技术认知问题的研究简报[J]．计算机研究与发展，2001，38(1)
[48] 赵致琢．计算机科学与技术一级学科面向 21 世纪系列教材一体化建设研究报告[J]．计算机科学，2002，29(6)
[49] 唐稚松．结构程序设计与结构程序语言[R]．中国科学院计算技术研究所报告，1977